I0397233

LUIGI TOSTI

L'ESPLORAZIONE DELL'UNIVERSO

www.luigitosti.altervista.org

Isbn: 978-1-105-32525-0

Luigi Tosti
L'Esplorazione dell'universo

Indice degli argomenti

8

9

Prefazione

Quotidianamente assistiamo a manifestazioni naturali, quali alba e tramonto in modo quasi automatico, ma non ci viene mai in mente di porci alcune domande, di cercare di capire perché tutto ciò avviene, da dove è scaturito il meccanismo che ha dato vita a tutto questo.

Allora addentriamoci nei misteri che l'uomo si è trovato poi ad affrontare: come è nata la vita sul nostro pianeta? Siamo gli unici esseri viventi nell'universo?

Il punto è che vediamo le cose con superficialità, non ci chiediamo mai cosa c'è oltre le nuvole, fuori dal nostro pianeta.

Per quanto mi riguarda, la passione dell'astronomia ha preso piede tempo fa, nella primavera del 1997, in occasione del passaggio della cometa "Hale-Bopp"; da quell'affascinante visione è nata in me un'imposizione al sapere a cui non ho saputo oppormi, argomenti sempre più complicati, ma nello stesso tempo intriganti, si sono fatti strada nella mia mente; più cose imparavo maggiore era la mia curiosità.

Dalle mie parti molte persone, quelle poche volte che alzano gli occhi al cielo, lo fanno con indifferenza e molto spesso criticano la mia passione.

C'è molta ignoranza assolutamente fuori luogo su questa scienza che ci racconta tutto ciò che vediamo, che siamo, tutto ciò che esiste.

Io sono stato molto curioso, ma anche felice di conoscerla, di apprenderla; naturalmente non mi vanto di ritenermi un professionista, mi reputo solo un discreto astrofilo, cioè un amante dell'astronomia, ergo, è stata mia intenzione voler dare il mio modesto contributo, nel mio tempo libero, a questa disciplina.

Molte sono le offerte che astrofili di tutto il mondo donano all'astronomia e agli astronomi in particolare (stiamo parlando di veri e propri professionisti).

Asteroidi e in particolar modo comete, vengono scoperti, quasi sempre, da astrofili, da dilettanti, e a questi oggetti celesti viene attribuito il nome del proprio scopritore.

Quindi, come possiamo notare, l'astronomia è una scienza accessibile a tutti, la si può studiare profondamente, la si può praticare o ancora conoscerla per sommi capi per semplice curiosità, non occorre essere necessariamente un professionista.

Nelle pagine contenute in questo libro ho riassunto ciò che ho imparato nel corso di tutti questi anni, anche attingendo notizie e aggiornando mano a mano il lavoro già fatto poiché nuove scoperte sono state fatte nel corso di nuove missioni spaziali.

Buona lettura e buon viaggio!

L'autore

Luigi Tosti

Introduzione

Il moto e la composizione delle stelle, le leggi che regolano lo spazio e il tempo, la gravità, il comportamento degli atomi, lo stato della materia, l'inizio del tempo, il destino dell'universo, sono alcuni dei temi che andremo a trattare.

L'astronomia è studio dell'origine dell'universo, della sua storia, che è anche la nostra storia e le nostre origini.

La moltitudine degli argomenti di cui tratta l'astronomia non deve scoraggiare il lettore il quale, trovandosi di fronte a temi che sembrano essere complessi, o avere la sensazione di smarrirsi fra teorie e ipotesi, potrebbe perderebbe lo stimolo di addentrarsi, o quanto meno iniziare, il suo viaggio nell'infinito.

In questo libro si cercherà di dare sintetiche semplici e chiare — ma non per questo incomplete — descrizioni delle materie che andremo ad affrontare.

Per facilitare ulteriormente la lettura e la comprensione della terminologia che verrà inevitabilmente usata, ne pongo ora alcune brevi indicazioni:

Afelio: punto di massima lontananza di un pianeta, durante la sua orbita, rispetto al Sole. Nel caso in cui si tratti del punto di massima lontananza rispetto alla Terra, è detto *apogeo*.

Albedo: unità di misura usata per valutare la luminosità di un pianeta.

Ammasso aperto: gruppo di poche decine di *stelle* generate dalla stessa nebulosa. Si tratta per lo più di *stelle* giovani.

Ammasso globulare: gruppo di decine o di centinaia di migliaia di *stelle* che, raggruppate densamente tra loro per effetto della *gravità*, orbitano presso i nuclei delle *Galassie*. Si tratta di *stelle* molto vecchie.

Anno luce (a.l.): Percorso che la luce effettua in un anno (10.000 miliardi di chilometri circa). Viene usata come unità di misura per stimare le distanze nel cosmo insieme al *parsec* (1 pc=3,26 a.l.) al *kiloparsec* (1 kpc=1.000 parsec) e al *megapar-*

sec (1 mpc=1.000 kiloparsec) equivalente a 33 milioni di miliardi di chilometri circa.

Eclittica: tragitto apparente del Sole sulla sfera celeste.

Galassia: insieme di centinaia di miliardi di *stelle*. Le *Galassie* si presentano con forme diverse: a spirale, ellittiche o irregolari.

Gravità: legge di Newton secondo la quale due o più corpi si attraggono per effetto della propria *massa*.

Magnitudine: unità di misura usata per valutare la luminosità delle *stelle*.

Massa: capacità di un corpo di contenere materia.

Nebulosa: raggruppamento di materiale interstellare.

Nebulosa planetaria: forma che assume una *stella* morente dovuta alla perdita dei suoi gas superficiali.

Perielio: punto di massima vicinanza di un pianeta, durante la sua orbita, rispetto al Sole. Nel caso in cui si tratti del punto di massima vicinanza rispetto alla Terra, è detto *perigeo*.

Pulsar: relitti di *stelle* morte.

Quasar: secondo la maggioranza degli astronomi, si tratta di *Galassie* molto giovani, molto lontane e per questo all'inizio della loro formazione.

Spettro: scomposizione della luce bianca emessa dagli oggetti celesti nei suoi colori fondamentali e quindi in elementi chimici diversi.

Stella: enorme sfera di gas composta da idrogeno e in misura minore da elio.

Supernova: esplosione di una *stella* alla fine della sua esistenza.

Unità Astronomica (UA): unità di misura (equivalente alla distanza media Terra-Sole) pari a 150 milioni di chilometri.

Velocità di fuga: velocità minima necessaria per sfuggire all'attrazione gravitazionale. Essa dipende dalla *massa* del corpo su cui ci si trova.

Velocità della luce: velocità costante a cui viaggia la luce, la massima possibile nell'universo, equivalente a 300.000 km/sec.

A questo proposito è da tener presente che la luce, seppur velocissima, impiega un certo tempo per arrivare fino a noi, proporzionale alla distanza che deve percorrere. Infatti noi vediamo il Sole così com'era 8 minuti fa, non com'è nel momento in cui lo stiamo guardando. Questo lasso di tempo, infatti, impiega la luce che ci giunge dal Sole a coprire la distanza. Vediamo Plutone com'era 5 ore fa, non come si presenta nel momento in cui lo stiamo guardando. Per cui concludiamo e teniamo a mente che, tanto più guardiamo lontano nell'universo, tanto più, paradossalmente, torniamo indietro nel passato.

Le nozioni precedentemente riportate serviranno, come detto, per una più semplice e rapida comprensione dei temi che seguono, ma non bisogna omettere che un semplice e banale particolare con cui abbiamo a che fare nella nostra vita quotidiana, entra a far parte, e in modo più che rilevante per non dire essenziale, nella nascita ed evoluzione dell'intero universo, cioè la *temperatura*.

Tutti i giorni ci troviamo di fronte a questa legge fisica, ma non ci viene mai in mente che essa può aiutarci, fra le altre cose, a capire o cogliere diversi particolari che avvengono nel cosmo.

Molti paragrafi saranno legati alla temperatura; qui evidenzieremo gli effetti che essa provoca: *gli stati della materia*.

Tutti gli oggetti sono composti da molecole e come sappiamo ogni oggetto si può congelare, riscaldare o vaporizzare.

Le molecole che compongono un oggetto si agitano, vibrano sempre più con l'aumentare del calore; da qui, l'oggetto in questione prima comincerà a scottare, poi a fondere, poi a vaporizzare a seconda della temperatura che abbiamo raggiunto, e si può continuare a salire, arrivare a miliardi di gradi.

Ma che succede se invece proviamo a invertire le cose?

Se abbiamo detto che le molecole si agitano in modo esponenziale man mano che la temperatura aumenta, è logico pensare che, se la temperatura diminuisce, le molecole rallenteranno fino a fermarsi completamente. Questa temperatura alla quale tutto è fermo è detta *lo zero assoluto*, e corrisponde a -273,15° C. Come noteremo, in nessun luogo o angolo dell'intero universo esiste questa temperatura.

Non dobbiamo però tralasciare che la temperatura minima registrata finora nel cosmo è di -270°C, quindi siamo molto vicini allo zero assoluto; a questi limiti la materia si cristallizza, si sgretola.

Ricerche ed esperimenti vengono condotti per cercare di contrastare, o quanto meno proteggersi, da questi margini estremi che i viaggi interplanetari impongono, specialmente se parliamo di viaggi con equipaggio umano a bordo. Una volta trovato il metodo quantomeno per contrastare le tante difficoltà poste dalle leggi fisiche, l'uomo potrà affrontare spedizioni, perché no, con equipaggio a bordo e anche al di fuori del Sistema Solare, lontano dal calore e dal tepore del Sole. Per ora accontentiamoci di viaggiare con l'immaginazione e con la fantasia.

LA NASCITA DEL SISTEMA SOLARE

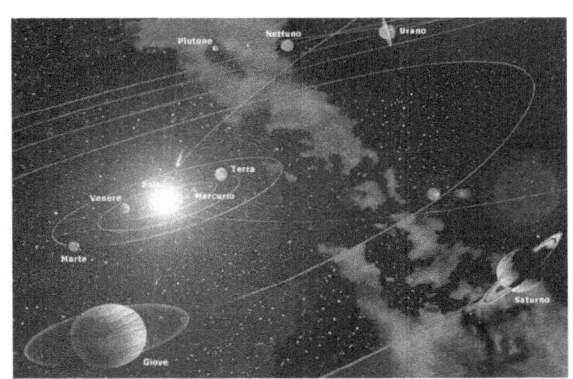

Illustrazione del Sistema Solare.

Il Sole, i nove pianeti e i loro satelliti, e un numero sterminato di corpi minori, hanno un'origine comune in quello che viene definito il *Sistema Solare*.
È curioso notare che ogni singolo oggetto che popola questa specie di giostra cosmica possiede caratteristiche, dimensioni e una serie di altri fattori che lo differenzia e contraddistingue dai suoi — chiamiamoli — fratelli e cugini; eppure, essendo così diversi, tutti hanno cominciato a formarsi nella stessa epoca.

Come vedremo più avanti, ognuno di essi si è poi evoluto in modo differente per cui, nel nostro pur piccolo angolino che occupiamo nella galassia, abbiamo una grande diversità di aspetto, forme e colori.

Tutto ciò ebbe inizio circa 5 miliardi di anni fa, quando il nostro Sistema Solare si presentava in modo assai diverso rispetto a quello che noi conosciamo: esso appariva come una nebulosa di gas e polveri senza luce né vita, una nube fredda e scura immutata nel tempo.

Secondo la maggioranza degli scienziati, la nostra nube cominciò a cambiare forma e a dare inizio all'intero processo evolutivo, grazie all'esplosione di una vicina supernova. La stella morente, in quel remoto passato, sparse nello spazio un'enorme quantità di atomi pesanti come il calcio, il fosforo, il silicio, il magnesio, l'ossigeno, il ferro, il carbonio, fornendo le basi per la formazione dei pianeti.

Inoltre, la fortissima onda d'urto che si sviluppò in seguito all'esplosione cominciò a far collassare la nebulosa per effetto del suo stesso peso.
A questo punto il nostro Sistema Solare prese vita ed entrò così in scena la gravità. Al centro della nube protosolare, la gravità e la temperatura aumentarono, la nebulosa si schiacciò e assunse la forma di un disco.
La gestazione solare durò centinaia di migliaia di anni, la temperatura al centro del protosole raggiunse milioni di gradi, la pressione divenne elevatissima e il Sole si accese.
Il Sole neonato appariva molto meno luminoso di come lo vediamo noi oggi poiché le reazioni termonucleari interne non erano ancora a pieno regime, ma anche a causa delle molecole di polvere che ancora lo avvolgevano e che vennero espulse attraverso i poli nel corso del tempo.

Formazione dei pianeti terrestri

Una volta che le reazioni termonucleari all'interno del Sole si avviarono, quel che restò della nube servì per la formazione dei pianeti; polvere e metalli a formare quelli rocciosi, idrogeno ed elio a formare quelli giganti.
Quando iniziarono a formarsi, i pianeti avevano dimensioni molto più ridotte di quelle attuali, ma soprattutto avevano una forma irregolare. Le alte temperature allora presenti nel Sistema Solare interno e le continue collisioni, mantennero questi protopianeti allo stato fuso per diverso tempo.
Nell'arco di 100 milioni di anni, i pianeti interni (Mercurio, Venere, Terra e Marte) funzionarono come autentiche calamite; continuando ad inglobare tutta la materia che incontravano e, ripulendo le loro orbite, accrebbero ulteriormente le loro dimensioni fino ad arrivare a quelle attuali; la gravità, combinata al moto di rotazione, fece assumere loro forma sferica, grazie anche alle dimensioni acquisite.

Quando la temperatura scese sotto i 1.000° C i protopianeti cominciarono a solidificarsi e a formare la crosta superficiale. Ognuno di essi, come vedremo, ha assunto nel tempo caratteristiche peculiari che lo differenzia dagli altri, un po' come se tutti avessero una propria carta d'identità.

Formazione dei pianeti giganti

Abbiamo illustrato per grandi linee la nascita dei primi quattro pianeti, quelli che vengono definiti pianeti rocciosi o *terrestri* poiché simili alla Terra.
Entriamo ora nel regno dei giganti detti anche pianeti *gioviani*, dal nome del primo e del più grande di essi. Nell'ordine sono: Giove, Saturno, Urano e Nettuno.
La domanda che spesso ci poniamo è: come hanno fatto questi pianeti a raggiungere dimensioni così enormi, se confrontati ai piccoli pianeti rocciosi?
Nel Sistema Solare primordiale esterno, il processo di formazione planetaria fu analogo a quello interno, cioè piccoli corpi che continuavano ad accumulare materiale. La differenza sta nel fatto che questi pianeti, trovandosi in una zona con temperature più basse e con la densa presenza di gas come idrogeno ed elio, inglobarono e assorbirono tutto ciò che incontravano, aumentando considerevolmente la loro massa. Intorno a questi titani circolano un gran numero di lune ghiacciate formatesi grazie, ancora una volta, alle basse temperature.

Corpi minori

Nei precedenti paragrafi non abbiamo classificato Plutone, l'ultimo pianeta del Sistema Solare e di gran lunga il più piccolo. Esso potrebbe essere un ex satellite di Nettuno, di cui interseca l'orbita in ogni suo giro di rivoluzione che compie intorno al Sole, o potrebbe essere il più grande dei corpi ghiacciati minori che si trovano alla periferia del Sistema Solare. Per ora, i soli dati di cui disponiamo su questo remoto pianeta ci vengono forniti dalle osservazioni fin qui effettuate.

Ma altri piccoli corpi, insieme ai pianeti, si sono formati in gran numero: asteroidi e comete, di cui possediamo dati molto precisi e che orbitano a sciami attorno al Sole.

Gli asteroidi sono enormi macigni rocciosi situati fra le orbite di Marte e Giove in quella che viene definita la *Fascia o Cintura Principale*.

Le comete sono delle palle di ghiaccio di forma irregolare, ricoperte da un sottile strato di polvere; alcune sono relegate nella *Fascia di Kuiper,* oltre l'orbita di Plutone, ma molte altre nella *Nube di Oort,* all'estrema periferia del Sistema Solare. Le comete potrebbero essersi formate nei pressi dei pianeti giganti e poi cacciate via dalla loro forte spinta gravitazionale.

IL RE SOLE E I SUOI SUDDITI

Il Sole regna sovrano al centro del Sistema Solare, illumina e scalda il nostro pianeta e soprattutto fornisce l'energia indispensabile per lo sviluppo della vita.

Il Sole è accompagnato, nel suo viaggio intorno alla nostra galassia, dai nove pianeti, dai rispettivi satelliti e da un enorme numero di comete e asteroidi.

Cominciamo col fare conoscenza con gli otto pianeti che, insieme alla Terra, orbitano intorno al Sole. È da sottolineare innanzitutto, che i pianeti hanno orbite ellittiche, cioè circonferenze leggermente schiacciate simili a degli ovali, ciò vuol dire che i pianeti non si trovano sempre alla stessa distanza dal Sole.

Rammentiamoci, inoltre, che le velocità dei pianeti non sono costanti, quindi verranno indicate velocità medie orbitali. Elenchiamoli dunque, i nove pianeti e alcune delle loro lune in una breve ricognizione per poi descriverli uno per uno.

Pianeta	Diametro in km	Periodo di rotazione	Periodo di rivoluzione	Perielio in milioni di km	Afelio in milioni di km	Distanza media dal sole in milioni di km	Atmosfera
Mercurio	4878	58,65 gg	87,97 gg	46	69,8	57,9	Nessuna
Venere	12103	243 gg	224,70 gg	107,4	109	108,2	An. carb. + azoto
Terra	12756	23 h 56 m	365,26 gg	147	152	149,6	Azoto + ossigeno
Marte	6794	24 h 37m	686,98 anni	206,7	249	228	Azoto + an. Carb.
Giove	142984	9 h 55 m	11,86 anni	741	815,7	778	Idrogeno + elio
Saturno	120536	10 h 40 m	29,42 anni	1347	1507	1427	Idrogeno + elio
Urano	51118	17 h 18 m	83,75 anni	2735	3004	2871	Idrogeno + metano
Nettuno	49528	18 h 17 m	163,72 anni	4456	4537	4496	Idrogeno + metano
Plutone	2300	6 gg 9 h	248 anni	4425	7375	5900	Metano

Tour fra i pianeti del Sistema Solare

Partiamo dal primo pianeta del Sistema Solare. **Mercurio** dista mediamente dal Sole 58 milioni di km, compie la sua orbita di rivoluzione in 88 giorni e quella di rotazione in quasi 60 giorni. Mercurio è molto piccolo e senza satelliti, il suo diametro è di circa 4.800 km e la sua superficie è costellata di crateri scavati dagli impatti meteoritici. Ciò è dovuto all'immensa forza gravitazionale del Sole che, agendo come una calamita, attira a sé molto materiale cosmico e Mercurio, trovandosi sulla traiettoria, viene frequentemente colpito. Il pianeta è privo di atmosfera, poiché la sua debole attrazione gravitazionale non è riuscita a trattenere i gas. Il 70% dell'interno è composto da ferro ed è ricoperto da un sottile strato di roccia. Le temperature di Mercurio subiscono notevoli sbalzi, infatti si passa dai 450° nel tardo pomeriggio ai -180° nella parte opposta, dove non batte il Sole.

Venere, il secondo pianeta del Sistema Solare, anch'esso privo di satelliti, dista mediamente dal Sole 108 milioni di km ed è anche il pianeta più vicino alla Terra e suo gemello.

Le somiglianze con la Terra, però, si limitano soltanto nelle dimensioni (12.100 km di diametro di Venere, 12.700 della Terra) infatti, la sua composizione atmosferica, insieme a molti altri fattori, rendono Venere letale per l'uomo. La sua atmosfera, composta per il 97% di anidride carbonica e solo il 3% di azoto con tracce di ossigeno, innesca un potente effetto serra che soffoca il pianeta con una cappa pesantissima e con temperature che sfiorano i 500° C. Altri fattori sono i fortissimi venti che sferzano l'atmosfera a oltre 300 km/h, piogge di acido solforico, frequenti lampi e, inoltre, una pressione al suolo di 90 atmosfere che schiaccerebbe all'istante un ipotetico astronauta atterrato sulla sua superficie. Venere è l'unico pianeta del Sistema Solare, insieme a Urano, ad avere un moto retrogrado, cioè una rotazione inversa rispetto agli altri pianeti, per cui immaginiamo un'alba su Venere con il Sole che sorge da ovest e tramonta ad est. Un giorno su questo pianeta, però, durerebbe più di 8 mesi, infatti Venere ha una rotazione così lenta che impiega ben 243 giorni per compiere il moto sul suo asse, mentre ne impiega solo 225 per compiere un giro di rivoluzione intorno al Sole.

La **Terra** è il terzo pianeta del Sistema Solare ed è il più grande dei pianeti rocciosi; la sua distanza media dal Sole è di 150 milioni di km. Il nostro pianeta possiede delle caratteristiche peculiari che lo rendono unico nel suo genere e che vale la pena di approfondire nei capitoli successivi. La Terra ha un satellite, la Luna, distante poco più di un secondo luce (380.000 km); ha un diametro di 3.400 km circa e presenta una superficie costellata di crateri da impatto. Le zone più scure che vediamo sulla Luna sono dette *mari* e appaiono come pianure quasi prive di crateri. Le zone più chiare, invece, sono definite *terre*, costituite da catene montuose molto più antiche dei mari. Tutti i crateri che vediamo sul nostro satellite sono di origine meteoritica, alcuni dell'età di miliardi di anni. La Luna, infatti, ha subìto un bombardamento continuo ed essendo priva di atmosfera sono rimaste tracce evidenti anche a distanze di tempo così lunghe, senza che nessuna erosione, dovuta ad agenti atmosferici o movimenti tettonici della crosta, abbia potuto cancellare queste tracce.

Marte, l'ultimo dei pianeti rocciosi e il quarto del Sistema Solare, a una distanza media dal Sole di 230 milioni di km, ha un diametro di 6.800 km, impiega quasi due anni per percorrere la sua orbita di rivoluzione e ha un periodo di rotazione quasi analogo al nostro pianeta; infatti, impiega solo 41 minuti in più della Terra per compiere un giro su se stesso.

La superficie di Marte si presenta montuosa, butterata di crateri e di colore rossastro a causa dell'ossido di ferro di cui le rocce sono composte.

Ha una morfologia che fa supporre a molti esobiologi che, nel periodo in cui sulla Terra nasceva la vita, su Marte erano presenti enormi quantità d'acqua, la quale nel corso di miliardi di anni, a causa dell'instabilità atmosferica e della debole gravità del pianeta, evaporò e la maggior parte dell'atmosfera, allora molto più densa di oggi, sfuggì nello spazio diventando così quel deserto rosso che conosciamo. L'atmosfera di Marte è composta da anidride carbonica, azoto e in minoranza ossigeno e vapor acqueo.

Le calotte polari presentano composizioni diverse: la calotta sud è composta da ghiaccio di anidride carbonica (ghiaccio secco), mentre la calotta nord è composta da ghiaccio misto ad ammoniaca.

Marte vanta di avere il vulcano più alto dell'intero Sistema Solare, il monte Olympus, alto 27 km e con una base di 600 km di diametro, oltre ad un canyon (la Valle Marineris) che supera i 4.000 chilometri di lunghezza e con una profondità di 8 km.

Le temperature sono molto fredde, infatti, si passa dai -14° C in estate ai -180° C in inverno, ma nelle zone presso l'equatore assumono livelli più miti (+25° C).

Frequenti sono le tempeste di polvere che avvolgono tutto il pianeta, occultando la sua topografia ben visibile dalla Terra.

Marte ha due satelliti Phobos e Deimos. Il primo è il più grande ed il più vicino al pianeta (solo 6.000 km), misura 25 km x 21 km, ha una forma irregolare e, a causa di un'instabilità orbitale, fra 100 milioni di anni cadrà su Marte. Deimos ha anch'esso forma irregolare e un diametro di 14 km.

Questi satelliti sono, praticamente, asteroidi catturati dalla forza di gravità del pianeta.

Le distanze regolari fra i pianeti provano che fra Marte e Giove ci dovrebbe essere un altro pianeta, invece sostituito dalla cosiddetta **Fascia degli asteroidi**, macigni cosmici di varie dimensioni. Secondo un'ipotesi, si tratterebbe di materiale che non è mai riuscito ad aggregarsi in un pianeta a causa delle turbolenze gravitazionali di Giove.

Giove è il primo dei giganti gassosi e il più grande pianeta del Sistema Solare. Ha un diametro di 143.000 km e una massa tale che al suo interno prenderebbero posto 1.300 pianeti delle dimensioni della Terra. Esso compie la sua orbita intorno al Sole in quasi 12 anni, ruota su se stesso in meno di 10 ore e la sua distanza media dal Sole è di 780 milioni di km. Se Giove fosse stato 10 volte più massiccio si sarebbe acceso come una stella, anche così però, emette più energia di quanta ne riceva dal Sole. In un'atmosfera turbolenta composta da idrogeno, elio ed in misura minore da azoto, carbonio e zolfo, soffiano venti violentissimi con punte che toccano i 650 km/h e uragani di impressionanti dimensioni come la *Grande Macchia Rossa*, grande 3 volte la Terra.

Giove possiede un sottilissimo anello composto da polvere solforosa proveniente dai vulcani del più vicino dei suoi quattro satelliti maggiori, Io. È una luna molto interessante in quanto è l'unico corpo nel Sistema Solare, oltre alla Terra, ad avere vulcani attivi. Il fenomeno di vulcanesimo è dovuto alle opposte forze di marea gravitazionali innescate da Giove ed Europa. Questo satellite, passando vicino a Io a ogni orbita, dà il via a una specie di tiro alla fune gravitazionale con Giove, riscaldando l'interno di Io e alimentando così i suoi vulcani.

Europa ha una superficie coperta di crepe e anche questa luna potrebbe essere unica nel suo genere, infatti, secondo le misurazioni effettuate dalla sonda Galileo, sotto la sottile crosta ghiacciata ci sarebbe acqua allo stato liquido. Ciò spiegherebbe l'assenza di crateri, presenti su quasi tutti i corpi del Sistema Solare, sulla sua liscia superficie presumibilmente rimodellata in continuazione dai movimenti dell'acqua sottostante.

Giove vanta di avere il satellite più grande del Sistema Solare, Ganimede che, con un diametro di 5.300 km, supera le dimensioni del pianeta Mercurio. Questo satellite presenta una superficie coperta da rughe e crateri e ha una temperatura molto bassa: -200° C.

Callisto è il più lontano dei satelliti maggiori, presenta una superficie butterata di crateri da impatto ed è di dimensioni notevoli, simili a quelle di Ganimede, ma non presenta attività geologiche di rilievo, data la maggior distanza da Giove.

A 1,5 miliardi di km dal Sole troviamo il pianeta più originale del Sistema Solare, **Saturno**. Ha un diametro di 120.000 km, secondo solo a quello di Giove, compie la sua orbita intorno al Sole in quasi 30 anni, ma ruota sul suo asse molto velocemente, quasi 11 ore. Idrogeno ed elio sono i componenti della sua atmosfera apparentemente tranquilla, ma sotto una densa foschia soffiano venti ad oltre 1.500 km/h. Sono inoltre presenti numerosi vortici e la sua temperatura al culmine delle nubi è di -180° C.

I suoi bellissimi anelli hanno un diametro di 279.000 km e lo spessore di 1 km; sono costituiti da polvere finissima simile a granelli di sabbia nelle zone più interne e macigni grandi quanto un'automobile nelle zone più esterne. Gli anelli sono divisi in 7 fasce principali, ognuna delle quali contiene centinaia di anelli più tenui e sono tenuti in ordine gravitazionale da grandi rocce dette *lune pastore*. La loro composizione si divide in rocce silicee, ferro e ghiaccio e potrebbero essere stati originati da una disgregazione di lune.

Saturno ha molti satelliti uno dei quali, il più grande, è particolarmente interessante: Titano.

Questa luna, anch'essa grande come un pianeta, è avvolta da un'atmosfera di azoto ed etano molto densa e sulla sua superficie ci sarebbero oceani di metano liquido.

Altri satelliti di Saturno sono Encelados, largo 500 km e composto da roccia e ghiaccio, Mimas con un diametro di 400 km, Giapeto simile a una roccia congelata e Dione cosparso di crateri; gli altri satelliti somigliano più ad asteroidi che a lune vere e proprie.

Urano, con un diametro di oltre 51.000 km e a quasi 3 miliardi di km dal Sole, ha l'asse di rotazione sdraiato sul piano dell'eclittica, ciò vuol dire che presenta al Sole non l'equatore come di solito accade, ma alternativamente uno dei poli. La sua orbita di rivoluzione è coperta in 84 anni, mentre gira sul suo asse in 17 ore in senso inverso rispetto agli altri pianeti.

L'anomala inclinazione dell'asse di rotazione potrebbe essere stata causata da un impatto subìto dal pianeta con un corpo grande quanto la Terra, e da qui la formazione dei suoi 11 anelli formati da ghiaccio sporco e polvere. Ha un'atmosfera composta principalmente da idrogeno e metano, e al centro potrebbe esserci un piccolo nucleo roccioso.

Le più importanti lune di Urano sono: Ariel, solcato da canyon, Umbriel, di metano ghiacciato, Titania, il più grande dei satelliti di Urano, Oberon, il più lontano, ma la più interessante è Miranda che, con i suoi 500 km di diametro, è caratterizzata da intense attività geologiche.

Quasi ai confini del Sistema Solare, a 4,5 miliardi di km dal Sole, **Nettuno** compie la sua grande orbita in 164 anni e il suo periodo di rotazione viene completato in poco più di 16 ore. Nettuno è poco più piccolo di Urano, ma avendo 49.000 km di diametro, è anch'esso un gigante gassoso composto da idrogeno e metano. La sua turbolenta atmosfera è caratterizzata da nubi ad alta quota dette *cirri*, uragani come *l'occhio del mago* e la *Grande Macchia Scura* (dissolta solo di recente dopo decenni di attività) e da venti che soffiano a 2.200 km/h.

Nettuno ha un sistema di 2 anelli principali e uno più tenue. I principali satelliti sono Nereide, Proteo e Tritone, più altre lune secondarie. Su Tritone si è registrata la temperatura più bassa dell'intero Sistema Solare, -270°.

Con un diametro di 2.300 km, a ormai 6 miliardi di km dal Sole, **Plutone** è il più piccolo dei pianeti, compie la sua orbita di rivoluzione in 248 anni e quella di rotazione in 6 giorni. Plutone è un pianeta sconosciuto e le differenti colorazioni del pianeta, secondo osservazioni effettuate al telescopio, potrebbero essere composizioni diverse della sua superficie. Plutone ha una piccolissima luna, Caronte, grande circa la metà del pianeta.

LA NOSTRA STELLA: IL SOLE

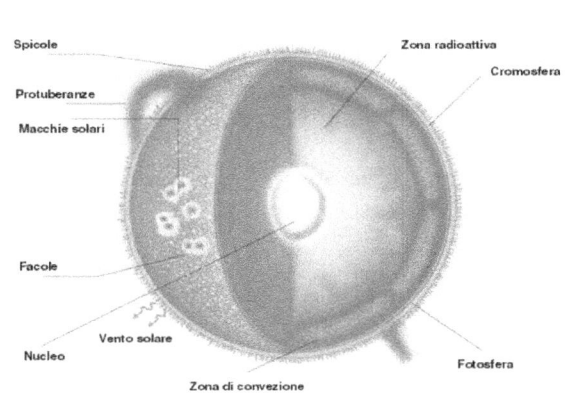

Il Sole, al centro del Sistema Solare, venerato come un dio dagli antichi, generatore di luce e calore, e fonte di vita. Il Sole, sempre all'apice di miti e leggende, veniva considerato una divinità da molti popoli, ma oggi per noi significa la vita sul nostro pianeta.

Nello spaccato la struttura completa del Sole.

Fin dal lontano passato, è stato perenne oggetto di studi e osservazioni; oggi si è capito molto delle sue attività, conosciamo molti particolari legati ad esso, ma il Sole nasconde ancora tanti dei suoi segreti.

Da recenti osservazioni, l'astro a noi più vicino risulta essere una stella di media grandezza e luminosità — su scala cosmica — ma se paragonato al solo Sistema Solare esso assume proporzioni immense. Per fare qualche paragone, immaginiamo affiancati più di un centinaio di pianeti delle dimensioni della Terra per riuscire a eguagliare il suo diametro e più di un milione potrebbero prendere comodamente posto al suo interno. Come possiamo notare, le proporzioni sono considerevoli, tanto che il 99% della materia presente nell'intero Sistema Solare è contenuta in questo astro.

Il Sole, cittadino medio della Via Lattea, orbita intorno ad essa in un periodo di 225 milioni di anni, accompagnato dai 9 pianeti, trattenuti dalla potente forza gravitazionale che esercita su di essi.

L'involucro che comprende il Sistema Solare è detto eliosfera; fuori dall'eliosfera c'è lo spazio interstellare. Dai confini del Sistema Solare, ritorniamo velocemente al Sole e descriviamolo in modo semplificato, partendo dal suo nucleo interno, fino all'estrema periferia della sua atmosfera.

Dati sul Sole	
Diametro	1.400.000 km
Massa (Terra=1)	333
Volume (Terra=1)	1304000
Temperatura al nucleo	15.000.000° C
Temperatura in superficie	6.000° C
Rotazione all'equatore	25 giorni
Rotazione ai poli	34 giorni
Velocità di fuga	620 km/sec
Distanza dal centro della galassia	28.000 a.l.
Periodo di rivoluzione intorno alla galassia	225.000.000 anni

Il nucleo

Il nucleo è la parte più interna della nostra stella ed è da qui che nasce l'energia che la tiene accesa per tutta la durata della sua esistenza, oltre ad essere la fonte principale della vita sulla Terra.

Nella fornace interna, la temperatura è elevatissima, 15.000.000° C, ed è qui che avviene il processo di fusione nucleare al vertiginoso ritmo di 4.000.000 di tonnellate di materia al secondo che viene convertita in energia, pari a 386 miliardi di miliardi di megawatt.

Questa stessa energia impiega 10 milioni di anni per arrivare in superficie. Ciò è dovuto a strati molto densi e compressi che deve attraversare, ma un volta all'esterno in soli 8 minuti e mezzo giunge sulla Terra, questo significa che l'energia e il calore che riceviamo noi oggi dal Sole è stato prodotto milioni di anni prima dell'avvento dell'uomo.

Nel nucleo interno del Sole la densità, la temperatura e la pressione assumono valori elevatissimi e nuclei atomici ed elettroni collidono a velocità altissima con un'enorme liberazione di energia. Il processo di fusione nucleare avviene con due nuclei di idrogeno che si uniscono formando il deuterio; successivamente si accoppia un altro nucleo di idrogeno formando una molecola di elio leggero detto elio -3, il quale collide con un'altra molecola di egual peso atomico, rilascia due nuclei di idrogeno in eccesso e costituisce così una molecola di elio -4 formato da due protoni e due neutroni.

Durante questo processo di fusione sembra, però, che una parte dell'energia scompaia; è stato di seguito appurato che l'energia mancante sia portata via da una particella priva di massa detta *neutrino*. Ogni centimetro quadrato della nostra pelle è colpita da decine di miliardi di neutrini ogni secondo, in gran parte provenienti dal Sole. Ma allora viene naturale porsi una domanda: come mai non ci accorgiamo di questo continuo bombardamento?

La risposta risiede nel fatto che il neutrino non possiede una massa o se ce l'ha è molto piccola, quindi essi sono capaci di attraversare un intero pianeta, da parte a parte, senza interagire con la materia.

Sarà dedicato un paragrafo sui neutrini in uno dei prossimi capitoli.

Dal nucleo in superficie

L'energia generata all'interno del Sole inizia a salire in superficie sotto forma di raggi gamma: durante il suo viaggio, questa radiazione elettromagnetica collide, date le altissime temperature, con le particelle del plasma solare e, attraverso una moltitudine di interazioni, viene continuamente assorbita e riemessa. A causa di questi continui processi, l'energia prodotta al nucleo subisce continue trasformazioni divenendo prima radiazione gamma poi x ed infine ultravioletta e ottica, cioè quella che raggiunge la superficie solare e viene emessa nello spazio: in pratica parte dal nucleo alla temperatura di 15 milioni di gradi e arriva in superficie a meno di 6.000 gradi. Questi processi avvengono nella zona immediatamente esterna al nucleo e definita *zona radiativa*; come anticipato, l'energia prodotta al centro del Sole impiega più di 10 milioni di anni a raggiungere la superficie seppur, viaggiando alla velocità della luce, essa impiegherebbe due secondi per attraversare il raggio solare e questo a causa dell'immensa densità del plasma presente nella zona radiativa: l'energia che riceviamo oggi è stata generata nel nucleo del Sole 10 milioni di anni fa e se esso si spegnesse oggi, noi ce ne accorgeremmo fra 10 milioni di anni.

A temperature inferiori a 2 milioni di gradi, gli elettroni liberi e i nuclei si ricombinano in atomi neutri assorbendo la radiazione in misura maggiore: il risultato è il continuo rimescolamento di gas caldi che salgono verso l'alto e di gas più freddi che scendono verso il basso, rendendo il trasporto della radiazione molto più efficace. Tutto ciò avviene nella *zona convettiva* e la sua presenza è provata dalla granulazione che avviene sulla fotosfera solare.

Sfera di luce

Quello che riusciamo a vedere del Sole è la fotosfera o sfera di luce che rappresenta, se così si può definire, la superficie solare. Infatti, non essendo una struttura solida ma gassosa, il Sole non possiede una superficie su cui poter camminare. Tuttavia la si definisce così per via del suo aspetto compatto, anche se il suo spessore non supera poche centinaia di chilometri. La sua temperatura oscilla fra i 6.400° C alla base e i 5.800° C nelle parti più elevate.

Come è noto, il suo aspetto si presenta granuloso per via dei moti convettivi descritti in precedenza, mentre ogni granulo raggiunge le dimensioni dell'Italia perdurando per alcuni minuti in superficie prima di ridiscendere verso il basso. Di questi granuli ve ne sono a miliardi sparsi su tutta la superficie solare e sono perfettamente visibili dalla Terra, anzi, è una delle parti del Sole più facili da osservare. La fotosfera, con la sua presenza, impedisce l'osservazione degli strati sottostanti pur essendo molto sottile, tuttavia se si nota bene, quando si osserva il Sole la sua parte centrale risulta più luminosa dei bordi poiché riusciamo a intravedere le regioni sottostanti più calde; al contrario, la vista di taglio più opaca, ci impedisce di penetrare la fotosfera per cui, essendo più fredda, ci appare meno luminosa.

Le macchie solari

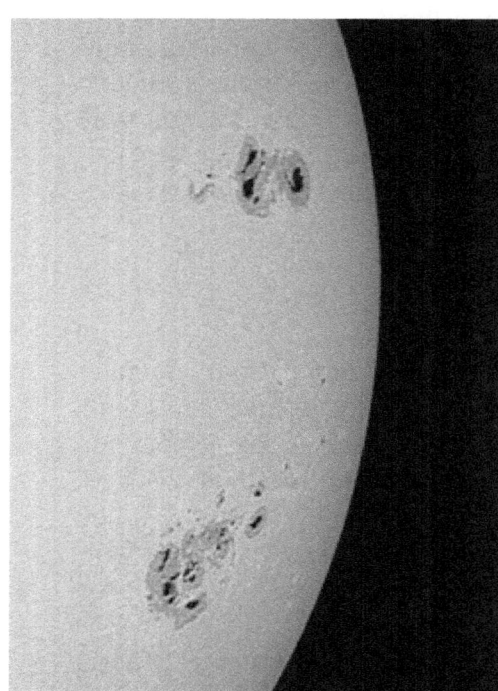

Due gruppi macchie solari riprese in dettaglio. Ogni macchia supera le dimensioni della Terra.

Uno dei fenomeni più spettacolari che interessano il Sole sono le macchie solari, regioni più scure poiché più fredde (4.000° C) rispetto alla restante fotosfera, e con dimensioni che superano di parecchie volte il diametro della Terra.

Il primo ad osservarle direttamente fu Galileo Galilei il quale, notandone gli spostamenti sulla superficie solare, fu in grado di calcolare il periodo di rotazione del Sole stabilendolo sui 27 giorni.

Ma prima di Galileo, altri astronomi del passato sono stati in grado di osservare le macchie, infatti si hanno testimonianze risalenti al I secolo a.C.

Ad occhio nudo è possibile osservare le macchie solo quando il Sole si trova molto basso sull'orizzonte e opacizzato dalla foschia; anche se ci appaiono nere rispetto alle zone circostanti, le macchie solari sono estremamente luminose, infatti se potessimo osservarle su di un cielo scuro, esse si presenterebbero più luminose della luna piena.

Una macchia ci appare come una zona più scura al centro (ombra) e più chiara ai bordi (penombra).

Ma come si formano? Come sappiamo il Sole non è una struttura solida ma gassosa, per cui la sua superficie compie un giro completo su se stessa in 25 giorni presso l'equatore e in circa 34 giorni nelle regioni prossime ai poli. Questa differenza di velocità crea un intrecciarsi delle linee di forza del campo magnetico con una ciclicità regolare di 11 anni; questo periodo di attività viene chiamato *massimo solare* e crea un aumento dell'azione del Sole con un intensificarsi di fenomeni quali, appunto, le macchie solari oltre a brillamenti e protuberanze.

Le macchie hanno una vita media di poche settimane e si possono, giorno dopo giorno, notare i loro spostamenti sulla superficie solare.

La cromosfera

Al di sopra della fotosfera si trova la cromosfera. Essa assume un colore rossastro per via dell'idrogeno di cui è composta ed è molto difficile osservarla per due motivi. Innanzitutto, la cromosfera si trova molto vicino all'accecante fotosfera, quindi le migliori occasioni d'osservazione corrispondono alle eclissi totali di Sole, allorquando il disco lunare copre la luminosità della fotosfera; l'altro motivo è che la cromosfera non è percepibile nella lunghezza d'onda della luce visibile, cioè quella che l'occhio umano riesce a cogliere, ma solo nella banda rossa dell'idrogeno, per cui occorrono particolari filtri per ammirare gli eventi che scaturiscono dalla superficie della cromosfera e che andiamo ora a descrivere.

I gas incandescenti che emergono dal basso, si concentrano in sottili colonne fiammeggianti dette *spicole*, le quali possono raggiungere l'altezza di 10.000 km e durare pochi minuti. Nei pressi delle spicole sono addensate enormi bolle di gas note come *supergranuli*, i quali compiono movimenti convettivi della durata di alcune ore e che, espandendosi, riescono a raggiungere un diametro di 30.000 km.

Molto più grandi delle spicole sono le *protuberanze*, gigantesche eruzioni di gas incandescente sotto forma di enormi fiammate scagliate nello spazio fino a raggiungere un'altezza di 100.000 km e con una temperatura che oltrepassa i 10.000° C. Esse possono assumere diverse forme: da altissime lingue di fuoco, dette protuberanze eruttive, ad enormi archi fiammeggianti che seguono le linee di forza del campo magnetico, dette protuberanze ad arco.

Altrettanto spettacolari sono i *brillamenti*, enormi ed improvvise esplosioni dovute a scontri di opposte polarità magnetiche con una liberazione di energia pari a 10.000.000 di megatoni.

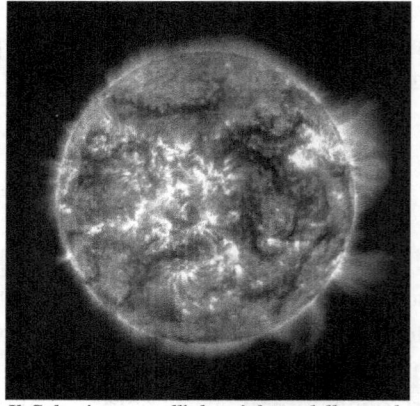

Le conseguenze dovute ai brillamenti si fanno sentire anche sul nostro pianeta sotto forma di black-out elettrici e disturbi o interruzioni delle trasmissioni radio e televisive.

Il Sole ripreso nell'ultravioletto dalla sonda Soho nei periodi di massima attività. Nettamente visibili i brillamenti e le protuberanze.

L'atmosfera solare

Gran parte del Sole, invisibile ai nostri occhi se non durante le eclissi totali, è la corona, la parte più esterna della nostra stella, estremamente calda e rarefatta.

La corona o atmosfera solare, si estende per milioni di chilometri nello spazio senza trovare un confine netto, ma sfumando via via che aumenta la distanza dal Sole. La sua temperatura, curiosamente, raggiunge uno o due milioni di gradi e ciò è abbastanza anomalo visto che la corona si trova molto più all'esterno della fotosfera la quale ha una temperatura che non supera i 6.000 ° C. Allo stato attuale delle cose una risposta certa non è ancora stata trovata, anche se esistono delle teorie avanzate dagli astrofisici; tuttavia si sta ancora lavorando per dare risposte certe a questo comportamento paradossale che sfida le normali leggi della fisica.

La forma della corona solare non è simmetrica come di solito accade con le atmosfere dei pianeti e non ha neanche una forma stabile, ma cambia nel tempo: tutto lascia credere che la struttura della corona sia influenzata dai cicli solari, infatti ogni 11 anni la maggiore influenza di perturbazioni quali brillamenti, protuberanze e macchie solari, modifica chiaramente la forma della corona, la quale si intensifica maggiormente nelle regioni dove avvengono questi fenomeni altamente energetici.

La corona solare è visibile solo in occasione delle eclissi oppure montando sul telescopio un coronografo in grado di creare eclissi artificiali, permettendo così di ammirare l'atmosfera solare in qualsiasi momento.

NON SI DEVE MAI GUARDARE IL SOLE DIRETTAMENTE IN NESSUN CASO, NÉ AD OC-CHIO NUDO, NÉ TANTO MENO CON L'UTILIZZO DI UN BINOCOLO O DI UN TELESCO-PIO: LA NOSTRA VISTA SUBIREBBE IMMEDIATAMENTE GRAVI DANNI E IN MODO PER-MANENTE. OCCORRE AVVALERSI SEMPRE DI UN FILTRO OTTICO PER DIMINUIRE LA RADIAZIONE LUMINOSA TENENDO PRESENTE CHE, ANCHE SE ESSO RIDUCE DI 10.000 VOLTE LA LUCE E IL CALORE DEL SOLE, TALI RADIAZIONI CI SONO SEMPRE ED E' QUINDI UTILE COMPIERE DELLE INTERRUZIONI, SPECIALMENTE IN PROLUN-GATE OSSERVAZIONI, IN MODO DA NON FAR RISCALDARE E DEFORMARE GLI SPEC-CHI E GLI OCULARI DELLO STRUMENTO D'OSSERVAZIONE, OLTRE CHE A PREVENIRE DANNI ALLA VISTA.

Il vento solare

Dal Sole scaturisce, fra le altre cose, un flusso continuo di parti-celle cariche elettricamente detto *vento solare*, il quale si propa-ga nello spazio e in tutte le direzioni alla velocità di 400 km/sec dando origine a un fenomeno che notiamo sul nostro pianeta, quello delle aurore.

Le particelle cariche, portate dal vento solare, quando giungono sulla Terra vengono deviate dal campo magnetico terrestre che le fa convergere verso i poli; questo gas ionizzato, interagendo con l'alta atmosfera, crea un drappeggio colorato che si libra nel cielo: l'aurora.

Nonostante il suo nome, è sbagliato pensare in termini di vento così come noi lo percepiamo sul nostro pianeta. Il vento solare è estremamente rarefatto con un vuoto assolutamente impossibile da riprodurre in laboratorio, tant'è vero che ha una densità di soli dieci particelle per centimetro cubo, vale a dire un miliardo di miliardi di volte meno denso dell'aria che respiriamo.

Inoltre, il vento solare non viaggia in eterno nello spazio, ma si ferma allorquando viene a contatto col mezzo interstellare, come tenui nubi di gas e polveri che si trovano fra gli ampi spazi fra stella e stella. La regione in cui il vento solare si ferma è detta *eliopausa* e rappresenta il confine estremo dentro cui si fa senti-re l'influenza del Sole.

Le sonde a lunga percorrenza partite negli anni settanta come le

Pioneer e le Voyager, alcune delle quali ancora in funzione, sono attualmente uscite dal Sistema Solare e stanno studiando il vuoto interstellare. Quello che agli scienziati sta più a cuore è definire con esattezza l'ampiezza totale dell'eliopausa; si spera che riescano a farlo prima che si esaurisca l'energia residua di cui dispongono, necessaria al funzionamento delle apparecchiature scientifiche di bordo.

Il destino del Sole

Come accennato all'inizio del capitolo, il Sole è una stella di media grandezza e quindi dalla vita molto lunga: circa 10 miliardi di anni. Questa caratteristica del Sole è di essenziale importanza poiché, nel corso di tempi così lunghi, esso ha permesso ai pianeti di formarsi, di sviluppare un'atmosfera e, nel nostro caso, di far nascere, evolvere e preservare la vita.

Tutto ciò che vediamo muoversi sul nostro pianeta è dovuto all'energia che ogni istante la nostra stella ci fornisce; ma per quanto altro tempo ancora?

Osservazioni effettuate sul Sole e anche su molte altre stelle di massa pari o superiore al nostro astro, hanno permesso agli scienziati di capire la loro evoluzione e i fattori che le condurranno alla loro inevitabile fine.

Il Sole brilla nel cosmo da circa 5 miliardi di anni e continuerà, in questa fase di stabilità, per altri 5 miliardi di anni. Analizzando il suo spettro, infatti, gli astronomi hanno scoperto che il Sole è una stella di mezza età, pertanto il carburante che lo tiene acceso e cioè l'idrogeno, è stato consumato per metà.

La fase stabile delle stelle è basata su un principio comune: esse sono enormi sfere di gas (idrogeno ed elio), sempre più caldi e densi via via che si procede verso il nucleo. Qui temperatura e pressione sono così elevate che si innescano reazioni termonucleari che tenderebbero a far esplodere la stella.

Ciò non avviene poiché il peso gravitazionale degli atomi si contrappone all'energia proveniente dal centro ed è così che le stelle rimangono in una fase di stabile equilibrio gravitazionale anche per miliardi di anni. Quando esse esauriscono il loro combustibile naturale, questo equilibrio si spezza ed è allora che le stelle vanno incontro ad una serie di collassi e convulsioni. La massa della stella è di notevole rilevanza poiché ne determinerà le fasi catastrofiche che la porteranno allo spegnimento.

Quando il Sole comincerà a rimanere a corto di idrogeno, uscirà dalla fase di stabilità per crollare in una lenta e lunga agonia. Terminata la sua riserva interna, esso inizierà a spegnersi, la forza di gravità prenderà il sopravvento poiché verrà a mancare l'energia termonucleare necessaria all'equilibrio stellare, di conseguenza le dimensioni del Sole diminuiranno e la temperatura nel suo nucleo maggiormente compresso, salirà in modo esponenziale fino a raggiungere 100 milioni di gradi.

A questa temperatura il Sole si riaccenderà, ma questa volta il suo combustibile sarà l'elio, non più l'idrogeno, e sarà in questa fase che si formeranno gli elementi più pesanti.

In quell'epoca la nostra stella aumenterà di centinaia di volte il suo diametro e si trasformerà in una gigante rossa, raggiungendo l'orbita della Terra inghiottendola, mentre la sua temperatura superficiale scenderà a 2.000° C.

Quando nel processo di fusione interna si giungerà alla formazione del ferro, il Sole perderà i suoi gas superficiali abbandonandoli nello spazio e il suo nucleo verrà messo a nudo.

Di esso non rimarrà che una nana bianca, una stellina con un diametro pari a quello della Terra ma dalla materia densissima. Poi anche quell'ultima luce si spegnerà e il Sole, divenuto una nana nera svuotata di tutta la sua energia, non subirà più alcuna ulteriore evoluzione.

Sonde verso il Sole

Del Sole si sono occupati soprattutto gli americani fin dalla metà degli anni quaranta, ma successivamente la NASA ha cominciato a cooperare con altre Agenzie Spaziali e in particolar modo con quella europea; ecco in sintesi le sonde che hanno studiato e che stanno ancora studiando la natura e la dinamica del nostro Sole:

RAZZO NRL V2 - *razzo americano:* primo razzo a osservare lo spettro ultravioletto del Sole lanciato nel 1946.

RAZZO NRL V2 - *razzo americano:* nel 1949 osservò il Sole nei raggi x.

PIONEER 5 - *sonda americana:* partì l'11 marzo 1960 e monitorò il Sole. Attualmente si trova in orbita solare.

PIONEER 6 - *sonda americana:* lanciata il 16 dicembre 1965, la sonda sta ancora trasmettendo dati sul Sole. È la più vecchia sonda ancora funzionante.

PIONEER 7 - *sonda americana:* partì il 17 agosto 1966 ed effettuò uno studio approfondito del Sole; ora gira ormai spenta intorno ad esso.

PIONEER 8 - *sonda americana:* venne lanciata il 13 dicembre 1967 e da allora sta studiando il Sole e trasmettendo informazioni.

PIONEER 9 - *sonda americana:* partì l'8 novembre 1968 e fino al 3 marzo 1987 ha lavorato compiendo uno studio approfondito sulla nostra stella. Ora si trova in orbita solare.

SKYLAB - *stazione spaziale americana:* lanciata il 26 maggio 1973, fu la prima stazione spaziale in cui si alternarono tre equipaggi soggiornandovi per 171 giorni. A bordo dello Skylab vi era un particolare telescopio preparato per l'osservazione solare, il quale scattò 150.000 foto della nostra stella. La stazione spaziale venne abbandonata nel 1974 e fatta bruciare nell'atmosfera terrestre nel 1979.

EXPLORER 49 - *sonda americana:* fu lanciata il 10 giugno

1973 e studiò la fisica solare dall'orbita lunare.

HELIOS 1 - *sonda americana e della Germania dell'ovest:* partì il 10 dicembre 1974 e studiò il Sole, avvicinandosi fino a 47 milioni di chilometri per quasi un anno. Ora si trova in orbita solare.

HELIOS 2 - *sonda americana e della Germania dell'ovest:* partì il 16 gennaio 1986 e si portò fino a 43 milioni di chilometri dal Sole studiandolo da vicino.

SOLAR MAXIMUM MISSION - *satellite americano:* partì il 14 febbraio 1980 e aveva il compito di studiare il Sole nel ciclo di massima attività: problemi tecnici costrinsero gli astronauti dello Shuttle a ripararlo in orbita e da allora operò fino al 24 novembre 1989.

ULISSE - *sonda euro-americana:* lanciata il 6 ottobre 1990, la sonda sorvolò per la prima volta in assoluto una zona mai esplorata dai robot automatici: i poli del Sole. Il primo sorvolo avvenne nel giugno 1994 trasmettendo a terra una lunga e preziosa serie di informazioni.

YOHKOH: *sonda nippo-anglo-americana:* dal 31 agosto 1991, data in cui venne lanciata, sta studiando le alte energie emesse dal Sole.

SOHO - *sonda euro-americana:* partì il 2 dicembre 1995 e posta su di un'orbita dove la forza gravitazionale della Terra è in equilibrio con quella del Sole e cioè a 1,5 milioni di chilometri dal nostro pianeta, la sonda sta studiando l'interno della nostra stella praticamente ventiquattro ore su ventiquattro.

CLUSTER II - *sonda europea:* in realtà si tratta di una flotta di quattro sonde gemelle progettate per l'osservazione dell'interazione della magnetosfera con la Terra per la prima volta in tre dimensioni, unendo i dati provenienti dalla sonda Soho. Il lancio venne effettuato con il nuovissimo vettore Ariane V nel 1996, ma la missione fallì pochi secondi dopo il via con l'esplosione del razzo. L'ESA decise di costruire una nuova flotta e di utilizzare l'affidabile vettore russo Souyz/Fregat per il lancio, ma che obbligava a mettere in orbita solo due sonde per volta. Il primo lancio avvenne il 16 luglio 2000, il secondo il 9 agosto dello stesso anno. Dal momento della messa in orbita, a 19.000 km dalla Terra e costantemente al lavoro, le sonde sono state ribattezzate Salsa, Samba, Rumba e Tango

GENESIS - *sonda americana*: l'ambiziosa missione così brillantemente iniziata ma terminata nel peggiore dei modi: la capsula Genesis venne lanciata da Cape Canaveral l'8 agosto 2001 e posta in orbita intorno al Sole il 16 novembre 2001, dove la sua gravità e quella della Terra si equivalgono. Scopo della missione raccogliere nell'arco di 30 mesi, campioni delle particelle del vento solare e riportarle a terra. Il lavoro terminò nell'aprile 2004 e la capsula tornò indietro. Tutto sembrava procedere per il meglio quando accadde l'imprevedibile: l'8 settembre 2004 alle 17.55 ora italiana, al suo rientro nell'atmosfera terrestre i paracadute della sonda non si aprirono e precipitò sul suolo del deserto dello Utah a 311 km/h quasi inabissandosi nel terreno. I piloti degli elicotteri che avevano il compito di raccogliere la sonda al volo nulla hanno potuto e sono rimasti increduli ad osservare l'accaduto. Il prezioso carico, che sarebbe servito alla ricerca sulla formazione del Sistema Solare, è rimasto contaminato dalle condizioni ambientali del deserto e di conseguenza inutilizzabile.

IL PIANETA AZZURRO: LA TERRA

Il pianeta su cui viviamo è, almeno per quanto ne sappiamo, unico nel suo genere; il terzo del Sistema Solare e il più grande fra i pianeti rocciosi, la Terra è giunto a ospitare la vita attraverso una serie combinata di fortunate circostanze: sarebbe bastato pochissimo per divenire come Marte o Venere, corpi inizialmente predisposti allo sviluppo del vivente ma che non hanno avuto tutti i parametri necessari per divenirlo definitivamente, trasformandosi poi in aridi e desolati pianeti assolutamente inospitali.

Suggestiva immagine del nostro pianeta osservato dallo spazio.

Massa, distanza dal Sole e la presenza di una luna abbastanza grande, sono stati i fattori principali che hanno permesso alla Terra di evolversi fino a veder ospitare la vita: la massa ha permesso di trattenere gas indispensabili come l'ossigeno e l'azoto, la distanza dal Sole ha fatto sì che le temperature si mantenessero miti, permettendo così all'acqua di esistere in tutti gli stati ma essenzialmente in quello liquido e la Luna, con la sua presenza, stabilizza l'inclinazione dell'asse terrestre permettendo una costanza climatica. Recenti studi hanno chiarito che la vita non potrebbe esistere senza il nostro satellite; la sua mancanza causerebbe l'accentuarsi del moto di nutazione, attualmente impercettibile, con una forte oscillazione dell'asse di rotazione; questo anomalo movimento sarebbe indice di improvvise e repentine glaciazioni e desertificazioni che coinvolgerebbero alternativamente entrambi gli emisferi.

La Terra nella storia e nell'universo

La storia che riguarda il nostro pianeta ha origini antichissime. Già ai suoi primordi, l'uomo iniziò a dimostrare intelligenza scrutando il cielo con interesse; possiamo dire che l'astronomia è la più antica delle scienze naturali, remota nel tempo quanto l'origine dell'uomo. Naturalmente i primi studi astronomici sono nati anche per motivi religiosi e per la previsione degli eventi, conosciamo tutti i famosi oroscopi di cui parla l'astrologia, nata insieme all'astronomia ma poi separatasi perché aveva come fine il solo scopo mistico e niente di scientifico. L'astronomia nacque anche per la necessità di misurare il tempo, ciò permetteva la creazione di un calendario legato ai periodi di semina e di raccolta.

Ma oltre che a scrutare l'universo gli antichi scienziati si soffermarono anche sul nostro pianeta: secondo gli antichi greci, come tutti sanno, la Terra era piatta, costituita da un disco circolare circondato da un impetuoso fiume-oceano e che sopra fosse chiusa a cupola dall'emisfero del cielo. Questo modello astronomico fu chiaramente accennato nelle opere di Omero e fu accettato fino al VI secolo a.C.

Si riteneva che Sole, stelle e pianeti sparivano, dopo aver percorso la semisfera celeste, immergendosi nell'oceano e che riuscissero in qualche modo a girare intorno all'orizzonte spuntando da est al momento del loro sorgere.

Dal VI secolo a.C. però, qualcuno ebbe qualche sospetto sulla forma della Terra. Anassimandro, notando che le costellazioni erano differenti alle varie latitudini, per esempio fra quelle visibili dalla Grecia e dall'Egitto, fu il primo ad avanzare l'ipotesi che la Terra avesse una qualche curvatura.

Egli però, sosteneva che la curvatura fosse solo in direzione nord-sud e che quindi il nostro pianeta avesse una superficie cilindrica: questo spiegava sia le differenti costellazioni visibili dalla Grecia e dall'Egitto, ma servì anche per preservare il mito secondo cui la terra dei morti si trovava molto lontano verso occidente.

La teoria di Anassimandro non durò a lungo: Parmenide, seguace di Pitagora, si soffermò sul fatto che l'unica forma adatta a rimanere naturalmente in equilibrio fosse quella sferica. Da qui si poteva immaginare che i corpi celesti potevano continuare a percorrere orbite circolari intorno alla Terra anche dopo il loro tramontare.

Quest'idea non venne accettata fino a che, mezzo secolo più tardi, Platone volle dimostrare filosoficamente che la Terra era rotonda: *la Terra è sferica perché la sfera è la forma più perfetta per un corpo, possiede la massima simmetria; perciò la Terra, che sta al centro dell'universo, deve essere sferica.* Malgrado l'inconsistenza della dimostrazione, l'idea di una Terra sferica fu universalmente accettata proprio grazie alla fama di Platone.

Ma il colpo di grazia lo dette poco dopo Aristotele: egli fece notare, durante un'eclissi di luna, che l'ombra proiettata dalla Terra sul nostro satellite ha un contorno circolare dimostrando in modo definitivo la sfericità del pianeta.

In seguito ad Eratostene venne in mente di misurare il diametro della Terra e lo fece in maniera tanto originale quanto sbalorditiva e quello che più colpisce, con un margine di errore minimo o quasi nullo.

Scartabellando fra gli archivi, Eratostene fu attratto dal fatto che alla stessa ora dello stesso giorno a Siene d'Egitto, l'attuale Assuan, i raggi solari scendevano in modo perpendicolare in un pozzo, mentre ad Alessandria d'Egitto, più a nord, una colonna di pietra proiettava una piccola ombra sul terreno: un fenomeno che accade solo in caso di una superficie curva. Incaricò una persona di camminare da Siene ad Alessandria contando i passi e ne ottenne la distanza: sapendo la distanza e l'angolo d'inclinazione dell'ombra proiettata, si servì della geometria euclidea e dai suoi calcoli ottenne un diametro di 12.629 km. Considerando il metodo e i dati di cui disponeva Eratostene, il valore ottenuto è straordinariamente vicino a quello reale che è di soli 113 km inferiore.

Ma come porre il nostro pianeta nel cosmo? Immaginiamo il modello delle sfere cristalline dove la Terra si trova al centro, circondata da una serie di sfere ognuna delle quali corrisponde al moto dei pianeti allora conosciuti, nell'ordine Luna, Mercurio, Venere, Sole, Marte, Giove e Saturno mentre l'ultima sfera apparteneva alle stelle fisse.

Secondo Eudosso, nel IV secolo a.C., il modello era molto più complesso: solo le stelle fisse possedevano un'unica sfera, al contrario i pianeti possedevano ben tre sfere cadauno legate tra loro da vincoli di rotazione. In questo modo, secondo Eudosso, era possibile spigare il moto retrogrado dei pianeti, e man mano che venivano scoperti nuovi dettagli sul loro moto, si aggiungevano nuove sfere fino a prevedere un modello compreso di ben cinquanta sfere.

Dopo Aristotele, il quale sostenne le teorie di Eudosso, Eraclide Pontico mise in discussione il modello delle sfere multiple il quale enunciava, fra le altre cose, che i pianeti si trovavano sempre alla stessa distanza dalla Terra. Secondo Eraclide, questo non poteva spiegare la variazione della luminosità dei pianeti, che può avvenire solo se cambia la distanza; così giunse a ipotizzare una teoria che poi venne chiamata da Ipparco e Tolomeo, il modello degli epicicli.

Eraclide poneva la Terra ferma al centro del sistema circondata dalle orbite dei pianeti, i quali descrivevano un'orbita più piccola seguendo la prima. Questo poteva spiegare sia la variazione dell'albedo, in quanto poneva i pianeti a distanze diverse man mano che seguivano l'orbita, sia il loro moto apparente nel cielo non costante.

Da qui e fino ad un migliaio di anni più tardi, non si fecero ulteriori progressi se non con Ipparco, noto come l'astronomo più illustre del suo tempo e Tolomeo, vissuto tre secoli dopo e grande ammiratore di Ipparco. Entrambi, seppur in tempi diversi, accettarono l'idea di Eraclide e delle sua teoria respingendo quella di Eudosso. Respinsero anche il fatto che la Terra si muovesse e non accettarono il modello eliocentrico.

Ma fu nel XVI secolo che il mondo occidentale venne rivoluzionato dalle straordinarie teorie di Copernico. Egli contestò tutti i modelli tolemaici a partire dalla posizione della Terra; secondo lui, era il Sole a trovarsi al centro e non viceversa: oltre a ciò, attribuì al nostro pianeta il moto di rotazione sul suo asse e il moto di rivoluzione intorno al Sole poiché era più semplice pensare che fosse la Terra a muoversi e non tutto l'universo, mentre il nostro pianeta era l'unico immobile. Questo poteva spiegare il movimento apparente del Sole lungo l'eclittica, ma non solo; Tolomeo sosteneva che se la Terra si muovesse si sarebbe disintegrata per effetto del suo moto, ma Copernico fece notare che con questa idea ciò che doveva disintegrarsi era la sfera delle stelle fisse. dato che a distanze molto maggiori, avrebbero dovuto compiere un movimento di rotazione con velocità di molto superiori.

Copernico elaborò il modello eliocentrico definitivo dell'universo, l'unico che poteva spiegare gli strani moti che compivano gli oggetti celesti: il Sole al centro con la Terra a girargli intorno in un'orbita circolare, con la grande intuizione di porre Mercurio e Venere in orbite interne a quelle del nostro pianeta seguito poi dai pianeti esterni Marte, Giove e Saturno, infine le stelle fisse.

Poco dopo la sua morte, l'astronomo Tycho Brahe, respinse l'idea eliocentrica e riprese il modello tolemaico che, secondo lui, era l'unico che potesse spiegare il moto dei pianeti senza però contrastare le ideologie della Chiesa; quest'ultima infatti, poneva la Terra al centro dell'universo poiché dimora dell'uomo.

Brahe ritoccò leggermente il modello geocentrico con la Terra al centro, con Sole e Luna a ruotare intorno alla Terra e tutti gli altri pianeti in orbita intorno al Sole.

Ma agli inizi del Seicento avvenne la svolta che avrebbe portato al modello definitivo della visione dell'universo. Furono due dei più grandi astronomi della storia ad occuparsene, Galileo Galilei e Giovanni Keplero.

Dopo aver inventato il suo telescopio, Galileo volle dimostrare che le ipotesi di Copernico, l'astronomo polacco vissuto poco prima, erano valide: usando il suo prezioso strumento, ebbe le prove definitive della veridicità dei risultati di Copernico e ne scrisse un libro per difenderne e dimostrarne le affermazioni.

Fu chiamato e processato dalla Chiesa e punito alla pena detentiva, ma soprattutto fu costretto ad ammettere, sotto la minaccia della tortura, che le sue scoperte erano eresie e che era la Terra a trovarsi al centro dell'universo; mormorando a denti stretti la famosa frase *eppur si muove*, dichiarò in pubblico e in ginocchio queste testuali parole: *Io, Galileo... dovessi lasciar la falsa impressione che il sole sia centro del mondo e che non si muova e che la terra non sia centro del mondo e si muova, e che non potessi tenere, difendere né insegnare... la detta falsa dottrina... che è... contraria alla Sacra Scrittura... sono stato giudicato veementemente sospetto d'eresia, cioè di aver tenuto e creduto che il sole sia centro del mondo et imobile e che la terra non sia centro e si muova... con cuor sincero e fede non finta abiuro, maledico e detesto li suddetti errori et heresie.*

Keplero mise la parola fine a tutto questo. Allievo di Brahe ma sostenitore di Copernico e Galileo, dimostrò con la matematica l'esattezza del modello eliocentrico di Copernico con la sola differenza che i pianeti compivano orbite ellittiche e non circolari; inoltre, la velocità dei pianeti durante il loro percorso orbitale, non era immutata ma cambiava in base alla distanza dal Sole.

Nonostante le obiezioni della Chiesa, il modello fu universalmente accettato, ma ci sono voluti 359 anni per ammettere l'errore con le coraggiose parole di papa Giovanni Paolo II.

Formazione della Terra

La Terra si è formata 4,5 miliardi di anni or sono, insieme agli altri 8 pianeti e una moltitudine di asteroidi e comete, da una nube cosmica che, per effetto del proprio peso, cominciò a contrarsi e a dare origine al Sistema Solare.

All'epoca il nostro pianeta si trovava in una fase di continuo accrescimento e dato che nella sua orbita vi erano un gran numero di corpi vaganti di tutte le dimensioni, esso svolse una duplice funzione: accumulava tutto il materiale cosmico che incontrava e, contemporaneamente, ripuliva tutto lo spazio nei dintorni della sua orbita.

Durante questo processo di formazione, la Terra non era una struttura solida e questo per due motivi: innanzitutto la temperatura nel Sistema Solare interno era elevata (circa 2.000° C), in secondo luogo, le continue collisioni che il nostro pianeta subiva durante le prime fasi della sua esistenza sprigionavano un enorme calore.

Data l'elevata temperatura, dunque, gli elementi che componevano la Terra in formazione, si trovavano allo stato fuso per cui, gli elementi più densi e pesanti come il ferro sprofondarono verso l'interno, mentre i materiali più leggeri come i silicati, restarono in superficie.

Terminata questa fase, la temperatura sul nostro pianeta cominciò a scendere, permettendo così alla crosta superficiale di solidificarsi, ma l'interno del pianeta era, ed è tutt'oggi, allo stato fuso per via della radioattività degli elementi destinata però a decadere nel tempo, quindi a raffreddarsi.

Formazione dell'atmosfera terrestre

In seguito ai processi di formazione del pianeta e di solidifica-
zione della crosta, cominciò a formarsi l'atmosfera. L'involucro
di gas che allora avvolgeva la Terra, aveva una composizione
molto diversa da quella attuale, al punto che si sarebbe rivelata
letale per l'uomo.

Attraverso le molte ricerche effettuate dagli scienziati si è potuto
apprendere che i gas che costituivano l'atmosfera primordiale
erano idrogeno, metano, ammoniaca, anidride carbonica e vapor
acqueo. Idrogeno e metano erano, e sono, gas molto comuni nel
cosmo, quindi essi sono stati i primi protagonisti della formazione dell'atmosfera, e non solo di quella terrestre, ma anche di tutti
gli altri pianeti.

A posteriori, però, è accaduto che la forza di gravità della Terra
risultava non essere abbastanza forte da trattenere l'idrogeno, già
di per sé molto leggero, che è poi sfuggito nello spazio a causa
anche dell'elevata temperatura della Terra in quell'epoca.

Altri gas presenti nell'atmosfera, ma soprattutto molti idrocarburi complessi, si suppone che siano giunti in buona parte dallo
spazio, un po' come se fossero degli autocarri carichi di merce.

Asteroidi e in particolar modo comete, precipitarono sulla Terra
con il loro prezioso carico contribuendo così alla formazione
dell'atmosfera e forse anche all'apparizione della vita sul nostro
pianeta.

L'atmosfera terrestre, oltre che con il contributo di fattori esterni,
si formò anche grazie ad eventi di natura endogena, in particolare dei vulcani.

La superficie era disseminata di vulcani attivi che rilasciavano
grandi quantità di vapor acqueo, anidride carbonica e anidride
solforosa.

Ricapitolando, il nostro pianeta subiva un bombardamento quasi
continuo di comete e asteroidi, la sua superficie si presentava
come un'enorme distesa di magma incandescente e l'atmosfera

era composta da gas venefici e completamente priva d'ossigeno; ma se la Terra era un pianeta così inospitale, come è stato possibile che sia scoccata la scintilla della vita? Per arrivare ai primi organismi viventi, dobbiamo fare un salto di un miliardo di anni dopo la formazione della Terra.

Origine ed evoluzione della vita

Tre miliardi di anni fa, la Terra presentava uno scenario apocalittico tramutato lentamente nel corso di centinaia di milioni di anni fino a veder apparire la vita.

La temperatura è stata uno degli elementi di vitale importanza per la nascita del vivente, associata alle dimensioni della Terra, alla sua distanza dal Sole e anche alla presenza della Luna.

Questa è stata la combinazione vincente che ha permesso alla Terra di essere, per quanto ne sappiamo, l'unico pianeta che ospiti la vita.

Il nostro pianeta aveva appena sviluppato una sua atmosfera e le comete, impattando sulla Terra, rilasciavano enormi quantità di vapor acqueo che si andò ad aggiungere a quello fornito dai vulcani.

Man mano che la temperatura scendeva, le grandi masse di vapor acqueo presenti nell'atmosfera si condensarono precipitando al suolo in un grande diluvio che formò gli oceani. Si presume che le comete abbiano rilasciato, oltre all'acqua, degli elementi chimici complessi come il carbonio, l'ammoniaca e l'acetilene di cui sono molto ricche.

Secondo gli esperimenti effettuati dagli scienziati, questo cocktail definito *brodo primordiale*, insieme ai gas presenti nell'atmosfera e grazie soprattutto all'energia fornita dai fulmini allora molto frequenti, avrebbe formato delle molecole organiche, come gli aminoacidi (proteine alla base della vita), dando vita ai primi organismi unicellulari; questi primi batteri restarono confinati negli oceani per centinaia di milioni di anni assorbendo anidride carbonica e rilasciando ossigeno attraverso processi di fotosintesi, cambiando in tal modo l'atmosfera terrestre e creando il famoso strato di ozono (formato da 3 atomi di ossigeno).

C'è da dire che gli oceani primordiali hanno funzionato come delle corazze poiché protessero, per milioni di anni, i primi organismi viventi dai micidiali raggi ultravioletti emessi dal Sole, essendo allora l'atmosfera priva dello strato di ozono che oggi ci protegge dalle radiazioni solari.

La Terra ha tre miliardi di anni, gli oceani hanno svolto una sorta di asilo nido per i neonati organismi unicellulari consentendo loro, alla lunga, di cambiare l'atmosfera rendendola respirabile e ricca d'ossigeno; la vita può ora evolversi anche sulla terraferma in una moltitudine di specie diverse, dai primi dinosauri, e, a distanza di decine di milioni di anni, ai mammiferi, compresa la complessa macchina umana elevatasi al grado di specie dominante di questo pianeta grazie all'intelligenza che ha sviluppato, ma che oggi, purtroppo, sembra venir meno considerati i danni provocati al nostro fragile ecosistema che sembrano ormai avviati verso un processo di irreversibile distruzione.

Analisi del nostro pianeta

La Terra è un pianeta molto complesso, ricco di fenomeni attivi, alcuni dei quali ancora incompresi. Partendo dall'interno, fino a raggiungere gli strati alti dell'atmosfera, masse enormi di diversa natura, dalle placche alle nuvole, sono in continuo e perenne movimento.

Dal nostro punto di vista, riusciamo solo a vedere una porzione molto limitata della Terra e cioè, una parte del cielo con una colorazione azzurra dovuta alla presenza di ossigeno, e parte della superficie terrestre. Bisogna tener presente dunque che, i ristretti orizzonti che riusciamo nel nostro piccolo a scorgere, risalgono a tempi relativamente recenti se paragonati all'età della Terra. In conclusione, i gas che compongono l'attuale atmosfera e la crosta che ricopre il pianeta, sono più giovani, mentre man mano che ci si addentra sempre più all'interno del nostro pianeta, troveremo elementi sempre più antichi, fino a raggiungere il nucleo interno il quale risale alla formazione della Terra.

Immaginiamo, quindi, di rimpicciolire di milioni di volte il nostro pianeta e di sezionarlo per conoscere meglio i vari strati di cui è composto. Il nucleo, a una temperatura di 6.000° C circa, è composto da ferro e nichel e si divide in nucleo interno, prevalentemente solido e con uno spessore di 1.300 km, e nucleo esterno, allo stato fuso e spesso 2.200 km. Il nucleo ricopre il 50% del diametro del pianeta.

Nella zona sovrastante troviamo il mantello composto da materiali più leggeri come i silicati e anch'esso suddiviso in mantello inferiore solido, con uno spessore di 3.000 km, e mantello superiore liquido a una temperatura che scende sui 2.000° C.

Gli ultimi 100 km del mantello prendono il nome di litosfera, costituita da enormi zatteroni di roccia, grandi quanto continenti, conosciute come *zolle*.

Il lento movimento della *tettonica a zolle* è in atto da milioni di anni ed è messo in moto dalle correnti convettive delle rocce fuse rimescolate nella zona sottostante che rimodella in continuazione la superficie terrestre.

Al di sopra della litosfera c'è la crosta terrestre, composta da un sottile strato di roccia che ricopre il pianeta con uno spessore che varia dai 5 km sul fondo oceanico, ai 50 km

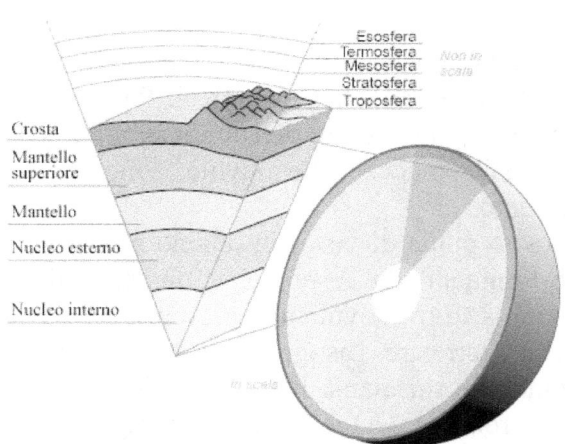

Figura schematica: lo spaccato del nostro pianeta evidenzia la suddivisione in vari strati, dal nucleo all'alta atmosfera.

54

sulla terraferma.

Tutti i fenomeni che vediamo e avvertiamo sulla crosta, come eruzioni vulcaniche e terremoti, sono dovuti alla tettonica a zolle; in pratica i movimenti e gli scontri delle varie placche sottostanti la crosta, possono essere di diversa natura: talvolta succede che alcune zolle si allontanino l'una dall'altra; questa separazione crea una spaccatura sulla superficie terrestre e causa o un affioramento di magma incandescente proveniente dal sottosuolo che andrà a ricoprire la frattura o, in altri casi, capita che sia il mare ad irrompere nella spaccatura, come è stato per il Mar Rosso quando il territorio dell'Arabia Saudita di è staccato dall'Africa.

Quando le placche si avvicinano fino a scontrarsi, le cose si svolgono in due maniere differenti ed è da qui che prendono vita eruzioni e terremoti.

Nel caso si scontrino due placche di diversa intensità, ad esempio una placca oceanica e una continentale, quella più densa sprofonda sotto l'altra dando origine ai più devastanti terremoti; inoltre inabissandosi sempre più, essa viene fusa dalle alte temperature sottostanti facendo pertanto sorgere in superficie una catena vulcanica per la risalita della lava che si è generata dalla fusione della placca oceanica.

Se lo scontro dovesse coinvolgere due placche della stessa densità, esse si innalzano fino a dare origine a catene montuose come è stato per le Alpi quando l'Italia (prima un'isola) ha impattato con l'Europa.

Dalla crosta fino allo spazio si estende l'atmosfera, trattenuta dalla gravità e divisa in vari strati: la parte compresa fra la superficie fino all'altezza di 10-15 km è detta troposfera ed è qui che avvengono tutti i fenomeni meteorologici; solo nella prima porzione di essa è concentrata l'aria che respiriamo. Oltre la troposfera e fino ad una quota di 40-50 km, si trova la stratosfera. In questa zona è collocato il famoso strato di ozono, il quale impedisce alle radiazioni solari di danneggiarci.

Continuando a salire, fra 50 e 85 km dal suolo, troviamo la mesosfera; fra 85 e 200 km la termosfera e a una quota compresa fra 200 e 500 km c'è la ionosfera, che è di notevole importanza per le telecomunicazioni in quanto riflette gran parte delle onde elettromagnetiche inviate da terra.

Infine, oltre i 500 km di quota c'è l'esosfera, la quale si estende nello spazio fino a fondersi con il vuoto cosmico.

La magnetosfera, invece, si propaga nello spazio a grande distanza e costituisce quello che viene definito campo magnetico.

Esso prende origine dal nucleo ferroso della Terra che, insieme al moto di rotazione, svolge una funzione analoga a quella di una dinamo creando una sorta di enorme bolla, appunto il campo magnetico, che avvolge il nostro pianeta proteggendoci dalle radiazioni portate dal vento solare.

I moti terrestri

Fin dall'antichità molti popoli hanno sentito la necessità di misurare il tempo e stabilire un calendario. Ognuno ha adottato metodi diversi e soprattutto senza il prezioso aiuto della tecnologia ma, anche così, la precisione con cui vennero sviluppati gli antichi calendari, risalenti persino a 5.000 anni or sono, ha dell'incredibile.

Noi misuriamo con il tempo i moti della Terra che sono quattro: rotazione, rivoluzione, precessione e nutazione.

Solo i primi due ci sono noti poiché stabiliscono il giorno e la notte il primo, e l'alternanza delle stagioni il secondo, dettato anche dall'inclinazione dell'asse terrestre.

Gli altri due sono quasi sconosciuti poiché il moto di nutazione esegue uno spostamento minimo e quasi impercettibile, e quello di precessione richiede decine di migliaia di anni; tempi troppo lunghi per la nostra breve vita, quindi per noi inavvertibili e senza rilevanza alcuna.

Il movimento di rotazione determina l'alternanza del mattino e della notte e che misuriamo in giorni. Il giorno, dunque, equivale al tempo che la Terra impiega a compiere un giro sul proprio asse, tuttavia occorre distinguere il giorno solare, che dura mediamente 24 ore, ed il giorno sidereo, di 23 ore 56 minuti e 4 secondi. Il primo non ha una durata stabile ma varia in modo relativo a seconda del movimento di rivoluzione intorno al Sole. Supponiamo di stabilire due punti di riferimento differenti per calcolare la durata del giorno e cioè il Sole e una stella lontana.

Nel giorno solare la Terra, mentre gira sul suo asse, contemporaneamente avanza anche nella sua orbita intorno al Sole quindi, da un punto sulla Terra in cui cominciamo la misurazione, il giorno successivo il pianeta si sarà spostato rispetto al giorno precedente e dovremo aspettare qualche minuto in più per far sì che la luce del Sole arrivi perpendicolarmente ed esattamente nella stessa posizione di partenza. La durata del giorno solare dipende anche dalla distanza della Terra rispetto al Sole e dalla velocità orbitale, infatti il nostro pianeta accelera quando è più vicino al Sole e rallenta quando è più lontano.

Nel giorno sidereo, invece, la luce della stella di riferimento ci giungerà in modo parallelo rispetto al giorno precedente, ma solo perché essa è molto più lontana.

Chiamiamo invece anno, il tempo che la Terra impiega per compiere un giro intorno al Sole. Anche qui però, distinguiamo l'anno solare, che equivale al tempo che il Sole impiega per tornare a un punto di riferimento di partenza che è l'equinozio di primavera (l'anno solare dura 365 giorni 6 ore 9 minuti e 9 secondi), e l'anno siderale, equivalente al tempo che il Sole impiega, durante il suo moto apparente sulla volta celeste, per allinearsi con un oggetto celeste lontano preso come punto di riferimento l'anno prima (l'anno siderale dura 365 giorni 5 ore 48 minuti 46 secondi).

Il moto di precessione è determinato dall'attrazione gravitazionale combinata che la Luna e il Sole esercitano sul rigonfiamento equatoriale terrestre, facendo descrivere all'asse di rotazione una superficie conica; questo lento movimento richiede 26.000 anni di tempo e, per fare un esempio, se attualmente il polo nord celeste ce lo indica la stella Polare, non sarà più così fra 12.000 anni quando ad indicarci il nord sarà la stella Vega nella costellazione della Lira. Questo accade proprio a causa dello spostamento dell'asse di rotazione.

Il moto di nutazione determina una leggera oscillazione dell'asse di rotazione terrestre dovuto, ancora una volta, alla gravità combinata Luna-Sole. La nutazione ha un periodo di quasi 19 anni.

Le stagioni e le maree

Il moto di rivoluzione e l'inclinazione dell'asse terrestre, determinano il succedersi delle stagioni. Questa definizione è oggi a noi nota grazie allo sviluppo tecnologico e al contributo dei satelliti, capaci di scandagliare minuscoli dettagli anche su scala cosmica.

Ma già da tempi antichissimi, i nostri lontani antenati ne avevano un'idea abbastanza precisa, tanto da regolarsi sui periodi di semina e riuscire a elaborare calendari sempre più precisi.

Convenzionalmente le stagioni sono dei periodi ciclici che variano a seconda del differente grado di inclinazione con cui i raggi solari giungono sulla Terra. A tal proposito è utile puntualizzare che, contrariamente a quanto si possa pensare, i periodi stagionali non sono influenzati dalla distanza che ci separa dal Sole; tra l'altro, l'orbita terrestre è quasi circolare, avendo una differenza percentuale solo del 3% e pertanto del tutto irrisoria.

Suddividiamo dunque le stagioni in primavera, estate, autunno e inverno: esse equivalgono a quattro punti rilevanti che la Terra attraversa durante la sua orbita intorno al Sole; rammentiamoci però, che l'inclinazione dell'asse terrestre è di primaria importanza, poiché se fosse perpendicolare al piano dell'eclittica, le stagioni non esisterebbero.

Come detto, i periodi stagionali sono determinati dall'angolo di inclinazione dei raggi solari sulla superficie; solo nei punti che rasentano l'equatore, la luce del Sole arriva in modo perpendicolare per tutto il periodo dell'anno.

Le cose cambiano invece nei due emisferi, poiché, salendo gradualmente di latitudine, rispettivamente nord e sud, gli effetti sono sempre più evidenti: in inverno giorni brevi e notti lunghe, in estate giorni lunghi e notti brevi.

Durante gli equinozi il giorno e la notte hanno la stessa durata su tutto il pianeta e sono inoltre i soli giorni in cui il Sole illumina contemporaneamente il polo Nord ed il polo Sud. Gli equinozi sono in primavera il 21 marzo e in autunno il 23 settembre; essi stanno a indicare il cambio di stagione. In occasione dell'equinozio di primavera, così come in quello d'autunno, vediamo il Sole sorgere esattamente ad est e nelle albe dei giorni successivi cambiare costantemente posizione, mentre le giornate diventano sempre più lunghe e i raggi solari sempre più perpendicolari al suolo fino al solstizio d'estate, il 21 giugno, che rappresenta il punto più alto che il Sole raggiunge durante il suo moto apparente sull'eclittica.

Nel solstizio d'inverno, invece, il 22 dicembre, le cose si invertono, essendo questo giorno il punto in cui il Sole si trova nel punto più basso dell'eclittica. Nei giorni del solstizio i panorami nei due emisferi sono del tutto opposti e cioè, mentre all'emisfero nord è estate, con il Sole che batte a picco, nell'emisfero sud è pieno inverno, essendo i raggi solari molto più inclinati; viceversa, quando nell'emisfero nord imperversa l'inverno, in quello sud ci si gode l'estate.

Oltre alle stagioni, caratteristica della Terra sono le maree; i movimenti mareali non sono altro che prove visibili dell'attrazione gravitazionale lunare; esse causano anche il rallentamento del periodo di rotazione terrestre e l'allontanamento della Luna. La gravità lunare determina un rigonfiamento delle masse oceaniche rivolte verso la Luna e quelle dalla parte opposta. Anche il Sole causa con la sua attrazione gravitazionale l'innalzamento delle maree, ma solo in minima parte; più che altro la gravità solare influenza le forze mareali innescate dalla Luna molto più vicina, producendo un ulteriore innalzamento e ribassamento delle maree: in pratica, nel caso in cui Sole, Luna e Terra si trovino allineati fra loro, la gravità solare si somma a quella lunare determinando le massime alte maree, dette *sigiziali*. Quando invece Sole e Luna si dispongono ad angolo retto rispetto alla Terra, le alte maree assumono valori più modesti, essendo la forza gravitazionale lunare contrastata da quella solare; in questo caso si parla di maree di *quadratura*.

Come si è accennato in precedenza, le maree innescano il rallentamento del periodo di rotazione, quindi giorni sempre più lunghi e l'allontanamento della Luna rispetto alla Terra.

Tutto ciò è legato agli attriti che le forze mareali provocano. Secondo gli studiosi il giorno terrestre si sta allungando di un secondo ogni centomila anni, mentre la distanza che ci separa dalla Luna sta aumentando di pochi centimetri l'anno.

Le eclissi

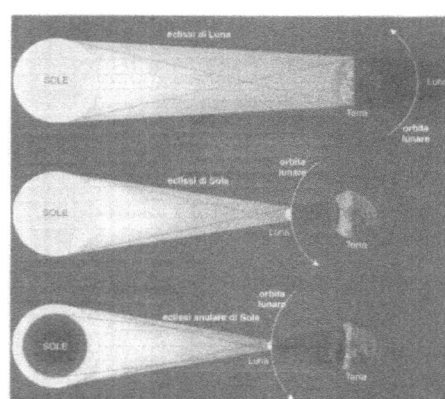

Raffigurazione grafica del fenomeno eclissi suddivisa in lunare, solare totale e solare anulare.

Sul nostro pianeta si manifestano molti fenomeni di una certa rilevanza e spettacolarità e fra questi spiccano senza dubbio le affascinanti eclissi. In passato però, erano considerate tutt'altro che affascinanti, infatti l'improvvisa scomparsa del Sole, fonte di vita, generatore di calore e dio del mattino o l'inaspettata colorazione insanguinata della Luna, venivano interpretate come terribili presagi di morte o l'approssimarsi della fine del mondo; ma non per tutti.

Qualcuno pensò bene di vedere la cosa sotto aspetti logici e raziocinanti e di capire cosa succedesse realmente quando la luce e il calore del Sole venivano a mancare, sia pur per pochi minuti, senza farsi suggestionare da isterie mistiche o da neri presagi di sciagura sentenziati dagli stregoni e dai maghi.

Alcune testimonianze ci sono state tramandate da questi scienziati appartenenti al lontano passato, attraverso delle strutture erette in modo da prevedere le eclissi solari, come quello di Stonehenge in Inghilterra, risalente a 5.000 anni fa.

Attualmente sappiamo in modo molto dettagliato come e perché avvengono le eclissi e attraverso dei calcoli è possibile prevedere dove e quando esse avverranno, anche a distanza di centinaia di anni. Distinguiamo, dunque, le eclissi di Sole e quelle di Luna.

Le eclissi di Sole si hanno quando Sole, Luna e Terra si trovano perfettamente allineati; il Sole viene occultato dalla Luna che blocca parte dei raggi solari e proietta sulla Terra un cono d'ombra.

Vista dallo spazio sulla superficie terrestre, l'eclissi solare si presenta come un piccolo puntino nero detto ombra circondata da una zona più ampia e meno scura, detta penombra; dalla superficie, invece, se ci trovassimo nelle zone in cui transita l'ombra, assisteremmo ad un'eclissi totale, mentre se nella zona in cui siamo si trova a passare la penombra, vedremmo un'eclissi parziale. Oltre alle eclissi totali o parziali, distinguiamo anche quelle anulari. Per spiegare meglio cosa succede durante un'eclissi anulare, apriamo prima una piccola parentesi.

Questi fenomeni avvengono grazie a una sorta di nascondino fra Sole e Luna; sappiamo anche che il Sole è enormemente più grande della Terra e che la Terra è più grande della Luna, pertanto, se la Luna è così piccola com'è possibile che riesca ad occultare completamente il Sole? La risposta è semplice e cioè, è vero che il nostro astro è 400 volte più grande del nostro satelli-

te, ma è anche vero che la Luna è 400 volte più vicina a noi di quanto non lo sia il Sole, inoltre la distanza fra Sole e Terra e fra Terra e Luna non è costante ma varia, quindi, se la Terra si trova nella parte d'orbita più lontana dal Sole e la Luna durante la sua orbita è più vicina a noi, il cono d'ombra proiettato dal nostro satellite riuscirà a colpire la Terra e si avrà un'eclissi totale; se invece il nostro pianeta è più vicino al Sole, e quindi il suo diametro apparente sarà maggiore e la Luna si trova nella parte d'orbita più lontana rispetto alla Terra, il suo diametro apparente risulterà tanto inferiore da non poter riuscire a occultare completamente il disco solare che verrà coperto solo nella sua parte centrale e il cono d'ombra proiettato dalla Luna non riuscirà a raggiungere il nostro pianeta; si avrà pertanto un'eclissi anulare. Essa si presenterà ai nostri occhi come una specie di enorme anello luminoso che brilla nel cielo. Precisiamo inoltre il perché le eclissi non sono frequenti, visto che avvengono quando la Luna passa davanti al Sole durante la sua orbita intorno alla Terra, il che avviene abbastanza frequentemente: la risposta risiede nel fatto che l'orbita lunare è inclinata di 5° rispetto al piano dell'eclittica, quindi la Luna si trova sempre o un po' più sopra o un più sotto rispetto alla posizione del Sole.
Le eclissi si hanno solamente quando la Luna si trova a passare in due punti d'orbita che intersecano il piano eclittico detti *nodi*; solo in questi due punti la Luna si trova perfettamente allineata sullo stesso piano con la Terra e il Sole.
Per le eclissi di Luna avviene esattamente la medesima cosa, solo che in questo caso è la Terra a interporsi fra il Sole e la Luna; considerate, pertanto, le maggiori dimensioni del nostro pianeta, esso riesce ad eclissare completamente la Luna contenendola al 100% nel suo cono d'ombra. La luna però non scompare del tutto, ma assume un colore rossastro per via della rifrazione dei raggi solari che attraversano l'atmosfera terrestre e si riversano sulla Luna.

LA LUNA

La Luna è l'unico satellite naturale della Terra. Per centinaia di anni e fino a qualche secolo fa, era ritenuta un pianeta ma Copernico, nella metà del '500, stabilì in modo definitivo che si trattava di un corpo che orbitava intorno alla Terra e quindi di un satellite.

Suggestiva immagine della Luna, unico satellite naturale della Terra. Nettamente visibili le terre e i mari lunari.

Il nostro pianeta dunque, detiene un particolare primato; escludendo Plutone, già ritenuto da molti esperti il più grande dei Centauri appartenenti alla zona di Kuiper e non un pianeta, la Terra è l'unico fra quelli appartenenti al Sistema Solare a possedere un satellite proporzionalmente molto grande.

Così vicina e così grande, la mitica Selene ha ispirato la fantasia e anche le paure di uomini e civiltà del passato.

Galileo Galilei fu il primo ad effettuare uno studio serio sulla Luna disegnando una mappa dettagliata della sua superficie, mappa che andò purtroppo distrutta subito dopo la sua scomparsa.

Tentò persino di stabilire l'altezza dei monti lunari basandosi sulle ombre che essi proiettavano al suolo e con risultati sostanzialmente corretti.

Successivamente altri astronomi dotati di telescopi sempre più grandi e potenti puntarono l'obiettivo sul grande satellite facendo altre interessanti scoperte, ma naturalmente le più importanti si ebbero con l'avvento dei satelliti e delle missioni Apollo.

Uno dei più grandi astronomi e filosofi contemporanei ora scomparso, Isaac Asimof, noto anche per le sue straordinarie doti fantascientifiche, sosteneva che una volta conquistata fisicamente la Luna, essa sarebbe servita da trampolino di lancio per missioni extraplanetarie con equipaggio.

Naturalmente la visione che ebbe Asimof, così come tante altre, è riferita a un futuro molto remoto e non paragonabile al presente, ma le sue idee sono state spesso prese in seria considerazione da uomini di scienza come solido spunto per portare sempre più avanti la nostra tecnologia.

Ma prima che da base di partenza per l'esplorazione di nuovi mondi, la Luna fu il traguardo di una gara iniziata negli anni Cinquanta che vedeva Stati Uniti e Unione Sovietica battagliare per la sua conquista; il lancio del primo satellite artificiale della storia, il sovietico Sputnik 1, fu la scintilla che fece balzare agli occhi degli americani la conquista della Luna, prima con le sonde e poi con equipaggi.

Per oltre un decennio la Luna venne disputata fra le due superpotenze, finché nel 1976 gli astronauti della missione Apollo 17, gli ultimi a mettere piede sul satellite, a prelevare campioni, a piazzare strumenti scientifici e altro ancora, misero la parola fine alla gara per la sua conquista.

Da allora la Luna è tornata a splendere sola nel cielo, poiché l'interesse dei programmi spaziali si spostò su altri mondi più lontani e mete più ambiziose, ma la Luna è ritornata al centro dell'attenzione delle agenzie spaziali mondiali, ora non più con le sole due superpotenze come protagoniste, ma con l'avvento quasi prepotente delle agenzie spaziali europee e giapponesi, entrate in grande stile nella corsa alla conquista dello spazio.

Recentemente si sta pensando di mandare ancora l'uomo sulla Luna prima di una missione umana su Marte ma, contrariamente a quanto si possa pensare, i precedenti allunaggi, a distanza di tempo così lunghi, non possono in alcun modo aiutare l'attuale messa a punto di un piano per far atterrare degli uomini sulla Luna; secondo gli esperti e addirittura dallo stesso Von Braun, l'ideatore delle missioni Apollo, sarebbero necessari una decina d'anni per attuare un efficace piano di volo volto a mandare uomini sul nostro satellite.

L'origine del nostro satellite

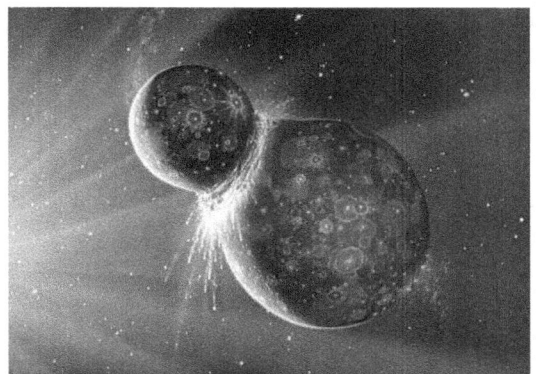

La teoria più accreditata sull'origine del nostro satellite postula che essa si sia formata in seguito a un'immane impatto cosmico, subito dalla Terra all'epoca della sua formazione, con un corpo grande quanto Marte. I detriti si sarebbero nel tempo riaggregati a formare la Luna.

La Luna è il corpo celeste più vicino a noi: esso dista mediamente 380.000 km circa e un fotone luminoso impiega poco più di un secondo per coprire la distanza.

Il nostro satellite, proprio perché è molto vicino, è di facile osservazione. Il primo a studiarne i particolari fu Galileo Galilei, il quale disegnò la prima mappa lunare basandosi sulle sue osservazioni effettuate con il suo rudimentale telescopio. Da quel momento in poi la Luna è stata oggetto di studi e osservazioni sempre più approfondite fino all'invio delle sonde automatiche e allo sbarco dell'uomo sulla sua superficie, ma decenni di studi non sono bastati a chiarire l'origine del nostro satellite.

Vi sono, tuttavia, tre ipotesi: la Luna potrebbe essersi formata in un'altra regione del Sistema Solare lontana dalla Terra e solo successivamente, transitata troppo vicino al nostro pianeta durante il suo vagabondaggio intorno al Sole, ne è rimasta catturata dal campo gravitazionale terrestre; a favore di questa teoria, però, non è stata rinvenuta alcuna prova tangibile, come per esempio tracce residue sulla Terra degli enormi effetti mareali provocati dall'avvicinamento di un corpo grande quanto la Luna, inoltre il campo gravitazionale terrestre non sarebbe stato sufficientemente potente per permettere di trattenere nella sua orbita un corpo di massa pari a quello lunare ma, tutt'al più, ne avrebbe solo causato una deviazione.

Un'altra ipotesi è quella dell'accrescimento, secondo la quale la Luna si sarebbe formata dallo stesso materiale da cui si è formata la Terra, il quale, a causa di un'instabilità del nostro pianeta allora allo stato fuso, si sarebbe staccato dalla proto-terra e avrebbe partorito in tal modo la Luna. Anche in questo caso l'ipotesi non è sostenuta da alcuna prova certa in quanto non ci sarebbe motivo per cui il nostro pianeta doveva essere soggetto a delle instabilità di questo livello.

L'ultima e più accreditata è la teoria della fissione: la Luna si sarebbe formata da materiale strappato alla Terra in seguito a una collisione del nostro pianeta con un corpo celeste delle dimensioni di Marte.

Le analisi dei campioni di suolo lunare riportati dalle missioni Apollo e anche dalle sonde sovietiche, hanno stabilito in modo definitivo che si tratta di materiale molto resistente; in questo caso proverrebbe, a seguito dell'ipotetico impatto subìto dal nostro pianeta, dal mantello terrestre.

La Luna dunque, sarebbe quindi nata dall'evento più catastrofico della storia del nostro pianeta: a 50 milioni di anni dalla sua formazione, un corpo vagante di massa pari a quella di Marte, si trova in rotta di collisione con la Terra; varie simulazioni effettuate decretano che questo oggetto avrebbe colpito il nostro pianeta di striscio alla velocità di 15 km/sec. Fondamenti di dinamica e gravità esprimono il fatto che l'impatto abbia strappato materiale dal mantello dei due corpi che, schizzato nello spazio alla temperatura di 2.000° C, successivamente si è posizionato in orbita terrestre e si è aggregato formando la Luna, e non solo; la collisione cosmica sarebbe all'origine dell'inclinazione dell'asse di rotazione terrestre che ha permesso l'alternanza delle stagioni e una pressoché costanza climatica nei due emisferi.

A distanza di una settimana dall'urto i detriti si stabilizzarono formando un anello intorno alla Terra simile a quello di Saturno.

in seguito aggregatosi in tante piccole lune e poi in un unico corpo; trascorsi 25.000 anni, nell'orbita lunare prese oramai forma il nostro satellite.

È da sottolineare che in quel tempo la Luna si trovava molto più vicina di dove si trova oggi: essa era distante solo 25.000 km e girava su se stessa in appena 5 ore. A causa degli attriti di marea innescati dai due corpi, già dopo 100 milioni di anni, la Luna si era allontanata fino a 200.000 km circa, mentre la sua rivoluzione durava 10 giorni e il movimento di rotazione della Terra rallentò da 6 a 10 ore.

Questo effetto di rallentamento della Terra e allontanamento della Luna, continua ancora oggi; gli strumenti scientifici lasciati sulla Luna dalle missioni Apollo e dal Lunakhod, stabiliscono che il tempo di rotazione terrestre rallenta di 2 millesimi di secondo al secolo, mentre la Luna si allontana di 3 cm l'anno. Questo ritmo aumenterà man mano che il nostro satellite si allontana e secondo le stime, tra 2 miliardi di anni sarà troppo lontano per contrastare con la sua gravità le forze di marea del Sole; l'asse di rotazione terrestre e di conseguenza il moto di precessione degli equinozi, si accentuerà in modo esponenziale causando sostanziali cambiamenti climatici che segneranno la fine della vita sul nostro pianeta.

Ritratto della Luna

Gli astronauti delle sei missioni Apollo che sono sbarcati sulla Luna hanno avuto il privilegio di ammirare uno spettacolo che non arriveremo mai a vedere se non in un futuro imprecisato, allorquando saranno possibili viaggi turistici sulla Luna così come ora si fa quando si attraversano interi continenti con l'ausilio di un aeromobile.

Il ritratto che emerge della superficie lunare è simile a un deserto con uno strato di polvere di color grigio asfalto cosparso di rocce di tutte le dimensioni e contornato da monti e colline; il tutto risalta in un cielo nero e pieno di stelle anche durante il giorno.

Sulla Terra è impossibile intravedere le stelle nel corso del mattino, se non durante i brevi istanti che comprendono un'eclissi totale di sole, poiché la presenza dell'atmosfera diffonde i raggi solari.

La Luna, invece, essendo praticamente priva di atmosfera, offre un panorama del tutto diverso a un ipotetico spettatore posto sulla sua superficie: una grossa palla, il Sole, che splende nelle tenebre, una moltitudine di stelle, molto più numerose di quelle che si riescono a vedere nella più chiara e limpida delle notti terrestri, e infine la Terra, un disco dominato dall'azzurro degli oceani e dal bianco delle formazioni nuvolose, che sta scrutando con interesse l'universo in cui si muove.

Nel suo insieme il nostro satellite presenta delle regioni più chiare che occupano i due terzi della parte visibile dalla Terra e che vengono definiti continenti o terre, zone più antiche dall'aspetto frastagliato composte da massicce catene montuose, da rilievi e da altopiani cosparsi di crateri di origine meteoritica e di tutte le grandezze.

Le restanti zone, sempre della faccia rivolta alla Terra, sono occupate dai *mari*. Queste regioni sono più giovani delle terre poiché si sono formate in un periodo successivo: miliardi di anni fa l'interno della Luna era incandescente e allo stato fluido, ricoperto da un sottile strato di crosta solida. I meteoriti che nel corso delle ere precipitarono sulla Luna,

La superficie lunare così come si presentava agli occhi degli astronauti delle missioni Apollo.

al momento dell'impatto sfondavano il sottile strato di crosta facendo affiorare in superficie il magma proveniente dagli strati sottostanti; in tali eventi, valli e pianure, più basse rispetto al livello medio del suolo, sono state inondate dalla lava fuoriuscita dal sottosuolo che si è poi raffreddata e solidificata conservando, da allora, il suo aspetto liscio e piatto in quelli che vengono appunto definiti i mari lunari.

In breve, i mari altro non sono altro che enormi colate laviche di origine vulcanica associate alla caduta dei meteoriti in epoche remote; sono riusciti a conservarsi fino ai nostri giorni per la mancanza di atmosfera, quindi senza l'erosione dovuta ad agenti atmosferici. Appaiono più scuri rispetto alle terre perché hanno una minor capacità di riflettere i raggi solari.

La faccia nascosta della Luna si presenta in modo diverso, molto simile al pianeta Mercurio e cioè crivellata di crateri e con grandi bacini scavati dagli impatti, oltre ad essere quasi completamente priva dei mari.

Sul nostro satellite manca del tutto l'acqua, ma le misurazioni effettuate dalle sonde hanno trovato tracce di ghiaccio sul fondo dei crateri del polo sud dove non batte mai il Sole.

Composizione lunare

La Luna è un oggetto celeste praticamente morto, data l'assenza di atmosfera e la mancanza di un campo magnetico.

Parliamo di assenza di atmosfera, ma un seppur leggerissimo inviluppo di gas avvolge effettivamente la Luna: l'atmosfera lunare pesa complessivamente una decina di tonnellate, con una densità che varia da 10.000 a 200.000 molecole per centimetro cubo, una quantità di gas alquanto trascurabile. Gli elementi che ne fanno parte sono idrogeno, elio e argon; i primi due sono i più abbondanti e provengono dal vento solare, anche se una piccola parte dell'elio proviene dalle rocce seleniche attraverso il processo del decadimento delle sostanze radioattive. L'argon è anch'esso proveniente dal Sole, ma questa volta in misura minore, mentre è emesso in maggioranza dal decadimento dell'isotopo del potassio 40 contenuto nelle rocce.

Ad ogni modo e considerando la bassa gravità lunare, l'atmosfera tende a perdersi nello spazio, ma viene tuttavia rifornita permettendo in tal modo di rilevarne la presenza osservata.

Oltre alla mancanza di un'atmosfera significativa, un dato rilevato dalle sonde è l'assenza della magnetosfera; ciò ha permesso agli astronomi di capire che il nucleo della Luna non è allo stato fluido come nel nostro pianeta, ma è una palla di ferro solida per cui al suo interno non esistono movimenti di alcun tipo, infatti il mancato rimescolamento delle opposte polarità magnetiche nelle viscere della Luna, spiega l'assenza di una magnetosfera.

Tuttavia, i sismografi lasciati sulla superficie lunare dagli astronauti delle missioni Apollo, hanno registrato lievi lunamoti causati da diversi fattori, sia esterni, come la caduta di meteoriti, sia di natura endogena. In questo caso, le scosse prodotte sono di entità molto più lieve di quelle che si sviluppano sulla Terra e si pensa che potrebbero aver origine sia dal mantello, che restringendosi lievemente innesca i deboli lunamoti, sia dagli effetti mareali prodotti dalla gravità del nostro pianeta; ciò potrebbe spiegare la ciclicità regolare con cui avvengono questi fenomeni.

Il nucleo ferroso dunque, è molto piccolo, largo 700 chilometri circa, mentre la maggior parte dell'interno comprende il mantello; lo strato più esterno è costituito dalla crosta, con uno spessore che varia fra i 60 e i 100 chilometri.

Il diametro della Luna misura 3.476 chilometri, circa un quarto di quello terrestre e data la sua vicinanza, è stato possibile far atterrare degli uomini sulla sua superficie, sia per conquistarla materialmente che per comprenderne l'origine e soprattutto la sua composizione.

Dall'ultima missione umana sulla Luna, avvenuta più di quarant'anni fa, il nostro satellite non ha più ricevuto visite, ma si sta già pensando di edificare sulla sua superficie una base indipendente che sia in grado di ospitare in modo permanente degli uomini.

Per realizzare questo grande passo, i ricercatori ritengono opportuno usufruire del materiale presente sulla Luna per farne dell'ottimo cemento, infatti i campioni di suolo lunare prelevati dalle varie missioni americane e sovietiche, sono stati per lungo tempo analizzati e testati; i risultati si rivelarono subito sorprendenti: le rocce lunari sono costituite da elementi resistenti come il calcio e il titanio, mentre quelle vulcaniche, che costituiscono i mari, sono dei basalti molto ricchi di fosforo e potassio; in altre parole il cemento lunare è all'altezza dei migliori cementi terrestri.

I moti e le fasi

I moti della Luna sono legati a molteplici fattori (circa 37.000) che rendono molto complessi i calcoli per stabilire i suoi movimenti e prevedere la sua posizione, oltre a far variare gli stessi perigeo ed apogeo rispettivamente a 356.371 e 406.720 km.

I moti principali, rotazione e rivoluzione, sono sincronizzati vale a dire che la Luna impiega lo stesso periodo di tempo sia per percorrere un'orbita intorno alla Terra, sia per effettuare un giro completo sul proprio asse di rotazione.

Ciò è dovuto alla gravità terrestre la quale, nel corso del tempo, ha rallentato il periodo di rotazione iniziale fino ad arrivare agli attuali valori.

Distinguiamo dunque, il periodo o mese siderale lunare, di 27,3 giorni che ha come punto di riferimento le stelle fisse e il mese sinodico, di 29,5 giorni che comprende il periodo di tempo che la Luna impiega per completare tutte le sue fasi.

Le fasi lunari sono determinate dalla posizione che il nostro satellite assume durante la sua orbita, rispetto ad un osservatore terrestre.

Nella fase di novilunio o luna nuova, essa si trova interposta fra la Terra e il Sole: i raggi solari colpiscono la faccia della Luna non rivolta verso il nostro pianeta, per cui il satellite risulta invisibile.

Dal giorno successivo si intravede una sottilissima falce, ciò è dovuto al suo spostamento, il quale permette ai raggi solari di riflettersi leggermente verso la Terra e così via via che passano i giorni, la falce lunare diventa sempre più grande fino ad arrivare al primo quarto, cioè Sole e Luna disposte a 90° rispetto alla Terra con la Luna visibile a metà, per poi continuare fino al plenilunio.

In questa fase è la Terra ad essere nel mezzo, per cui i raggi solari si riflettono al 100% sulla Luna illuminando completamente la faccia rivolta verso di noi. Infine, dal plenilunio fino al novilunio, la superficie apparente della Luna illuminata dal Sole diminuirà col passare dei giorni fino a renderla di nuovo invisibile, completando pertanto il ciclo delle fasi.

È da tener presente, per concludere, che il piano orbitale lunare è inclinato di 5° rispetto all'eclittica; ciò spiega il perché le eclissi di Sole non si verifichino ogni mese; i punti in cui l'orbita lunare incrocia il piano dell'eclittica sono detti *nodi* ed è solo in occasione di questi passaggi che il sistema Sole-Luna-Terra è perfettamente allineato. Il periodo di tempo che separa due transiti consecutivi all'intersezione del nodo ascendente dell'orbita lunare viene definito mese nodale e dura 27,2 giorni, mentre altri moti lunari meno conosciuti sono il mese anomalistico di 27,5 giorni, cioè il periodo di tempo che separa due passaggi consecutivi al perigeo e il mese tropico della durata di 27,3 giorni, corrispondente al periodo di rivoluzione dell'equatore celeste rispetto all'eclittica.

*ESSENDO L'OGGETTO CELESTE PIÙ VICINO, È MOLTO FACILE OSSERVARLO: ANCHE
A OCCHIO NUDO SI RIESCONO A NOTARE I MARI, OLTRE OVVIAMENTE A DISTINGUE-
RE LE VARIE FASI LUNARI.
CON UN BINOCOLO È GIÀ POSSIBILE SCORGERE MOLTI DEI CRATERI PIÙ GRANDI E
A DEFINIRE CHIARAMENTE I CONTORNI DEI MARI.
IL TELESCOPIO OFFRE ALL'OSSERVATORE UN NOTEVOLE SPETTACOLO: CHIARA-
MENTE VISIBILE LA SUA MORFOLOGIA IN TUTTI I DETTAGLI (PIANURE, CRATERI, CA-
TENE MONTUOSE, ECC...). COMINCIANDO LE OSSERVAZIONI DALLA SOTTILE FALCE
DI LUNA CRESCENTE FINO AL NOVILUNIO, LA LUNA OFFRE LA POSSIBILITÀ DI DISE-
GNARE UNA MAPPA MOLTO DETTAGLIATA DELLA SUA SUPERFICIE, TENENDO PRE-
SENTE CHE NEL PLENILUNIO LA FACCIA DELLA LUNA È COMPLETAMENTE ILLUMI-
NATA, PER CUI RISULTA IMPOSSIBILE SCORGERE LE OMBRE RIFLESSE DAI CRATERI
O DALLE MONTAGNE, ESSENDO IL SOLE ALLO ZENIT; OCCORRE OSSERVARLA DU-
RANTE LE VARIE FASI DI LUNA CRESCENTE O CALANTE PER NOTARE CON PRECISIO-
NE LE OMBRE E RIUSCIRE A DISEGNARE UNA MAPPA. PUÒ ESSERE INOLTRE UTILE
AVVALERSI DEGLI APPOSITI FILTRI OTTICI PER RIDURRE LA FORTE LUMINOSITÀ RI-
FLESSA DALLA LUNA.*

DATI SULLA LUNA	
DIAMETRO	3.476 Km
DISTANZA MEDIA DALLA TERRA	384.000 Km
MESE SIDERALE	27,3 giorni
MESE SINODICO	29,5 giorni
DENSITA'	3,34 g/cm3
MASSA (TERRA =1)	0,0123
TEMPERATURA IN SUPERFICIE DI GIORNO	200°
TEMPERATURA IN SUPERFICIE DI NOTTE	-180°
INCLINAZIONE DELL'ASSE DI ROTAZIONE	1,5°
ATMOSFERA	Assente

Le missioni sulla Luna

La Luna è stato il primo obiettivo delle due super potenze: Unione Sovietica e Stati Uniti erano, a partire dagli anni Cinquanta, in competizione nel campo della conquista spaziale contendendosi come primo traguardo il nostro satellite.

Ovviamente l'astronautica era ai primi passi e i dubbi e le incertezze erano parecchi, tanto che il numero dei fallimenti, sia da una parte che dall'altra, cresceva in modo esponenziale.

Ecco di seguito le missioni che hanno raggiunto o che dovevano raggiungere la Luna:

PIONEER 0 - *sonda americana:* venne lanciata il 17 agosto 1958 e aveva il compito di sorvolare la superficie lunare, ma la missione fallì con l'esplosione del primo stadio.

PIONEER 1 - *sonda americana:* il lancio avvenne l'11 ottobre 1958 ed era prevista la messa in orbita intorno alla Luna; fallì nel raggiungere la velocità di fuga terrestre.

PIONEER 3 - *sonda americana:* lanciata il 6 dicembre 1958, aveva lo stesso compito della Pioneer 1 ma subì il suo stesso destino.

LUNA 1 - *sonda sovietica:* partì il 2 gennaio 1959 e fu la prima sonda a sorvolare la Luna; ora si trova in orbita intorno al Sole.

PIONEER 4 - *sonda americana:* la missione prevedeva il sorvolo lunare ed ebbe inizio il 3 marzo 1959; tutto andò a buon fine e attualmente la sonda si trova in orbita solare.

LUNA 2 - *sonda sovietica:* venne lanciata il 12 settembre 1959 ed era previsto che fotografasse il nostro satellite da vicino prima di schiantarsi al suolo; fu la prima sonda ad impattare sulla superficie lunare, il 14 settembre 1959.

LUNA 3 - *sonda sovietica:* partì il 4 ottobre 1959 e il 7 ottobre fotografò per la prima volta il lato nascosto della Luna.

RANGER 3 - *sonda americana:* venne lanciata il 26 gennaio 1962 e mancò la Luna mentre era previsto che vi atterrasse; ora si trova in orbita solare.

RANGER 4 - *sonda americana:* il 23 aprile 1962 iniziò la missione che avrebbe portato la sonda all'atterraggio morbido sulla Luna, ma impattò rovinosamente sulla sua superficie.

RANGER 5 -*sonda americana:* lasciò la Terra il 18 ottobre 1962 ed era previsto l'allunaggio ma fallì l'obiettivo; ora si trova in orbita solare.

LUNA 4 - *sonda sovietica:* il 2 aprile 1963 i sovietici lanciarono Luna 4. La sonda aveva il compito di atterrare sulla Luna ma mancò il bersaglio. Attualmente si trova in orbita intorno a Luna e Terra.

RANGER 6 - *sonda americana:* partì il 30 gennaio 1964 e doveva atterrare sulla Luna, ma la macchina fotografica si guastò e la sonda precipitò sul suolo lunare.

RANGER 7 - *sonda americana:* partita il 28 luglio 1964, doveva atterrare sulla Luna. Trasmise alcune fotografie ravvicinate del suolo lunare prima di impattarvi.

RANGER 8 - *sonda americana:* venne lanciata il 17 febbraio 1965 e riprese delle immagini ad alta risoluzione del suolo lunare prima di precipitare nel Mare della Tranquillità.

RANGER 9 - *sonda americana:* la missione ebbe inizio il 21 marzo 1965 e inviò a terra immagini della superficie lunare.

LUNA 5 - *sonda sovietica:* partì il 9 maggio 1965 e doveva atterrare dolcemente sulla Luna: fallì la missione.

LUNA 6 - *sonda sovietica:* fu lanciata l'8 giugno 1965 ed era previsto l'allunaggio: mancò l'obiettivo e ora si trova in orbita solare.

ZOND 3 - *sonda sovietica:* lasciò la base di lancio il 18 luglio 1965 e mandò immagini del lato nascosto della Luna; ora si trova in orbita solare.

LUNA 7 - *sonda sovietica:* partì il 4 ottobre 1965 e impattò sulla superficie lunare mentre ne era previsto l'atterraggio.

LUNA 8 - *sonda sovietica:* lanciata il 3 dicembre 1965 subì lo stesso destino di Luna 7.

LUNA 9 - *sonda sovietica:* partita il 31 gennaio 1966, fu la prima sonda ad atterrare dolcemente sulla Luna inviando alcune immagini del panorama lunare.

LUNA 10 - *sonda sovietica:* lanciata il 31 marzo 1966, studiò la Luna . Ora si trova in orbita solare.

SURVEYOR 1 - *sonda americana:* il 30 aprile 1966 partì la missione. Fu la prima sonda americana ad atterrare dolcemente sulla Luna.

LUNAR ORBITER 1 - *sonda americana:* partì il 10 agosto 1966 e venne fatta precipitare sulla Luna dopo averne fotografato il lato nascosto.

LUNA 11- *sonda sovietica:* lasciò la Terra il 24 agosto 1966 e posizionatasi in orbita lunare, studiò il nostro satellite.

SURVEYOR 2 - *sonda americana:* lanciata il 20 settembre 1966, doveva atterrare sulla Luna; fallì precipitando al suolo.

LUNA 12 - *sonda sovietica:* la missione iniziò il 22 ottobre 1966 e aveva lo scopo di studiare la Luna dalla sua orbita; attualmente si trova ancora là.

LUNAR ORBITER 2 - *sonda americana:* partì il 6 novembre 1966 e studiò la Luna prima che un comando da terra la facesse precipitare al suolo.

LUNA 13 - *sonda sovietica:* partì il 21 dicembre 1966 e atterrò sulla Luna come previsto.

LUNAR ORBITER 3 - *sonda americana:* venne lanciata il 5 febbraio 1967 e fotografò la zona del possibile allunaggio dell'Apollo 12; successivamente venne fatta precipitare sul satellite.

SURVEYOR 3 - *sonda americana:* la missione iniziò il 17 aprile 1967 e atterrò felicemente sulla Luna come previsto.

LUNAR ORBITER 4 - *sonda americana:* partì il 4 maggio 1967; con un comando da terra venne fatta precipitare sulla Luna dopo averne studiato la superficie.

SURVEYOR 4 - *sonda americana:* fu lanciata il 14 luglio 1967 e doveva atterrare sulla Luna; fallì la missione schiantandosi al suolo.

EXPLORER 35 - *sonda americana:* partì il 19 luglio 1967 e per cinque anni studiò il nostro satellite dalla sua orbita.

LUNAR ORBITER 5 - *sonda americana:* il primo agosto 1967 iniziò la missione che prevedeva lo studio della Luna dalla sua orbita; raggiunto lo scopo, venne fatta precipitare al suolo.

SURVEYOR 5 - *sonda americana:* partì l'8 settembre 1967 e atterrò sulla Luna come previsto.

SURVEYOR 6 - *sonda americana:* partì il 7 novembre 1967 e atterrò sulla Luna come previsto.

SURVEYOR 7 - *sonda americana:* decollò il 7 gennaio 1968 e atterrò sulla Luna come previsto.

LUNA 14 - *sonda sovietica:* venne lanciata il 7 aprile 1968 e studiò il nostro satellite; ora si trova in un'orbita luna-solare.

ZOND 5 - *sonda sovietica:* la missione iniziò il 14 settembre 1968 ed era previsto il sorvolo della Luna e il ritorno sulla Terra.

ZOND 6 - *sonda sovietica:* partì il 10 novembre 1968 e aveva lo stesso compito di Zond 5.

APOLLO 8 - *navicella americana con equipaggio:* l'equipaggio dell'Apollo 8 era composto da Frank Borman, James Lovell e William Anders e partirono il 21 dicembre 1968. Si trattò del primo sorvolo umano della Luna; gli astronauti effettuarono dieci orbite intorno al satellite e ritornarono a terra il 27 dicembre.

APOLLO 10 - *navicella americana con equipaggio:* gli astronauti Thomas Stafford, Eugene Cernan e John Young partirono il 18 maggio 1969 ed effettuarono l'avvicinamento al suolo lunare fino a 15 km dalla superficie con il modulo di atterraggio. Ritornarono sulla Terra il 26 maggio.

LUNA 15 - *sonda sovietica:* partì il 13 luglio 1969 e doveva riportare a terra dei campioni di suolo lunare; fallì in fase di atterraggio.

APOLLO 11 - *navicella americana con equipaggio:* il razzo Saturno V, con a bordo Neil Armstrong, Buzz Aldrin e Mike Collins, decollò il 16 luglio 1969 portando l'equipaggio dell'Apollo 11 in orbita lunare; Neil Armastrong e Buzz Aldrin furono i primi uomini ad atterrare sulla Luna nel Mare della Tranquillità il 20 luglio e raccolsero 21 kg di suolo e rocce. Ritornarono sulla Terra il 24 luglio.

ZOND 7 - *sonda sovietica:* partì l'8 agosto 1969, sorvolò la Luna e tornò a terra.

APOLLO 12 - *navicella americana con equipaggio:* gli astronauti dell'Apollo 12, Charles Conrad, Alan Bean e Richard Gordon decollarono il 14 novembre 1969 e dopo una burrascosa partenza, che fece temere il fallimento della missione oltre che le vite degli astronauti a causa di un fulmine che colpì in pieno il razzo, giunsero sulla Luna il 19 novembre. Il luogo dell'allunaggio, l'Oceano delle Tempeste, era anche il sito d'atterraggio della sonda americana Surveyor 3; qui gli astronauti raccolsero 35 kg di campioni e lasciarono sulla Luna un vero e proprio laboratorio scientifico, così come fecero tutte le altre missioni Apollo atterrate sulla Luna. Tornarono sulla Terra il 24 novembre.

APOLLO 13 - *navicella americana con equipaggio:* l'11 aprile 1970 ebbe inizio la sfortunata missione Apollo 13; essa è passata alla storia come la più famosa missione con equipaggio a bordo dopo l'Apollo 11, se non addirittura la più famosa in assoluto. Si trattò di una vera e propria lotta per la sopravvivenza che vide come protagonisti James Lovell, Fred Haise e Jack Swigert. Il modulo di comando con a bordo i tre uomini si trovava già a metà strada fra la Terra e la Luna, quando una serpentina difettosa dell'impianto di rime-

Nella foto: le drastiche condizioni del modulo di servizio della missione Apollo 13. Evidente il danno a un'intera sezione della navicella e parte del cono del motore principale.

78

scolamento dei serbatoi dell'ossigeno causò un'esplosione durante l'operazione del rimescolamento a freddo nel modulo di servizio. La detonazione provocò la perdita dell'ossigeno dai serbatoi e il modulo di comando rimase senz'acqua, senza energia e senza ossigeno. I tre furono costretti a spostarsi sul LEM Acquarius, che però aveva riserve di aria e acqua solo per due giorni e per due persone, mentre per tornare sulla Terra erano necessari cinque giorni.

Aggrappati al LEM come a una scialuppa di salvataggio, i tre astronauti sfruttarono i suoi motori per fare il giro della Luna e tornare indietro: questa manovra si rilevò necessaria poiché l'unico motore con sufficiente potenza che potesse permettere l'annullamento della missione e il rientro immediato, era quello del modulo di servizio, il quale aveva un'elevata possibilità di essere rimasto danneggiato nell'esplosione, per cui si preferì non correre il rischio di accenderlo poiché vi era il pericolo che scoppiasse tutto quanto. L'alternativa migliore fu spegnere completamente tutta la navicella, compresi il computer per l'orientamento e il riscaldamento, affinché si risparmiasse sull'esigua energia rimasta, necessaria per le manovre di rientro. La situazione fu drastica per l'equipaggio poiché la razione d'acqua giornaliera era di un bicchiere e la temperatura a bordo di soli 2° C. Dopo non poche difficoltà i tre uomini, esausti, congelati e disidratati, riuscirono ad ammarare nel Pacifico e furono recuperati da una nave militare il 17 aprile.

LUNA 16 - *sonda sovietica:* partì il 12 settembre 1970, atterrò sulla Luna nel Mare della Fecondità e riportò a terra cento grammi di campioni di suolo lunare.

ZOND 8 - *sonda sovietica:* venne lanciata il 20 ottobre 1970, sorvolò la Luna e tornò a terra.

LUNA 17 - *sonda sovietica:* partì il 10 novembre 1970 e atterrò sulla Luna dove vi depositò un rover, il Lunakhod 1.

APOLLO 14 - *navicella americana con equipaggio:* l'equipaggio dell'Apollo 14, Alan Shepard, Edgar Mitchell e Stuart Roosa, decollò il 31 gennaio 1971 e allunò il 5 febbraio nel punto in cui avrebbero dovuto atterrare gli astronauti dell'Apollo 13, l'altopiano di Fra Mauro. Raccolsero 43 kg di suolo lunare e tornarono a terra l'8 febbraio.

Apollo 15 - *navicella americana con equipaggio:* i tre astronauti David Scott, James Irwin e Alfred Worden partirono il 26 luglio 1971 e atterrarono sulla Luna, fra le colline Hadley-Appennine, il 30 luglio. I due uomini che vi atterrarono utilizzarono un rover per esplorare un ampio raggio della superficie, raccolsero 77 kg di campioni e venne rilasciato un satellite in orbita lunare. I tre rientrarono a terra il 7 agosto.

LUNA 18 - *sonda sovietica:* partì il 2 settembre 1971 e doveva riportare a terra campioni di suolo lunare; fallì in fase di allunaggio.

LUNA 19 - *sonda sovietica:* decollò il 28 settembre 1971 e si stabilizzò in orbita lunare dove si trova ancora.

LUNA 20 - *sonda sovietica:* lasciò la Terra il 14 febbraio 1972, prelevò 30 grammi di suolo lunare e tornò indietro.

APOLLO 16 - *navicella americana con equipaggio:* l'Apollo 16 era composto da John Young, Charles Duke e Thomas Mattingly (l'astronauta che sarebbe dovuto partire con l'Apollo 13 e che rimase a terra per via di un sospetto morbillo erroneamente diagnosticatogli dal medico di volo). Questi partirono il 16 aprile 1972 e l'allunaggio avvenne presso il cratere Descartes il 21 aprile; anche qui si utilizzò un rover, si depositarono strumenti scientifici e si raccolsero 95 kg di campioni. Dopo 3 giorni di permanenza sulla Luna, l'equipaggio tornò sulla Terra il 27 aprile.

APOLLO 17 - *navicella americana con equipaggio:* gli astronauti Eugene Cernan, Harrison Schmitt e Ronald Evans decollarono il 7 dicembre 1972 e l'allunaggio avvenne presso le alture di Taurus Littrow il 12 dicembre. In tre giorni di permanenza, Cernan e Schmitt coprirono una distanza di oltre 30 km con il rover e raccolsero più di 110 kg di campioni. L'Apollo 17 tornò a terra il 19 dicembre e fu l'ultima missione umana sulla Luna.

LUNA 21 - *sonda sovietica:* partì l'8 gennaio 1973, allunò e vi depositò il rover Lunakhod 2.

LUNA 22 - *sonda sovietica:* decollò il 29 maggio 1974 e studiò la Luna dalla sua orbita, dove è rimasta.

LUNA 23 - *sonda sovietica:* partita il 28 ottobre 1974, era una sonda per lo studio lunare; impattò sulla sua superficie.

LUNA 24 - *sonda sovietica:* venne lanciata il 9 agosto 1976, allunò nel Mare Crisium e riportò a terra 170 gr. di suolo lunare.

MUSES A - *sonda giapponese:* partì il 24 gennaio 1990 e aveva il compito di studiare la Luna; non riuscì a trasmettere i dati raccolti.

CLEMENTINE - *sonda americana:* venne lanciata il 25 gennaio 1994, operò per due mesi e mezzo intorno alla Luna mappando tutta la superficie e scoprì la presenza di ghiaccio sul fondo dei crateri del polo sud lunare.

LUNAR PROSPECTOR - *sonda americana:* il 6 gennaio 1998 è partita la missione Lunar Prospector la quale è rimasta operativa compiendo uno studio approfondito sulla Luna.

LUNAR EXPLORATION ORBITER - *sonda giapponese:* iniziata nel 2002, la missione includeva un lander e un subsatellite.

SMART 1 - *sonda europea:* partita il 27 settembre 2003 aveva il compito di monitorare l'intera superficie lunare e studiare la geologia, morfologia, mineralogia e topografia del satellite. La missione si è conclusa felicemente il 3 settembre 2006.

SELENE - *sonda giapponese:* ribattezzata Kaguya è partita il 14 settembre 2007. Posizionatasi in orbita lunare il 3 ottobre, la sonda ha dato il via a tutte le operazioni scientifiche operando ininterrottamente fino al 9 giugno 2009, data in cui un comando dal centro di controllo nipponico l'ha fatta precipitare al suolo.

CHANDRAYAAN 1 - *sonda indiana:* il lancio è stato effettuato il 22 ottobre 2008 alle 02,52 ora italiana e la messa in orbita lunare è avvenuta l'8 novembre. La sonda era dotata di un modulo impattatore equipaggiato con uno spettrometro di massa, una telecamera e un altimetro. Il modulo venne sganciato e fatto schiantare sulla superficie lunare il 14 novembre. La sonda madre avrebbe dovuto operare in orbita per mille giorni, ma una serie di malfunzionamenti alle apparecchiature scientifiche ha costretto i controllori di volo a dichiarare conclusa la missione dopo appena 312 giorni. Tuttavia la missione ha portato a termine quasi tutti gli obiettivi previsti.

CHANG'E 1 - *sonda cinese*: lanciata il 24 ottobre 2007, ha operato per oltre un anno studiando e mappando la Luna.

LUNAR RECONNAISSANCE ORBITER *– sonda americana:* il lancio è avvenuto il 18 giugno 2009 e la missione prevede una mappatura millimetrica e senza precedenti del suolo lunare da effettuarsi nel corso di un anno. La missione è il preludio di una flotta di missioni successive NASA volte a riportare l'uomo sulla Luna. La strumentazione comprende la **LOLA** *(Lunar Orbiter Laser Altimetr Measurement Investigation)* per la rilevazione topografica, la **LROC** *(Lunar Reconnaissance Orbiter Camera)* atta ad individuare eventuali rischi per l'allunaggio, la **LEND** *(Lunar Exploration Neutron Detector)* in grado di rilevare possibili depositi di ghiaccio, la **LAMP** *(Lyman Alpha Mapping Project)* per l'osservazione della superficie nell'ultravioletto individuando le zone al riparo dai raggi solari, la **CRaTER** *(Cosmic Ray Telescope for the Effect of Radiation)* destinata ad aiutare gli scienziati a costruire modelli adeguati relativi alla risposta dei sistemi biologici ai raggi cosmici e infine la **DLRE** *(Diviner Lunar Radiometer Experiment)* per l'individuazione delle zone ghiacciate in cui cercare l'acqua. La durata massima della missione è di cinque anni.

CHANG'E 2 *– sonda cinese:* partita l'1 ottobre 2010 ha scansionato il possibile sito di allunaggio della prossima sonda CHANG'E 3.

CHANG'E 3 *– sonda cinese:* in programma per il 2013 è previsto l'allunaggio morbido e il rilascio di un rover per lo studio del suolo.

CHANG'E 4 – *sonda cinese:* già in fase di progettazione l'ambizioso piano di volo volto a far allunare il robot automatico, prelevare campioni e riportarli sulla Terra. Il lancio avverrà non prima del 2017.

La sonda cinese Chang'e 2 ha orbitato a lungo intorno alla Luna riprendendo panorami spettacolari come quello in foto.

UN PIANETA DI FERRO: MERCURIO

I pianeti interni su cui sia possibile camminare sono detti *terrestri,* cioè dotati di una superficie solida, come la nostra Terra.

I quattro pianeti terrestri Mercurio, Venere, Terra e Marte, pur avendo in comune questo tipo di fattore, sono completamente diversi gli uni dagli altri e di conseguenza, da come è stato constatato dalle sonde, la vita su di essi

Il pianeta Mercurio, molto simile alla nostra Luna sia per aspetto che per dimensioni.

sarebbe impossibile, ad eccezione naturalmente della Terra.

Mercurio è il primo, fra tutti i pianeti, a essere più vicino al Sole ed è caratterizzato da svariati primati di diversa natura, fra i quali gli sbalzi di temperatura sulla sua superficie, la velocità orbitale, l'ellitticità dell'orbita, eccetera.

La zona interna del Sistema Solare, cioè quella più prossima al Sole, è caratterizzata dall'analogo processo di formazione che ha dato origine ai quattro pianeti che vi orbitano.

La loro densità varia a seconda della distanza dal Sole: maggiore nei pianeti interni e minore in quelli esterni e quasi paragonabile alla densità dell'acqua.

La densità dei pianeti ha, pertanto, stabilito dei margini di temperatura da raggiungere necessaria alla loro formazione: quella di Mercurio si stima che sia stata intorno ai 1.000-1.100° C proprio perché il pianeta è molto denso e ricchissimo di ferro.

Nonostante Mercurio sia relativamente vicino alla Terra, così come Plutone, è il pianeta che conosciamo meno, paradossalmente la sua presenza è nota fin dai tempi degli antichi greci.

Essi, non sapendo che si trattasse dello stesso oggetto, poiché lo vedevano apparire ora all'alba ora al crepuscolo, lo chiamarono con nomi diversi: Apollo (stella del mattino) e Hermes (stella della sera).

Successivamente si resero conto che si trattava di uno stesso corpo celeste che orbitava velocemente intorno al Sole, per cui gli si attribuì il nome definitivo di Hermes (Mercurio) messaggero degli dèi.

I primi studi seri su Mercurio ebbero inizio con l'avvento del telescopio. Galileo Galilei aveva la ferma intenzione di disegnare una mappa del pianeta più vicino al Sole, ma la scarsa risoluzione del suo telescopio e le sfavorevoli condizioni di osservazione impedirono al grande scienziato italiano di procedere nel suo intento.

Fu quasi tre secoli più tardi che divenne possibile osservare e studiare meglio Mercurio. Giovanni Schiaparelli, noto per i canali di Marte, si avvalse di un telescopio di 22 cm di apertura e notò delle onnipresenti macchie scure stagliarsi sulla superficie del piccolo pianeta pensando a delle formazioni nuvolose della sua atmosfera. Ne dedusse che il moto di rotazione e quello di rivoluzione fossero sincroni, circa 88 giorni e che, analogamente a quanto succede per la Luna, Mercurio mostrasse al Sole sempre la stessa faccia.

Nel primo Novecento, Antoniadi osservò Mercurio con un rifrattore da 84 cm per dieci anni e notò lo stesso fenomeno enunciato da Schiaparelli qualche decennio prima, confermando la sincronia dei due moti principali di Mercurio.

L'esattezza dei dati sui moti di Mercurio vennero intuiti solo nel 1965 dall'italiano Giuseppe Colombo, il quale stabilì un periodo di rotazione pari a 58,65 giorni, dati confermati qualche anno più tardi dalla sonda Mariner 10.

Composizione di Mercurio

Mercurio è uno dei pianeti meno conosciuti del Sistema Solare, pertanto le notizie di cui disponiamo a suo riguardo sono piuttosto sommarie.

Ciò che è certo è che questo pianeta è il corpo celeste più saturo di ferro dell'intero Sistema Solare; i 3/4 di Mercurio, cioè oltre il 70%, comprendono un grosso nucleo ferroso allo stato solido, mentre la parte restante è occupata dal mantello, avvolto da un sottile strato di crosta rocciosa.

La densità di Mercurio è molto elevata, seconda solo a quella della Terra e raggiunge i 5,50 grammi per centimetro cubo.

Il pianeta più vicino al Sole è del tutto inerte, data l'assenza dei moti convettivi al suo interno, per cui niente terremoti e niente eruzioni vulcaniche in corso; gli unici sporadici movimenti che saltuariamente interessano la crosta sono le vibrazioni determinate dagli impatti meteoritici.

La sonda Mariner 10 ha scandagliato solo il 40 % della superficie del pianeta, la parte opposta rimane ancora un mistero e oltretutto la risoluzione delle 2.000 immagini mandate dal Mariner sono paragonabili a quelle che si possono ottenere fotografando la Luna con un grande telescopio.

Nonostante tutto, il lavoro svolto dalla sonda ha permesso di svelare alcuni lati oscuri relativi al pianeta e la sua formazione: gli scienziati, analizzando le immagini spettroscopiche, si sono resi conto che la crosta superficiale di Mercurio è totalmente priva di ferro, contrariamente al nostro pianeta. Il risultato è che tutti i metalli pesanti si sono concentrati nel nucleo mentre la litosfera è dominata da silicati leggeri e depositi di basalto.

Inoltre si scoperto che Mercurio possiede un nucleo proporzionalmente enorme e un mantello molto sottile; a tutte queste caratteristiche anomale di Mercurio si è tentato di dare risposta attraverso tre ipotesi: la prima postula che il pianeta, durante la sua formazione e data la sua vicinanza al Sole, abbia subìto un pesantissimo irraggiamento solare, il quale ha spazzato via gli atomi più leggeri lasciando che i metalli pesanti predominassero; per la seconda teoria invece, il giovane Mercurio, ancora allo stato semi-fuso, è stato investito da un'intensa radiazione elettromagnetica proveniente dal Sole, la quale ha rimosso in buona parte i silicati superficiali; l'ultima enuncia che il pianeta abbia subìto un tremendo impatto cosmico da parte di un pianetino, dal quale sarebbe stato strappato via buona parte del mantello mettendo il nucleo quasi a nudo ma intatto.

I risultati inviati dal Mariner non sono sufficienti per stabilire quale di queste tre ipotesi sia quella giusta o se siano tutte errate. Quello di cui si è sicuri è che Mercurio è il pianeta più saturo di ferro dell'intero Sistema Solare e che la sua superficie, almeno quella nota finora, è cosparsa da migliaia di crateri da impatto alternati a crepe, fratture e colate laviche.

Un paesaggio del genere è simile a quello lunare e anche l'evoluzione della geologia mercuriana potrebbe essere analoga a quella del nostro satellite; considerato il sottile spessore della litosfera, i meteoriti impattati nel corso delle ere sfondavano la crosta facendo affluire all'esterno fluido magmatico poi solidificatosi. Inoltre il pianeta sembra sia stato vittima di un'espansione e successiva contrazione, quest'ultima causata dal costante raffreddamento del suo interno: secondo le stime, il raggio di Mercurio si sarebbe ridotto di due chilometri, ciò sarebbe all'origine delle crepe e dei corrugamenti visibili in superficie.

Gli ultimi eventi geologici verificatisi su Mercurio sembrano risalire a 3,5 miliardi di anni fa, allorquando il mantello si è raffreddato e il nucleo solidificato; da allora Mercurio è un pianeta morto, privo ormai di qualsiasi episodio geologico e tettonico.

L'atmosfera fantasma

La piccola massa di Mercurio ha determinato l'assenza dell'atmosfera su questo pianeta, infatti tanto è più grande la massa di un pianeta tanto maggiore sarà la capacità di trattenere i gas che compongono un'atmosfera.

Di conseguenza la massa è legata alla gravità, quindi alla velocità di fuga che su Mercurio non supera i 4 km/sec (sulla Terra è di 12 km/sec.), per cui le molecole che avrebbero composto l'atmosfera di questo pianeta sono sfuggite al campo gravitazionale eccitate anche dalle alte temperature di Mercurio volando via nello spazio.

Tuttavia le misurazioni effettuate sul pianeta più vicino al Sole rivelano delle tracce residue di un'antica atmosfera, probabilmente esistita subito dopo la formazione di Mercurio e composta in minima parte da idrogeno e per il resto ossigeno, elio, potassio, sodio e argon, successivamente spazzata via dal vento solare.

Potremmo paragonare l'atmosfera di Mercurio a quella già citata della Luna, con una presenza di 100.000 molecole per centimetro cubo, vale a dire il miglior vuoto più spinto riproducibile in laboratorio.

Anche in questo caso il tenue inviluppo di gas che circonda Mercurio sfugge facilmente nello spazio, ma viene rinnovato dall'erosione che il vento solare produce sulle rocce; parte delle molecole gassose proverrebbero anche da micrometeoriti che cadono e vaporizzano in superficie e dall'interno stesso del pianeta presso il bacino Caloris, dove è presente una grossa frattura. In questa regione si è osservata una maggior emissione di sostanze volatili rispetto a quelle circostanti.

In sostanza, possiamo parlare non di atmosfera ma di esosfera, simile alla parte più estrema dell'atmosfera terrestre che è talmente rarefatta da iniziare a fondersi e perdersi con il vuoto cosmico.

La magnetosfera

Prima dell'invio delle sonde si pensava che Mercurio non possedesse un campo magnetico. Al contrario, Mercurio possiede un campo magnetico proporzionalmente intenso la cui origine è tuttora ignota.

Secondo alcune ipotesi, sotto la crosta ci sarebbe un mantello fluido di silicati che avvolge il grosso nucleo di ferro e nichel, altri ipotizzano una sottile fascia di ferro semi-fuso esterno al nucleo carico elettricamente di spessore ignoto, il quale svolge una funzione analoga a una dinamo.

L'ipotesi di un nucleo solido però, come nel caso di Mercurio, escluderebbe il generarsi del classico effetto dinamo, oltretutto la lenta rotazione del pianeta contribuisce a rendere ancora più oscura l'origine del campo magnetico di Mercurio.

La magnetosfera del piccolo pianeta sembra essere simile a quella terrestre ma cento volte meno intensa, mentre l'inclinazione dell'asse magnetico è inclinato di 11° rispetto a quello di rotazione.

La forma della magnetosfera dei pianeti si modifica nel tempo e quella di Mercurio è quella che subisce i cambiamenti più sostanziali; oltre a essere molto piccola, il pianeta è molto vicino al Sole, per cui risente maggiormente degli effetti del flusso di particelle costantemente emesse dalla stella. Nei periodi di massimo solare o nei punti d'orbita prossimi al perielio, il campo magnetico mercuriano non è sufficiente a schermare la superficie dalle particelle atomiche solari; ne viene dunque compresso fin quasi a schiacciarsi contro il pianeta.

Identità di Mercurio

Come anticipato precedentemente, Mercurio è il pianeta detentore di molti primati: come prima cosa è il pianeta più vicino al Sole, a una distanza media di 58 milioni di chilometri; è il pianeta più ricco di ferro dell'intero Sistema Solare; è segnato da un gigantesco cratere da impatto largo 1/3 del suo diametro; ha la più alta escursione termica del Sistema Solare, circa 600° C di sbalzo, con temperature che oscillano dai 480° C di giorno ai -180° C di notte; è il pianeta che orbita più velocemente, con una velocità che va dai 37,3 km/sec quando è nell'afelio, ai 56,7 km/sec quando si trova nel perielio; ha l'anno più corto del Sistema Solare (circa 88 giorni e gira su se stesso in 58 giorni), e infine è il pianeta che ha l'orbita più ellittica che lo porta a 46 milioni di chilometri dal Sole quando gli è più vicino, ai 70 milioni di km quando gli è più lontano.

Mercurio, benché sia un pianeta molto piccolo avendo un diametro di 4.800 km, non è tuttavia il più piccolo, dato che è stato assegnato a Plutone questo primato, inoltre non possiede nessun satellite.

Mercurio divide inoltre con Plutone un'altra caratteristica: entrambi i pianeti hanno il piano dell'orbita inclinato rispetto agli altri pianeti, Mercurio di 2° e Plutone di ben 17°.

Diversamente, tutti i pianeti del Sistema Solare giacerebbero sullo stesso piano, come se fossero disposti su di una superficie piatta.

La superficie di Mercurio si presenta molto simile al lato nascosto della Luna, entrambi infatti, hanno impronte di enormi bacini circolari circondati da sfere concentriche e un aspetto globale segnato dai crateri. Inoltre Mercurio è poco più grande del nostro satellite naturale.

Il pianeta è anche caratterizzato da pianure di aspetto liscio e scuro di origine simile ai mari lunari e da grandi spaccature sulla crosta della profondità massima di tre km originatesi probabilmente dal raffreddamento e successiva contrazione che il pianeta ha subìto.

L'enorme cratere di cui si è già accennato, definito *Bacino Caloris*, è il risultato di un'immane collisione subita da Mercurio all'epoca della sua formazione.

Molti infatti, considerando le sproporzionate dimensioni del nucleo rispetto al diametro finale del pianeta, ritengono che il centro ferroso dello stesso abbia resistito all'impatto, ma che gran parte del mantello sia stato strappato al pianeta in seguito alla collisione subita da un altro oggetto celeste e che ha poi originato il Bacino Caloris, di conseguenza le dimensioni iniziali di Mercurio sarebbero state maggiori.

Un altro aspetto curioso di Mercurio è che, data la sua vicinanza al Sole e le alte temperature superficiali, è stata rinvenuta con grande stupore degli scienziati la presenza di ghiaccio su di esso. Infatti il ghiaccio ha un'elevata capacità di riflessione e quando dai radiotelescopi sono stati inviati degli impulsi radar indirizzati al pianeta, le onde di ritorno hanno indicato agli astronomi la presenza di ghiaccio d'acqua su entrambi i poli.

La sua origine potrebbe essere sia di natura endogena, cioè vapor acqueo fuoriuscito dal sottosuolo e congelato in superficie, sia dovuto agli impatti causati dalle comete le quali, al momento della collisione, avrebbero rilasciato grandi quantità di vapor acqueo che si è poi congelato e conservato, protetto da un sottile strato di polvere sul fondo dei crateri polari dove non batte mai il Sole e la temperatura non sale al di sopra dei -170° C.

L'ennesimo parametro che caratterizza Mercurio riguarda i suoi moti di rivoluzione e rotazione: l'anno corrisponde a 88 giorni terrestri, mentre il giorno a 58, vale a dire che per ogni rivoluzione il pianeta compie un giro e mezzo su se stesso e ciò determina, in certe regioni sulla superficie di Mercurio, una doppia alba con il Sole che sorge due volte.

Un'osservazione adeguata di Mercurio, visto da terra, è molto difficile, data la sua vicinanza alla nostra stella: gli unici particolari che si possono distinguere sono le fasi, analoghe a quelle della Luna.

Mercurio è visibile alternativamente solo all'alba e al tramonto, vale a dire quando si trova in fase calante o crescente; nelle fasi nuova e piena esso non è visibile dalla Terra.

OSSERVARE MERCURIO

MERCURIO NON SI ALLONTANA MA TROPPO DAL SOLE, PER CUI LA SUA STRETTA ORBITA LO RENDE VISIBILE SOLO ALL'ALBA E AL TRAMONTO. IN PARTICOLARE QUANDO MERCURIO SI TROVA A ORIENTE DEL SOLE, ESSO PUÒ ESSERE VISTO POCO DOPO IL TRAMONTO VERSO OVEST, MENTRE QUANDO SI TROVA A OCCIDENTE DEL SOLE, LO SI PUÒ VEDERE POCO PRIMA DELL'ALBA IN DIREZIONE EST, PER POI TRAMONTARE SUBITO DOPO.

CON I MIGLIORI TELESCOPI TERRESTRI NON RISULTA VISIBILE ALCUN DETTAGLIO DELLA SUA SUPERFICIE; SI PUÒ SOLO DISTINGUERE IL TERMINATORE, CIOÈ LA PARTE CHE SEPARA LA ZONA D'OMBRA DALLA ZONA ILLUMINATA DAL SOLE, CON ALCUNE FRASTAGLIATURE.

IN POCHE OCCASIONI DIVIENE INVECE POSSIBILE INTRAVEDERE IL DISCO NERO DI MERCURIO TRANSITARE DAVANTI AL SOLE: PER QUESTO OCCORRE SCHERMARE IL TELESCOPIO CON APPOSITI FILTRI; QUESTE OCCASIONI DI OSSERVAZIONE, SI PRESENTANO SOLO 13-14 VOLTE OGNI SECOLO.

DATI SU MERCURIO	
DIAMETRO	4.878 Km
AFELIO	70 Milioni di Km
PERIELIO	46 Milioni di Km
DISTANZA MEDIA DAL SOLE	58 Milioni di Km
VELOCITA' ORBITALE MEDIA	48 Km/sec.
PERIODO DI ROTAZIONE	58 giorni
PERIODO DI RIVOLUZIONE	88 giorni
MASSA MEDIA	3,30 x 10*25 g
MASSA MEDIA (TERRA = 1)	0,055
DENSITA' MEDIA	5,43 g/cm3
DENSITA' MEDIA (TERRA = 1)	0,98
VOLUME (TERRA = 1)	0,056
VELOCITA' DI FUGA	4 Km/sec.
INCLINAZIONE ORBITALE	2°
INCLINAZIONE DELL'ASSE DI ROTAZIONE	0
TEMPERATURA AL SUOLO DI GIORNO	480°
TEMPERATURA AL SUOLO DI NOTTE	-180°
SATELLITI CONOSCIUTI	nessuno
ATMOSFERA	assente
STRUTTURA PLANETARIA	rocciosa

Sonde su Mercurio

Prima degli anni Settanta, di Mercurio non si sapeva praticamente nulla; fu allora che si decise di mettere a punto un progetto per inviare una sonda interplanetaria che svelasse i segreti custoditi dal pianeta più vicino al Sole: la missione Mariner 10.
Scopo della missione era fotografare il pianeta e studiarne gli
aspetti fisici e geologici.
La sonda americana Mariner fu lanciata dal razzo vettore Atlas-
Centaur nel novembre 1973 e dopo soli 3 mesi di navigazione
sorvolò il pianeta Venere, dal quale ricevette una spinta gravitazionale che la catapultò in orbita intorno al Sole e alla volta di
Mercurio.
Nella primavera del 1974 la Mariner 10 sorvolò, per la prima
volta in assoluto, l'equatore del pianeta Mercurio a una distanza
di 700 km riversando a terra una valanga di immagini e informazioni nell'euforia generale che dominava fra gli scienziati dell'é-
quipe del Mariner.
Il secondo passaggio portò la sonda a 5.000 km sopra il polo sud
e il terzo e ultimo passaggio a soli 350 km dall'emisfero nord.
La sonda Mariner era dotata di molte apparecchiature: dalla telecamera ai magnetometri e dai sensori agli spettrometri, le quali
trasmisero agli scienziati una mole enorme di informazioni.
Molto resta ancora da scoprire su Mercurio e nonostante la missione Mariner abbia fotografato e monitorato solo il 40% della
superficie, è passata alla storia come una delle missioni più proficue in assoluto. Tutte le informazioni e le immagini di cui disponiamo sul pianeta più vicino al Sole, le dobbiamo a questa
sonda che ha svolto in maniera impeccabile il suo lavoro nella
metà degli anni settanta.
Così come Plutone, anche Mercurio è il pianeta meno esplorato,
per questo sono in cantiere alcune missioni sia NASA che ESA,
volte a studiare in modo approfondito il piccolo pianeta.
La missione americana Messenger ha avuto inizio nell'agosto

2004, posizionandosi in orbita intorno a Mercurio il 18 marzo 2011. Per risparmiare sul peso, la sonda ha effettuato un lungo tragitto sfruttando i fly-by della Terra e di Venere e tre di Mercurio fra il 2008 e il 2009; un anno terrestre è il tempo stimato per la missione che consentirà lo studio della composizione superficiale, la misurazione del campo magnetico, oltre a disegnare una planimetria completa del globo ad alta risoluzione.

L'ambiziosa missione europea Bepi Colombo, dedicata allo scienziato che rilevò con esattezza il periodo di rotazione di Mercurio, impiegherà due orbiter. Inizialmente era previsto anche un lander che avrebbe dovuto atterrare sul suolo mercuriano, esplorarlo e analizzarlo, ma è stato cancellato a causa del suo eccessivo costo. Il primo orbiter si dedicherà ad uno studio completo e di estrema precisione sui dati altimetrici, spettroscopici e fisici, mentre il secondo studierà il campo magnetico.

Il lancio è previsto per il 5 luglio 2014 con un tempo stimato di viaggio di sei anni. La missione avrà una durata di circa un anno.

L'INFERNO VENUSIANO

All'esterno della piccola orbita di Mercurio si trova Venere, il pianeta gemello della
Terra e quello a noi più vicino.

Definiamo Venere gemello
della Terra in quanto i due
pianeti hanno quasi le mede-
sime dimensioni, ma per
quanto riguarda il resto definire Venere il nostro pianeta
gemello è del tutto improprio

Tutto quello che riusciamo a vedere di Venere è una perenne e spessa nube di anidride carbonica che avvolge completamente il pianeta.

poiché esso è l'unico oggetto celeste, dotato di una superficie solida, su cui l'uomo non potrà mai mettere piede.

Il pianeta a noi più vicino è anche l'oggetto più luminoso della
sfera celeste, dopo naturalmente il Sole e la Luna; ciò che rende
Venere così appariscente è la sua spessa coltre di nubi, le quali
riflettono efficacemente i ¾ della luce emanata dal Sole e, di
conseguenza, il pianeta era conosciuto sin da tempi antichissimi.

Le osservazioni moderne, in particolar modo quelle effettuate
dalle sonde automatiche, hanno rivelato un pianeta con delle caratteristiche impressionanti e quasi spaventose, caratteristiche
che andremo ora a descrivere e che mai nessun astronomo del
passato avrebbe mai pensato, neanche lontanamente, di poter arrivare a immaginare.

Struttura di Venere

Alcune analogie fra il pianeta Venere e la Terra, associate ai modelli teorici ricavati grazie ai dati forniti dalle sonde spaziali in possesso degli scienziati, hanno permesso loro di ipotizzare la struttura interna di Venere, mentre la sua topografia risulta oggi a noi nota grazie alle fedeli ricostruzioni computerizzate tridimensionali del 99% della superficie del pianeta.

Considerato che per dimensioni, massa e densità Venere è molto simile alla Terra, gli astronomi, basandosi anche su altre informazioni, pensano che il suo interno sia anch'esso simile a quello del nostro pianeta e cioè un nucleo di ferro e nichel forse in uno stato semi-fuso spesso la metà del diametro del pianeta, uno strato che ricopre il nucleo costituito da un mantello di silicati allo stato fuso e largo 3.000 km e infine un sottile strato di crosta basaltica dello spessore che si aggira intorno ai 20 km.

Le informazioni di cui disponiamo sul pianeta a noi più vicino fanno supporre che Venere sia un pianeta attivo, ciò significa che al suo interno sono presenti moti convettivi analoghi a quelli del nostro pianeta, innescati anch'essi dal decadimento degli elementi radioattivi; tuttavia, nel corso delle varie missioni spaziali compiute dalle sonde inviate sul o intorno al pianeta Venere, non sono stati rilevati né movimenti alcuni della crosta né eruzioni vulcaniche.

A tal proposito è da evidenziare che Venere è il pianeta più ricco di vulcani dell'intero Sistema Solare, vulcani che sono rimasti attivi fino a tempi relativamente recenti,

Il globo venusiano osservato dalla sonda Magellano senza le sue perenni nubi eliminate elettronicamente.

97

cioè fino a qualche milione di anni or sono.

La topografia del pianeta è ben conosciuta ed è stato inoltre possibile ricostruirla in un'animazione tridimensionale al computer: essa si presenta come la più piatta del Sistema Solare e costituita da due continenti, cioè regioni che si trovano a un'altezza maggiore rispetto al livello medio della superficie. Essi sono la terra di Ishtar nell'emisfero nord, grande quanto gli Stati Uniti e la terra di Afrodite, poco più a sud dell'equatore e con un'estensione che è di poco superiore al continente africano.

In entrambi i continenti sono presenti picchi montuosi: i monti Maxwell nella terra di Ishtar, che raggiungono un'altezza di 11 km e il vulcano Maat nella terra di Afrodite, alto 8 km e circondato da recenti colate laviche.

Sono inoltre presenti nella terra di Afrodite canyon lunghi centinaia di chilometri, profondi dai 2 ai 4 km e larghi fino a 300 km.

La parte restante della superficie comprende depressioni ed enormi pianure dove dominano l'arancione e il marrone del terreno, una luce giallastra che viene diffusa dalle situazioni che rendono infernali le condizioni su questo pianeta e una limitata visibilità, paragonabile a quella che si può trovare sulla Terra in una situazione di foschia.

Il pianeta dei vulcani

Nell'ambito dell'intero Sistema Solare, nessun pianeta o satellite possiede tanti vulcani quanti se ne contano su Venere, infatti, con oltre 200.000 strutture, Venere è il corpo celeste più vulcanico dell'intero Sistema Solare.

Gli studi effettuati hanno dimostrato che gran parte del suolo venusiano sia basalto, vale a dire materiale magmatico di origine vulcanica spinto in superficie da forze endogene.

Vi sono oltre 150 vulcani a scudo e più di 200.000 coni vulcanici più piccoli sparsi su tutto il pianeta: i primi sono più imponenti dato che possono raggiungere altezze di 5-8 km e larghezze alla base di centinaia di chilometri; questi grandi coni vulcanici sono stati costruiti da lava a bassa densità fuoriuscita dal mantello e sono caratterizzati da un declivio poco accentuato. Ciò fa sì che raggiungano dimensioni diametralmente molto elevate.

Un vulcano del genere è quello marziano Olympus, dotato di una base larga oltre 600 km, ma in rapporto all'altezza, ha una percentuale molto maggiore di ripidità.

La stragrande maggioranza dei vulcani venusiani sono divisi in caldere, picchi alti e stretti detti *tralicci*, colate laviche disposte a ventaglio, eccetera.

Tutte queste strutture vulcaniche, trovandosi in zone più basse rispetto al livello medio della superficie come depressioni o pianure, subiscono una maggiore pressione atmosferica che le schiaccia al suolo; questa pressione equivale a cento volte quella terrestre ed è quindi paragonabile alla pressione che si trova a 1.000 metri sott'acqua.

In relazione al numero dei vulcani, l'attività geologica su Venere dovrebbe risultare particolarmente elevata, ma tutte le missioni spaziali che hanno avuto a che fare con questo pianeta non hanno mai trasmesso elementi che indicassero attività vulcaniche in corso, inoltre si è appreso che i vulcani venusiani non sono alimentati dai movimenti di subduzione come avviene sulla Terra, quando una placca si inabissa sotto l'altra sciogliendosi sotto il calore del mantello che alimenta i vulcani, di conseguenza risulta assente la tettonica a zolle.

La superficie è inoltre segnata da fiumi, canali e mari di lava solidificata, oltre ai crateri da impatto riempiti anch'essi dalla lava fuoriuscita dal mantello in seguito alla collisione che ha sfondato la crosta.

Una densa atmosfera

Dopo aver descritto la morfologia, geologia e topografia del pianeta Venere, in certi dettagli simile al nostro pianeta, passiamo alle situazioni estreme che rendono infernali le condizioni al suolo di Venere, ed è per i motivi che andremo ora a elencare che l'uomo non potrà mai mettere piede su questo pianeta.

Le similitudini che coesistono fra Venere e la Terra, come dimensioni, massa e densità, possono aver dato un avvio comune ai due pianeti, con una tiepida atmosfera e acqua in abbondanza. Nelle ere successive invece, il destino dei due pianeti ha subìto sorti completamente differenti; la vita sarebbe dunque potuta apparire anche su Venere, ma le cose non sono andate in un modo analogo al nostro, data la minor distanza di questo pianeta dal Sole.

All'inizio della sua esistenza il Sole emanava solo il 70% della radiazione rispetto alle fasi successive. Raggiunto il pieno regime di conversione nucleare, il Sole ha iniziato a riscaldare la superficie venusiana, la quale, sotto la potente azione solare, ha cominciato a rilasciare un'enorme quantità di anidride carbonica contenuta nelle rocce che si è pian piano depositata negli strati atmosferici.

Nel corso del tempo si è poi creata una densissima cappa atmosferica che ha causato un notevole innalzamento delle temperature superficiali, facendo evaporare gli oceani nell'atmosfera; da qui, il vapor acqueo si è poi scisso in ossigeno e idrogeno, i quali si sono persi gradualmente nello spazio. Le fasi travagliate che Venere ha subìto, l'hanno caratterizzato particolarmente proprio per la sua attuale atmosfera opprimente e velenosa. Il pesante involucro di gas che avvolge il pianeta è composto per il 97% da anidride carbonica e per il 3% da azoto con tracce di ossigeno, argon, monossido di carbonio e anidride solforosa; tale atmosfera è una particolarità che fa di Venere l'oggetto più luminoso della volta celeste, essendo dotata di un'elevata capacità di riflettere la luminosità solare ma, d'altra parte, essa gioca a Venere un brutto scherzo rendendo infernali le condizioni su questo pianeta: temperature che arrivano a toccare i 500° C, più alte che su Mercurio (qui il piombo si troverebbero allo stato fuso), piogge di acido solforico, lampi e fulmini che si scatenano con una frequenza media di venticinque al secondo e di intensità di molto superiore a quelli terrestri, venti e turbolenze e infine una pressione al suolo di 90 atmosfere.

La massiccia coltre di nubi che avvolge completamente il pianeta e che rende impossibile intravederne la superficie, crea un effetto serra a valanga che è causa dell'elevatissima temperatura al suolo su tutto il globo venusiano, sia di giorno che di notte, sia all'equatore che ai poli.

Questa pesantissima cappa, quasi cento volte più pesante che sulla Terra, è trasparente alla radiazione solare ma opaca alla radiazione termica di ritorno, ciò vuol dire che il calore del Sole riesce a filtrare le perenni nubi venusiane e a giungere al suolo ma che le stesse nubi impediscono alla radiazione infrarossa emanata dalle rocce riscaldate di perdersi nello spazio; in tal modo sia il calore del Sole sia quello emanato dal suolo restano intrappolati sul pianeta.

La pesante atmosfera di Venere è suddivisa in strati: la parte alta presenta diverse temperature che vanno dai -140° C nella parte non illuminata dal Sole ai 250° C nella parte diurna ed è composta da molecole di acido solforico.

Fra i 47 e i 52 km dal suolo è presente una fascia nuvolosa composta sempre da acido solforico ma in maniera più densa, mentre sotto i 32 km di quota l'atmosfera è libera da particelle condensate, ma è presente una densa zona di anidride carbonica: qui le gocce di acido solforico si diluiscono con la limitata quantità di vapor acqueo e vengono poi scisse dalle alte temperature, nei pressi della superficie, in idrogeno ed anidride solforosa.

Venere è un pianeta molto ventoso, tanto che la compatta formazione nuvolosa, compie il giro completo del globo in soli quattro giorni.

La velocità dei venti è elevatissima negli strati alti dell'atmosfera con punte che toccano i 360 km/h, mentre man mano che la quota diminuisce, cala anche la forza con cui soffiano fino a scendere a una velocità al suolo di soli 4 km/h, paragonabile alla leggera brezza terrestre.

Magnetosfera venusiana

Un campo magnetico del tipo *effetto dinamo* risulta assente su Venere, forse a causa del nucleo del pianeta o forse a causa della lenta rotazione dello stesso.

Una magnetosfera di tipo analogo a quello terrestre su Venere, non è stato possibile misurare in quanto assente, ma un'onda d'urto delle particelle ionizzate provenienti dal Sole con quelle degli strati alti dell'atmosfera venusiana avviene comunque. Il vento solare non viene deviato dal campo magnetico di Venere, ma colpisce direttamente le particelle cariche elettricamente presenti nella ionosfera ad una quota di 300 km.

La magnetopausa si crea dunque e comunque, anche grazie a questo tipo di processo che determina una sorta di coda invisibile subito dietro il pianeta e allungata sotto la spinta del vento solare in un modo simile a quello delle code cometarie.

I moti e le fasi

Venere ha delle caratteristiche uniche nel Sistema Solare per quanto riguarda i suoi moti. Risalta tra l'altro il fatto che Venere compia un'orbita quasi circolare che lo porta dai 107,5 milioni di km ai 109 milioni di km dal Sole, con una bassa percentuale dell'inclinazione del piano orbitale che è di soli 3°. Anche l'inclinazione dell'asse di rotazione del pianeta è quasi nullo, per cui non esiste l'alternanza delle stagioni.

Il moto di rivoluzione intorno al Sole, è abbastanza regolare rispetto all'orbita, circa 224 giorni, così come lo è la velocità orbitale, mentre è particolare il moto di rotazione del pianeta in quanto è di tipo retrogrado, cioè di rotazione inversa sia rispetto all'avanzamento del moto di rivoluzione che rispetto a quella di tutti gli altri pianeti, eccetto Urano.

Oltre a ciò, la rotazione di Venere è anche caratterizzata dal suo lentissimo movimento, il più lento del Sistema Solare, che avviene in 243 giorni; in poche parole l'anno venusiano è più corto del suo stesso giorno.

Questa anomala situazione fa sì che l'alternanza del giorno e della notte su Venere sia determinata dal moto di rivoluzione e non da quello di rotazione come di solito accade, di conseguenza il giorno solare dura ben 116 giorni terrestri.

L'orbita più interna di Venere rispetto alla Terra determina le fasi analoghe a quelle di Mercurio; il primo ad osservarle fu Galileo, il quale poté finalmente dimostrare la fondatezza delle ipotesi di Copernico e dare il colpo di grazia definitivo al sistema tolemaico.

Le fasi di Venere sono, come accennato, del tutto simili a quelle di Mercurio, per cui il pianeta risulta più brillante nel cielo quando si trova in fase calante o crescente in quanto è più vicino alla Terra, al contrario è leggermente meno luminoso quando si trova in fase piena poiché è molto più lontano rispetto a noi.

OSSERVARE VENERE È ESTREMAMENTE FACILE IN QUANTO LA SUA ATMOSFERA RIE-SCE EFFICACEMENTE A RIFLETTERE IL 75% DELLA LUCE INCIDENTE E TROVANDOSI IN UN'ORBITA PIU' STRETTA, SI RENDE VISIBILE DOPO IL TRAMONTO O PRIMA DEL-L'ALBA, POCO SOPRA L'ORIZZONTE LADDOVE LA TURBOLENZA ATMOSFERICA È MAGGICRE. ESSENDO PERTANTO MOLTO LUMINOSO E TROVANDOSI IN UNA REGIO-NE DELLA SFERA CELESTE ABBASTANZA DENSA, TALVOLTA È STATO PERSINO SCAM-BIATO PER UN UFO A CAUSA DEL TREMOLIO CHE SI PRODUCE IN QUESTE CONDI-ZIONI.

CON UN BINOCOLO È GIÀ POSSIBILE DISTINGUERNE LE FASI, MENTRE CON L'USO DEL TELESCOPIO SI NOTA CHIARAMENTE IL DISCO VENUSIANO E LE FORMAZIONI NUVOLOSE MA NULL'ALTRO, DATO CHE LA DENSA COLTRE DI NUBI COPRE TOTAL-MENTE LA SUPERFICIE RESA INVISIBILE ANCHE ALL'ACUTISSIMO OCCHIO DEL TE-LESCOPIO SPAZIALE.

UN'ALTRA POSSIBILITÀ DI OSSERVARE VENERE SI PRESENTA QUANDO ESSO TRANSI-TA DAVANTI AL DISCO LUMINOSO DEL SOLE. QUESTE OCCASIONI SONO PERÒ MOL-TO RARE, DATO CHE L'ORBITA DI VENERE È INCLINATA DI 3° RISPETTO ALL'ECLITTI-CA, DI CONSEGUENZA IL PIANETA SI TROVA SEMPRE O UN PO' PIÙ SOPRA O UN PO' PIÙ SOTTO RISPETTO AL SOLE; SE LORBITA DI VENERE FOSSE IN LINEA CON QUELLA TERRESTRE, ESSO SAREBBE VISIBILE AD OGNI ORBITA.

ANALOGAMENTE A QUANTO AVVIENE PER LE ECLISSI TOTALI DI SOLE, È POSSIBILE OSSERVARE VENERE DAVANTI AL SOLE IN DUE PUNTI DETTI "NODI", IN CUI L'ORBI-TA VENUSIANA INTERSECA L'ECLITTICA E CIÒ SI VERIFICA IN UN INTERVALLO DI OTTO ANNI CON DUE PASSAGGI; TALE EVENTO TORNERÀ SUCCESSIVAMENTE A RI-PETERSI DOPO 235 O 243 ANNI; IN CORRISPONDENZA DELL'ALTRO NODO INVECE, PUÒ RIPETERSI DOPO 105 O 122 ANNI.

COSÌ COME PER MERCURIO, ANCHE PER OSSERVARE VENERE IN QUESTE CONDIZIO-NI OCCORRE ACCESSORIARE IL TELESCOPIO CON UN FILTRO SOLARE ONDE EVITA-RE DANNI IMMEDIATI E PERMANENTI ALLA VISTA.

DATI SU VENERE	
DIAMETRO	12,103 Km
AFELIO	107,5 Milioni di Km
PERIELIO	109 Milioni di Km
DISTANZA MEDIA DAL SOLE	108 Milioni di Km
VELOCITA' ORBITALE MEDIA	35 Km/sec.
PERIODO DI ROTAZIONE	243 giorni
PERIODO DI RIVOLUZIONE	224 giorni
MASSA MEDIA	$4,870 \times 10^{*}27$ g
MASSA MEDIA (TERRA = 1)	0,815
DENSITA' MEDIA	5,25 g/cm3
DENSITA' MEDIA (TERRA = 1)	0,95
VOLUME (TERRA = 1)	0,857
VELOCITA' DI FUGA	11,18 Km/sec.
INCLINAZIONE DELL'ASSE DI ROTAZIONE	0
INCLINAZIONE ORBITALE	3°
TEMPERATURA AL SUOLO DI GIORNO	490°
TEMPERATURA AL SUOLO DI NOTTE	470°
SATELLITI CONOSCIUTI	Nessuno
ATMOSFERA	Anidride carbonica+azoto
STRUTTURA PLANETARIA	Rocciosa

Le missioni su Venere

L'esplorazione di Venere ha avuto inizio nei primi anni Sessanta con i programmi sovietici, a quei tempi in competizione con gli americani.

Tutto ciò che abbiamo appreso sui pianeti del Sistema Solare lo dobbiamo alle sonde spaziali, poiché solo grazie ad esse siamo riusciti a esplorare ogni angolo del nostro sistema planetario, anche se in modo indiretto non essendoci l'uomo a bordo.

Le apparecchiature automatizzate lanciate alla volta di Venere sono state parecchie, gran parte inviate dai russi, ma il lavoro più accurato è stato eseguito dalla sonda americana Magellano, la quale ha monitorato il 97% della superficie venusiana; è a lei, tra l'altro, che dobbiamo le stupende immagini computerizzate di quasi tutta la superficie di Venere.

Prima della Magellano, però, molte altre sonde hanno svolto un ottimo lavoro, tenendo presente inoltre, che i primi pionieri automatici erano dotati di tecnologie meno sofisticate di quelle attuali e quindi hanno avuto qualche difficoltà in più da affrontare. Elenchiamo di seguito tutti i robot automatici giunti sul secondo pianeta del Sistema Solare.

VENERA 1 - **Sonda sovietica:** il lancio fu effettuato il 12 febbraio 1961 ed era previsto il sorvolo di Venere. La missione andò a buon fine e attualmente la sonda si trova, ormai spenta, in orbita solare.

MARINER 2 - **Sonda americana:** lanciata il 27agosto 1962, raggiunse Venere il 14 dicembre dello stesso anno passando a 35.000 km dal pianeta; rilevò dati riguardanti la superficie e ne misurò la temperatura. Ormai spenta, si trova in orbita solare.

ZOND 1 - **Sonda sovietica:** lanciata il 2 aprile 1964, era previsto che compisse un sorvolo su Venere, ma si persero i contatti durante il viaggio. Ora è in orbita intorno al Sole.

VENERA 2 / VENERA 3 - **Sonde sovietiche:** le due sonde sovietiche partirono rispettivamente il 12 ed il 16 novembre 1966. La prima avrebbe dovuto compiere un sorvolo del pianeta, ma si persero i contatti prima che la sonda arrivasse su Venere e ora si trova in orbita solare, mentre la seconda aveva il compito di penetrare la densa atmosfera venusiana per analizzarla, ma anche qui si persero le comunicazioni poco prima di entrare nell'atmosfera; la Venera 3 impattò sulla superficie del pianeta.

VENERA 4 - **Sonda sovietica:** la sonda fu lanciata il 12 giugno 1967 e giunse su Venere il 18 ottobre dello stesso anno. È stata la prima sonda automatica a penetrare l'atmosfera del pianeta e ad analizzarne la composizione. Fu distrutta prima di giungere al suolo.

MARINER 5 - **Sonda americana:** partì il 14 giugno 1967 e giunse a 4.000 km dal pianeta il 19 ottobre 1967. Sorvolò Venere con successo.

VENERA 5 / VENERA 6 - **Sonde sovietiche:** le sonde partirono a pochi giorni di distanza l'una dall'altra, il 5 e il 10 gennaio 1969 ed entrambe avevano lo scopo di penetrare l'atmosfera venusiana. Venera 5 arrivò a destinazione il giorno prima della sonda gemella, tuffandosi nella coltre di nubi venusiane; trasmise una mole enorme di dati e venne distrutta dalla pressione a una quota di 26 km. Analogo destino per la sonda Venera 6 che riuscì a trasmettere informazioni fino ad un'altezza di 11 km, dove venne schiacciata dall'atmosfera.

VENERA 7 - **Sonda sovietica:** lanciata il 17 agosto 1970, è stata la prima sonda ad atterrare felicemente sul desolato pianeta venusiano il 15 dicembre 1970. Riuscì a trasmettere dati e informazioni, mandando anche le prime immagini della superficie fino a che, 23 minuti dopo, venne schiacciata dalla pressione.

VENERA 8 - **Sonda sovietica:** venne lanciata il 27 marzo 1972 e giunse su Venere il 22 luglio dello stesso anno. Atterrò felicemente sulla superficie e riuscì a mantenere i contatti con i controllori di volo per 50 minuti prima di essere distrutta dalla pressione atmosferica.

MARINER 10 - **Sonda americana:** progettata per lo studio di Venere e Mercurio, venne lanciata il 3 novembre 1973. Giunse su Venere il 5 febbraio 1974 per una spinta gravitazionale necessaria per proseguire il viaggio verso Mercurio; durante il sorvolo su Venere, rilevò molti dati sull'atmosfera venusiana ed attualmente gira, ormai spenta, intorno al Sole.

VENERA 9 / VENERA 10 - **Sonde sovietiche:** lanciate rispettivamente l'8 e il 14 agosto 1975, erano state entrambe progettate per uno studio di Venere sia dall'orbita che dal suolo. Venera 9 giunse sul pianeta il 22 ottobre 1975 e sganciò un modulo di atterraggio per lo studio della superficie; rilevò, durante la discesa, i diversi strati dell'atmosfera e trasmise immagini del suolo venusiano. Venne schiacciata dalla pressione 53 minuti dopo l'atterraggio. Venera 10 arrivò 3 giorni dopo e le manovre furono analoghe a quelle della sonda gemella, riuscendo a trasmettere dati dalla superficie per 65 minuti. Entrambe le sonde madri si trovano in orbita intorno a Venere.

PIONEER VENUS 1 - **Sonda americana:** lanciata il 20 maggio 1978, ha operato senza sosta per quasi 14 anni quando, nel 17 ottobre del 1992, si persero i contatti. Giunse su Venere il 4 dicembre 1978 e fu la prima sonda a usare un radar altimetro per mappare la superficie; segnalò inoltre l'assenza di un campo magnetico.

PIONEER VENUS 2 - **Sonda americana:** la sonda kamikaze venne lanciata l'8 agosto 1978 e giunse su Venere il 9 dicembre 1978. Era equipaggiata con tre moduli di atterraggio mentre la sonda madre venne fatta bruciare a contatto con l'atmosfera; con questa missione si ottenne una massiccia mole di informazioni.

VENERA 11 / VENERA 12 - **Sonde sovietiche:** lanciate il 9 e il 14 settembre 1978, giunsero su Venere il 25 ed il 21 dicembre. Entrambe atterrarono senza problemi e trasmisero dati rispettivamente per 95 e 110 minuti.

VENERA 13 / VENERA 14 - **Sonde sovietiche:** partite il 30 ottobre e il 4 novembre 1981, giunsero su Venere l'1 e il 5 marzo 1982. Trasmisero le prime foto a colori della superficie venusiana.

VENERA 15 / VENERA 16 - **Sonde sovietiche:** lanciate il 2 e il 7 giugno 1983, arrivarono su Venere il 10 ed il 14 ottobre. Con queste missioni si ottenne una mappa dell'emisfero nord.

VEGA 1 / VEGA 2 - **Sonde sovietiche:** alle due sonde Vega, venne assegnata una duplice missione: studiare il pianeta Venere e successivamente la cometa di Halley. Vennero lanciate il 15 e il 21 dicembre 1984; Vega 1 giunse su Venere l'11 giugno 1985 e sganciò un modulo di atterraggio, che si schiantò rovinosamente al suolo e un pallone sonda per lo studio dell'atmosfera. Quest'ultimo lavorò per 48 ore a una quota di 54 km. Vega 2 arrivò su Venere il 15 giugno e anch'essa era equipaggiata con un lander che si posò felicemente al suolo, da dove trasmise dati fino alla rottura delle apparecchiature, e un pallone atmosferico che studiò le nubi venusiane per 48 ore a 54 km di quota. Le due sonde madri Vega 1 e Vega 2 proseguirono il viaggio per l'appuntamento successivo con la cometa di Halley.

MAGELLANO - **Sonda americana:** venne lanciata a bordo dello Space Shuttle il 4 maggio 1989 e arrivò su Venere il 10 agosto 1990. Il suo compito sussisteva nel realizzare una mappa completa della superficie; la missione ebbe pieno successo e dopo oltre 4 anni di lavoro la sonda Magellano venne fatta precipitare sul pianeta: era il 12 ottobre 1994.

GALILEO - **Sonda euroamericana:** la sonda fu costruita in collaborazione fra NASA ed ESA con la partecipazione dell'agenzia spaziale italiana ASI e aveva il compito di studiare Giove e i suoi satelliti. Venne lanciata il 18 ottobre 1989 e sorvolò Venere per una spinta gravitazionale. Durante questi incontri lampo trasmise a terra molte informazioni prima di proseguire il suo viaggio verso Giove.

VENUS EXPRESS – **Sonda europea:** la prima missione dell'ESA diretta sul pianeta Venere. Grazie alla collaborazione dell'agenzia spaziale russa, la sonda partì il 9 novembre 2005 dalla base di lancio di Baykonour tramite il vettore Soyuz Fregat alle 4.33 ora italiana. Dopo un viaggio di 400 milioni di chilometri, giunse su Venere l'11 aprile 2006, ma la messa in orbita venne completata il 7 maggio. La Venus Express ha il compito di analizzare l'atmosfera e la superficie, e di monitorare l'intero globo venusiano. La durata totale della missione è prevista in 500 giorni.

PLANET C – **Sonda giapponese:** il lancio è avvenuto il 20 maggio 2010; il satellite aveva il compito di analizzare in dettaglio l'atmosfera venusiana. Avrebbe dovuto entrare in orbita venusiana il 7 dicembre 2010, ma a causa di un malfunzionamento ha continuato in un'orbita interna a quella del pianeta.

Tuttavia, se tutte le apparecchiature di bordo dovessero sopravvivere al periodo di massimo solare di questi anni, potrebbe ritentare la manovra nel 2016.

VENERA-D – **sonda russa:** il progetto è stato approvato nel 2005 e il lancio è previsto per il 2013. Si tratta della prima sonda russa che verrà lanciata alla volta di Venere (dopo le gloriose sonde della serie Venera progettate sotto la bandiera della vecchia Unione Sovietica). La missione è ispirata a quella americana Magellano, il robot automatico infatti, avrà il compito di mappare l'intera superficie del pianeta, con l'unica differenza che userà un radar altimetro di ultima generazione, il quale permetterà di avere dati precisissimi su tutti i livelli di quota studiati e rielaborati. Le future sonde della serie Venera dovrebbero essere dotate anche di un modulo di atterraggio, ma su concezione delle antiche nonne Venera per risparmiare sui costi.

MARTE, IL PIANETA ROSSO

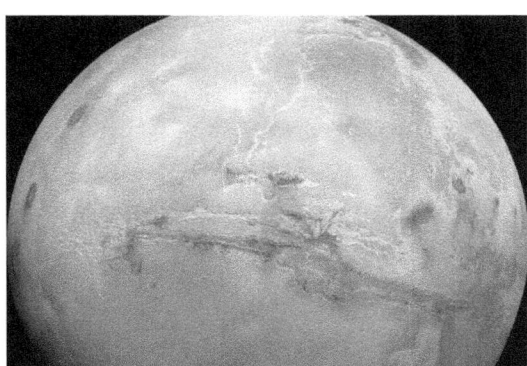

Marte, il pianeta rosso, porta il nome latino del dio greco della guerra Ares, proprio perché è riconoscibile per il suo colore scarlatto.

Questo pianeta è sempre stato oggetto di attenzioni, studi, miti, leggende e, nel secolo appena trascorso, di riprese cinematografiche

Una delle migliori immagini di Marte; visibili dallo spazio le imponenti attività geologiche.

di tipo fantascientifico.

Marte ha una lunga storia alle sue spalle, ma cosa si può dire riguardo al suo futuro? Gli ultimi film hanno preso in considerazione l'ostile ambiente marziano per una futura possibile bonifica e colonizzazione, ma quanto c'è di vero in tutto questo?

Il calendario delle prossime missioni interplanetarie previste dalle varie agenzie spaziali, ha come obiettivo Marte: la maggior parte delle missioni hanno lo scopo di fornire informazioni per un vicino sbarco umano sul pianeta rosso. Gli scienziati che si spingono ancora più in là nel futuro pensano, già da ora, che sia possibile rendere Marte abitabile, ma per compiere passi del genere ci vorrebbero secoli di tempo, studi molto approfonditi e soprattutto qualcuno che abbia intenzione di finanziare progetti di questo tipo.

Vita su Marte?

Questo quesito è sempre stato oggetto di dispute e controversie fin dai tempi in cui si cominciò a osservare Marte con occhio scientifico. Tutti abbiamo sentito parlare sia dei canali di Marte sia dei marziani, ma i dibattiti odierni trattano tracce fossili di antichi batteri esistiti sul pianeta rosso in un remoto passato.

Il mito dei famosi marziani è nato in seguito alle osservazioni di Schiaparelli e Lowell, due astronomi che avevano l'intenzione di disegnare una mappa di Marte; ma ne venne fuori tutta un'altra curiosa vicenda che descriveremo in seguito.

Cerchiamo ora di capire cosa si sa di concreto su questo argomento, cosa si è scoperto e perché le cose non sono andate come dovevano su un pianeta che, più di ogni altro nel Sistema Solare, avrebbe potuto ospitare la vita. Marte e la Terra sono due pianeti molto simili sotto certi aspetti e di certo lo erano ancor di più in epoche remote, dopo la formazione dei pianeti, circa 3,5 miliardi di anni fa. Quello che si è compreso, è che in quei tempi l'acqua scorreva in abbondanza sul pianeta Marte ma, a un certo punto, tutto è cambiato e gli scienziati sembrano aver capito

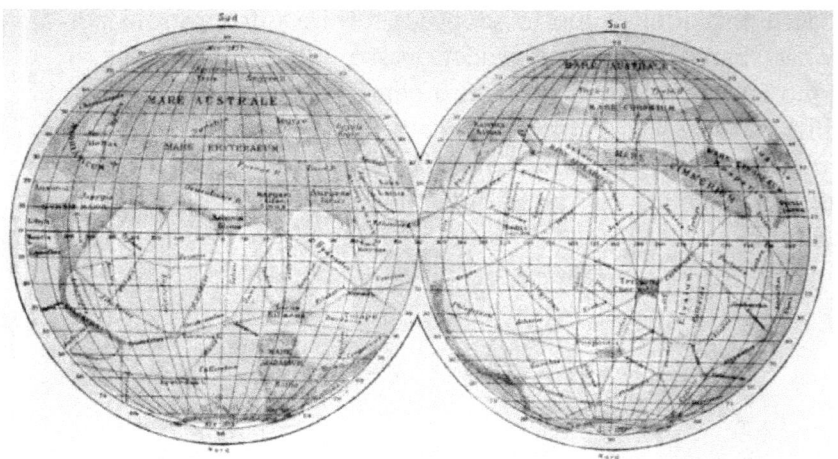

La mappa di Marte disegnata da Schiaparelli da cui nacque il mito dei marziani.

cosa sia accaduto: l'antica biosfera marziana era molto simile a quella terrestre e possedeva un'atmosfera abbastanza densa. I vulcani hanno svolto un ruolo fondamentale in quanto facevano evaporare nell'atmosfera l'acqua annidata nel sottosuolo e che andò poi a creare immense formazioni nuvolose che si riversarono al suolo in un grande diluvio che formò gli oceani, proprio come è accaduto sulla Terra. Qui i primi batteri marziani avrebbero iniziato a formarsi, ma la loro esistenza non sarebbe durata a lungo, dato che Marte non era un pianeta destinato a ospitare la vita a causa della sua debole forza di gravità, la quale non riusciva a trattenere una densa atmosfera.

Per milioni di anni i vulcani marziani hanno eruttato anidride carbonica rifornendo quell'atmosfera che andava sempre più assottigliandosi; l'anidride carbonica era necessaria a creare un effetto serra che permettesse di mantenere temperatura e pressione atmosferica nei valori adeguati, quindi la presenza di acqua liquida sulla superficie. Quando le eruzioni cessarono del tutto, la biosfera di Marte mutò radicalmente perdendo nello spazio quei gas che fino ad allora avevano giocato un ruolo fondamentale nell'evoluzione del pianeta e che fecero calare decisamente temperatura e pressione; in queste condizioni l'acqua non può esistere allo stato liquido e quindi si ribella trasformandosi o in vapore o in ghiaccio. Parte di quest'acqua è andata a formare le calotte ghiacciate polari, una minima porzione è rimasta nell'atmosfera sotto forma di nubi molto rade, ma la maggior parte è fuggita nello spazio; tuttavia si ipotizza che acqua liquida possa trovarsi ancora nel sottosuolo.

Ora Marte è un pianeta gelido e polveroso, privo di ogni possibilità di ospitare la vita ma, nonostante questo, molte sonde automatiche sono state inviate sul pianeta alla ricerca di semplici forme di vita, ma senza ottenere alcun risultato.

Una sorte ironica però, ha voluto che un'informazione del genere ci sia giunta direttamente a domicilio dal pianeta rosso: circa 15 milioni di anni or sono, un asteroide o una cometa ha colpito

Marte. L'impatto ha fatto schizzare nello spazio frammenti strappati al pianeta da una profondità di centinaia di chilometri; sfuggiti gravitazionalmente, i cocci rocciosi di Marte hanno vagabondato nel Sistema Solare interno, fino a quando sono precipitati sull'Antartide 13.000 anni fa. Da allora, i frammenti marziani si sono conservati al gelo polare e uno di essi è stato ritrovato nel dicembre del 1984; catalogato e sezionato, il meteorite del peso di un paio di chili, è stato riconosciuto come un frammento del sottosuolo marziano, poi battezzato con le iniziali del luogo di ritrovamento (Allan Hills), l'anno (1984) e un numero (001) che lo pone come il primo oggetto extraterrestre rinvenuto in quell'anno, da qui il nome ALH84001.

Il frammento è stato sottoposto a numerosi esperimenti e al microscopio elettronico si sono scoperte alcune strutture allungate e tondeggianti che gli scienziati assicurano essere dei microrganismi fossili, simili ai batteri terrestri.

Numerose sono state le controversie e le polemiche sollevate dagli scettici ed è proprio per dare forza alla teoria della vita fossile su Marte avanzata dagli esobiologi, che la NASA ha in calendario un programma decennale di missioni spaziali volte a strappare i segreti custoditi dal pianeta rosso.

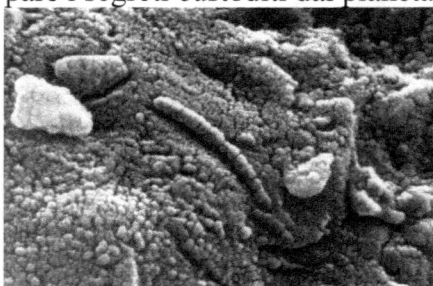 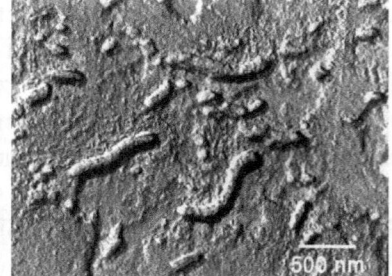

La sorpresa contenuta nel frammento marziano ALH84001. Le strutture allungate e tondeggianti potrebbero essere dei fossili di antichi batteri probabilmente esistiti su Marte

I canali e i marziani

Nella storia di Marte sono incluse un paio di curiose vicende che hanno notevolmente incrementato la fama di questo pianeta.

Tutto ebbe inizio intorno alla fine del '800 quando un noto astronomo italiano, Giovanni Schiaparelli, cominciò uno studio approfondito di Marte con lo scopo di disegnarne una mappa.

Le osservazioni effettuate da Schiaparelli durarono una decina d'anni e, nel corso del lavoro, credette di vedere sulla superficie marziana dei canali; lo scienziato disegnò la mappa completa del pianeta includendo i suoi canali interpretandoli però, come delle formazioni geologiche naturali.

Nel frattempo un altro astronomo statunitense si stava dedicando a un lavoro analogo a quello di Schiaparelli: Percival Lowell.

Egli lesse i trattati scritti dal collega italiano e la sua attenzione cadde sui canali che Schiaparelli aveva descritto. La parola canali venne però tradotta in inglese in maniera errata, canal invece di channel, dove la prima indica una costruzione artificiale, mentre la seconda una formazione naturale. Lowell, inoltre, era un forte sostenitore della vita su Marte, perciò diffuse l'idea che solo una civiltà tecnologicamente evoluta avrebbe potuto compiere le colossali opere idrauliche che lui stesso e Schiaparelli avevano osservato; infatti, secondo le ipotesi di Lowell, questi canali avrebbero avuto lo scopo di sfruttare nel miglior modo possibile la poca acqua presente su Marte, incanalandola dai poli verso il resto del pianeta.

Egli, inoltre, asserì di aver visto macchie di vegetazione che crescevano a seconda delle stagioni marziane.

Questo argomento fu oggetto di incessanti polemiche e dispute fino a che, via via che migliorava la qualità dei telescopi, un allievo di Schiaparelli, Vincenzo Cerulli, e l'astronomo greco Antoniadi, non misero la parola fine dimostrando che quelli che nella fantasia di Lowell sembravano opere costruite dai tenaci ingegneri marziani, altro non erano che imponenti strutture geologiche.

Ma il mito dei marziani non si arrestò, infatti nei decenni successivi nacquero romanzi e produzioni cinematografiche che
narravano dei malvagi invasori marziani, giunti sulla Terra per
annientare l'umanità e occupare il pianeta. Naturalmente in questi casi c'è sempre qualcuno che crede che dietro un romanzo ci
sia un fondamento di realtà, tanto da essere rimasto famoso un
episodio accaduto negli Stati Uniti: nel 1938 un noto regista ci-
nematografico, in occasione della festa di Halloween, volle in-
scenare un attacco dei marziani prendendo spunto dal romanzo
La guerra dei mondi.

Lo scenario dell'invasione venne riprodotto, per via radiofonica,
talmente bene che la gente credette davvero a un attacco alieno
riversandosi per strada in cerca di una via di scampo.

La realtà, come ben sappiamo, è ben diversa: su Marte non solo
non esistono civiltà tecnologiche, ma neanche rudimentali forme
di vita.

Scopo dell'uomo invece, è di bonificare alla lunga Marte per farne una seconda Terra, ma quello che tutti ci chiediamo è: sarà
davvero possibile?

Struttura marziana

La struttura di Marte, come quella degli altri pianeti terrestri, si
presenta a strati: nucleo, mantello e crosta. I modelli teorici di
cui dispongono gli scienziati, hanno permesso loro solo di avanzare delle ipotesi riguardo la struttura interna di Marte, ma per
esserne certi ci vorrebbero apparecchi in grado di misurare l'attività geologica del pianeta e capirne il funzionamento interno.

Di ricerche rivolte in questo senso ne sono state effettuate e i pochi dati che sono emersi rivelano che Marte sia composto da un
nucleo di ferro del raggio di 1.500 km, un mantello spesso quasi
2.000 km e da una crosta che vanta di avere uno spessore maggiore di quello terrestre; esso oscilla dai 100 ai 200 km.

Le sonde inviate sul pianeta rosso hanno misurato un debolissimo campo magnetico pari a 3 decimillesimi quello terrestre la cui origine è dubbia: esso potrebbe provenire o dal nucleo ferroso di Marte, oppure dallo scontro del vento solare con la ionosfera marziana, simile a quello di Venere.

La sua superficie risulta interessata da un'intensa attività geologica messa in moto principalmente dai vulcani. Appare invece assente la tettonica a zolle, caratteristica prima del nostro pianeta.

La crosta marziana infatti, non è divisa in placche e ciò ha contribuito, insieme alla bassa pressione al suolo, alla formazione di vulcani giganteschi.

Si elevano nella regione di Tharsis tre enormi vulcani a scudo simili a quelli che hanno dato origine alle isole Hawaii: in ordine da sud a nord i vulcani marziani sono Arsia, Pavonis e Ascreus, il più alto dei quali misura 15 km; a ovest della regione di Tharsis si erge il ciclopico vulcano Olympus, alto 27 km (tre volte più alto del monte Everest), con un diametro alla base di 600 km e con una caldera, alla sua sommità, del diametro di 90 km; queste misure fanno del monte Olympus il vulcano più alto dell'intero Sistema Solare.

Un altro particolare che identifica Marte è un immenso canyon definito valle Marineris: esso è una prova tangibile che sostiene l'ipotesi della presenza di una massiccia quantità d'acqua sulla superficie del pianeta milioni di anni fa, in quanto sono state rinvenute tracce di un'antica erosione dovuta allo scorrimento di grandi masse d'acqua. Si sono anche intravisti dei depositi alluvionali; inoltre la valle Marineris presenta delle ramificazioni che fanno supporre agli esobiologi che in origine potrebbero essere stati antichi affluenti che sfociavano in un oceano.

Anche le dimensioni della valle Marineris sono gigantesche: essa infatti, ha una lunghezza che copre l'80% del diametro del pianeta, circa 4.000 km, una larghezza che supera i 200 km e una profondità massima di 8 km.

Marte presenta due emisferi completamente differenti: l'emisfero nord, più giovane e quasi privo di crateri e l'emisfero sud, densamente craterizzato sia dagli impatti meteoritici sia dai vulcani.

L'emisfero nord risulta essere più giovane in quanto nelle ere successive al grande bombardamento meteoritico che ha coinvolto tutti i pianeti del Sistema Solare, la superficie è stata plasmata dalle colate laviche e dall'erosione dovuta ad agenti atmosferici.

Al contrario, l'emisfero sud è molto simile alla nostra Luna e ha un'età di 3,5 miliardi di anni, inoltre anche la densità del pianeta somiglia più a quella del nostro satellite che non a quella terrestre.

Il bacino da impatto più grande del pianeta e denominato Hellas, ha un diametro di 1.800 km ed è visibile dalla Terra; esso si trova a est della valle Marineris.

Ai poli del pianeta sono ben visibili le calotte ghiacciate, le quali presentano diverse composizioni l'una dall'altra: quella nord è composta da ghiaccio d'acqua misto ad ammoniaca e nella stagione invernale è ricoperta da un sottile strato di neve carbonica dello spessore di pochi centimetri, mentre quella sud è composta da ghiaccio secco.

Dalla Terra non è visibile l'allargarsi delle calotte polari, dato che esse sono nascoste, in questa stagione, da una sottile coltre di nubi, ma diventa possibile osservarne il regredimento.

Durante il cambio di stagione la neve carbonica depositatasi sulla calotta dove imperversa l'inverno, sublima passando direttamente dallo stato solido a quello gassoso e migra verso l'emisfero opposto dove inizia la stagione fredda e infine cade sulla calotta opposta alla prima sotto forma di neve carbonica. Il processo si ripete con l'alternarsi delle stagioni.

Una rarefatta atmosfera

La rarefatta atmosfera marziana è stata studiata a fondo da molte sonde, per cui gli scienziati sono in possesso di dati talmente precisi, tanto da essere in grado di prevederne le condizioni meteorologiche, molto più semplici che sulla Terra.

L'involucro di gas che avvolge Marte ha una pressione al suolo di 6 millibar, che corrisponde a 6 millesimi quella terrestre ed è composta per il 95% di anidride carbonica, per il resto azoto e argon con tracce di ossigeno, vapor acqueo e kripton.

La bassa densità dell'atmosfera determina periodicamente lo scatenarsi di venti violentissimi che soffiano a 200 km/h; da qui nascono le tempeste di polvere che spesso coinvolgono l'intero pianeta. Lo scaturire delle tempeste è legato alle leggerissime variazioni termiche che si hanno al cambio di stagione: l'anidride carbonica presente ai poli sotto forma di ghiaccio è mantenuta allo stato solido ai limiti di quanto richiesto per conservarsi in questo stadio, per cui alla fine dell'inverno su uno dei poli, le temperature salgono lievemente facendo sublimare l'anidride carbonica che si sposta poi sulla calotta opposta, dove inizia la stagione fredda; durante queste migrazioni le nuvole di anidride carbonica determinano un lieve cambiamento della densità e della temperatura atmosferica, dando vita ai forti venti che si sono registrati sulla superficie marziana.

Nell'atmosfera di Marte sono anche presenti nuvole di vapor acqueo, simili ai cirri terrestri nei pressi dei rilievi e brina e nebbie mattutine nelle zone pianeggianti.

Marte è un pianeta molto freddo: le sue temperature sono paragonabili a quelle che si possono trovare ai poli terrestri durante la lunghissima notte invernale: la temperatura media al suolo è di -40° C di giorno e precipita subito a -80° C durante la notte, ma nelle zone equatoriali, quando il pianeta si trova nella parte d'orbita più vicina al Sole, può salire fino a toccare i 25° C.

I numeri di Marte

Come si è anticipato, Marte sotto certi aspetti è molto simile alla Terra in quanto ha le calotte polari, l'asse inclinato e quindi le stagioni, un giorno quasi analogo al nostro, ma si differenzia dal nostro pianeta nelle dimensioni. Avendo un diametro di 6.794 km, Marte è grande solo la metà della Terra ed è anche il pianeta meno denso fra tutti quelli rocciosi.

La sua distanza dal Sole varia dai 207 a 249 milioni di km, per cui la sua orbita è spiccatamente ellittica.

Essendo l'asse di rotazione inclinato rispetto al piano dell'orbita, su Marte è presente l'alternanza delle stagioni che purtroppo non sono stabili e forse è stato a causa di ciò che il clima marziano ha subìto una sorte così drammatica. Come succede per la Terra, anche il pianeta rosso compie dei moti che riguardano l'inclinazione dell'asse di rotazione, cioè la precessione e la nutazione, ma in questo caso, non essendoci l'influenza gravitazionale di una luna sufficientemente grande che stabilizzi l'inclinazione dell'asse di rotazione come è stato per la Terra e avendo un'ellitticità molto marcata, Marte ha subìto delle notevoli ripercussioni sul suo clima, quindi sui suoi cicli stagionali; questo potrebbe essere stato, secondo gli scienziati, il motivo per cui il pianeta rosso presenti una superficie arida e polverosa dal momento in cui i vulcani hanno smesso di eruttare.

L'orbita di Marte, essendo esterna a quella terrestre, ha una durata maggiore che è di 687 giorni terrestri, mentre il suo moto di rotazione dura 24 ore e 37 minuti, poco più del giorno terrestre.

DATI SU MARTE

DIAMETRO	6.794 Km
AFELIO	249 Milioni Km
PERIELIO	206,7 Milioni di Km
DISTANZA MEDIA DAL SOLE	228 Milioni di Km
VELOCITA' ORBITALE MEDIA	24 Km/sec.
PERIODO DI ROTAZIONE	24 ore 37 minuti
PERIODO DI RIVOLUZIONE	687 giorni
MASSA MEDIA	$6,421 \times 10^{*}26$ g
MASSA MEDIA (TERRA = 1)	0,107
DENSITA' MEDIA	3,95 g/cm3
DENSITA' MEDIA (TERRA = 1)	0,72
VOLUME (TERRA = 1)	0,150
VELOCITA' DI FUGA	5 Km/sec.
INCLINAZIONE DELL'ASSE DI ROTAZIONE	25°
TEMPERATURA AL SUOLO DI GIORNO	-40°
TEMPERATURA AL SUOLO DI NOTTE	-80°
SATELLITI CONOSCIUTI	2
ATMOSFERA	Azoto+anidride carbonica
STRUTTURA PLANETARIA	Rocciosa

OSSERVARE MARTE

LE MIGLIORI OCCASIONI PER OSSERVARE MARTE SONO QUANDO IL PIANETA È IN OPPOSIZIONE, CIOÈ QUANDO LA TERRA SI TROVA FRA MARTE E IL SOLE; LE MASSIME OPPOSIZIONI SI HANNO QUANDO UN PIANETA SI TROVA ALLA MINIMA DISTANZA POSSIBILE RISPETTO ALLA TERRA; IN QUESTI CASI IL DISCO PLANETARIO CI APPARIRÀ DI DIMENSIONI MAGGIORI. DIVENTA COSÌ PIÙ FACILE DISTINGUERE I PARTICOLARI DELLA SUPERFICIE.

A OCCHIO NUDO È FACILE RICONOSCERE MARTE GRAZIE AL SUO COLORE ROSSASTRO; CON UN BINOCOLO DIVENTA POSSIBILE DISTIGUERE IL DISCO SCARLATTO MARZIANO, MENTRE CON L'AIUTO DI UN BUON TELESCOPIO DIVENTANO VISIBILI LE CALOTTE POLARI E LE PIÙ IMPONENTI STRUTTURE GEOLOGICHE DEL PIANETA COME LA VALLE MARINERIS, OLTRE A INTRAVEDERE LA DEBOLISSIMA LUCE RIFLESSA DAI SUOI PICCOLI SATELLITI; DATO CHE PHOBOS, LA LUNA PIÙ VICINA A MARTE, COMPIE UN'ORBITA COMPLETA INTORNO AL PIANETA IN SOLE 8 ORE, NELL'ARCO DI UNA NOTTE SI PUÒ SEGUIRE L'INTERA RIVOLUZIONE CHE IL SATELLITE COMPIE.

IN OCCASIONE DELLE TEMPESTE DI POLVERE CHE SI ABBATTONO SU MARTE, SI POSSONO NOTARE LE SFUMATURE POLVEROSE CHE COINVOLGONO SPESSO TUTTO IL GLOBO OCCULTANDONE LA SUPERFICIE.

I figli di Marte

 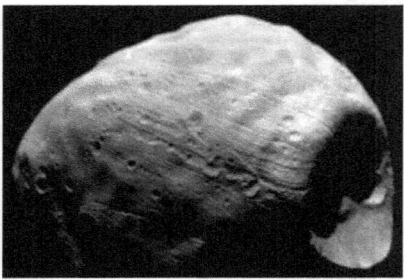

Da sinistra a destra: Deimos e Phobos, le due piccole lune di Marte.

I nomi Phobos (paura) e Deimos (terrore) derivano dai figli del dio della guerra Marte (per i romani) e sono stati assegnati dal loro scopritore Asaph Hall, nel 1877.

Prima che col telescopio, i satelliti di Marte vennero scoperti con l'immaginazione da Giovanni Keplero, il quale attribuì al pianeta rosso due satelliti: egli pensò che se Mercurio e Venere erano senza satelliti, la Terra ne aveva uno e Giove quattro, allora Marte, che si trova fra la Terra e Giove, doveva possederne un paio; solo una sorte fortunata rivelò che le teorie di Keplero erano esatte.

Un ragionamento più fondato invece, lo sviluppò proprio Asaph Hall: sapendo che tutte le osservazioni che riguardavano la ricerca delle lune marziane avevano scandagliato regioni lontane dal pianeta, egli pensò che probabilmente gli ipotetici satelliti di Marte dovevano trovarsi molto vicino al pianeta. Infatti, usando un telescopio rifrattore di 65 cm, intravide una fioca luce vicinissima a Marte e quasi coperta dalla luminosità del disco planetario: Phobos; dopo una settimana Hall scoprì anche Deimos, la seconda luna di Marte.

Phobos e Deimos, sono rocce bitorzolute di forma irregolare: Phobos è il più grande e il più vicino a Marte, solo 6.000 km e misura 25 km x 21 km. La strettissima orbita di Phobos fa sì che esso riesca a compiere il giro completo del pianeta in sole 8 ore, sorgendo da ovest e tramontando a est per ben 3 volte durante un intero giorno marziano che, come sappiamo, ha quasi la stessa durata del giorno terrestre.

L'orbita di Phobos inoltre, è fortemente instabile, tanto che la gravità di Marte costringe il satellite a scendere sempre più, di orbita in orbita: si è calcolato che entro i prossimi 10 milioni di anni Phobos cadrà su Marte o verrà spaccato dalla gravità marziana; in questo caso potrebbe andare a formare un sistema di anelli sopra l'equatore analogo a quello di Saturno.

L'aspetto di Phobos è molto irregolare e la sua superficie cosparsa di crateri: il cratere più grande si chiama Stickney (dal cognome della moglie di Asaph Hall) e ha un diametro di 10 km. Questo grande buco è il risultato di un violento impatto che ha rischiato di distruggere il satellite; dal cratere Stickney partono dei lunghi solchi larghi 200 metri che si sono originati in seguito alla collisione.

Deimos, il secondo satellite di Marte, misura 17 km e dista da Marte 20.000 km; esso compie la sua orbita di rivoluzione intorno al pianeta in 30 ore e al pari del primo é costretto, gravitazionalmente, a rivolgere a Marte sempre la stessa faccia.

La sua superficie è più levigata rispetto a quella di Phobos, ma qui pur essendo presenti crateri da impatto sono quasi invisibili in quanto ricoperti da uno strato di polvere di origine ignota.

La superficie di Phobos e Deimos è ricoperta da uno strato di regolite spesso 100 metri ed entrambi sono costituiti da composti del carbonio.

La densità dei due satelliti è simile, due grammi per centimetro cubo, mentre la loro velocità di fuga è molto bassa: 15 m/sec per Phobos e 10 m/sec per Deimos.

Sulla loro origine invece, vi sono due teorie: entrambi potrebbero essere asteroidi formatisi nella fascia principale e spinti via dalle perturbazioni gravitazionali di Giove; in seguito, passando troppo vicino a Marte, ne sono rimasti gravitazionalmente intrappolati. Su questa teoria esiste qualche controversia in quanto è remota la possibilità che entrambi i satelliti marziani, catturati dalla sua gravità, possano essersi posti in orbite esattamente al dì sopra dell'equatore del pianeta.

Secondo un'altra teoria invece, le due lune potrebbero essere il risultato di una collisione che ha spaccato l'unico primitivo e più grande satellite di Marte, il quale si è poi riaggregato formando non più uno ma due satelliti.

Missioni su Marte

L'elenco delle sonde partite alla volta del pianeta rosso è costellato da una serie di insuccessi, soprattutto sovietici. I risultati migliori e le scoperte più eccitanti sono stati ottenuti con le sonde americane, le quali ci hanno fornito fra le altre cose, una mappa dettagliata dell'intero globo marziano con tutte le più imponenti strutture geologiche.

L'inizio della conquista di Marte parte però con i programmi sovietici negli anni '60, ma dopo qualche anno gli americani recuperano rapidamente divenendo i leader nella corsa verso Marte.

Ecco le sonde lanciate alla volta del pianeta rosso.

MARS 1960A - **Sonda sovietica:** partì il 10 ottobre 1960 ed aveva il compito di esplorare Marte, ma fallì la missione prima di uscire dall'orbita terrestre.

MARS 1960B – **Sonda sovietica:** lanciata il 14 ottobre 1960 subì lo stesso destino della sonda che la precedette.

MARS 1 – **Sonda sovietica:** venne lanciata l'1 novembre 1962 ed era prevista l'esplorazione di Marte; si persero i contatti durante il viaggio.

MARINER 3 – **Sonda americana:** partita il 5 novembre 1964, raggiunse Marte e si preparò a sorvolare il pianeta, ma la mancata apertura di un pannello impedì il proseguo della missione. Attualmente si trova in orbita intorno al Sole.

MARINER 4 – **Sonda americana:** partì il 28 novembre 1964 e operò intorno a Marte fino alla fine del 1967. Questa sonda ha dato il colpo di grazia definitivo all'illusione delle civiltà marziane mostrando una superficie arida e craterizzata. Mandò a terra 22 foto da un'altezza di 10.000 km, analizzò l'atmosfera e misurò il debolissimo campo magnetico marziano. Ora si trova in orbita solare.

ZOND 2 – Sonda sovietica: venne lanciata il 30 novembre 1964 ed era previsto il sorvolo di Marte. Si persero i contatti durante il viaggio.

MARINER 6 – Sonda americana: lanciata il 24 febbraio 1969, raggiunse Marte e scattò 200 foto da 3.500 km di quota. Misurò la temperatura in superficie e la pressione atmosferica. Ora si trova in orbita solare.

MARINER 7 – Sonda americana: partì il 27 marzo 1969 e arrivò su Marte il 5 agosto dello stesso anno. Confermò i dati inviati dalla Mariner 6. Ora si trova in orbita solare.

MARS 1969A / MARS 1969B – Sonde sovietiche: le sonde vennero lanciate rispettivamente il 27 marzo ed il 2 aprile 1969. Entrambe fallirono il lancio.

MARINER 8 – Sonda americana: partì l'8 maggio 1971 e avrebbe dovuto sorvolare Marte. Fallì la missione nel raggiungere l'orbita terrestre.

COSMOS 419 – Sonda sovietica: lanciata il 10 maggio 1971, era previsto il sorvolo del pianeta rosso. Fallì la missione nel raggiungere l'orbita terrestre.

MARS 2 – Sonda sovietica: partì il 19 maggio 1971 e si preparò all'atterraggio morbido su Marte il 27 novembre 1971. Durante la discesa non funzionarono i motori e la sonda si schiantò violentemente al suolo.

MARS 3 – Sonda sovietica: lanciata il 28 maggio 1971, atterrò su Marte da dove smise immediatamente di inviare dati. La sonda madre rimasta in orbita studiò la superficie fino al 1972.

MARINER 9 – Sonda americana: la sonda partì il 30 maggio 1971 e arrivò su Marte il 3 novembre. Al suo arrivo, il pianeta si presentò con un'estesa tempesta di polvere, per cui la sonda dovette attendere che questa cessasse. Fotografò i canali naturali di Marte e studiò i suoi due satelliti.

MARS 4 – **Sonda sovietica:** venne lanciata il 21 luglio 1973 e giunse su Marte nel febbraio 1974. Non riuscì a immettersi in orbita marziana a causa del malfunzionamento del motore principale; passò a 220 km dal pianeta inviando comunque foto e dati.

MARS 5 – **Sonda sovietica:** la sonda partì il 25 luglio 1973 e arrivò su Marte il 12 febbraio 1974. Si posizionò in orbita e il suo compito consisteva nello spianare la strada alle successive sonde della serie Mars.

MARS 6 / MARS 7 – **Sonde sovietiche:** lanciate il 5 e il 9 agosto 1973, giunsero su Marte nel marzo 1974. Mars 6 doveva atterrare sul pianeta ma si schiantò al suolo, Mars 7 aveva lo stesso compito, ma non riuscì a mettersi in orbita intorno a Marte. Ora si trova in orbita solare.

VIKING 1 / VIKING 2 – **Sonde americane:** partite a 20 giorni di distanza l'una dall'altra, il 20 agosto e il 9 settembre 1975, giunsero su Marte il 19 giugno e il 24 luglio 1976. Entrambe le sonde erano equipaggiate con un modulo orbitante e un modulo di atterraggio. I moduli orbitanti Viking monitorarono la superficie scattando decine di migliaia di foto, mentre i lander si posarono dolcemente sulla superficie in due punti diversi. I moduli di atterraggio avevano il compito di scoprire eventuali forme di vita fossile, ma l'esito fu negativo; si svelò però il mistero della colorazione rossastra del pianeta. Il lander del Viking 1 si spense accidentalmente il 13 novembre 1982, mentre quello del Viking 2 venne disattivato in contemporanea con gli orbiter Viking 1 e Viking 2, il 7 agosto 1980.

PHOBOS 1 / PHOBOS 2 – **Sonde sovietiche:** le sonde vennero lanciate il 7 e il 12 luglio 1988 e avevano lo scopo di sganciare dei lander per lo studio di Phobos. La sonda Phobos 1 smise di mandare i segnali il 2 settembre 1988, mentre Phobos 2 giunse su Marte il 30 gennaio 1989 e arrivò a 700 km da Phobos. Da qui fallì il resto della missione.

MARS OBSERVER – **Sonda americana:** progettata per lo studio di Marte, partì il 25 settembre 1992, ma si persero le comunicazioni il 21 agosto 1993.

MARS GLOBAL SURVEYOR – **Sonda americana:** la sonda fu lanciata il 7 novembre 1997 e giunse su Marte un anno dopo. Ha monitorato l'intera superficie marziana fornendoci le rielaborazioni computerizzate.

MARS 96 – **Sonda russa:** era progettata per lo studio della superficie marziana e venne lanciata il 16 novembre 1996. A causa di un difetto nel sistema di propulsione del quarto stadio, la sonda si schiantò presso le coste del Cile.

MARS PATHFINDER – **Sonda americana:** lanciata il 4 dicembre 1996, arrivò su Marte il 4 luglio 1997. Atterrò felicemente sulla superficie da dove un piccolo rover alimentato da celle solari scorrazzò per diversi mesi sull'arido pianeta studiandone il suolo e le rocce, mentre il modulo che era servito per la discesa della piccola jeep, analizzò l'atmosfera.

NOZOMI – **Sonda giapponese:** lanciata il 3 luglio 1998, sarebbe dovuta arrivare su Marte nel 2003, ma un guasto al sistema di propulsione non ne permise la messa in orbita; essa si perderà nel Sistema Solare.

MARS CLIMATE ORBITER – **Sonda americana:** partì l'11 dicembre 1998, ma fallì la missione.

MARS POLAR LANDER – **Sonda americana:** venne lanciata il 3 dicembre 1999 e atterrò dolcemente sul pianeta rosso; dopo l'atterraggio si persero i contatti i quali, dopo diversi giorni di tentativi, non riuscirono più ad essere ripristinati. Successivamente si scoprì che si schiantò al suolo.

MARS SURVEYOR 2001 – **Sonda americana:** ribattezzata Mars Odyssey e lanciata il 30 marzo 2001, aveva lo scopo di studiare Marte dall'orbita e con l'utilizzo di un lander. In seguito al black-out durante l'ingresso nell'atmosfera non è stato più possibile ripristinare le comunicazioni.

MARS EXPRESS – **Sonda italoeuropea:** Partita il 2 giugno 2003 è giunta su Marte nel dicembre dello stesso anno; ha operato ininterrottamente e continua ancora il suo lavoro facendo una scoperta dietro l'altra, la più importante delle quali, rilevata dal radar italiano Marsis, la presenza di ghiaccio 700 m al di sotto della superficie del pianeta rosso. Il 19 dicembre del 2003 l'orbiter ha sganciato il lander Beagle 2 che si è posato sulla superficie.

MARS EXPLORER ROVER A– **Sonda americana:** lanciata il 10 giugno 2003 col vettore Delta 2, giunse su Marte il 3 gennaio 2004 e sganciò il piccolo rover Spirit che si pose delicatamente sulla superficie del pianeta rosso. Dopo 20 giorni di esplorazione, il piccolo fuoristrada smise di trasmettere; fu necessario resettare il software per riprendere i contatti. Terminò la sua missione il 6 aprile dello stesso anno.

MARS EXPLORER ROVER B – **Sonda americana:** rimandato più volte per problemi al vettore Delta 2, la missione ebbe finalmente inizio il 7 luglio 2003. Il piccolo fuoristrada automatico Opportunity, scese su Marte il 24 gennaio 2004, momento in cui iniziò a compiere una scoperta dietro l'altra, la più rilevante delle quali la prova definitiva che su Marte sono esistiti degli oceani. Il robot Opportunity ha battuto tutti i record di durata per quanto riguarda l'esplorazione in superficie rimanendo in funzione ben oltre i 90 giorni previsti e coprendo distanze da primato. Il rover era dotato di intelligenza artificiale che gli permette di aggirare gli ostacoli e scegliere la strada più comoda da seguire per conto proprio, a prescindere dalle decisioni umane.

MARS RECONNISSAINCE ORBITER – **Sonda americana:** lanciata Il 12 agosto 2005, ha raggiunto Marte il 3 febbraio 2006 con lo scopo di analizzare nell'arco di due anni l'intera superficie e scegliere il miglior luogo possibile per gli atterraggi di missioni future. La missione consisteva anche nel monitorare l'atmosfera e cercare acqua nel sottosuolo.

PHOENIX – **Sonda americana:** per la prima volta un robot automatico ha il compito di posarsi vicino alla calotta nord di Marte in cerca di acqua e microbi. La partenza è avvenuta il 4 agosto 2007 ed è atterrata su Marte il 25 maggio 2008. Il 10 novembre dello stesso anno la missione si è conclusa con successo.

MARS SCIENTIFIC LABORATORY – **Sonda americana:** si tratta di un modulo diretto verso Marte che avrà il compito di atterrare sul pianeta per compiere analisi presumibilmente nel 2012. L'apparecchio che dovrà compiere il lavoro e un vero e proprio laboratorio automatico scientifico. La missione avrà la durata di 6 anni.

MARS SAMPLE RETURN – **Sonda europea:** il progetto più ambizioso dell'Agenzia Spaziale Europea consisterà nel mandare un modulo fra il 2011 e il 2014 in orbita intorno a Marte contenente la capsula per il ritorno, e due anni dopo sarà lanciato un altro modulo che seguirà la medesima traiettoria e che conterrà la capsula di discesa su Marte e di risalita.

Una trivella preleverà campioni del sottosuolo marziano, li immetterà in un container ermetico e verranno lanciati attraverso il modulo di risalita; una volta in orbita si aggancerà alla capsula di ritorno che farà rotta per la Terra.

La scatola dei campioni verrà fatta precipitare direttamente nell'atmosfera e saranno poi recuperati e studiati in un laboratorio protetto.

Fra le altre cose, questa missione preparerà lo sbarco di esseri umani sul pianeta rosso.

Phobos-Grunt – *Sonda russa/cinese:* la missione prevede due obiettivi: un orbiter di fabbricazione cinese progettato per lo studio del pianeta e un lander russo che si poserà sulla piccola luna Phobos, preleverà campioni per rimandarli a terra con un apposito modulo di rientro. Superati i test di collaudo nel giugno 2011, la sonda è pronta a partire dalla base di lancio di Baikour.

US MANNED MISSION – **Missione mondiale:** secondo la NASA, è prevista la prima missione umana su Marte nel 2030.

L'uomo su Marte

Già dopo lo sbarco sulla Luna, avvenuto il 20 luglio 1969, si iniziò a pensare di portare l'uomo su Marte; il progettista delle missioni Apollo dichiarò che il pianeta rosso era raggiungibile e che le tecnologie necessarie per affrontare il viaggio sarebbero state messe a punto nel giro di qualche decennio.

Ora, a distanza di oltre quarant'anni dallo sbarco umano sulla Luna, questi progetti sembrano essere molto vicini ad una reale concretizzazione.

Tutte le sonde inviate su Marte non sono servite solo a studiare il pianeta e le sue due lune, ma avevano anche il compito, così come lo avranno le sonde destinate a raggiungere Marte nei prossimi anni, di definire le reali possibilità di uno sbarco umano e ridurre al minimo i rischi per non compromettere le vite degli astronauti che vi atterreranno; infatti con le sonde tutto diventa più facile poiché esse non mangiano, non respirano, non hanno problemi psicologici o di adattamento, ma soprattutto se muoiono è solo una questione finanziaria.

Un lungo viaggio interplanetario con equipaggio a bordo, complica radicalmente le cose facendo lievitare in modo esponenziale i costi di una missione di questo genere. Per questo, la missione che porterà l'uomo su Marte sarà il risultato di uno sforzo congiunto fra le maggiori agenzie spaziali internazionali, fra cui farà parte anche l'Italia e questo non può che farci piacere.

Gli astronauti saranno scelti, dopo una durissima e vigorosissima selezione, fra i migliori al mondo; considerata l'importanza storica e scientifica di questa missione e i sacrifici che dovranno affrontare, essi verranno sottoposti a un severo addestramento che si svolgerà esclusivamente in orbita terrestre, sulla stazione spaziale internazionale Alpha. Oltre all'addestramento, si condurranno esperimenti sulle reazioni del corpo umano ai raggi cosmici e alle conseguenze di una lunga permanenza in assenza di gravità, ma qui abbiamo già acquisito esperienza con i lunghi soggiorni degli astronauti sia russi che americani sulla stazione spaziale MIR. Occorre tener presente tuttavia che, pur essendo stati per lungo tempo nello spazio, gli astronauti della MIR erano sempre protetti dalla magnetosfera terrestre, la quale impedisce ai micidiali raggi cosmici di colpirci, perciò l'astronave destinata a portare un equipaggio umano su Marte sarà dotata di una camera di sicurezza totalmente schermata che proteggerà gli astronauti dalle violente particelle elettriche scagliate dal Sole nello spazio a seguito di una tempesta magnetica che può verificarsi mediamente due volte l'anno.

Questo è stato un grosso ostacolo da superare in quanto i protoni ad alta energia e altre particelle atomiche e subatomiche sparate dal Sole a velocità altissime, quando colpiscono la pelle umana producono elettroni liberi e raggi gamma che finiscono per alterare le caratteristiche delle cellule; per tale motivo si continueranno a condurre esperimenti per ridurre e forse annullare rischi legati a questi pericolosi parametri.

L'astronave che porterà i primi uomini su Marte verrà assemblata in orbita terrestre e da lì partirà.

Saranno necessari sei mesi di navigazione per raggiungere il pianeta rosso e quando ciò avverrà l'astronave dovrà cominciare a frenare per riuscire a stabilizzarsi in orbita marziana. Per ridurre il consumo di carburante, necessario per il viaggio di ritorno, gli astronauti dovranno compiere una manovra millimetrica: essi dovranno portare l'astronave a un leggero contatto con la rarefatta atmosfera marziana sfiorandola, la quale, per effetto del forte attrito, inizierà a far rallentare la navicella portandola in un'orbita stabile.

Due dei sei astronauti si sposteranno sul modulo di atterraggio iniziando la storica discesa su Marte. Agli occhi dei primi astronauti giunti su Marte dal pianeta Terra apparirà lo stesso panorama ripreso più volte dai robot automatici che vi sono atterrati: un deserto polveroso cosparso di pietre e un cielo color rosa.

La permanenza dei primi uomini su Marte durerà 18 mesi e con l'aiuto di uno speciale fuoristrada essi avranno la possibilità di compiere escursioni in un raggio di 500 km dal sito di atterraggio; intanto, l'altra equipe di astronauti rimasti in orbita approfondirà lo studio del pianeta rosso e dei suoi satelliti.

Alla fine della prima esplorazione umana su Marte, gli astronauti decolleranno dalla superficie ed entreranno in orbita per il rendez-vous con l'astronave madre; una volta agganciati, gli astronauti accenderanno i motori per il lungo viaggio di ritorno verso casa, mentre il modulo di atterraggio verrà fatto precipitare sul suolo marziano.

Dopo sei mesi di viaggio, l'astronave si aggancerà con la stazione spaziale orbitante Alpha, quindi i cosmonauti saranno riportati a terra dalla navetta spaziale.

Complessivamente la missione durerà due anni e mezzo e per quanto riguarda noi che resteremo sulla Terra, non resta che augurarci che tutto vada per il meglio e che nulla ostacoli la corsa dell'uomo nella conquista dello spazio.

LA FASCIA DEGLI ASTEROIDI

Gli asteroidi sono gli oggetti celesti più antichi del Sistema Solare collocati principalmente fra le orbite di Marte e Giove.

Nella regione intermedia del Sistema Solare, al di là dell'orbita di Marte, si trova la fascia o cintura principale degli asteroidi, rocce cosmiche di tutte le dimensioni.

Gli asteroidi sono anche detti pianetini poiché possiedono quasi la medesima composizione dei pianeti terrestri e, proprio come i pianeti, orbitano intorno alla stella progenitrice, il Sole appunto.

Vi è però una curiosità riguardo agli asteroidi: se si nota bene il divario fra i pianeti è pressoché regolare, infatti ognuno si trova a una distanza doppia rispetto al precedente, ed è proprio in base a questo criterio che fra Marte e Giove doveva esserci un altro pianeta invece sostituito dalla fascia degli asteroidi.

Il primo asteroide è stato scoperto nel 1801 dall'astronomo italiano padre Giuseppe Piazzi: egli intravide, proprio in queste regioni, un pianetino di circa 913 km di diametro e lo chiamò Cerere, in onore della dèa protettrice della Sicilia. Cerere è il corpo più grande fra tutti quelli che orbitano nella cintura principale, ma successivamente la miglior qualità dei telescopi ha consentito la scoperta sempre maggiore di asteroidi più piccoli; le dimensioni di questi pianetini sono molto varie: esse oscillano da qualche millimetro fino a 1.000 km di diametro, le dimensioni appunto di Cerere.

La cintura degli asteroidi si presenta come un grande anello ellittico che orbita intorno al Sole a una distanza media di 415 milioni di km da esso. Il suo spessore è di circa 250.000 km, ma è da tener presente che la densità all'interno della fascia non è omogenea, essendoci delle regioni popolate da un gran numero di asteroidi e altre in cui ve ne sono molto pochi; la loro orbita viene completata in un tempo che va da 3 a 6 anni.

Questi cosiddetti corpi minori non sono, tra l'altro, presenti solo nella cintura principale, ma ne esistono molti altri sparsi per tutto il Sistema Solare, mentre un'altra consistente parte è concentrata presso l'orbita terrestre e ciò rappresenta una minaccia per il nostro pianeta; li classificheremo in seguito in base alle loro caratteristiche.

Tutt'oggi si sa molto poco sugli asteroidi, poiché poche sonde sono giunte nelle loro vicinanze, ma un notevole contributo ci giunge anche dai radiotelescopi terrestri come quello di Arecibo, nell'isola di Puerto Rico che, usando una sofisticata tecnica di riflessione di onde radio inviate sull'asteroide Castalia, ha reso possibile ricostruirne una copia tridimensionale in scala ridotta.

Gli studi fin qui effettuati ci hanno permesso di catalogare e distinguere vari tipi di pianetini, ma per quanto riguarda la loro formazione è stato solo possibile avanzare delle ipotesi.

L'origine degli asteroidi

Gli asteroidi che sono stati studiati da vicino dalle sonde e quelli precipitati sulla Terra e analizzati in laboratorio, ci narrano un racconto molto antico. Questi sassi somigliano un po' a dei libri di storia e sono pertanto molto preziosi; al loro interno vi sono elementi radioattivi che funzionano come degli orologi; è stato quindi possibile datarli: ebbene, gli asteroidi hanno 4,5 miliardi di anni, la stessa età del Sole e dei pianeti.

Tutti questi corpi minori rappresentano ciò che è avanzato dalla formazione del Sistema Solare, tuttavia sappiamo che tutti i pianeti si sono formati con l'aggregarsi di corpi vaganti, i quali con l'aggiunta di nuovo materiale, hanno assunto dimensioni sempre più grandi fino a quelle attuali, perciò la presenza di quei residui protoplanetari e cioè gli asteroidi, in una regione del Sistema Solare dove avrebbe dovuto esserci un pianeta, fa sorgere un alquanto legittimo quesito: perché fra Marte e Giove il materiale presente non è riuscito ad aggregarsi fino a formare un pianeta?

Le ipotesi avanzate dagli scienziati sono due: gli asteroidi potrebbero non essere mai riusciti a compattarsi a causa delle immense perturbazioni gravitazionali innescate da Giove, oppure rappresenterebbero i frammenti di un antico pianeta distrutto in seguito a un'immane collisione con un altro oggetto cosmico. La diversa composizione degli asteroidi infatti, potrebbe essere collegata ai differenti strati dell'ipotetico pianeta a cui essi appartenevano: dai materiali ferrosi del nucleo a quelli silicei e carbonacei del mantello e della crosta. Dai calcoli che sono stati fatti, sommando la massa di tutti gli asteroidi finora conosciuti, il pianeta doveva possedere un diametro finale pari alla metà di quello della Luna.

Tre famiglie diverse

Gli asteroidi sono stati classificati in tre famiglie differenti in base al loro albedo, cioè la loro capacità di riflettere la luce solare. Analizzando il loro spettro gli astronomi hanno rilevato diverse lunghezze d'onda e quindi una diversa natura degli asteroidi.

Seguendo le ricerche effettuate, la maggior parte di essi, circa il 75%, sono di tipo C (carbonacei): a questa sezione, oltre ai due satelliti di Marte, appartengono gli asteroidi localizzati nella parte esterna della cintura principale; hanno una bassa capacità di riflessione e quindi sono poco luminosi e la loro composizione è simile a quella dei pianeti terrestri, mentre risultano privi di elementi volatili come l'idrogeno e l'elio.

Un buon 17% degli asteroidi rimanenti sono di tipo S (silicei): essendo chimicamente composti da minerali ferrosi, silicati e magnesio, sono relativamente più luminosi di quelli di tipo C e

restano concentrati per lo più nella parte interna della cintura.
Infine i rimanenti asteroidi sono di tipo M (metallici) e si trovano nella parte centrale della cintura: sono composti da minerali ferrosi e hanno un albedo simile agli asteroidi di tipo S.

Pericoli per la Terra

Nella fascia principale è concentrata la maggior parte degli asteroidi, ma molti circolano su orbite marcatamente eccentriche in altre zone del Sistema Solare. È il caso degli asteroidi detti *Troiani*, dal nome del primo di questi oggetti a essere stato scoperto. Essi seguono e precedono il pianeta Giove con un

L'asteroide Eros è solo uno fra le centinaia di oggetti Apollo che incrociano l'orbita terrestre.

angolo medio di 60°; altri asteroidi gravitano nella fascia di Kuiper, all'esterno dell'orbita di Nettuno, ma i cosiddetti *Oggetti Apollo* si trovano su orbite ravvicinate rispetto al nostro pianeta. Sono stati classificati tre diversi gruppi di asteroidi che orbitano presso la Terra: il gruppo Apollo comprende circa 500 pianetini che in generale gravitano all'esterno dell'orbita terrestre, ma con il perielio inferiore all'afelio del nostro pianeta. Altri 1.500 corpi appartengono al gruppo Amor e la loro orbita è pressoché esterna a quella della Terra ma con il perielio pari all'afelio terrestre. Circa 100 altri asteroidi appartengono al gruppo Aten e hanno orbite interne rispetto a quella della Terra ma con l'afelio superiore al perielio terrestre.
In pratica, tutti e tre i gruppi hanno orbite che incrociano quella

terrestre, ma fortunatamente sono altamente inclinate, ciò significa che nel punto d'incrocio fra l'orbita terrestre e quella dell'asteroide, quest'ultimo si trova sempre molto al di sopra o molto al di sotto rispetto alla Terra quando essa transita presso queste pericolose intersezioni.

Il nostro pianeta comunque, viene colpito da un meteorite mediamente ogni due ore, mentre si è calcolato che ogni giorno cadono sulla Terra dieci tonnellate di materiale cosmico; tuttavia questi piccoli impatti riguardano granelli di polvere e frammenti grandi quanto un pugno o poco più, quindi non ci accorgiamo di nulla in occasione di queste collisioni, a parte una fugace striscia luminosa nel cielo; ma cosa succederebbe se l'impatto riguardasse un corpo di grosse dimensioni?

La stragrande maggioranza degli oggetti Apollo, cioè degli asteroidi killer che incrociano l'orbita terrestre, hanno un diametro superiore al chilometro e spesso raggiungono dimensioni di decine di chilometri, come l'asteroide 1036 Ganimede, largo 38 km. Si ipotizza che ve ne siano oltre duemila e di questi se ne conoscono solo un centinaio, senza contare quelli della cintura principale che possono essere deviati dal campo gravitazionale di Giove e portati a distanza ravvicinata o in rotta di collisione con il nostro pianeta.

Di tutti gli asteroidi killer che si conoscono si è accertato che nessuno di questi rappresenta un pericolo per i prossimi trecento anni. Inoltre, recenti statistiche ipotizzano una collisione con un asteroide di diametro superiore al chilometro, nell'arco di tempo compreso tra 1 e 100 milioni di anni: per fare un esempio, l'asteroide Eros, largo 14 km, potrebbe trovarsi in rotta di collisione con la Terra fra 100.000 anni; se un asteroide di questo tipo impattasse sulla Terra le conseguenze sarebbero catastrofiche.

Come anticipato in precedenza, ogni due ore la Terra viene colpita da un asteroide, ma si tratta di frammenti di piccole dimensioni che si consumano per l'attrito con l'atmosfera a causa della loro altissima velocità e spesso fondono per il forte calore prima di riuscire a toccare la superficie.

Un asteroide di grandi dimensioni attraverserebbe l'atmosfera in un attimo e arriverebbe sostanzialmente integro al suolo, conservando gran parte del suo potere distruttivo.

Se l'asteroide cadesse in mare provocherebbe enormi mareggiate che, con onde alte centinaia di metri che viaggiano a una velocità superiore a quella del suono, sommergerebbero e spazzerebbero via tutto l'entroterra per centinaia di chilometri; se invece cadesse sulla terraferma farebbe salire fino agli strati alti dell'atmosfera terra e polvere sollevata in seguito all'impatto, la quale verrebbe poi estesa dai venti fino a coprire l'intero globo terrestre provocando micidiali alterazioni climatiche e facendo precipitare il nostro pianeta in un inverno lungo molti anni con piogge acide che distruggerebbero la vita vegetale e animale in poco tempo.

La Terra, in sé per sé, non accuserebbe notevoli danni in seguito a un simile evento, ma la vita subirebbe danni parziali o totali a seconda delle dimensioni dell'asteroide: un disastro simile è capitato nel cretaceo, 65 milioni di anni fa, innescando forse l'estinzione dei dinosauri in seguito alla collisione con un asteroide di 10 km di diametro. Le tracce di quell'antico impatto sono state ritrovate nello Yucatàn, in Messico: largo 200 km e parzialmente coperto dal mar dei Caraibi, il cratere è stato datato e gli scienziati hanno scoperto che esso risale all'epoca della scomparsa dei dinosauri e che le dimensioni dell'asteroide che deve averlo provocato si aggirerebbero tra i 10 e i 15 km, inoltre sulle rocce di età corrispondente al periodo in questione sono state trovate tracce in abbondanza di un isotopo dell'iridio diffuso in seguito all'impatto asteroidale.

Un altro esempio, molto più recente, è quello accaduto nel 1908 a Tunguska, in Siberia; in quell'occasione andarono distrutti migliaia di ettari di bosco e centinaia di migliaia di alberi vennero abbattuti e rasi al suolo in seguito a un'immane esplosione la cui potenza fu pari a mille volte la bomba nucleare che distrusse Hiroshima. La detonazione illuminò a giorno una vastissima area della Siberia, pur essendo in quel momento notte fonda e il botto fu udito in un raggio di decine di migliaia di chilometri.

Il bilancio fu catastrofico fra gli animali che popolavano la zona, ma fortunatamente non si contarono vittime umane, essendo questa una zona disabitata. Secondo le stime, se l'oggetto precipitato fosse caduto due ore dopo avrebbe colpito in pieno San Pietroburgo provocando disastrose conseguenze.

Per decenni si sono organizzate spedizioni volte al ritrovamento del cratere e dei frammenti meteoritici, ma il risultato è stato sempre negativo; tuttavia dalle misurazioni effettuate nella zona si è giunti alla conclusione che il corpo celeste precipitato in Siberia sia esploso a una quota fra i 5 e i 7 chilometri a causa dell'immenso calore provocato dall'attrito con gli strati più densi dell'atmosfera e che le sue dimensioni si aggirassero sui 150 metri di diametro.

Il quesito tutt'oggi irrisolto è quello della natura dell'oggetto caduto a Tunguska, cioè se fosse un asteroide o una cometa; un numero sempre crescente di indizi sembra puntare sulla possibilità che sia stato un asteroide, anche perché una cometa, molto meno densa di un meteorite, sarebbe esplosa a un'altezza di 25 km.

Oltre a questi eventi rimasti famosi nella storia del nostro pianeta, c'è da considerare che tutta la superficie terrestre è costellata da crateri da impatto di cui i più famosi sono: il Meteor Crater in Arizona, il grande cratere del lago Manicouagan in Canada, sempre in Canada il lago Mistastin, il cratere di Wolfe Creek in Australia, oppure a El Tatio nelle Ande cilene; la maggior parte dei crateri da impatto è stata ormai cancellata dall'erosione dovuta agli agenti atmosferici e ai movimenti tettonici della crosta, oppure non è mai stata trovata poiché è da tener presente che gran parte della superficie terrestre è coperta dall'acqua, perciò un cospicuo numero di asteroidi potrebbe essere caduto in mare.

Le catastrofi naturali di origine cosmica hanno messo i ricercatori in stato di allerta che instancabilmente scandagliano il cielo per individuare gli asteroidi killer e intercettarli per tempo poiché, al giorno d'oggi, l'uomo possiede i mezzi tecnologici adatti per riuscire a evitare un impatto che possa provocare gravi danni al nostro ecosistema.

Esiste una serie di programmi spaziali che prevede la deviazione di un oggetto in rotta di collisione con la Terra tramite l'installazione sul pianetino di megavele in mylar che, spinte dal vento solare, porterebbero l'asteroide in una traiettoria che non comprenda il nostro pianeta; un altro progetto prevede l'installazione di motori che spingano l'asteroide un po' come se fosse un fuoribordo su un'orbita sicura, oppure quello estremo che consiste nello sparare contro il pianetino dei missili armati con bombe atomiche: in seguito alla detonazione, prevista prima che le testate nucleari tocchino l'asteroide, l'onda d'urto sposterebbe l'oggetto in questione verso un'altra direzione producendo così l'effetto desiderato.

Nonostante tutte queste catastrofiche vicende accadute in passato, le probabilità che un grosso asteroide possa colpire la Terra sono piuttosto basse, per cui sarebbe bene non allarmarsi troppo ma approfittarne per mettere a punto i piani esistenti che possano garantirci un'efficace copertura contro i famigerati Oggetti Apollo o contro qualsiasi altro oggetto che rappresenti una seria minaccia.

L'asteroide Apophis è il sorvegliato speciale per eccellenza dell'era moderna. Apophis è ritenuto a rischio di collisione con la Terra esattamente nel giorno di Pasqua dell'anno 2036.

Incontri ravvicinati

Le poche sonde che hanno visto da vicino un asteroide ci hanno fornito dati e informazioni; tuttavia, molto resta ancora da scoprire su questi oggetti arcaici e misteriosi che, per certi versi, potrebbero perfino esserci utili per quanto riguarda le risorse minerarie di cui gli asteroidi sono molto ricchi.

Descriviamo di seguito le missioni che hanno visitato da vicino degli asteroidi:

***N.E.A.R. (Near Earth Asteroid Rendezvous)* - Sonda americana:** la navicella statunitense è stata lanciata il 17 febbraio 1996, progettata per lo studio asteroidale ed è giunta sul pianetino Eros il 12 febbraio 2001. Ne ha studiato la composizione e la natura, accertando che si tratta di un planetesimo che non è mai riuscito ad aggregarsi, vale a dire un residuo della formazione del Sistema Solare. La sonda ha anche controllato l'orbita di Eros in modo da poter prevedere passaggi ravvicinati col nostro pianeta; ha poi fotografato la cometa Hyakutake nel marzo 1996 e sorvolato, l'anno successivo, l'asteroide carbonaceo Mathilde.

***DEEP SPACE 1* – Sonda americana:** lanciata il 24 ottobre 1998, è stata concepita per lo studio delle comete. Dopo un inconveniente al sistema di navigazione, risolto con un nuovo software inviato da terra, la sonda ha incontrato l'asteroide Braille a una distanza di 26 km, il 29 luglio 1999 e ha poi proseguito per l'appuntamento successivo con la cometa Borrelly, avvenuto nel settembre 2001.

***MUSES C* – Sonda giapponese:** partita il 9 maggio 2003, giunse presso l'asteroide 1998SF36 nel settembre 2005. Dopo averlo esaminato, sganciò un rover che aveva lo scopo di raccogliere campioni per riportarli sulla Terra. La capsula di ritorno è entrata nell'atmosfera terrestre il 13 giugno 2010 come previsto e i frammenti prelevati analizzati in laboratorio.

***DAWN* – Sonda americana:** il lancio della sonda è stato rimandato al 27 settembre 2007, giorno in cui è partita e ha lo scopo di orbitare intorno ai più grandi asteroidi della fascia principale, Vesta e Cerere. L'arrivo su Vesta è avvenuto il 16 luglio 2011 dove vi rimarrà per sei mesi poi ripartirà alla volta di Cerere che sarà raggiunto nel febbraio 2015. La missione dovrebbe avere termine nel luglio 2015 ma non è escluso un proseguo della stessa.

La missione Galileo

La sonda euroamericana Galileo, è stato il risultato congiunto fra NASA e Agenzia Spaziale Europea ESA. Fra la moltitudine di incarichi assegnati alla sonda Galileo, era in programma il sorvolo ravvicinato di due asteroidi della fascia principale; approfittando del fatto che essa avrebbe dovuto attraversarla comunque per raggiungere Giove e adempire al compito principale per cui era stata progettata, si scelsero gli asteroidi Gaspra e Ida, poiché essi si trovavano sulla traiettoria tracciata per la navicella: infatti non era possibile deviare l'itinerario della Galileo per evitare il consumo inutile di combustibile indispensabile per il proseguo della missione.
La sonda partì il 18 ottobre 1989 e dopo i flyby con Venere e la Terra, incontrò l'asteroide Gaspra il 29 ottobre 1991. La sonda stimò il diametro maggiore di Gaspra, che risultò essere intorno ai 15 km e analizzò la sua superficie: essa risultava costellata di crateri da impatto e da qui è stato possibile datare l'asteroide, età stimata sul mezzo miliardo di anni: quindi si tratta di un corpo relativamente giovane. Da ciò si è avanzata l'ipotesi che Gaspra fosse, inizialmente, una parte di un corpo grande circa 150 km che è stato poi distrutto a causa di un impatto.
Dall'analisi dello spettro di Gaspra si è potuto apprendere che esso è composto da rocce ricche di ferro e altri metalli e che, di conseguenza, l'asteroide faceva parte del nucleo metallico del suo progenitore.
Terminate tutte le accurate analisi che la sonda aveva in pro-

gramma, essa si diresse di nuovo verso la Terra per il secondo gravity-assist che la spinse verso Giove; sulla sua rotta era previsto l'incontro con il secondo asteroide, Ida, poco prima di arrivare su Giove, incontro che avvenne il 28 agosto 1993. Le dimensioni di Ida risultarono maggiori di quelle di Gaspra, circa 52 km di diametro, così come risultò maggiore la densità dei crateri sulla sua superficie. Sicuramente Ida è uno dei tanti frammenti scissi di un corpo di dimensioni maggiori, il quale ha subìto una collisione con un altro oggetto di pari grandezza. Il fatto sorprendente è che Ida possiede una luna che le ruota intorno a una distanza di 90 km. Il satellite di Ida è stato battezzato Dactil e misura appena un chilometro e mezzo. L'origine di Dactil è dubbia: esso potrebbe essere un frammento di Ida oppure potrebbe essere stato catturato gravitazionalmente durante un passaggio ravvicinato con l'asteroide.

La prima ipotesi è abbastanza discutibile, essendo Dactil di diversa composizione chimica rispetto a Ida, per cui è molto improbabile che inizialmente facesse parte di esso.

Anche la seconda ipotesi lascia delle lacune, in quanto ci sono remote possibilità che Dactil, per quanto piccolo sia, possa essere stato catturato per effetto della gravità da un corpo delle dimensioni di Ida.

L'unica spiegazione è che entrambi facessero parte di un pianetino, ma appartenenti a strati diversi e ciò potrebbe chiarire la differente composizione dei due corpi; successivamente, distrutto in seguito a una collisione, i frammenti sparati sarebbero rimasti a distanza tanto ravvicinata da far sì che essi rimanessero legati per effetto della gravità.

IL COLOSSO DEL SISTEMA SOLARE: GIOVE

Il pianeta conosciuto come il sovrano del cielo prende il nome dal padre degli dèi Zeus per i greci, Giove per i romani. Questo pianeta gigante era quindi conosciuto molti secoli or sono, data la sua intensa luminosità, seconda solo a quella di Venere; successivamente, con l'invenzione del telescopio, Galileo ne riconobbe il disco planetario e individuò i quattro satelliti maggiori. Negli anni a seguire si intra-

La prima immagine a distanza ravvicinata di Giove ripresa dalla Pioneer 10. Mai prima di allora il pianeta gigante era stato visto in maniera così dettagliata.

videro le bande nuvolose e la Grande Macchia Rossa, un uragano grande due volte la Terra e ancora in attività.

Negli anni settanta, con l'invio delle sonde automatiche, si ebbero le prime immagini ravvicinate del pianeta e si scoprirono nuovi satelliti.

Studi approfonditi rivolti al più grande pianeta del Sistema Solare, ci rivelano che esso possiede una massa che supera di 300 volte quella terrestre, un diametro undici volte superiore al nostro pianeta e un volume che consentirebbe a Giove di contenere al suo interno oltre 1.300 pianeti delle dimensioni della Terra.

Queste cifre bastano a farci capire le mostruose dimensioni di questo oggetto celeste che, per tanti versi, è più simile a una stella che a un pianeta. Infatti, se si esclude il Sole, oltre il 70% della materia presente nel Sistema Solare è contenuta in questo gigante, il quale risulta avere una massa superiore a quella di tutti i pianeti messi insieme.

Potremmo in definitiva considerare Giove una stella mancata, in quanto la sua massa è poco al di sotto del limite consentito affinché si accenda come un sole.

Se prendessimo in considerazione ciò che si insegna alle scuole elementari e cioè che le stelle brillano di luce propria e i pianeti di luce riflessa dal Sole, ebbene, in questo senso Giove sarebbe da considerare una stella in quanto emette più energia e calore di quanto ne riceva dal Sole.

Un altro parametro che fa somigliare Giove più a una stella è la sua composizione chimica; infatti esso è una struttura gassosa costituita da idrogeno ed elio, proprio come le stelle; se Giove fosse stato dieci volte più massiccio la sua fornace nucleare interna si sarebbe avviata e il Sistema Solare sarebbe divenuto un sistema binario, cioè con due stelle, e avrebbe escluso la possibilità di formazione degli altri pianeti.

Alla nascita del Sistema Solare, il pianeta che sarebbe divenuto gigante si trovava in una regione a elevata densità di gas: qui l'abbondanza di idrogeno, elio e altri elementi volatili, associata alle condizioni di elevata forza gravitazionale, hanno consentito la formazione di pianeti giganti gassosi dotati di una spessissima atmosfera e di un proprio sistema planetario in miniatura, infatti intorno a questi titani gira un folto numero di satelliti e altri corpi più piccoli.

Giove si trova a una distanza media dal Sole di 778 milioni di chilometri e compie la sua rivoluzione in quasi 12 anni a una velocità orbitale media di 13 km/sec. Il suo periodo di rotazione invece, è il più breve del Sistema Solare, essendo il giorno gioviano lungo meno di 10 ore, meno della metà di quello terrestre. Questa caratteristica di Giove, insieme alla sua bassa densità di poco superiore a quella dell'acqua, determina uno schiacciamento del disco planetario: ne deriva, di conseguenza, un diametro equatoriale di 142.000 km e un diametro polare di 134.000 km.

Struttura di Giove

Osservazioni effettuate da terra e misurazioni compiute dalle sonde automatiche hanno permesso di ricostruire la struttura interna del pianeta gigante.

Come si è già detto, Giove è costituito principalmente da idrogeno ed elio, ma il suo nucleo non dovrebbe essere costituito da idrogeno compresso, dato che il pianeta non possiede una massa sufficientemente potente da originare le densità necessarie.

I modelli teorici prevedono un nucleo largo 12.000 km di rocce silicee, il quale costituisce il 4% della massa totale di Giove; la temperatura nel cuore del pianeta è di 30.000° C.

Salendo verso la superficie vi è uno strato di idrogeno metallico dello spessore di oltre 30.000 km: in questa regione gli elettroni girano liberi e indipendenti dai protoni in una miscela molecolare liquida ma più densa, con caratteristiche simili a un metallo, per cui conduce perfettamente l'elettricità. Qui la temperatura si aggira sugli 11.000° C e la pressione raggiunge 3 milioni di atmosfere.

L'idrogeno metallico è a sua volta ricoperto da un oceano di idrogeno liquido spesso 20.000 km; la pressione è nell'ordine di qualche migliaio di atmosfere.

Tra lo strato liquido e lo strato metallico vi è una zona di transizione con temperature che vanno dai 10.000 ai 15.000° C ed è in questa regione che l'idrogeno muta le sue proprietà divenendo poi metallico.

Al dì sopra dello strato di idrogeno liquido, si estende un'atmosfera spessa 1.000 km circa e che rappresenta la parte del pianeta che riusciamo a vedere: al culmine delle nubi gioviane le temperature crollano fino a -150° C.

L'atmosfera

Quello che di Giove riusciamo a vedere è solo una parte infinitesima del raggio del pianeta, eppure analizzando il suo spettro e grazie soprattutto alla missione Galileo, è stato possibile ricavare utili informazioni sulla composizione chimica della spessa atmosfera gioviana.

Dato che Giove non possiede una superficie solida, partiamo dal presupposto che per superficie si intenda la parte bassa dell'atmosfera, a 100 km di profondità.

Appena sopra la superficie, a una profondità di 90 km, vi è uno strato di nubi bluastre composte da acqua e ghiaccio sovrastato da nubi di color marrone composte da cristalli di idrosolfuro di ammonio.

A una profondità di 60 km si estendono nubi di color porpora e bianco cariche di neve di ammoniaca, mentre ai livelli delle nubi più alte, con temperature comprese fra i -130 e -150° C, si trovano formazioni nuvolose di color blu poiché è in questa sezione che la luce solare viene diffusa.

Complessivamente l'atmosfera del pianeta gigante è composta per l'88% da idrogeno, per l'11% da elio e per il resto da metano, acqua, ammoniaca e anidride carbonica; sono stati rilevati, in piccole concentrazioni, composti più complessi come l'acetilene, importati molto probabilmente con le comete che sono precipitate su Giove nel corso delle ere.

Le colorate nubi gioviane

Osservando Giove nella lunghezza d'onda della luce visibile e nell'infrarosso, colpisce subito la particolare varietà di colori che contraddistingue questo pianeta: risaltano le formazioni nuvolose parallele all'equatore con nubi chiare definite *zone* e costituite da gas caldi ascendenti, alternate a nubi più scure di color rossastro definite *fasce* e composte da gas più freddi che discendono verso il basso.

Gli elementi chimici come lo zolfo in cui sono immerse le nubi gioviane, combinandosi con gli atomi di idrogeno creano delle sfumature di colori che vanno dall'arancione al marrone e dal giallino al rosso; esse vengono estese su tutto il globo planetario da forti venti che soffiano ad oltre 600 km/h.

Generalmente le fasce sono delimitate da correnti a getto che circolano intorno al pianeta da ovest verso est, mentre le zone si spostano in senso contrario creando in tal modo nei settori di confine molti mulinelli e vortici: questi ultimi si formano solitamente presso le regioni prossime all'equatore.

I venti più impetuosi sono concentrati per lo più all'equatore e vengono messi in moto dalle correnti convettive e dal calore interno di Giove.

Alle latitudini superiori si nota la presenza di alcune macchie e vortici alquanto persistenti, poiché essi si alimentano assorbendo altri vortici più piccoli.

Le correnti gioviane non hanno la stessa intensità a tutte le latitudini, ma sono divise in tre categorie: la grande corrente equatoriale, molto violenta, posta a 10° di latitudine nord e sud; le correnti lente che dominano gran parte delle strutture non equatoriali e infine le correnti a getto, poste ai margini di alcune bande nuvolose e che periodicamente creano piccoli vortici.

La differenza di velocità che divide le varie correnti, determina una rotazione differenziale del pianeta, proprio come avviene per il Sole, infatti nelle zone equatoriali il periodo di rotazione risulta essere lungo 9 ore 50 minuti e 30 secondi, mentre alle latitudini prossime ai poli il periodo di rotazione avviene in 9 ore 55 minuti 30 secondi.

La Grande Macchia Rossa

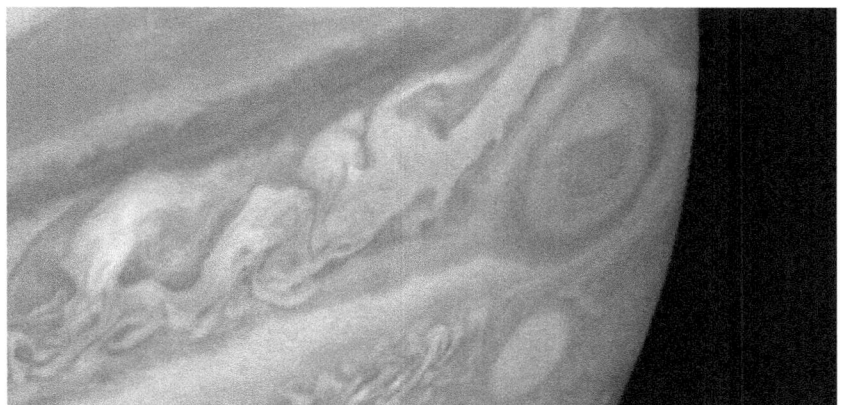

La Grande Macchia Rossa, un perenne uragano grande tre volte il nostro pianeta.

Il segno particolare che identifica Giove a prima vista è un immenso uragano detto la Grande Macchia Rossa. Il primo a osservarla fu Galileo Galilei seguito da Gian Domenico Cassini, il quale accennò di un'isola ovale sulla superficie di Giove; successivamente, dopo l'800 e soprattutto nel xx secolo, la Macchia Rossa è stata oggetto di dettagliati studi e i risultati sono alquanto bizzarri: secondo le testimonianze tramandateci da astronomi del passato e le osservazioni moderne, la Grande Macchia Rossa sarebbe stata soggetta a una mutazione di colori e a una riduzione del suo diametro, infatti essa si sarebbe ridotta di un terzo rispetto alle prime osservazioni. Tuttavia, resta il fatto che questo immenso uragano sia in attività da almeno quattro secoli ed è noto come il più grande ciclone del Sistema Solare.

Secondo le ricerche finora effettuate e con i risultati ottenuti con simulazioni in laboratorio, la Grande Macchia Rossa si sarebbe creata con l'accumulo di più uragani che, rincorrendosi a vicenda intorno al pianeta, si siano poi fusi in un unico grande uragano che persiste senza diminuire apparentemente la sua intensità. La Macchia Rossa è un anticiclone, il quale viene tenuto in vita da forti correnti ascensionali e quindi con un procedimento simile a quello che dà origine agli uragani terrestri; essa inoltre, ingoia altri uragani più piccoli, i quali si mantengono a loro volta accumulando energia gravitazionale.

Questi potrebbero essere alcuni dei motivi che possono spiegare la vita longeva della Grande Macchia Rossa, ma nonostante tutti gli sforzi compiuti da uomini e mezzi spaziali, molto resta ancora da scoprire sui misteri celati dal più grande dei pianeti.

I dati fin qui ottenuti ci danno alcune informazioni che sono servite a colmare qualche dubbio, ma ci hanno anche dato delle certezze; le osservazioni compiute dalle sonde hanno misurato la direzione e la velocità con cui si muove questo grande uragano: esso si sposta sempre verso ovest alla velocità di 1 m/sec rispetto alle altre strutture, ruotando su se stesso in senso antiorario in un periodo di dodici giorni terrestri.

La Macchia rossa è composta prevalentemente da idrogeno, metano e ammoniaca, inoltre si presenta come una struttura infernale e caotica turbata da violentissime scariche elettriche.

Le informazioni in possesso degli scienziati non sono ancora sufficienti per riuscire a comprendere per quanto tempo ancora questo grande ciclone scorrazzerà sulla superficie gioviana, tuttavia alcuni vaghi indizi fanno pensare che la sua durata potrebbe essere perenne.

Il campo magnetico

Giove oltre a essere il più grande fra i pianeti, possiede una magnetosfera talmente estesa da essere la più vasta del Sistema Solare, perfino maggiore di quella del Sole stesso.

Per dare un'idea delle sue dimensioni, basti pensare che il suo diametro è di circa 30 milioni di chilometri, quasi venti volte le dimensioni del Sole e la sua coda magnetica si estende fino a raggiungere e superare l'orbita di Saturno, lontana 800 milioni di chilometri da Giove.

Il campo magnetico gioviano prende origine dallo strato di idrogeno metallico, il quale essendo un ottimo conduttore elettrico e ruotando ad altissima velocità, crea un'intensa magnetosfera ed è anche alla fonte di un'energica emissione nelle onde radio.

Esso inoltre, risulta essere inclinato, rispetto all'asse di rotazione del pianeta, di 10° ed è bipolare: ciò significa che una bussola terrestre, su Giove indicherebbe come punto di riferimento magnetico il sud e non il nord.

Anche su Giove, così come sulla Terra, in occasione delle tempeste magnetiche che scaturiscono dal Sole, allorquando il flusso di particelle cariche portate dal vento solare diventa più intenso, si formano le aurore polari. Il meccanismo tuttavia, si rivela differente da quello terrestre: infatti, mentre sulla Terra le particelle ioniche convergono verso i poli deviate dal campo magnetico, su Giove le aurore si hanno in seguito a un'interazione tra le particelle presenti nella ionosfera portate dal vento solare e gli elettroni della ciambella di plasma situata nell'orbita di Io, il primo dei satelliti maggiori di Giove, il quale è a sua volta collegato ai poli del pianeta da un tubo di flusso in cui circola corrente di ben 5 milioni di ampere.

La ciambella di plasma è continuamente rifornita da ioni di zolfo, elio, idrogeno e ossigeno provenienti a milioni di tonnellate dalle eruzioni vulcaniche di Io.

Gli anelli e i satelliti maggiori di Giove

Prima dell'arrivo delle sonde non si era mai visto, né vi era motivo di sospettare, che anche Giove, come Saturno, possedesse degli anelli. Questa scoperta è stata possibile solo grazie alla Voyager 2, la quale usando dei filtri all'infrarosso ha scoperto un sottilissimo anello all'altezza dell'equatore di Giove; in realtà vi sono due anelli principali e uno più tenue.

Essi si estendono a una distanza di 55.000 km dall'atmosfera e hanno uno spessore di pochi chilometri; il primo di essi si esten-

151

de per circa 800 km ed è il più brillante, il secondo ha una larghezza di 6.000 km e l'ultimo, molto debole, si estende fino all'atmosfera del pianeta.

Gli anelli gioviani sono composti da particelle sulfuree e polvere finissima come il talco e poco riflettenti. Il caratteristico colore di queste strutture è l'arancione e compiono il giro completo del pianeta in un tempo che varia da 5 a 7 ore, con un moto a spirale che determina la caduta continua degli anelli nell'atmosfera di Giove; questi però, vengono in continuazione riforniti con nuove polveri. Generalmente, il materiale con cui sono composti gli anelli proviene dalle eruzioni vulcaniche del satellite maggiore più vicino a Giove, Io. Durante le eruzioni i lapilli che vengono eiettati dalle bocche vulcaniche sfuggono alla debole forza gravitazionale di Io, paragonabile a quella della Luna e vengono catturati dalla gravità di Giove, che li stabilizza in un'orbita parallela all'equatore.

I quattro satelliti maggiori di Giove. Dall'alto in basso: Io, Europa, Ganimede, Callisto.

Dette polveri, oltre che costituire gli anelli più interni e quindi più opachi, urtano contro due piccoli satelliti che si trovano al bordo esterno degli anelli e ne strappano altro materiale che va a formare l'anello più esterno e più brillante.

Contrariamente agli anelli gioviani, ultima scoperta rilevante del secolo appena trascorso per quanto riguarda Giove, i quattro satelliti maggiori sono stati la prima cosa che si è vista dall'invenzione del telescopio, di conseguenza si era a conoscenza della loro esistenza già nel '600, quando Galileo, puntando il telescopio da lui inventato verso Giove, intravide quattro piccoli puntini luminosi quasi paralleli all'equatore del pianeta gigante e che identificò subito come satelliti, per cui essi sono noti anche come satelliti galileiani.

Così come accade per la Luna, anche i quattro satelliti maggiori di Giove gravitano attorno a esso rivolgendogli sempre la stessa faccia e ognuno possiede delle caratteristiche proprie che lo rende agli occhi dei cosmologi altamente interessanti dal punto di vista scientifico, come vedremo tra poco.

Studiati prima nell'infrarosso, è stato possibile solo avanzare delle ipotesi riguardo la loro composizione chimica, ma successivamente, con l'arrivo dei robot automatici, si è alzato un sipario dietro il quale si celava uno spettacolo pieno zeppo di sorprese inaspettate ed entusiasmanti; è da allora che si è capito che il Sistema Solare aveva ancora molte cose da raccontare e che valeva la pena sostenere altissimi costi per l'invio di nuove apparecchiature automatizzate, le quali hanno efficacemente ammortizzato le spese con cospicui utili sotto forma di informazioni molto interessanti.

Tutti e quattro i satelliti galileiani, nell'ordine Io, Europa, Ganimede e Callisto, sono simili ai pianeti terrestri e alcuni di essi possiedono densità quasi analoghe a quella della nostra Luna e dimensioni superiori al pianeta Mercurio: Io, il più vicino al pianeta dei quattro satelliti gioviani, presenta una superficie dove dominano colori vivaci e bizzarri, che vanno dal rosso all'arancione, dal giallo al marrone e nero e senza la presenza di crateri da impatto; ciò faceva supporre ai ricercatori che la superficie di Io fosse molto giovane e in continuo rimescolamento e che quindi fosse interessato da intense attività geologiche. Alcuni contestavano queste teorie dato che Io, possedendo un diametro simile a quello lunare, doveva essere un corpo immobile e statico, proprio come la nostra Luna; gli elementi radioattivi non sarebbero stati sufficienti a causarne il decadimento, pertanto nessun fenomeno avrebbe potuto interessare la crosta del satellite.

La grande sorpresa venne fuori quando il Voyager 1 si avvicinò a Io e ne fotografò l'emisfero settentrionale: si intravide un pennacchio simile a un fungo che si innalzava a una quota di 270 km. Analisi più approfondite rivelarono che si trattava di un'eruzione vulcanica in corso e quattro mesi dopo la sonda gemella Voyager 2 si trovò a passare in prossimità di Io nel bel mezzo di nove eruzioni vulcaniche.

Da allora si ebbe la conferma definitiva che Io, non solo è un corpo celeste attivo, ma che possiede la più intensa attività vulcanica dell'intero Sistema Solare, perfino maggiore a quella terrestre.

Come detto, la superficie di Io è multicolore poiché costituita da basalti di zolfo con tracce di sodio, calcio e idrogeno di sicura origine vulcanica; questo materiale espulso dalle caldere vulcaniche, oltre che essere all'origine del sottile anello gioviano, crea una tenue ma repellente atmosfera sulfurea che avvolge il satellite, mentre cade al suolo una neve bianco-bluastra di anidride solforosa.

Ciò che alimenta i vulcani di Io è la sua vicinanza a Giove, combinata ai passaggi ravvicinati di Europa a ogni orbita, per cui l'interno del satellite variegato è sottoposto a enormi forze mareali che causano il rigonfiamento e il regredimento della sua crosta con spostamenti che oscillano di ben 100 km; tutto questo riscalda e liquefà il nucleo di Io e il materiale fluido creatosi si libera all'esterno attraverso i vulcani a una velocità di 1 km/sec.

Nel corso delle eruzioni, le bocche vulcaniche oltrepassano i 500° C, mentre nelle zone circostanti si sono registrate temperature, diciamo così, primaverili: 17° C; in altre zone si precipita subito a -180° C.

Io ha un diametro di 3.640 km, un'inezia più della Luna, dista da Giove 421.000 km e compie una rivoluzione intorno al pianeta gigante in 1,77 giorni terrestri.

Dopo Io, il secondo satellite maggiore gioviano è Europa, una palla bianca e riflettente con un'enigmatica superficie liscia come una palla da biliardo e priva degli onnipresenti crateri.

Il satellite ricorda molto da vicino la banchisa polare terrestre e non c'è dubbio che si tratti di ghiaccio d'acqua solcato da rughe e striature lunghe migliaia di chilometri. Come accertato dalla sonda Galileo, Europa è costituito da una crosta di ghiaccio spessa 100 km, sotto la quale si cela un oceano d'acqua liquida che ricopre un mantello di silicati; al di sotto di esso si trova un nucleo roccioso largo 1.400 km.

La spiegazione dell'assenza di crateri da impatto sulla superficie di Europa è data dunque dal fatto che sono i movimenti dell'acqua sottostante la crosta a rimodellare continuamente l'esterno e anche in questo caso sono le forze mareali innescate da Giove a mettere in moto l'intero meccanismo, anche se in minore misura data la maggiore distanza da esso.

Europa è largo 3.130 km e gira intorno a Giove a una distanza di 670.900 km, in un periodo di 3,55 giorni.

Il terzo dei satelliti galileiani è Ganimede, conosciuto come la luna più grande dell'intero Sistema Solare. Con un diametro di 5.280 km supera le dimensioni del pianeta Mercurio e gira intorno a Giove in 7,16 giorni terrestri a una distanza di 1.070.000 km da esso.

La superficie di Ganimede risulta ricoperta da una crosta di ghiaccio dello spessore di 100 km e annerita, in certe zone, da polvere proveniente forse dagli asteroidi precipitati sul satellite.

Sotto la crosta si estende uno strato di acqua fangosa semi-liquida dello spessore di 500 o 600 km e infine, un grosso nucleo roccioso che occupa i ¾ del diametro del satellite.

In superficie vi sono due diverse zone: una più antica costellata da crateri da impatto, con strutture a raggiera molto chiare a causa del ghiaccio espulso in seguito alle collisioni e un'altra più giovane segnata da scanalature con creste e valli; ciò è una prova che Ganimede è stato interessato dal fenomeno della tettonica a zolle simile a quello terrestre, ma che attualmente sembra essersi fermata del tutto.

Vi sono inoltre le calotte polari, le quali si estendono a 40° di latitudine nord e sud con temperature più fredde rispetto alle altre regioni: circa -200° C. Questo perché vi è una minore incidenza della radiazione solare. I poli sono ricoperti di brina ghiacciata sfuggita dalle fratture sotto forma di vapor acqueo e condensatasi in queste regioni.

L'ultima delle quattro grandi lune di Giove è Callisto, un altro satellite delle dimensioni di un pianeta. Con un diametro di 4.840 km, Callisto orbita intorno a Giove in 16,69 giorni a una distanza di 1.883.000 km dal pianeta.

È una luna molto particolare in quanto è quella con la più bassa densità, con la più alta concentrazione di crateri da impatto e quindi con la superficie più antica del Sistema Solare.

Callisto possiede una crosta ghiacciata e polverosa spessa 300 km che ricopre un mantello di acqua e ghiaccio di circa 1.000 km e un nucleo roccioso largo la metà del satellite.

Le caratteristiche prime di questa luna sono, da una parte l'alta densità di piccoli crateri giovani e meno giovani e dall'altra un bacino di origine asteroidale del diametro di 600 km con strutture ad anelli concentrici. Questo enorme cratere chiamato Valhalla è il risultato di una collisione con un corpo abbastanza grande che ha colpito Callisto allorquando la sua superficie non era sufficientemente rigida; questo ha generato gli anelli concentrici che circondano il bacino in seguito alla potente onda d'urto.

DATI SU GIOVE	
DIAMETRO	142.000 Km
AFELIO	815 milioni di Km
PERIELIO	741 milioni di Km
DISTANZA MEDIA DAL SOLE	780 milioni di Km
VELOCITA' ORBITALE MEDIA	13 Km/sec.
PERIODO DI ROTAZIONE	9 h 55 min. 30 sec.
PERIODO DI RIVOLUZIONE	11,86 anni
MASSA MEDIA	1,900 x 10*30
MASSA MEDIA (TERRA = 1)	318
DENSITA' MEDIA	1,33 g/cm3
DENSITA' MEDIA (TERRA = 1)	0,24
VOLUME (TERRA = 1)	1.320
VELOCITA' DI FUGA	59,6 Km/sec.
INCLINAZIONE DELL'ASSE DI ROTAZIONE	3°
INCLINAZIONE ORBITALE	0
TEMPERATURA IN SUPERFICIE	-160°
SATELLITI MAGGIORI	4
ATMOSFERA	Idrogeno+elio
STRUTTURA PLANETARIA	Gassosa

GIOVE È UNO DEI PIANETI PIÙ FACILI DA OSSERVARE, DATO CHE È L'OGGETTO PIÙ LUMINOSO, DOPO VENERE, A BRILLARE NEL CIELO.
A OCCHIO NUDO È SUBITO RICONOSCIBILE POICHÉ SPLENDE IN MODO STABILE, A DIFFERENZA DELLE STELLE, LE QUALI SI PRESENTANO COME OGGETTI LUMINOSI PUNTIFORMI E TREMOLANTI; GIOVE PUÒ ESSERE OSSERVATO PER DIVERSI MESI L'ANNO.
AVVALENDOSI DI UN BUON BINOCOLO, RISULTA BEN DEFINITO IL DISCO PLANETA-RIO GIOVIANO E SI POSSONO ANCHE NOTARE, ALL'ALTEZZA DELL'EQUATORE, QUAT-TRO PICCOLI PUNTINI LUMINOSI: IO, EUROPA, GANIMEDE E CALLISTO. A VOLTE PO-TREBBE CAPITARE DI NOTARNE SOLO TRE O DUE POICHÉ I SATELLITI, ORBITANDO INTORNO A GIOVE, POSSONO TROVARSI IN QUEL MOMENTO DALLA PARTE OPPOSTA DEL PIANETA, OPPURE PROPRIO DAVANTI AD ESSO, PER CUI LA FORTE LUMINOSITÀ EMANATA DA GIOVE COPRIREBBE LA FIOCA LUCE DEI SATELLITI.
CON L'AUSILIO DI UN TELESCOPIO, SI POSSONO FACILMENTE DISTINGUERE LE BAN-DE NUVOLOSE PARALLELE ALL'EQUATORE E INOLTRE, DIVENTA POSSIBILE INTRA-VEDERE LA GRANDE MACCHIA ROSSA SE ESSA, GIRANDO INTORNO A GIOVE, SI TRO-VA NELLA PARTE VISIBILE DALLA TERRA; LA MACCHIA ROSSA RISULTEREBBE AL TE-LESCOPIO DI UN COLOR GRIGIASTRO E NON SCARLATTO.
CONSIDERATA LA RAPIDITÀ CON CUI RUOTA IL GRANDE PIANETA, SI POSSONO EF-FETTUARE PROLUNGATE OSSERVAZIONI CHE CONSENTANO DI AMMIRARE L'80-90% DELLA COLORATA SUPERFICIE GASSOSA GIOVIANA.

Una famiglia di lune

Nel 1610 Galileo scoprì i primi quattro satelliti di Giove; egli non poteva sapere che in realtà le lune gioviane sono di un numero di molto superiore, ma bisogna tener presente che il telescopio di Galileo ingrandiva poco più di un attuale binocolo da teatro.

Altri satelliti sono stati scoperti alla fine del diciannovesimo secolo e nel ventesimo secolo. La migliore qualità dei telescopi prima e l'arrivo delle sonde dopo, hanno permesso di catalogare un numero sempre maggiore di satelliti; infatti, prima delle sonde non se ne conoscevano più di una decina, nel 1979 le Voyager contarono 16 satelliti e l'ultima sonda giunta su Giove, la Galileo, ne ha classificate ben 28, mentre con le ultime osservazioni il loro numero è salito fino a 63.

Molto probabilmente il loro numero è destinato a crescere nei prossimi anni se altri robot automatici verranno inviati su Giove per approfondire lo studio del pianeta e dei suoi satelliti.

Dunque, oggi conosciamo ben 63 lune che gravitano intorno a Giove, ma esclusi i quattro satelliti maggiori e alcune lune all'interno dell'orbita di Io, tutti gli altri sono solo asteroidi che sono stati catturati dall'attrazione gravitazionale del pianeta gigante, oppure dei frammenti di un unico primitivo corpo disintegrato dalla gravità di Giove, quindi senza rilevanza alcuna.

I satelliti esterni di Giove girano, intorno al pianeta, a distanze che vanno da 10 a oltre 23 milioni di km su orbite con un'inclinazione che oscilla dai 28° ai 150° rispetto al piano equatoriale gioviano; alcuni di essi compiono un moto diretto, altri un moto retrogrado.

La loro struttura è rocciosa e sono composti da rocce carboniose; essi hanno dimensioni che oscillano dai 15 km di diametro di Leda ai 190 km di Himalia.

I satelliti esterni più importanti sono Leda, Himalia, Lisitea, Elara, Ananke, Carme, Pasife e Sinope.

All'interno dell'orbita di Io vi sono quattro piccole lune: Metis, Adrastea, Amalthea e Tebe. Metis e Adastrea si trovano vicino al bordo esterno dell'anello di Giove e la loro presenza stabilizza la persistenza degli anelli. Tuttavia, questi due piccoli satelliti compiono orbite sempre più strette e sono destinate a cadere su Giove.

Metis dista dal pianeta 128.000 km e misura 40 km di diametro, mentre Adastrea è distante da Giove 129.000 km e ha un diametro di 24 km.

Amalthea è a 181.000 km da Giove e possiede un diametro di 270 km; compie la sua orbita in 12 ore e la sua superficie è la più rossa del Sistema Solare probabilmente a causa delle polveri sulfuree provenienti da Io e depositatesi sul suolo di Amalthea. Il satellite inoltre, è cosparso di crateri, i più grandi dei quali sono Pan, largo 90 km e profondo 8 km e Gea, di 75 km di diametro e con un abisso compreso fra 10 e 20 km.

Amalthea è anche solcato da rughe e crepe lunghe centinaia di chilometri e larghe circa 20 km.

L'ultimo dei quattro satelliti interni è Tebe: esso possiede un diametro superiore a 100 km e dista da Giove 222.000 km. Su questo satellite non si sa praticamente nulla, ma la sua storia geologica potrebbe essere stata simile a quella di Amalthea.

Lo schianto della cometa Shoemaker-Levy 9 su Giove

Nel luglio 1994 questo rarissimo evento è stato osservato e studiato dai radiotelescopi e dai telescopi ottici di tutto il mondo, compreso il telescopio spaziale Hubble e perfino dalle sonde in viaggio nel Sistema Solare come la Galileo, la Ulisse e addirittura dal Voyager 2,

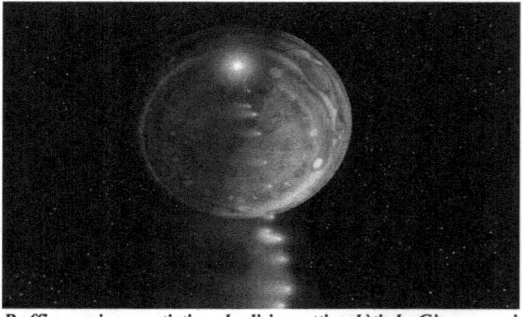

Raffigurazione artistica degli impatti subìti da Giove con i frammenti cometari. La serie di collisioni è durata per 4 giorni.

partita da terra nel 1977 e ancora funzionante al di fuori del Sistema Solare.

Si è ricavata una valanga di informazioni, ma l'evento ha anche sollevato nuovi interrogativi e nuovi enigmi ai quali gli scienziati stanno ancora lavorando.

I primi ad avvistare la cometa suicida furono Carolyn Shoemaker e David Levy, col telescopio di 122 cm dell'Osservatorio di Monte Palomar, all'inizio della primavera del 1993 e, come di solito accade, la cometa fu battezzata col nome dei suoi scopritori: Shoemaker-Levy 9.

Le sorprese furono due: innanzitutto la cometa compiva la sua orbita intorno a Giove e non intorno al Sole come di solito accade e poi il suo nucleo risultava diviso in più frammenti, se ne contarono più di venti disposti in una fila indiana lunga 158.000 km. Per spiegare questa curiosa situazione occorre fare un salto a ritroso nel tempo fino al luglio del 1992: i ricercatori si resero conto che la cometa Shoemaker-Levy 9 già gravitava intorno a Giove da parecchi anni in un'orbita fortemente eccentrica e lunga 50 milioni di chilometri. Nell'ultimo suo passaggio transitò a soli 25.000 km dal pianeta gigante, il quale produsse un vero e proprio stiramento sul nucleo cometario per via della sua tremenda forza gravitazionale. La parte della cometa rivolta verso Giove fu attratta maggiormente rispetto a quella opposta, provocandone l'immediata frammentazione; i venti e più pezzi si disposero in fila indiana formando una sorta di trenino cosmico. Così si preparò per quella che sarebbe divenuta l'ultima sua orbita intorno a Giove, poiché in occasione di questo transito ravvicinato il destino della cometa fu inesorabilmente segnato: essa era condannata a schiantarsi sul pianeta gigante.

Originariamente la cometa doveva possedere un diametro di 10 km, mentre in seguito alla frammentazione i pezzi risultarono di diverse dimensioni, i più grandi dei quali misuravano 2-4 km.

Dopo un anno, la cometa Shoemaker-Levy 9 passò per l'apogiove, cioè il punto di massima lontananza rispetto a Giove, iniziando così l'ultimo viaggio di ritorno verso il pianeta e da quel momento fu possibile calcolare i tempi e i luoghi che avrebbero interessato gli impatti.

I primi frammenti sarebbero caduti nell'emisfero sud, nella parte di Giove non rivolta verso la Terra, ma con la rapida rotazione del gigante gassoso, divenne possibile osservare i primi segni dell'impatto: delle macchie scure grandi due volte la Terra.

Il primo frammento cadde su Giove la sera del 16 luglio 1994, il secondo all'alba del 17 luglio e così via via gli altri frammenti fino al 22 luglio.

Occorre tener presente che la struttura gassosa di Giove non produce gli stessi effetti, in seguito ad un impatto, di quelli che si possono riscontrare sulla Terra o sugli altri pianeti di tipo roccioso, con conseguente formazione di un cratere. L'impatto di un corpo con Giove equivale alla caduta di un sasso nell'acqua, con formazione di onde concentriche che si propagano dal punto di caduta.

Malgrado la grande capacità del pianeta gigante di assorbire gli urti cosmici, l'energia liberata in seguito alle collisioni fu di 100 milioni di megatoni, più di mille miliardi di volte superiore alla potenza della bomba nucleare di Hiroshima: questa enorme liberazione di energia fu determinata dall'elevata velocità dei frammenti, circa 60 km/sec, che penetrarono per parecchi chilometri nella densa atmosfera gioviana proiettando verso l'esterno pennacchi alti più di 3.000 km.

In occasione della caduta del più grande dei frammenti, il bagliore emesso al momento dell'impatto risultò addirittura superiore a quello di Giove ed essendosi verificato sul bordo del pianeta appena visibile da terra, si intravide una palla di fuoco che si innalzava a parecchie migliaia di chilometri dalla superficie del gigante gassoso.

Le cicatrici degli impatti cometari hanno maculato le nuvole di Giove per parecchi mesi dopo gli scontri, probabilmente a causa delle polveri della Shoemaker-Levy 9 rimaste sospese nell'alta atmosfera.

Dopo i memorabili giorni che seguirono le collisioni, gli scienziati analizzarono ciò che avevano registrato gli strumenti e venne fuori che le sostanze chimiche presenti dopo gli scontri erano metano, ammoniaca, ossido di carbonio, acido solforico, acido cianidrico, etilene e acqua.

A tal proposito, bisogna sottolineare che il radiotelecopio italiano di Medicina, presso Bologna, osservò una grande quantità d'acqua liberata in seguito agli impatti di sicura origine cometaria e quest'acqua non venne dissociata, perdurando nell'atmosfera gioviana per mesi; ciò ha sollevato un enigma a cui gli scienziati stanno ancora lavorando, poiché le altissime temperature registrate nelle fasi di caduta di circa 10.000° C, avrebbero dovuto scomporre detta sostanza.

Oltre all'acqua è stata rilevata un'enorme presenza di zolfo appartenente tutta o quasi al pianeta, dato che è alquanto improbabile che una tale quantità solforosa provenisse da un oggetto piccolo come il nucleo della cometa.

L'evento ha consentito di stabilire che un pianeta massiccio come Giove funge un po' come uno scudo, attirando a sé comete e asteroidi che si trovano a passare nei suoi paraggi, facendoli precipitare nella sua atmosfera o sui suoi satelliti.

Se un caso del genere fosse accaduto sul nostro pianeta avremmo avuto un'estinzione globale, poiché tutta l'atmosfera terrestre si sarebbe surriscaldata di circa 200° C, tuttavia le probabilità che si verifichi un evento di questo tipo sono piuttosto basse, ma la storia e l'evoluzione del Sistema Solare ci insegna che sarà sempre meglio vigilare sulla sicurezza del nostro pianeta.

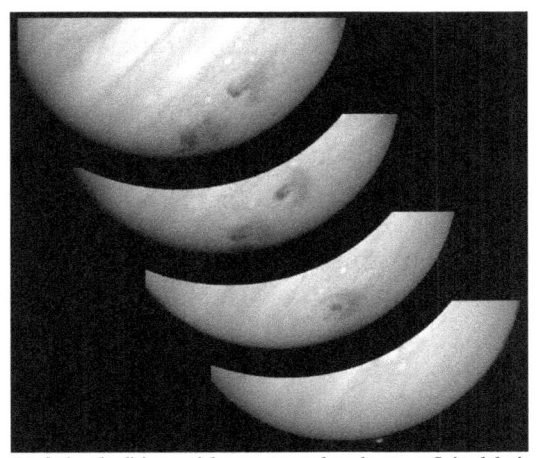

Le ferite degli impatti hanno maculato la superficie del gigante perdurando diversi mesi.

Pioneer 10 e 11

Subito dopo la conquista della Luna, la NASA lanciò due sonde che avevano il compito di spingersi laddove nessun robot automatico costruito dall'uomo era mai giunto prima. L'obiettivo era raggiungere Giove e iniziare uno studio approfondito del pianeta, per poi spingersi al di fuori del Sistema Solare e trasmettere dati fino all'esaurimento dell'energia.

Tutto ciò, rappresentava una vera e propria sfida per i tecnici della NASA, dato che le sonde avrebbero dovuto affrontare del-

le difficoltà ambientali mai riscontrate prima di allora: innanzitutto, per un viaggio così lungo occorreva un sistema di alimentazione alternativo a quello solare, poiché in prossimità di Giove
l'energia che giunge dal Sole è molto ridotta, quindi nessun pannello solare sarebbe stato in grado di raccogliere l'energia sufficiente per il funzionamento di tutti gli strumenti di bordo.
Un'altra incognita era l'attraversamento della fascia degli asteroidi; qui si temeva infatti, che anche micrometeoriti, che viaggiano ad una velocità di oltre 100.000 km/h, potessero danneggiare
seriamente la sonda o, nella più rosea della ipotesi, metterla fuori assetto; fortunatamente tutto sarebbe filato liscio ed entrambe
le sonde sarebbero uscite indenni da quella trappola cosmica.
Dopo che tutto fu ben calcolato, i controllori di volo si appresta-
rono a lanciare la sonda Pioneer 10 utilizzando il razzo vettore
Atlas-Centaur a tre stadi, il 2 marzo 1972.
Il terzo stadio spinse la Pioneer 10 alla fantastica velocità di
52.000 km/h entrando così nel guinness dei primati come l'oggetto più veloce mai costruito dall'uomo, tanto che raggiunse la
Luna in sole undici ore, un vero e proprio primato tenendo presente che gli astronauti delle missioni Apollo impiegavano ben
quattro giorni per giungere in orbita lunare.
Dopo un anno e mezzo di volo, il 3 dicembre 1973, Pioneer 10
raggiunse Giove e lo fotografò per la prima volta in assoluto a
una distanza di 130.000 km. La sonda fece una miriade di scoperte che entusiasmò gli scienziati tra le quali, l'eruzione vulcanica su Io, la composizione atmosferica gioviana, le foto e gli
studi effettuati sulla Macchia Rossa, la scoperta di nuovi satelliti
e molte altre cose ancora. Con questa missione, che fece la gioia
e la soddisfazione dei tecnici, ebbe inizio l'esplorazione di Giove
e dei suoi satelliti e si aprì la strada alle successive sonde, le
quali avrebbero avuto un compito molto più agevole poiché faci-
litato dalla Pioneer 10.
Attualmente la sonda è uscita dal Sistema Solare e si trova a più
di 10 miliardi di chilometri dalla Terra ormai spenta. Essa, viag-

giando a una velocità di 12,5 km/sec, è diretta verso la stella Proxima Centauri, distante 4,2 anni luce e la raggiungerà fra più di 25.000 anni.

Pioneer 11 partì un anno dopo la sonda gemella, il 5 aprile 1973 e raggiunse Giove il 2 dicembre 1974 passando a soli 43.000 km dal pianeta gigante.

Confermò i dati inviati dalla Pioneer 10 e sfruttò il passaggio ravvicinato con Giove per accelerare la sua corsa e arrivare su Saturno il primo settembre 1979. Anche qui la sonda acquisì una mole eccezionale di informazioni che descriveremo nel prossimo capitolo.

In conclusione, le missioni gemelle Pioneer sono state fra le più lunghe di durata, tanto che sono rimaste operative per più di 22 anni e le fra le più proficue nella storia della conquista spaziale.

Il 30 settembre 1995 la Pioneer 11, ben al di fuori dell'orbita di Plutone, non disponeva più di energia sufficiente per trasmettere informazioni dello spazio interstellare che stava esplorando. Fu così che la NASA dichiarò conclusa la missione come era previsto, decidendo di chiudere definitivamente i contatti con la sonda.

La Pioneer 11 è diretta verso la stella Lambda Aquila e la raggiungerà fra 4 milioni di anni; entrambe le sonde portano a bordo una placca d'oro su cui vi sono incisi dei messaggi che spiegano la provenienza della navicella e le principali attività umane, nel remoto caso che civiltà aliene dovessero intercettare uno dei nostri messaggeri spaziali.

Voyager 1 e 2

Il lavoro così brillantemente portato a termine dalle sonde Pioneer fece nascere una nuova e più ambiziosa missione: il gran tour delle due sonde Voyager. Sfruttando una rara coincidenza astronomica, l'allineamento dei pianeti che si verifica ogni 175 anni, le sonde avrebbero sfruttato la spinta gravitazionale di ogni pianeta per arrivare sul successivo, con grande risparmio di carburante.

Le sonde Voyager 1 e 2 partirono rispettivamente il 5 settembre e il 20 agosto 1977, lanciate da razzi vettori Titan-Centaur.

Voyager 1 avrebbe visitato Giove e Saturno, mentre la Voyager 2 doveva proseguire da sola fino a raggiungere Urano e Nettuno.

Voyager 1 giunse su Giove il 5 marzo 1979, a una quota di 206.700 km dalle nuvole del gigante e il 9 luglio dello stesso anno vi arrivò la sonda gemella, passando a una distanza di 570.000 km.

Le navicelle non solo confermarono i dati inviati dalle Pioneer, ma fecero nuove scoperte, come il debole sistema di anelli che circonda Giove e l'atmosfera del grande pianeta tormentato da frequenti scariche elettriche; misurarono la velocità dei venti ad alta quota, fotografarono e studiarono i quattro satelliti maggiori e scoprirono nuove piccole lune, inoltre la Grande Macchia Rossa venne addirittura ripresa mentre ruotava su se stessa.

Fu Voyager 1 a fotografare l'attività vulcanica su Io, immortalando il materiale magmatico che veniva lanciato a 300 km di quota.

Terminate le entusiasmanti scoperte fatte su Giove, le due sonde proseguirono alla volta di Saturno, mentre solo la Voyager 2 si spinse fino a Urano e Nettuno.

La Voyager 1 è stata la prima in assoluto a raggiungere l'eliopausa, il confine fra la parte più esterna del campo magnetico del Sole e l'inizio del vuoto interstellare misurandone l'estensione che è risultata essere compresa fra 90 e 120 Unità Astronomiche.

Anche Voyager 2 è uscita dal confine che delimita il Sistema Solare ed entrambe continuano tutt'oggi a trasmettere dati e informazioni sul vuoto cosmico che stanno esplorando. Continueranno a farlo fino a quando i generatori consentiranno il funzionamento delle apparecchiature di bordo e cioè fino al 2017.

Anche le Voyager, così come le Pioneer, hanno a bordo delle

placche dorate sulle quali sono incise informazioni e immagini del nostro pianeta per eventuali civiltà extraterrestri nel caso incontrassero le sonde.

La missione Galileo

Già nella metà degli anni Settanta venne concepita la missione Galileo, in onore del grande astronomo italiano che scoprì le lune maggiori di Giove e solo dopo una quindicina d'anni è stato possibile dare il via a questo progetto che prevedeva l'abbandono di un modulo di discesa che, per la prima volta nella storia dei voli spaziali, si sarebbe tuffato nelle colorate nubi di Giove trasmettendo dati fino alla rottura delle apparecchiature.

Dalla sua nascita, la missione Galileo è stata segnata da molte difficoltà a cominciare dai primi problemi tecnici fino alla tragedia dello Space Shuttle Challenger, che fece slittare la data del lancio di 3 anni e alla mancata apertura dell'antenna principale della sonda nel bel mezzo della missione; ciò fece temere ai progettisti il fallimento totale dopo tanti sforzi compiuti.

La sonda Galileo venne lanciata a bordo dello Space Shuttle Atlantis il 18 ottobre 1989 e sfruttò due calci gravitazionali dalla Terra e uno da Venere per accelerare la sua corsa e risparmiare combustibile.

Prima di arrivare su Giove, la Galileo studiò Venere, raccolse informazioni sul vento solare e incontrò i due asteroidi Gaspra e Ida, infine, nel 1995, l'arrivo sul pianeta gigante.

Il 13 luglio 1995 si staccò il modulo di discesa, un vero e proprio concentrato di tecnologia, il quale si mise in un'orbita che l'avrebbe portato dritto nell'atmosfera gioviana. Il 7 dicembre dello stesso anno la piccola sonda si tuffò, a oltre 170.000 km/h, nella densa atmosfera iniziando una brusca frenata; poco dopo, lo scudo termico servito per proteggere la sonda dalle altissime temperature causate dalla violenta frenata, si sganciò consentendo l'apertura del paracadute e il robot iniziò subito le misurazioni.

Trasmise agli scienziati alcune conferme, come la composizione chimica dell'atmosfera analizzata in ogni dettaglio e la velocità dei venti, ma vennero fuori anche alcune sorprese: l'atmosfera di Giove è molto più secca di quanto ci si aspettasse e tuoni e fulmini sono molto rari, contrariamente a quanto avevano fatto credere sonde precedenti, come le Voyager.

La piccola sonda figlia scese per 200 km nell'atmosfera di Giove riuscendo a mantenere i contatti con la sonda madre, rimasta in orbita a 200.000 km di quota, per quasi un'ora, fino a quando la pressione non la distrusse.

Il modulo principale ha compiuto undici orbite intorno al pianeta studiandone la magnetosfera e scattando una miriade di foto dell'atmosfera di Giove, analizzando inoltre nei dettagli i quattro satelliti maggiori e in particolare ha dato conferma, proprio come avevano ipotizzato gli astronomi, che sotto la crosta ghiacciata di Europa si trova un oceano d'acqua liquida, caratteristica riscontrabile solo sulla Terra nell'ambito del Sistema Solare.

La Galileo, complessivamente, ha centrato tutti i suoi obiettivi, malgrado le avversità presentatesi inaspettatamente e inoltre è stata anche testimone dell'impatto della cometa Shoemaker-Levy 9, trasmettendo a terra un'eccezionale quantità di informazioni.

La missione Ulisse

La sonda è stata progettata, in seguito a una collaborazione fra l'Agenzia Spaziale Europea ESA e la NASA, per lo studio di regioni del Sistema Solare mai esplorate prima: i poli del Sole.

Per riuscire nell'impresa la sonda non si diresse subito verso il Sole ma dalla parte opposta, verso Giove. Essa venne lanciata, a bordo dello Space Shuttle Discovery, il 6 ottobre 1990 e inizialmente si mantenne in orbita terrestre per poi dirigersi verso il pianeta gigante.

La strana traiettoria assegnata alla Ulisse aveva un preciso scopo in quanto, per raggiungere i poli del Sole, la sonda doveva possedere una velocità talmente elevata che nessun veicolo lanciato da terra avrebbe potuto imprimerle. Per questo motivo partì l'idea di lanciare la sonda verso Giove, il quale con un potentissimo calcio gravitazionale l'avrebbe fatta uscire dal piano dell'eclittica e portata in rotta verso i poli solari.

L'incontro è avvenuto l'8 febbraio 1992 ed è stato in occasione di questo passaggio ravvicinato che la sonda Ulisse ha misurato l'intensissimo campo magnetico del pianeta gigante, confermando che si tratta del più esteso del Sistema Solare, compreso di quello del Sole.

JIMO

JIMO (Jupiter Icy Moons Orbiter) è l'ambiziosa missione NASA che interessa il più grande dei pianeti del Sistema Solare, ambiziosa per due motivi.

Sarà dedicata allo studio approfondito di Giove, della sua atmosfera e della sua struttura, ma si dedicherà in particolare su tre dei suoi quattro satelliti maggiori Europa, Callisto e Ganimede.

Lo studio più accurato è rivolto su Europa, dove si tenterà di cercare fisicamente oceani d'acqua liquida al di sotto della crosta ghiacciata già rilevati dalla sonda Galileo, oltre a eventuali forme di vita.

La stessa ricerca verrà fatta anche su Ganimede e Callisto e se si avessero le prove certe e definitive che le tre lune maggiori di Giove possiedano acqua liquida, esse avrebbero quasi tutti gli ingredienti per la nascita della vita.

Il secondo motivo che caratterizza il progetto JIMO è che verrà usato un sistema di propulsione del tutto innovativo e già facente parte di uno dei programmi di reazione destinati a portare l'uomo fuori dal Sistema Solare: il motore a fissione nucleare.

I tecnici NASA sono curiosi di sapere se è possibile inviare un veicolo nello spazio utilizzando questo tipo di spinta. Al progetto è stato assegnato il nome di Prometeo, il personaggio mitologico che donò il fuoco agli uomini ed è ancora in fase di studio.

Il piccolo motore nucleare dovrà superare molti test e sarà disegnato in modo da prevenire qualsiasi tipo di problema mentre si trova ancora nelle vicinanze della Terra; se il progetto Prometeo avrà pieno successo diverrà più semplice organizzare missioni spaziali, soprattutto con equipaggio, poiché permetterà di spingersi più lontano, più velocemente e con maggiore efficienza.

La missione JIMO avrebbe dovuto prendere il via nel 2007, ma alla NASA si è preferito tagliare i fondi a questo progetto a favore di 17 missioni Shuttle.

Il direttore generale dell'agenzia spaziale americana comunque, ha dichiarato che la missione JIMO era troppo ambiziosa per poter essere tentata adesso; si è preferito dunque attendere tempi più maturi per la tecnologia spaziale.

Il motore Prometeo, in ogni caso, non vedrà la luce prima del 2011, mentre la nuova data per la missione JIMO è prevista non prima del 2015.

JUNO

La missione ha preso il via il 5 agosto 2011 con il lancio della sonda a bordo del razzo vettore Atlas. Scopo della JUNO è lo studio approfondito del campo magnetico del pianeta gigante da un'orbita polare. L'arrivo è previsto per il 2016, la durata della missione sarà di un anno, nel corso della quale saranno completate 32 orbite intorno a Giove.

Jupiter Ganymede Orbiter (JGO)-Jupiter Europa Orbiter (JEO)

NASA ed ESA collaboreranno per la costruzione di due sonde destinate allo studio di Ganimede ed Europa. Indicativamente, la missione dovrebbe prendere il via dopo il 2020.

SATURNO, IL SIGNORE DEGLI ANELLI

Il pianeta degli anelli è quello più distante visibile a occhio nudo ed è anche uno degli oggetti celesti più osservati.

Con un diametro di poco inferiore a quello di Giove (oltre 120.000 km), Saturno è il secondo pianeta più grande del Sistema Solare e quindi è anch'esso un gigante gassoso

Il più suggestivo e originale pianeta del Sistema Solare.

composto principalmente da idrogeno, elio e in misura minore da metano; il pianeta possiede una densità media inferiore a quella dell'acqua e se vi fosse un oceano abbastanza grande per contenerlo, Saturno vi galleggerebbe.

A una distanza media di 1,5 miliardi di chilometri dal Sole, Saturno impiega quasi trent'anni per percorrere la propria orbita, mentre necessita di poco più di dieci ore per effettuare una rotazione sul suo asse.

Proprio come avviene per Giove, anche su Saturno vi è un notevole schiacciamento dei poli dovuto all'elevata velocità con cui ruota il pianeta. Anche qui, inoltre, come abbiamo visto per Giove, è presente una rotazione differenziale che causa un moto che all'equatore avviene in 10 ore 13 minuti e alle latitudini più elevate in 10 ore 38 minuti.

Saturno nella storia

Nel sistema geocentrico di Aristotele, Saturno era l'ultimo pianeta del Sistema Solare e il più vicino alla sfera delle stelle fisse, ai confini dell'universo.

Solo molti secoli dopo divenne possibile stabilire che Saturno precede altri tre pianeti e che, nonostante si trovi a una distanza abissale, in fondo è ancora un vicino di casa, se si tiene conto degli immensi spazi che ci separano da Plutone.

Il gigante con gli anelli venne osservato per la prima volta da Galileo Galilei nel 1610, il quale puntando il suo rudimentale telescopio alla volta di Saturno, intravide due corpi più piccoli ai lati del pianeta e che descrisse come orecchiette.

Dopo due anni, gli strani oggetti osservati dal grande scienziato italiano scomparvero, per poi riapparire ed essere nuovamente notati da Galileo nel 1616. Durante queste osservazioni, egli si accorse che Saturno era circondato da un sistema di anelli, una tesi che venne poi confermata nel 1656 da Christian Huygens, un astronomo olandese.

Huygens poté osservare Saturno con un telescopio dotato di lenti migliori che gli consentì di notare l'ombra del complesso sistema stagliarsi sulla superficie del pianeta.

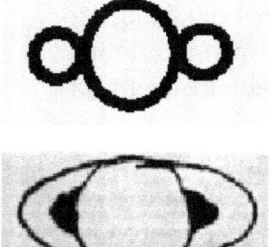

Galileo fu il primo uomo a osservare Saturno con un telescopio. Questi i disegni originali del grande scienziato.

Nonostante l'aspetto compatto degli anelli, nel 1675 l'astronomo italiano Gian Domenico Cassini notò un vuoto fra di essi che poi si stimò essere largo 4.600 km. Da allora, questa scoperta porta ancora oggi il nome dello scienziato italiano che per primo la osservò ed è nota come *divisione di Cassini*.

Oltre alla divisione, Cassini notò anche le bande nuvolose presenti sul pianeta, simili a quelle di Giove, ma molto meno marcate.

In seguito a queste prime sensazionali scoperte, altri astronomi puntarono l'obiettivo su Saturno, cercando di misurarne il diametro, la distanza dal Sole, la velocità di rotazione, il periodo di rivoluzione e molto altro ancora.

Considerati i modesti mezzi dell'epoca di cui disponevano gli astronomi, il margine di errore sui dati da essi avanzati fu davvero minimo: per fare un esempio, nel XIX secolo Wilhelm Herschel stimò il periodo di rotazione del pianeta in 10 ore e 16 minuti, di poco superiore a quello reale all'equatore.

Con l'invio delle sonde, si è messa la parola fine a secoli di ipotesi ed è stato dunque possibile ricavare dei dati molto precisi che descriveremo nei prossimi paragrafi.

Struttura interna

Seguendo i dati e le informazioni inviateci dalle sonde automatiche giunte su Saturno, è stato possibile ricostruire in modo abbastanza fedele la struttura interna del pianeta. Il modello attualmente più accreditato prevede un nucleo roccioso largo quanto il nostro pianeta, dove la temperatura è di circa 12.000° C e la pressione di 8 milioni di atmosfere.

Lo strato che avvolge il nucleo è spesso 30.000 km e, proprio come su Giove, è costituito da idrogeno metallico, per cui è un ottimo conduttore elettrico; qui la temperatura si aggira sui 9.000° C e la pressione risulta essere di 3 milioni di atmosfere.

L'ultimo strato si estende fino alle prime complesse formazioni nuvolose ed è costituito da idrogeno ed elio molecolare; infine, l'ultima zona comprende le bande nuvolose che costituiscono l'atmosfera.

L'atmosfera

L'atmosfera di Saturno parte da una regione interna detta *altezza zero*, laddove vi è un'inversione termica, vale a dire che la temperatura oltrepassa la soglia dello zero e comincia a crescere, poiché negli strati alti e fino ad arrivare al confine estremo fra le ultime nubi e l'inizio del vuoto cosmico, le temperature sono molto al di sotto dello zero.

A tal proposito è da sottolineare che normalmente la temperatura decresce con l'aumentare dell'altitudine, ma vi è una zona dove la radiazione solare viene assorbita dai gas presenti nell'atmosfera provocandone una decisa risalita: su Saturno il gas responsabile di ciò è risultato essere il metano, mentre sulla Terra, come abbiamo visto, lo stesso fenomeno avviene a un'altezza di circa 50 km, dove vi è una temperatura di quasi 40° C poiché lo strato di ozono presente in questa fascia viene riscaldato dal calore proveniente dal Sole.

L'atmosfera di Saturno è composta per il 96% da idrogeno, per il 3% da elio e per lo 0,4% da metano.

Sprofondando per 100 km al di sotto dell'altezza zero, sono presenti delle nubi biancastre di ammoniaca, le quali, data la bassa temperatura e l'ottimale livello di pressione di circa 1 atmosfera, riescono a condensarsi e a essere visibili da Terra.

Osservando Saturno ci si rende subito conto dell'apparente tranquillità che regna nell'atmosfera, la quale appare calma e placida; lo stesso fenomeno hanno notato le sonde in fase di avvicinamento al pianeta, ma cambiando i filtri delle telecamere sono state immediatamente evidenti le stesse aree burrascose presenti anche su Giove.

Tutto questo è dovuto alla presenza di una densa foschia di idrocarburi che avvolge l'atmosfera di Saturno rendendola opaca, ma al di sotto di essa sono presenti uragani, vortici e venti che soffiano a una velocità tre volte superiore di quelli di Giove: oltre 1.800 km/h.

La massiccia presenza di uragani e di venti violentissimi su tutti i pianeti giganti fanno pensare agli astronomi che il procedimento che dà loro vita è ben differente da quello di tipo terrestre, dove con l'alternanza delle stagioni e quindi a causa della radiazione solare, si creano variazioni termiche fra le regioni equatoriali e polari, provocando un rimescolamento delle masse calde e fredde che sono all'origine dei forti venti e degli uragani; pertanto, sui pianeti giganti la fonte di ciò è da ricercarsi altrove.

Considerate le enormi distanze che separano questi pianeti dal Sole, è alquanto improbabile che sia esso la causa dei numerosi uragani e dei forti venti che sferzano le loro atmosfere; tra l'altro, tenendo conto che l'asse di rotazione di Saturno è inclinato di 27°, le temperature alle varie latitudini sono abbastanza omogenee, con soli 5° di differenza, al contrario di quanto accade sulla Terra, dove l'escursione termica fra l'equatore e i poli è di decine o di un centinaio di gradi centigradi.

La determinazione che ha accompagnato i ricercatori, ha dato i suoi frutti, poiché con l'uso dei i robot automatici è stato possibile apprendere i veri motivi che sono alla fonte dei violenti fenomeni atmosferici che caratterizzano questi pianeti.

Il calore che Saturno emette comprimendo elio è doppio rispetto a quello che riceve dal Sole; questo fattore è legato alla rapida rotazione del pianeta, seconda solo a quella di Giove. Dunque i moti convettivi con masse di gas caldi che salgono e freddi che scendono verso il basso, sono all'origine delle perturbazioni cicloniche, le quali vengono distribuite su tutto il globo planetario dalla rapidità con cui esso si muove.

Il campo magnetico

L'analoga struttura interna che coesiste fra Giove e Saturno è alla fonte del medesimo processo del tipo effetto dinamo, che crea un campo magnetico.

Così come per Giove, anche su Saturno il campo magnetico parte dallo strato ionizzato di idrogeno metallico: quest'ultimo, essendo meno denso e meno esteso di quello di Giove, forse è all'origine di una magnetosfera meno intensa rispetto a quello che ci si aspettasse, infatti è risultata essere paragonabile a quella terrestre e 20 volte più debole di quella di Giove.

Un'altra causa, potrebbe derivare dalla scarsa inclinazione del campo magnetico rispetto all'asse di rotazione, un solo grado di differenza, mentre su Giove è di ben 10°. La magnetosfera di Saturno si estende, sotto la spinta supersonica del vento solare, a forma di medusa subito dietro il pianeta.

175

L'urto che avviene fra le particelle solari e il campo magnetico è a quasi 2 milioni di chilometri dal pianeta, mentre la magnetosfera si estende fino a 500.000 km dallo stesso.

Anche su Saturno sono state osservate le aurore polari, ma dieci volte meno intense di quelle di Giove; questo fenomeno scaturisce quando le particelle ioniche provenienti dal Sole urtano contro l'alta atmosfera, dopo essere state condotte dalle linee di forza del campo magnetico verso le regioni polari.

Come si è detto per Giove e Io, anche il satellite maggiore di Saturno, Titano, è collegato al pianeta da un tubo di flusso ricco di particelle ioniche che viene rifornito in continuazione dall'atmosfera di Titano. L'alta velocità con cui viaggiano queste particelle a contatto con il campo magnetico di Saturno, crea energia e quindi temperature di ben mezzo miliardo di gradi centigradi.

Un complesso sistema di anelli

Fra tutti i pianeti Saturno è di certo quello più affascinante e spettacolare grazie al suo appariscente sistema di anelli, il quale risulta addirittura più brillante dello stesso pianeta.

Gli anelli sono inclinati di 28° rispetto all'eclittica e ciò permette di ammirarne il sistema in tutte le angolazioni col variare della posizione del pianeta lungo la sua orbita.

Spettacolare immagine degli anelli di Saturno, composti da frammenti ghiacciati di ogni dimensione altamente riflettenti.

Sebbene il loro aspetto sia compatto, gli anelli sono formati da un incalcolabile numero di frammenti dalle dimensioni più disparate: da polveri finissime come il talco a macigni grandi quanto un autobus, mentre un limitatissimo numero di corpi può arrivare a misurare qualche chilometro.

La ragione per cui gli anelli di Saturno sono così brillanti è dovuta alla loro composizione, infatti, essendo formati da cristalli di ghiaccio d'acqua e rocce ricoperte di ghiaccio, possiedono un'elevata capacità di riflettere la luce solare.

L'intero sistema si estende per oltre 300.000 km, quasi la distanza che separa la Terra dalla Luna, mentre il suo spessore non arriva al chilometro: facendo un paragone, se il sistema di anelli fosse spesso come un foglio di carta, il suo diametro sarebbe pari a quello di Piazza San Pietro.

La massa degli anelli è molto piccola, infatti la loro somma formerebbe un corpo non più grande di 100 km.

Visti da terra, di anelli non se ne riescono a vedere più di quattro o cinque, ma se potessimo avventurarci laddove sono arrivate le sonde Voyager, nei pressi del pianeta gigante con gli anelli, noteremmo che in realtà ve ne sono a migliaia con tre anelli principali, quattro secondari e ognuno dei quali contiene centinaia di sotto-anelli; inoltre vedremmo anche della polvere lievitare subito sopra gli anelli che, insieme alla rapida rotazione dell'interno sistema (velocità stimata intorno agli 80.000 km/h), fanno somigliare il tutto a un vecchio disco microsolco.

Come detto, gli anelli sono divisi in sette fasce alle quali, per comodità, sono state assegnate le prime lettere dell'alfabeto: l'anello B è quello centrale, più grande e più brillante ed è qui che sono concentrati i ¾ della massa dell'intero sistema.

Questo anello è spesso 25.600 km e contiene altre centinaia di anelli; in questa fascia orbitano i corpi più grandi, da qualche metro ad alcune decine di chilometri.

L'anello C si trova all'interno dell'anello B ed è quello meno brillante: fra gli anelli B e C vi è una lacuna priva di particelle chiamata *divisione francese* ed è larga circa 3.600 km. Anche qui vi sono centinaia di anelli secondari, i quali contengono frammenti che variano da qualche centimetro a qualche metro.

L'anello C è largo 13.000 km ed è seguito, al suo interno, dall'anello D il quale risulta spesso 7.000 km e arriva fino agli strati alti dell'atmosfera di Saturno. Questo è l'anello più trasparente e sicuramente le particelle che esso contiene hanno dimensioni infinitesimamente piccole: un millesimo di millimetro.

Tornando al centro del sistema dall'anello B, spostiamoci ora verso l'esterno, dove è collocato l'anello A. Fra questi due anelli si trova una zona vuota larga quasi 5.000 km, la prima a essere stata scoperta 350 anni fa da Gian Domenico Cassini; da allora questa lacuna porta il suo nome ed è nota appunto come *divisione di Cassini*.

L'anello A è spesso quasi 15.000 km e ha come caratteristica una lacuna al suo interno chiamata *divisione di Encke*, dal nome del suo scopritore e larga 325 km.

All'esterno dell'anello A vi è un vuoto di 3.400 km e infine gli ultimi tre anelli, rispettivamente F, G ed E: i primi due sono larghi 300 km, l'ultimo è appena più spesso: 302 km. Questi anelli sono molto tenui e praticamente trasparenti, ma sono intrecciati fra di loro, probabilmente a causa delle perturbazioni gravitazionali di alcune lune presenti sopra e sotto il sistema. Di questi piccoli satelliti definiti *lune pastore*, ve ne sono parecchi e sono causa, inoltre, delle divisioni fra gli anelli, ma nello stesso tempo con la loro gravità aiutano a tenere insieme il sistema. Nonostante tutto, gli anelli di Saturno sono instabili e si è calcolato che da qui a qualche decina di milioni di anni potrebbero cadere sul pianeta e scomparire per sempre.

Le lune pastore più note sono Atlas e Prometheus, poste fra gli anelli A e F, Pandora, Epimetheus e Janus fra gli anelli F e G, Mimas all'esterno dell'anello G, infine Encelado all'interno dell'anello E.

Ma a questo punto sorgono delle domande: Saturno ha sempre avuto i suoi splendidi anelli? Se sì, da quanto tempo e come si sono formati? Delle risposte certe non sono ancora state trovate,

tuttavia esistono tre teorie: due delle tre prevedono la frantumazione di un ipotetico satellite di Saturno, ma in maniera differente.

Una cosa analoga è già stata trattata nei paragrafi precedenti e riguarda la disgregazione della cometa Shoemaker-Levy 9: per
spiegare ciò, occorre risalire alla teoria di Roche, un astronomo
francese il quale sosteneva che se vicino a un pianeta transita un
corpo a una distanza inferiore a 2,44 raggi del pianeta stesso,
questo corpo si spacca in seguito alle forze mareali su esso esercitate, poiché la parte rivolta verso il pianeta è attratta in modo
molto maggiore rispetto a quella opposta. Questo potrebbe essere accaduto a un primitivo oggetto, che fosse una cometa o un
asteroide largo 100 km e che si è trovato a transitare troppo vicino a Saturno.

La seconda teoria prevede il semplice impatto di un ex satellite
di Saturno che si è frantumato in seguito a una collisione con un
altro corpo abbastanza grande; tra l'altro Mimas, uno dei satelliti
di Saturno, è segnato da un enorme buco di origine asteroidale,
largo 1/3 del suo diametro; se l'oggetto che ha colpito Mimas
fosse stato leggermente più grande, il satellite si sarebbe ridotto
in milioni di frammenti e oggi sarebbe un ulteriore anello di Saturno.

L'ultima teoria prevede che gli anelli possano essere materiale
risalente all'epoca della formazione dei pianeti che non è mai
riuscito ad aggregarsi in un satellite a causa delle perturbazioni
gravitazionali innescate da Saturno, stabilizzandoli così all'altezza dell'equatore del pianeta.

DATI SU SATURNO

DIAMETRO	124.000 Km
AFELIO	1,5 Miliardi di Km
PERIELIO	1,35 Miliardi di Km
DISTANZA MEDIA DAL SOLE	1,42 Miliardi di Km
VELOCITA' ORBITALE	9,64 Km/sec.
PERIODO DI ROTAZIONE	10 h 13 min.
PERIODO DI RIVOLUZIONE	29,42 anni
MASSA MEDIA	$5,688 \times 10^{*}29$ gr
MASSA MEDIA (TERRA = 1)	95,181
DENSITA' MEDIA (ACQUA = 1)	0,69 gr/cm3
DENSITA MEDIA (TERRA = 1)	0,13
VOLUME (TERRA = 1)	761,446
VELOCITA' DI FUGA	35,5 Km/sec.
INCLINAZIONE DELL'ASSE DI ROTAZIONE	26,73°
INCLINAZIONE ORBITALE	2,5°
TEMPERATURA MEDIA	-180°
SATELLITI DI RILIEVO	9
ATMOSFERA	Idrogeno+elio
STRUTTURA PLANETARIA	Gassosa

OSSERVARE SATURNO

SATURNO È L'ULTIMO DEI PIANETI VISIBILI A OCCHIO NUDO E APPARE COME UN PUNTINO POCO LUMINOSO MA STABILE.
CON UN BINOCOLO DI BUONA QUALITÀ È POSSIBILE NOTARE LA FORMA DEGLI ANELLI, MENTRE CON UN TELESCOPIO DIVENTANO VISIBILI MOLTI DETTAGLI: GLI ANELLI IN TUTTA LA LORO ESTENSIONE, LA DIVISIONE DI CASSINI, LE BANDE EQUA-TORIALI DEL PIANETA E, CON UN PO' DI SFORZO, SI INTRAVEDE UN DEBOLISSIMO PUNTINO: IL SATELLITE MAGGIORE DI SATURNO, TITANO.
IN PERIODI MOLTO PROLUNGATI DI OSSERVAZIONE, SI POSSONO NOTARE GLI SPO-STAMENTI DEL SISTEMA DI ANELLI, DATA LA LORO INCLINAZIONE: QUINDI È POSSI-BILE AMMIRARLI IN TUTTA LA LORO ESTENSIONE PER POI RIDURSI PIAN PIANO FINO A SCOMPARIRE QUASI COMPLETAMENTE. QUESTI PERIODI SI RIPETONO IN MEDIA OGNI 15 ANNI.

Le numerose lune di Saturno

Il sistema di Saturno comprendeva una trentina di satelliti, ma il loro numero era destinato a crescere nel 2004, quando la sonda Cassini, partita nell'autunno 1997, giunse nei suoi paraggi.

A tutt'oggi si contano 63 satelliti che orbitano intorno al grande pianeta degli anelli, ma la maggior parte di essi altro non sono che piccoli asteroidi catturati dalla gravità di Saturno o grossi frammenti immersi nel sistema di anelli.

Il primo satellite a essere stato scoperto nel 1655 da Huygens è naturalmente Titano, la più grande delle lune di Saturno; pochi decenni dopo, Cassini ne scoprì altri quattro: Giapeto, Rhea, Tethys e Dione; nel XIX secolo Herschel ne individuò altri due, Mimas ed Encelado, mentre nel 1848 due astronomi di Cambridge scoprirono contemporaneamente il piccolo Iperione e nel secolo successivo se ne intravide un altro, Phoebe.

Dunque, prima dell'arrivo delle sonde si conoscevano solo le nove citate lune, poi il loro numero lievitò fino a 18: gli altri satelliti scoperti dalle Pioneer e dalle Voyager furono: Pan, Atlas, Prometheus, Pandora, Epimetheus, Janus, Telesto, Calypso e Helene.

In tempi recentissimi se ne sono scoperti molti altri, ai quali sono stati assegnati delle sigle e sono del tutto sconosciuti, ma qui descriveremo i nove satelliti più conosciuti di Saturno.

Prima di tutto è da sottolineare che tutti i satelliti, tranne il più esterno Phoebe, girano intorno a Saturno nello stesso senso della rotazione del pianeta e tutti gli rivolgono sempre la stessa faccia, così come avviene fra la Luna e la Terra; inoltre sono disposti in modo parallelo rispetto all'equatore di Saturno tranne Giapeto e Phoebe, inclinati rispettivamente di 15° e 150°.

È curioso notare che man mano che ci si allontana dal Sole, i pianeti e i rispettivi satelliti hanno densità sempre minori ed è a partire dall'orbita di Saturno in poi che le densità sono di poco superiori a quella dell'acqua. Quasi tutti i satelliti che orbitano in queste remote regioni del Sistema Solare, pur essendo di piccole dimensioni ma ricoperti di ghiaccio, sono perfettamente visibili da terra, poiché possiedono un'elevata capacità di riflettere la luce incidente; per esempio Encelado ha un coefficiente di riflessione addirittura del 100%.

Queste lune dunque, in base alla loro densità dovrebbero essere composte per il 40% da roccia e per il 60% da ghiaccio a parte Titano, la cui densità indica un'equivalente composizione di roccia e ghiaccio.

Partiamo dalla prima delle più interessanti lune di Saturno, Mimas, una palla di roccia e ghiaccio larga 394 km; questo satellite si trova a soli 185.500 km da Saturno e impiega quasi 23 ore per compiere un'orbita intorno ad esso.

Con una densità di 1,17 volte quella dell'acqua, potrebbe avere un piccolo nucleo roccioso ricoperto da uno strato di ghiaccio e polvere.

In superficie si presenta densamente craterizzato e con lunghi solchi di 90 km, larghi 10 km e profondi 1 o 2 km.

La caratteristica prima di Mimas è un enorme cratere da impatto largo 1/3 del suo diametro, circa 130 km, frutto di una collisione che ha rischiato di distruggere il satellite.

Encelado è un'altra palla ghiacciata larga 502 km che si trova a 238.000 km da Saturno; compie la sua orbita in 33 ore e ha una densità di 1,24 volte quella dell'acqua. Il satellite potrebbe possedere la medesima struttura interna di Mimas, ma in superficie presenta una varietà di paesaggi: catene montuose, striature e corrugamenti, pianure e zone craterizzate.

Tuttavia, vi è una regione pianeggiante completamente priva di crateri, mentre altri risultano parzialmente cancellati: questa è una prova tangibile che Encelado è interessato da attività geologiche. Ma in che modo, se consideriamo le piccolissime dimensioni di questa luna?

Il processo potrebbe essere simile a quello di Io, infatti Tethys e Dione, che passano nei pressi di Encelado a ogni orbita ed essendo molto più grandi, sottopongono l'interno della piccola luna a forze mareali che riscaldano relativamente il mantello ghiacciato rendendolo morbido: questo ghiaccio soffice fuoriesce in superficie svolgendo una funzione di rimodellamento della crosta.

Passiamo ora a 294.700 km da Saturno, dove si trova Tethys e, nella medesima orbita, altri due satelliti, Telesto e Calypso, larghi rispettivamente 30x20x16 km e 24x22 km. Tutte e tre le lune viaggiano alla stessa velocità impiegando 45,31 ore per compiere un'orbita intorno al pianeta.

Tethys ha un diametro di 1.048 km e possiede una densità analoga a quella di Encelado: 1,24 volte quella dell'acqua. Anche Tethys, come Mimas, presenta un grande cratere grande quasi la metà del satellite (400 km) e il motivo per cui quest'urto non abbia frantumato il satellite potrebbe essere che Tethys all'inizio non fosse completamente solido. Questa stessa ragione, seguita dal successivo congelamento del satellite e del conseguente aumento di volume, potrebbe aver originato un enorme canyon che attraversa Tethys da polo a polo. Si è stimata la sua lunghezza intorno ai 1.000 km, la sua larghezza in 100 km e la sua profondità di alcuni chilometri.

Dione orbita intorno a Saturno anch'esso con un compagno, Helene di 34x32x30 km, in 2,7 giorni a una distanza di 377.400 km da esso; ha una densità di 1,44 volte quella dell'acqua ed è largo 1.118 km.

La sua caratteristica è che ha la faccia rivolta nel senso del suo moto di rotazione, cinque volte più scura dell'altra, probabilmente a causa delle polveri sollevate dagli impatti di micrometeoriti sui satelliti più interni e che vengono catturate dalla forza gravitazionale di Dione.

In proporzione il suo nucleo roccioso potrebbe essere molto più grande rispetto alle altre lune, mentre in superficie è presente acqua sgorgata dal sottosuolo attraverso profonde fenditure e poi congelata.

A 527.000 km da Saturno, in un periodo di 4,5 giorni, orbita Rhea, un satellite con un diametro di 1.528 km e una densità di 1,33 volte quella dell'acqua.

Al contrario di Dione, Rhea ha la faccia rivolta nel senso della rotazione cinque volte più chiara di quella opposta e una superficie costellata di crateri di tutte le dimensioni.

Il suolo è composto da acqua fangosa spinta in superficie dalla pressione dei gas sottostanti e successivamente congelata.

Iperione orbita a 1.481.000 km dal pianeta madre ed è un corpo irregolare che misura 410x260x220 km; impiega 21 giorni per compiere la sua rivoluzione intorno a Saturno e finora non si hanno altre informazioni che riguardino questo strano satellite.

Passando oltre, a 3.560.800 km da Saturno, troviamo Giapeto, una luna larga 1.436 km e con un periodo di rivoluzione di 79 giorni.

Avendo una densità vicina a quella del ghiaccio, 1,21 volte l'acqua, Giapeto è composto principalmente da detta sostanza e per il resto da roccia.

Come Rhea, anche Giapeto mostra la faccia rivolta verso Saturno cinque volte più brillante di quella opposta, un particolare notato già nel '600 da Cassini.

Infine, a quasi 13 milioni di km da Saturno, si trova Phoebe, un corpo largo 220 km e con un periodo di rivoluzione di 550,5 giorni. Questo satellite non è altro che un asteroide catturato gravitazionalmente da Saturno.

Titano

Il satellite maggiore di Saturno è anche quello più grande del Sistema Solare dopo Ganimede, infatti, con i suoi 5.150 km di diametro, è solo di un centinaio di chilometri più piccolo.

Fu Christian Huygens a scoprirlo, nel 1655, e gli venne assegnato il nome di un gigante della mitologia figlio della Terra (Gea) e di Urano; anche gli altri satelliti scoperti successivamente sono stati dati nomi della famiglia dei titani.

Titano orbita intorno a Saturno a una distanza di 1.221.850 km in 16 giorni terrestri e lo stesso periodo di tempo impiega per compiere una rotazione su se stesso, quindi, poiché il periodo di rivoluzione e quello di rotazione coincidono, il satellite rivolge a Saturno sempre la stessa faccia.

Titano è l'unico satellite del Sistema Solare a essere dotato di una densa atmosfera, talmente densa che le telecamere del Voyager 1 non sono riuscite a osservare la superficie della grande luna. Tuttavia, le sonde avevano trovato qualcosa di familiare: l'atmosfera di Titano è ricca di azoto, circa il 90%, come quella della Terra e contiene anche metano e altri idrocarburi più complessi come l'acetilene, l'etano e il propano, oltre a monossido di carbonio e idrogeno.

Titano interessa molto agli esobiologi e anche ai paleoclimatologi in quanto si è ritrovato, in una remota zona del Sistema Solare, una cosa che ormai sulla Terra non esiste più. L'atmosfera di Titano infatti, risulta molto molto simile a quella che doveva esserci sulla Terra 4 miliardi di anni fa ed è molto ricca di molecole organiche che sul nostro pianeta sono state parte del brodo primordiale che ha dato origine alla vita.

Su Titano invece, il brodo chimico da cui sulla Terra è nata la vita è stato, per così dire, conservato in frigorifero date le basse temperature e gli scienziati sono molto curiosi di sapere com'era fatto.

La densità dell'atmosfera di Titano è 1,5 volte quella terrestre mentre le temperature sono molto basse: quasi -200° C.

Visto dallo spazio, Titano appare di un colore arancione uniforme, poiché i raggi ultravioletti provenienti dal Sole causano la condensazione dei prodotti fotochimici del metano: secondo gli studi effettuati dalle sonde e le analisi di laboratorio, nell'atmosfera di Titano abbonderebbero dei composti organici come benzene, nitrili e altri acidi nucleici come l'adenina.

La parte alta dell'atmosfera è sferzata da forti venti, ma via via che l'altitudine diminuisce cala anche la velocità con cui essi soffiano, fino ad assumere valori pari a quelli di una leggera brezza.

Su Titano l'equivalente del vapor acqueo sulla Terra è il metano. Date le basse temperature questo elemento dovrebbe trovarsi allo stato liquido, per cui potrebbero esserci delle piogge di metano liquido, come da noi vi sono piogge d'acqua.

Gli astronomi hanno ipotizzato, tenendo conto di questi parametri, che sulla superficie di Titano forse ci sono dei laghi o addirittura degli oceani, ma se ci sono davvero non possono essere d'acqua, poiché alle temperature di Titano ghiaccerebbero all'istante.

Come anticipato, alle basse temperature della grande luna, il metano dovrebbe essere il costituente primo degli ipotetici oceani di Titano; il metano qui subisce lo stesso procedimento del vapor acqueo sul nostro pianeta: evapora dagli oceani, sale fino alla stratosfera, si condensa e ricade al suolo sotto forma di piogge.

Pertanto, gli scienziati pensano che ci siano ottime possibilità che su questo satellite vi siano degli oceani di metano liquido, in base ai dati forniti dalle sonde spaziali e anche alle ultime osservazioni effettuate dal telescopio spaziale, il quale, osservando Titano nell'infrarosso, ha scoperto che i due emisferi si presentano di colore diverso e quindi differente natura della superficie; inoltre, il satellite si presenta agli occhi degli esobiologi, come uno straordinario laboratorio naturale che racchiude i segreti dell'origine della vita.

A tal proposito, i dati e le immagini forniti dalla Huygens indicano effettivamente la presenza di liquidi sulla superficie di Titano, ma non in abbondanza come invece ci si aspettava; l'unica cosa certa è che questa luna è interessata da intense attività geologiche.

Ma come si presenta la superficie di Titano?

Secondo una serie di studi, la superficie di Titano risulta disomogenea, quindi è da escludere che vi sia un oceano globale, ma sarebbe segnata da crateri riempiti di metano liquido e quindi da laghi e forse sono anche presenti catene montuose. Come sugli altri satelliti di Saturno, se su Titano ci fosse attività vulcanica, il materiale che sgorga dall'interno attraverso delle spaccature nelle lastre di ghiaccio sarebbe acqua e ammoniaca.

Alcune confuse ma splendide immagini riprese dalla Huygens in fase di atterraggio, ci mostrano un deserto cosparso di pietre, distese pianeggianti e catene montuose, oltre a delle ramificazioni che fanno pensare a dei fiumi che sfociano in mari di idrocarburi.

La missione Cassini ha aiutato gli scienziati ad apprendere parecchio su questo lontanissimo mondo così simile alla Terra prebiotica, ma molte cose restano ancora da scoprire e i dati raccolti sono ancora in fase di studio al fine di dare una corretta interpretazione ai messaggi inviatici dai nostri messaggeri spaziali.

Pioneer-Saturn

La prima sonda giunta nei pressi di Saturno è stata la Pioneer 11: partita il 5 aprile 1973, era stata progettata per lo studio di Giove e successivamente di Saturno. A questo punto, dopo che portò a termine la missione su Giove, la sonda fu ribattezzata Pioneer-Saturn, iniziando la sua nuova corsa verso il nuovo obiettivo che raggiunse cinque anni dopo, nel 1979.

Per accelerare la sua velocità, la sonda sfruttò il gravity-assist di Giove, che la spinse verso Saturno uscendo temporaneamente dal piano eclittico; il pianeta, in quel periodo, si trovava dalla parte opposta rispetto al Sole. Dopo alcuni problemi alle apparecchiature scientifiche, la Pioneer-Saturn attraversò gli anelli di Saturno il primo settembre 1979, scoprendo un nuovo anello esterno.

La navicella spaziale, oltre ad aver misurato il campo magnetico di Saturno e studiato alcune delle lune più interessanti, scoprì nuovi satelliti e la densa atmosfera che avvolge Titano.

Le missioni Voyager 1 e 2

Il 20 agosto e il 5 settembre 1977 venne dato il via alla più ambiziosa e proficua missione spaziale mai progettata: essa aveva come obiettivo lo studio dei quattro pianeti giganti gassosi e raggiunse il pieno successo. Dopo un lungo viaggio, Voyager 1 sorvolò Saturno a una quota di 64.000 km, mentre Voyager 2 si avvicinò fino a 41.000 km dal pianeta. Le due sonde puntarono prima di tutto l'obiettivo sugli anelli, iniziando uno studio approfondito; vennero studiati anche i piccoli satelliti irregolari, i quali risultarono essere frammenti di un unico corpo e si misurò la velocità dei venti su Saturno, oltre a rilevare la temperatura nella parte alta dell'atmosfera del grande pianeta. Le sonde inoltre, grazie agli impulsi radar inviati su alcune delle lune maggiori, realizzarono delle mappe computerizzate tridimensionali riprendendo in modo dettagliato la natura delle varie superfici. Malgrado le sofisticate apparecchiature di bordo, le sonde Voyager non riuscirono a riprendere la superficie di Titano, il più grande dei satelliti di Saturno, poiché avvolto da una densa atmosfera. Tuttavia le sonde furono subito in grado di analizzare l'atmosfera di Titano che risultò molto ricca di azoto, come quella terrestre e di stabilire che i composti organici presenti in massicce concentrazioni dovevano essere gli stessi di quelli che esistevano sul nostro pianeta 4 miliardi di anni fa.

Questa fu senza dubbio la scoperta più interessante che fecero i due robot automatici prima di abbandonare Saturno e le sue lune e proseguire in direzioni diverse: Voyager 1 uscì dal piano dove orbitano i pianeti immergendosi negli abissi interstellari, mentre Voyager 2 proseguì da sola alla volta di Urano.

La missione Cassini

Frutto di uno sforzo congiunto fra NASA, Agenzia Spaziale Europea ESA e Agenzia Spaziale Italiana ASI, la missione Cassini ha visitato, dopo anni di assenza, l'affascinante sistema saturniano svelando i segreti ancora gelosamente custoditi da questo pianeta e dalle sue lune.

La sonda è partita dalla base di lancio di Cape Canaveral, in Florida, il 15 ottobre 1997 a bordo del razzo vettore Titan IV Centaur.

La Cassini, con quasi 2,5 tonnellate, è stata la sonda più pesante mai lanciata nello spazio dopo le sonde sovietiche Phobos, lanciate verso Marte.

La navicella Cassini comprende un modulo orbitante principale e un modulo più piccolo di discesa chiamato Huygens, che è stato sganciato una volta giunta a destinazione.

Data l'enorme distanza che separa Saturno dal Sole, la sonda come sistema di alimentazione non è stata dotata di celle solari, che in questo tipo di missione servirebbero a ben poco, ma l'intera struttura venne fatta funzionare da un generatore nucleare a plutonio, utilizzata da tutte le sonde a lunga percorrenza, come la Galileo.

Le apparecchiature di bordo e gli strumenti scientifici erano in tutto ventidue, sedici a bordo della Cassini e i restanti sei sulla Huygens.

La navicella Cassini sfruttò due flyby (accelerazioni gravitazionali) da Venere e uno dalla Terra per poter accelerare la sua corsa e viaggiare alla volta di Saturno alla velocità di 58.000 km/h.

L'arrivo su Saturno avvenne il primo luglio 2004 e i dati inviati dalla sonda impiegavano quasi un'ora e mezza per giungere sulla Terra. Lo studio di Saturno, degli anelli e delle sue lune durò quattro anni e fu effettuato dalla sonda madre, coprendo una settantina di orbite intorno al grande pianeta, mentre il memorabile 27 novembre 2004, il modulo Huygens venne sganciato e messo in orbita intorno a Titano per poi atterrare sulla sua superficie.

La discesa durò ben due ore e mezza e avvenne prima per mezzo dello scudo termico che protesse le delicate apparecchiature di bordo dall'infernale calore generato dalla violenta frenata, poi si aprirono due paracadute, uno più piccolo e il secondo più grande: in pratica il modulo, entrato nell'atmosfera di Titano a 60.000 km/h, toccò il suolo a 20 km/h. Durante la discesa, dopo aver sganciato lo scudo termico, la piccola sonda iniziò subito ad analizzare l'atmosfera e a scattare foto immagazzinando i dati raccolti per poi spedirli successivamente alla sonda madre che, a sua volta, li trasmetteva a terra.

Il modulo Huygens atterrò su una superficie morbida leggermente umida, questo significa che periodicamente il suolo viene irrorato da delle piogge.

La sonda Huygens era un vero e proprio capolavoro di tecnologia spaziale a cui ha contribuito in grandissima parte anche l'Italia, essendo in prima linea in una missione interplanetaria di elevato grado storico e scientifico; gli strumenti montati a bordo della Huygens, fra i più sofisticati e tecnologicamente più all'avanguardia nella ricerca del campo spaziale, continuarono a trasmettere dati alla sonda madre per tre ore, molto più di quanto si pensasse. I tecnici infatti, dichiararono un tempo di sopravvivenza non superiore ai 30 minuti.

La missione Cassini-Huygens ci ha inviato un'elevatissima quantità di informazioni. Conclusasi felicemente la missione Huygens, la sonda madre Cassini continuò a studiare Saturno, i suoi satelliti e i suoi anelli. Fra le ultimissime e rilevanti scoperte, spiccò un nuovo anello del pianeta gigante, notizia diffusa dai tecnici della missione il 20 settembre 2006.

Durante l'orbita e sfruttando l'occultazione solare, la Cassini fu in grado di rilevare questo nuovo e sottilissimo anello, costituito da filamenti di materiali ghiacciato proveniente da Encelado.

L'ambiziosa missione Cassini ha centrato tutti i suoi obiettivi ed ebbe termine il primo luglio 2008, mentre si sta già pensando a una successiva missione su Saturno, ma in un futuro ancora lontano. Non a caso sono passati oltre trent'anni dall'ultima visita delle Voyager sul pianeta con gli anelli. La grande lontananza che ci separa da Saturno permette di lanciare sonde nei suoi paraggi in periodi che si ripetono in media ogni venti anni. Solo sfruttando la massima vicinanza del pianeta è possibile, almeno per ora, programmare missioni senza grande dispendio di combustibile.

Titan Saturn System Mission

Dopo il 2020 potrebbe essere operativo il progetto TSSM. La missione consiste in un orbiter per lo studio di Titano, un pallone mongolfiera per lo studio della sua atmosfera e un lander che si dedicherà ad analizzare il suolo della luna saturniana. Il tutto dovrebbe svolgersi nell'arco di 4 anni, mentre durerà ben 9 anni il viaggio che dovrà compiere la sonda per raggiungere la misteriosa luna Titano.

URANO

Urano fu il pianeta che allargò i confini del Sistema Solare aprendo, nello stesso tempo, la strada a successive scoperte e stimolando la determinazione di astronomi dilettanti e professionisti del '700 di tutta Europa.

Per oltre un millennio si è creduto che il pianeta più lontano e quindi l'ultimo, fosse Saturno, ma il caso volle che si giungesse alla scoperta di quest'altro remoto pianeta.

Il settimo pianeta del Sistema Solare è Urano, un'enigmatica palla gigante gassosa di colore verde-azzurro.

A quasi 3 miliardi di chilometri dal Sole, Urano compie la sua orbita di rivoluzione in 84 anni a una velocità media di quasi 7 km/sec, mentre impiega poco più di 17 ore per effettuare una rotazione sul proprio asse con moto retrogrado (contrario rispetto a quello degli altri pianeti e a quello di rivoluzione). Ma la vera caratteristica di Urano, davvero unica nell'ambito del Sistema Solare, è l'inusuale inclinazione dell'asse di rotazione, il quale è praticamente sdraiato sul piano dell'eclittica: tale inclinazione è talmente marcata che il polo nord del pianeta si trova al di sotto del piano eclittico.

Orbitando intorno al Sole, Urano presenta a esso alternativamente i due poli e nei periodi intermedi entrambi i poli e l'equatore, un po' come gli equinozi terrestri.

Questa anomalia potrebbe essere spiegata solo con un impatto subìto dal pianeta con un corpo grande quanto la Terra.

Urano è il settimo pianeta del Sistema Solare e il terzo più grande per dimensioni: con un diametro di circa 51.000 km, ha quattro volte le dimensioni del nostro pianeta e anch'esso, come tutti e quattro i pianeti giganti, possiede un sistema di anelli, anche se meno complessi di quelli di Saturno.

La scoperta di Urano

Wilhelm Hershel , figlio di un noto musicista tedesco, nonostante avesse iniziato a seguire le orme del padre, era un appassionato in matematica e astronomia.

Trasferitosi a Londra, anglicizzò il suo nome in William e per finanziare i suoi studi dilettantistici si incaricò di suonare come organista in una nota località termale; questo non faceva altro che diminuire il tempo che gli necessitava per dedicarsi alla sua passione e il denaro che guadagnava non era sufficiente per acquistare un telescopio di buona qualità. Hershel era anche un profondo conoscitore di fisica e ottica e, sfruttando il suo grado di istruzione su questi campi, provvide a costruirselo da sé.

La notte del 13 marzo 1781, stava osservando il cielo col suo telescopio, studiando delle stelle doppie, quando notò un disco luminoso che dopo qualche giorno risultò essersi spostato: Hershel dapprima pensò che si trattasse di una cometa, ma gli fu presto chiaro, dall'orbita circolare che l'oggetto stava descrivendo, che era qualcosa di diverso: egli era stato l'artefice della scoperta di un nuovo pianeta.

La notizia fece di Hershel un uomo di grande celebrità, tanto che il re d'Inghilterra Giorgio III volle elargirgli un cospicuo stipendio annuale che consentì allo scopritore di Urano di dedicarsi completamente all'astronomia, senza dover essere costretto a mantenersi suonando.

Per tal motivo Hershel volle battezzare il nuovo pianeta col nome del generoso re chiamandolo Georgium Sidum, ma poi prevalse il criterio mitologico e gli fu dato il nome definitivo del padre di Saturno: Urano.

Nel 1787, lo stesso Hershel scoprì i primi due satelliti di Urano e gli vennero attribuiti i nomi di Titania e Oberon.

Poi passò molto tempo prima che ne venissero scoperti altri; infatti occorre andare al 1851, allorché un altro dilettante, William Lassell, ne scoprì altri due satelliti: Ariel e Umbriel. L'ultimo scoperto col telescopio è stato Miranda, nel 1948, a opera di Gerard Kuiper. Dunque prima dell'arrivo del Voyager 2, di Urano si conoscevano solo queste cinque lune.

La Struttura di Urano

Urano, come gli altri pianeti gassosi, non è dotato di una superficie solida, quindi ha una struttura interna simile a quella dei pianeti già catalogati; la densità di Urano è molto simile a quella di Giove, tuttavia la minor massa di questo pianeta ha impedito la formazione di idrogeno metallico al suo interno.

La struttura interna di Urano dovrebbe comprendere un nucleo roccioso a una temperatura di 7.000° C non più grande della Terra e composto da ferro e silicio, un mantello di idrogeno, elio, metano e ammoniaca allo stato liquido spesso sui 10.000 km e uno strato di idrogeno ed elio largo 8.000 km che si fonde con l'atmosfera.

L'atmosfera di Urano è molto spessa ed è costituita per l'85% da idrogeno e per il 15% da elio; l'idrogeno, assieme al metano, provoca un assorbimento della luce infrarossa emessa dal Sole ed è per questo motivo che il pianeta ci appare di un colore verde-azzurro.

Urano è l'unico pianeta del Sistema Solare a rivolgere al Sole i poli, considerato il suo elevato grado d'inclinazione, determinandone una maggiore insolazione; questa particolarità fa sì che nelle regioni polari la temperatura sia più elevata rispetto a quelle equatoriali, ma questa variazione di temperatura è minima, circa 7° C, se si tiene conto dell'enorme distanza che separa Urano dal Sole.

Nell'atmosfera ci sono pochissime nuvole e il suo aspetto appare uniforme e immobile. Ciononostante i venti su Urano soffiano nel senso di rotazione del pianeta e alle latitudini più elevate a 600 km/h, mentre nelle zone equatoriali vanno in direzione opposta a una velocità minore: 360 km/h.

Il campo magnetico

Urano è dotato di un campo magnetico particolarmente intenso che ha origine dal classico effetto dinamo; l'asse magnetico è caratterizzato da due curiosi particolari: è inclinato di ben 55° rispetto all'asse di rotazione, mentre sugli altri pianeti, tranne Nettuno, non supera i 10° e passa non dalle regioni centrali, ma a una distanza di 8.000 km dal nucleo. Ciò significa che i due poli magnetici si trovano molto più vicini all'equatore che non ai poli.

La magnetosfera di Urano è molto estesa ed è popolata da particelle cariche, come protoni ed elettroni, che spiraleggiano nelle zone prossime ai poli magnetici. Anche su Urano le particelle portate dal vento solare, quando giungono a contatto con la magnetosfera, generano le aurore emettendo radiazioni visibili nell'ultravioletto.

Gli anelli di Urano

Anche il settimo pianeta del Sistema Solare è circondato da un sistema di anelli, ma molto meno splendenti e complessi di quelli di Saturno e per questo motivo sono stati scoperti solo in tempi recenti e per una pura coincidenza. Nel 1977 si stava osservando Urano approfittando dell'occultazione di una stella brillante; questa stella, molto prima di essere occultata dal disco planetario uraniano, subì delle variazioni nella sua luminosità e si dedusse subito che l'astro era stato coperto da un qualcosa in orbita intorno a Urano e quindi da un sistema di anelli.

Usando questa tecnica dell'occultazione, cioè quando un oggetto celeste si trova a passare davanti a un altro, si contarono nove anelli che circondavano l'equatore di Urano, ma poi il Voyager 2 ne contò undici.

Gli anelli di Urano sono molto scuri ed è per tal motivo che sono poco visibili da terra: sono composti da frammenti di qualche centimetro, mentre sono meno numerosi di quelli di Saturno i frammenti che hanno dimensioni di pochi micron. Questi piccolissimi corpi hanno forma irregolare e sono ricoperti di polvere. Probabilmente hanno un'età di 100 milioni di anni e potrebbero essere i frammenti residui di un piccolo satellite disintegrato in seguito alla collisione con un asteroide o con una cometa.

Gli anelli uraniani sono stati classificati dall'interno verso l'esterno in tal modo: 6,5,4, alpha, beta, eta, gamma, delta ed epsilon. Essi sono inclinati di pochissimo rispetto all'equatore del pianeta e sono eccentrici tranne eta.

I tre anelli più interni, 6,5 e 4, sono quelli più stretti, avendo una larghezza compresa tra 1 e 3 km, mentre l'anello più spesso e più eccentrico è l'anello epsilon, con uno spessore che varia dai 20 ai 93 km; in questo anello è contenuto il 70% della materia presente in tutto il sistema.

L'elevata eccentricità degli anelli di Urano e in particolar modo l'anello epsilon, il più massiccio, è dovuta alla presenza di alcune lune pastore che, con le loro perturbazioni gravitazionali, causano delle improvvise interruzioni degli anelli. Tuttavia ci si aspettava un numero più elevato di satelliti pastore che tenessero gravitazionalmente in ordine gli anelli, ma probabilmente, oltre ai due scoperti intorno all'anello epsilon, gli altri hanno un diametro inferiore ai 14 km e sono molto scuri.

OSSERVARE URANO

URANO È STATO SCOPERTO SOLO IN TEMPI RELATIVAMENTE RECENTI E CON L'USO DEL TELESCOPIO, QUINDI RISULTA INVISIBILE A OCCHIO NUDO. ANCHE UTILIZZANDO UN BUON BINOCOLO, SI PUÒ SOLO DISTINGUERE IL SUO MOTO RISPETTO ALLE STELLE, MENTRE CON UN TELESCOPIO È POSSIBILE DEFINIRE IL DISCO PLANETARIO VERDE-AZZURRO DI URANO, TENENDO PRESENTE CHE NEANCHE I MIGLIORI TELESCOPI TERRESTRI RIESCONO A COGLIERE DETTAGLI DELLA SUPERFICIE DEL PIANETA.

DATI SU URANO	
DIAMETRO	51.118 Km
AFELIO	3 Miliardi di Km
PERIELIO	2,7 Miliardi di Km
DISTANZA MEDIA DAL SOLE	2,87 Miliardi di Km
VELOCITA' ORBITALE MEDIA	6,81 Km/sec.
PERIODO DI ROTAZIONE	17 h 12 min.
PERIODO DI RIVOLUZIONE	84 anni
MASSA MEDIA	8,684 x 10*28 gr
MASSA MEDIA (TERRA = 1)	14,531
DENSITA' MEDIA	1,29 gr/cm3
DENSITA' MEDIA (TERRA = 1)	0,23
VOLUME (TERRA = 1)	62,181
VELOCITA' DI FUGA	21,3 Km/sec.
INCLINAZIONE DELL'ASSE DI ROTAZIONE	97,86°
INCLINAZIONE ORBITALE	0,77°
TEMPERATURA MEDIA	-200°
SATELLITI DI RILIEVO	5
ATMOSFERA	Idrogeno+elio+metano
STRUTTURA PLANETARIA	Gassosa

I SATELLITI DI URANO

A tutt'oggi si conoscono ben 27 satelliti che orbitano intorno ad Urano, sei dei quali scoperti fra il 1997 e il 2000. I primi due a essere avvistati nel 1787 da William Hershel furono Titania e Oberon, i due più grandi satelliti uraniani; Lassell, nel 1851, scoprì Ariel e Umbriel e, successivamente, nel 1948, Kuiper intravide Miranda. Si dovette attendere l'arrivo del Voyager 2 per scoprire altre dieci lune appartenenti al sistema di Urano, due delle quali fungono da lune pastore.
I satelliti di Urano sono divisi in due categorie: i primi e più

grandi satelliti orbitano all'altezza dell'equatore del pianeta madre seguendo la rotazione retrograda dello stesso e probabilmente si sono formati insieme a Urano dai residui della nebulosa primigenia; i secondi satelliti, molto più piccoli e di forma irregolare, seguono orbite eccentriche e inclinate e potrebbero essere asteroidi o nuclei cometari ormai consumati, catturati dalla gravità di Urano.

Partendo da Urano e spostandoci verso l'esterno, prima di incontrare il primo dei cinque satelliti maggiori, troviamo ben undici piccole lune che orbitano a una distanza dal pianeta compresa fra 50.000 e 86.000 km. Questi piccoli corpi sono non più grandi di 150 km e, a parte i primi due Cordelia e Ophelia, sono tutti esterni agli anelli; gli altri sono Bianca, Cressida, Desdemona, Juliet, Portia, Rosalind, 1986U10, Belinda e Puk.

La prima e più interessante delle lune maggiori è Miranda, larga meno di 500 km e composta prevalentemente da ghiaccio, circa il 70%, e da roccia per il restante 30%.

Miranda dista dal pianeta 130.000 km e impiega poco più di un giorno terrestre per compiere la sua orbita: è caratterizzato da un'intensa attività geologica e presenta in particolare due tipi di morfologia: una più antica, coperta di crateri e più scura e l'altra più chiara, più giovane e solcata da striature e crepacci profondi più di 20 km.

Il martoriato aspetto superficiale di Miranda può essere dovuto a un'antica collisione che ha distrutto il satellite che poi può essersi ricompattato.

A 191.000 km da Urano si trova Ariel, grande 1.200 km e altamente riflettente. La superficie di Ariel, ripresa dal Voyager 2, testimonia un'intensa attività geologica che ha interessato il satellite fino a epoche relativamente recenti.

In una maniera analoga ai satelliti di Giove e Saturno, anche su Ariel il meccanismo che ha attivato le eruzioni in superficie di ghiaccio di ammoniaca misto a roccia, ha origine dalle forze mareali tra Urano e gli altri satelliti esterni.

A 265.000 km da Urano troviamo Umbriel, un satellite che per dimensioni e densità è simile ad Ariel: Umbriel è il più scuro dei satelliti maggiori di Urano, poiché ricoperto da uno strato di polvere e roccia poco riflettente e presenta una superficie pesantemente craterizzata, segnata da miliardi di anni di bombardamenti meteoritici; l'unica struttura interessante è una specie di anello luminoso, situato nei pressi dell'equatore e largo 80 km, la cui origine è ignota.

Dall'epoca della sua formazione a oggi, Umbriel potrebbe essere rimasto sostanzialmente inalterato, poiché è risultata quasi del tutto assente l'attività geologica nel corso dell'esistenza di questo satellite, a parte i crateri che a mano a mano venivano scavati da comete e asteroidi.

Spostandoci ancora verso l'esterno, a 436.000 km dal pianeta, incontriamo il satellite più grande di Urano, Titania, una palla di roccia e ghiaccio con un diametro di 1.600 km.

Titania è anche il satellite più denso del sistema uraniano e fino a 3 miliardi di anni fa, poteva essere interessato da attività geologiche: si sono intravisti infatti, dei crateri parzialmente cancellati o coperti da materiale magmatico e lunghe fratture che potrebbero essersi originate dal congelamento e conseguente allargamento della crosta superficiale.

A 583.000 km, Oberon, l'ultimo dei satelliti maggiori, per densità e dimensioni è simile a Titania, ma la sua storia geologica risulta molto più statica di quella del suo fratello maggiore.

La superficie del satellite è segnata da dei crateri con bordi chiari e fondo scuro: ciò è stato causato dagli impatti che hanno sfondato la crosta mettendo a nudo lo strato sottostante, mentre la coltre di ghiaccio ne ha delineato i bordi.

La Voyager 2 su Urano

Oltrepassato Saturno, la missione Voyager 2 proseguiva inesorabile verso le zone più recondite del Sistema Solare.

All'inizio del 1986, a nove anni dalla partenza, la sonda si avvicinò a Urano, un pianeta che fino a quel momento era praticamente sconosciuto; la Voyager fece una scoperta dietro l'altra.

A una distanza di 3 miliardi di chilometri, i segnali che inviava la sonda impiegavano quasi tre ore per giungere a terra e per riuscire a captare il suo debolissimo impulso fu necessario costruire antenne più grandi.

Il 24 gennaio 1986, la Voyager 2 passò a 80.000 km da Urano, quando il pianeta rivolgeva al Sole in quel periodo il polo sud, confermando che l'atmosfera era composta da idrogeno ed elio, ma la quantità misurata di quest'ultimo elemento risultò minore alle aspettative.

Venne scoperto e misurato il campo magnetico, il quale si stimò di un'intensità paragonabile a quella terrestre, inclinato di quasi 60° rispetto all'asse di rotazione e con una magnetosfera lunga 10 milioni di chilometri.

Il robot automatico fu costretto a proseguire il lavoro a un ritmo elevatissimo, considerata l'eccezionale velocità di 72.000 km/h che la faceva rapidamente allontanare da Urano: ne osservò l'alta atmosfera misurando la velocità dei venti e una temperatura che oscillava fra i -120° C e i -220° C.

Prima di abbandonare il sistema uraniano, Voyager scoprì nuovi anelli e altre dieci lune, studiando a fondo quelle maggiori e in particolare Miranda.

In un tempo da record, la sonda fornì una mole enorme di informazioni prima di dirigersi verso il suo ultimo appuntamento: Nettuno.

NETTUNO

Un altro pianeta dall'aspetto affascinante è Nettuno, l'ottavo del Sistema Solare e il quarto per dimensioni.

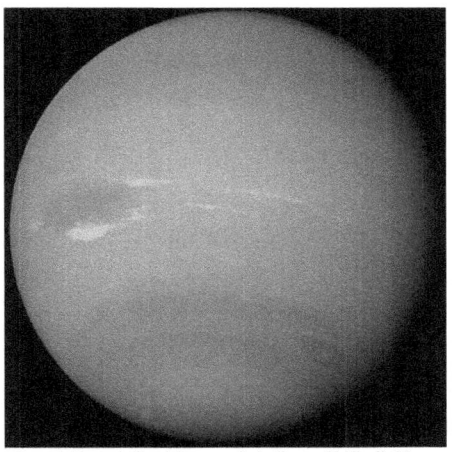

Con il suo caratteristico colore azzurro mare dovuto all'assorbimento della luce rossa da parte del metano presente nell'atmosfera, Nettuno possiede delle suggestive sfumature assenti sulla superficie uniforme del suo gemello Urano.

Una delle migliori immagini disponibili di Nettuno ripresa dalla Voyager 2.

Il pianeta azzurro, come detto, è il quarto per dimensioni, ma occupa il terzo posto per massa, infatti con una densità di 1,64 grammi per centimetro cubo, supera la densità di Urano che è di 1,29.

Definiamo Nettuno l'ottavo pianeta del Sistema Solare, ma in certi periodi esso è il nono, poiché una piccola parte dell'orbita di Plutone è interna a quella di Nettuno, facendolo divenire per breve tempo il pianeta più lontano dal Sole.

Il pianeta in questione si trova a una distanza media dal nostro astro di 4,5 miliardi di chilometri e ha un diametro di quasi 50.000 km, un'inezia meno di Urano, mentre il suo periodo di rotazione, essendo di circa 16 ore, è più breve di quello del pianeta che lo precede. L'orbita di Nettuno è quasi perfettamente circolare, coperta in 164 anni a una velocità media di 5,5 km/sec.

Nettuno, essendo cinque volte meno luminoso di Urano, brilla con una magnitudine 8, quindi è molto difficile osservarlo da terra: i migliori telescopi terrestri non riescono a distinguere alcun dettaglio del pianeta, anche a causa della turbolenza atmosferica; solo il telescopio spaziale riesce a osservare Nettuno nitidamente, ma quasi tutte le informazioni che andremo ora a descrivere ci sono state fornite grazie alla sonda Voyager 2.

La scoperta di Nettuno

Curiosando fra gli archivi astronomici, è venuto fuori che Nettuno era stato già osservato per parecchie volte 150 anni prima della sua scoperta e 90 anni prima della scoperta di Urano, ma fu erroneamente ritenuto una stellina di debole magnitudine.

La scoperta di Nettuno potrebbe essere stata eseguita da Galileo, il quale, osservando i satelliti di Giove, notò due stelline di fondo che il giorno dopo risultarono essere più vicine fra loro. Galileo sfortunatamente, non si occupò più del fenomeno che aveva osservato e annotato, però, secondo i calcoli, l'oggetto che il grande scienziato aveva intravisto poteva essere con ottime possibilità proprio Nettuno.

La presenza di un ottavo pianeta nel Sistema Solare venne ipotizzata con dei calcoli matematici: sfruttando le leggi di Keplero e la gravitazione universale di Newton, si cercò di calcolare l'orbita di Urano da poco scoperto, ma i risultati dei calcoli non coincidevano mai con le osservazioni, poiché il pianeta risultava essere ora in anticipo, ora in ritardo rispetto alle previsioni e da ciò si dedusse che vi era un corpo disturbatore che alterava la velocità orbitale di Urano. In effetti Nettuno, dall'esterno dell'orbita di Urano, frena quest'ultimo quando sta per raggiungerlo, ma una volta che Urano sorpassa Nettuno, il pianeta riprende ad accelerare.

John Adams a Cambridge e Jean Joseph Le Verrier a Parigi si stavano dedicando contemporaneamente, l'uno all'insaputa dell'altro, alla ricerca dell'ipotetico pianeta attraverso complessi calcoli matematici; Adams presentò la sua relazione con la presunta posizione in cui avrebbe dovuto trovarsi il pianeta all'Osservatorio di Greenwich, ma la teoria non venne presa in considerazione poiché si ritenne che il dilemma fosse matematicamente irrisolvibile.

Le Verrier, otto mesi dopo, presentò i risultati del suo lavoro all'Accademia delle scienze di Parigi, ma gli fu subito chiaro che i suoi colleghi non avevano alcuna intenzione di prendere in considerazione la sua istanza, al che decise di inviarlo all'Osservatorio di Greenwich. Anche qui però, gli astronomi incaricati ignorarono i dati forniti da Le Verrier, effettuando una ricerca a largo raggio senza trovare niente.

Demoralizzato, Le Verrier volle fare un ultimo tentativo rivolgendosi a Johann Galle, un assistente dell'Osservatorio di Berlino, il quale la notte stessa iniziò le ricerche e dopo nemmeno un'ora di osservazione identificò il nuovo pianeta in una posizione vicinissima a quella segnalata dallo scienziato francese: fu una vittoria schiacciante per la teoria matematica.

L'Inghilterra intanto, rivendicò la scoperta effettuata dai tedeschi basati sulle indicazioni di Le Verrier, poiché essi erano già in possesso delle informazioni fornite da Adams e ne nacque un'accesa disputa. C'è da dire che anche i calcoli di Adams erano molto precisi, quindi la paternità di Nettuno, oltre che a Le Verrier, venne riconosciuta anche allo sfortunato astronomo inglese.

Poco tempo dopo la scoperta di Nettuno, avvenuta il 23 settembre 1846, Lassell individuò un corpo orbitante intorno al pianeta: il satellite scoperto venne battezzato Tritone, mentre nel 1949 Kuiper scoprì un altro satellite: Nereide. Per scoprire le altre sei lune di Nettuno si dovette attendere l'arrivo del Voyager 2. A oggi si conoscono tredici satelliti orbitanti attorno al pianeta.

Struttura interna

La struttura interna di Nettuno è assai simile a quella di Urano; anche qui però, pur essendo Nettuno più denso di Urano, la scarsa pressione ha impedito la formazione dello strato di idrogeno metallico. Al contrario del suo gemello, Nettuno emette più energia di quanto ne riceva dal Sole e ciò è alla fonte della complessa e violenta meteorologia che caratterizza questo pianeta e che verrà descritta più avanti.

Secondo i modelli teorici, Nettuno dovrebbe possedere un nucleo di roccia e silicati non più grande della Terra: qui la temperatura è compresa fra i 6.000° C e i 10.000° C e la pressione fra 5 e 10 milioni di atmosfere. Il nucleo è avvolto da uno spesso strato di ammoniaca, metano, acqua e altre sostanze, al di sopra del quale vi è una zona dove abbonda idrogeno molecolare liquido ed elio che si fonde con l'atmosfera del pianeta, larga circa 5.000 km.

L'atmosfera

Nella maggior parte dei particolari, Nettuno è molto simile a Urano, ma la struttura della sua atmosfera si avvicina più a quelle di Giove e Saturno che non a quella di Urano.

Come si è già detto, Urano è l'unico fra i pianeti giganti a non avere fonti di calore interno e a possedere un'atmosfera relativamente tranquilla.

Per Nettuno il discorso cambia radicalmente. Emettendo il triplo dell'energia rispetto a quanto il pianeta ne riceva dal lontanissimo Sole, Nettuno si è guadagnato il primato del pianeta più ventoso di tutto il Sistema Solare. Al momento dell'incontro del Voyager 2 si sono registrati venti che soffiavano, in direzione opposta rispetto al senso di rotazione del pianeta, a una velocità di 2.200 km/h; oltre ai fortissimi venti, sono anche presenti cicloni e vortici di dimensioni impressionanti.

L'atmosfera di Nettuno è composta per l'83% da idrogeno, per il 14% da elio e per il 3% da metano ed è divisa in strati: nello strato più basso la pressione è di 3 milioni di atmosfere e vi sono nubi di ammoniaca e solfuro di idrogeno; al di sopra di questo strato si incontra una fascia di nubi di metano avvolte da nebbie di idrocarburi. È in questa zona che il metano assorbe la luce rossa facendo apparire il pianeta di color azzurro, oltre a scindersi in acetilene ed etano che si condensano e scendono verso il basso, dove mescolandosi con l'idrogeno si ricompongono in metano completando il ciclo.

Al limite superiore dell'atmosfera, risultano evidenti nubi simili ai cirri terrestri, composte da metano ghiacciato e mantenute in questo stadio da fredde temperature di -220° C; la meteorologia di Nettuno è molto dinamica e variabile, generata dal calore interno del pianeta e da forti venti che originano e dissociano le nubi nel giro di qualche decina di ore.

Il disco di Nettuno è maculato da formazioni cicloniche come la Macchia Scura, un uragano simile alla Macchia Rossa di Giove anche se più piccolo e osservata in dettaglio per la prima volta dal Voyager 2.

Gli uragani su Nettuno però, hanno una vita molto più breve rispetto a quelli di Giove; infatti, nel 1994, il telescopio spaziale ha notato la scomparsa della Macchia Scura, quindi, per quanto ne sappiamo, questo ciclone è rimasto attivo per oltre 15 anni, ma non possiamo stabilire per quanto tempo, prima dell'arrivo del Voyager, ha turbinato nell'atmosfera del pianeta.

Studiando la Macchia Scura, il Voyager 2 ha notato l'assenza di metano che ricopre gran parte del pianeta al centro della struttura ciclonica ed è forse per tal motivo che essa risultava più scura rispetto al resto della superficie.

La Macchia Scura aveva le dimensioni della Terra e ruotava in senso antiorario spinto da venti di 1.000 km/h in un periodo di 10 giorni.

Il campo magnetico

La prova dell'esistenza di un campo magnetico su Nettuno ci venne fornita dal Voyager 2 in fase di avvicinamento al pianeta. Misurando il campo magnetico, si è risalito al periodo di rotazione di Nettuno, confermato dai dettagli visibili in superficie e all'intensità della magnetosfera. Essa è risultata essere la metà di quella di Urano. Oltre a ciò, l'asse magnetico passa a 13.500 km dal centro del pianeta ed è inclinato di 47° rispetto all'asse di rotazione.

Il campo magnetico di Nettuno prende origine dal mantello interno che ruota intorno al nucleo roccioso. A proposito di ciò è utile puntualizzare che il nucleo di Nettuno contiene più ferro di quello di Urano ed è probabilmente questo il motivo della maggiore densità del pianeta.

A parte Nereide, tutti i satelliti di Nettuno sono immersi nella sua magnetosfera e quindi sottoposti a un bombardamento continuo di protoni ed elettroni.

Vi sono anche atomi di elio e azoto ionizzati, i più leggeri dei quali provengono dal pianeta e che, urtando la rarefatta atmosfera di Tritone, il più grande dei satelliti di Nettuno, liberano gli atomi di azoto che vanno ad aggiungersi alla magnetosfera.

Le aurore su Nettuno si verificano a causa delle particelle cariche che, con un moto a spirale, convergono sui poli magnetici. Nonostante la complessità della magnetosfera del pianeta, le aurore sono duemila volte meno intense di quelle della Terra, tuttavia esse interessano una vasta area del pianeta, mentre si sono rilevate aurore venti volte più intense di quelle di Nettuno su Tritone, il quale possiede una tenue atmosfera rivestita di elettroni liberi.

DATI SU NETTUNO

DIAMETRO	49.528 Km
AFELIO	4,5 Miliardi di Km
PERIELIO	4,4 Miliardi di Km
DISTANZA MEDIA DAL SOLE	4,49 Miliardi di Km
VELOCITA' ORBITALE	5,43 Km/sec.
PERIODO DI ROTAZIONE	16 h 17 min.
PERIODO DI RIVOLUZIONE	163,7 anni
MASSA MEDIA	1,024 x 10*23 gr
MASSA MEDIA (TERRA = 1)	17,135
DENSITA' MEDIA	1,64 gr/cm3
DENSITA' MEDIA (TERRA = 1)	0,30
VOLUME (TERRA = 1)	57,675
VELOCITA' DI FUGA	23,3 Km/sec.
INCLINAZIONE DELL'ASSE DI ROTAZIONE	29,56°
INCLINAZIONE ORBITALE	1,77°
TEMPERATURA MEDIA	-220°
SATELLITI DI RILIEVO	3
ATMOSFERA	Idrogeno+elio+metano
STRUTTURA PLANETARIA	Gassosa

Gli anelli di Nettuno

Gli anelli di Nettuno sono i più deboli e i meno massicci fra tutti quelli che circondano i pianeti giganti, tant'è vero che dalle prime osservazioni effettuate da terra con la tecnica dell'occultazione stellare, si credeva che gli anelli di Nettuno fossero discontinui, vale a dire archi che dovevano essere studiati meglio, in quanto gli intervalli di luminosità della stella di fondo non erano analoghi ai due lati del pianeta. La Voyager 2 invece, ha dato conferma di un sistema di anelli completo: due sono gli anelli principali, dei quali il primo e più esterno è chiamato Adams, è largo 50 km e dista dal pianeta 37.400 km; esso è composto da tre regioni più dense.

Il secondo dista da Nettuno 28.000 km, è chiamato Le Verrier ed è ampio 110 km. In questi due anelli sono contenuti frammenti che vanno da qualche centimetro a qualche metro e sono poco riflettenti. Gli altri anelli continui sono Arago e Lassell, larghi rispettivamente 100 e 6.000 km e si trovano fra i due anelli principali, mentre Galle è interno a Le Verrier e si estende fino all'atmosfera di Nettuno. In questi anelli secondari sono presenti polveri finissime e quasi trasparenti, perciò visibili solo in determinate lunghezze d'onda.

Gli anelli di Nettuno sono molto giovani, se paragonati all'età del pianeta e, trovandosi all'interno del limite di Roche, è probabile che siano i resti di un'antica luna frantumata dalla gravità del pianeta.

I satelliti di Nettuno

Prima dell'arrivo del Voyager 2, si conoscevano due lune che orbitavano intorno a Nettuno, Tritone e Nereide, trovate poche settimane dopo la scoperta di Nettuno.

Poi si sono intraviste altre sei lune minori di piccole dimensioni orbitare vicinissimo al pianeta madre: nell'ordine i satelliti di Nettuno sono Naiade, Talassa, Despoina, Galatea, Larissa, Proteus, Tritone e Nereide, infine negli ultimi anni, altre piccolissime lune del tutto sconosciute.

Tutti i satelliti a parte Nereide, mostrano a Nettuno sempre la stessa faccia e tutti tranne Tritone hanno un moto diretto, cioè seguono la rotazione del pianeta; Proteus, Tritone e Nereide orbitano all'esterno degli anelli, mentre tutti gli altri si trovano nella parte interna.

Naiade, il più vicino dei satelliti, si trova a 48.000 km dal pianeta e, con una forma irregolare, è largo 50 km.

Talassa, a 50.000 km da Nettuno, è grande 80 km, Desdemona si trova a 52.500 km e ha un diametro di 180 km, Galatea si trova a 62.000 km ed è grande 150 km e Larissa dista da Nettuno 73.600 km ed è largo 190 km.

Queste sono le lune più piccole e più vicine al pianeta, mentre Proteus, trovandosi ad una distanza di 117.600 km da Nettuno, è la prima luna a orbitare al di fuori del sistema di anelli ed è la prima delle lune maggiori. Nonostante sia più grande di Nereide, Proteus è stato scoperto solo di recente a causa della sua vicinanza al pianeta, il quale con la sua luminosità, copriva la fioca luce riflessa dal satellite.

Proteus ha un diametro di 400 km ed è pesantemente craterizzato. La sua storia geologica è caratterizzata solo da ripetuti impatti con piccoli asteroidi, mentre la sua superficie sta a indicare che sia sempre rimasto un corpo freddo e rigido.

Tritone, a una distanza di 354.800 km da Nettuno e con un diametro di 2.700 km, oltre a essere il più grande satellite del pianeta in questione, è anche l'unico fra quelli più grandi del Sistema Solare ad avere un moto retrogrado, cioè una rivoluzione opposta rispetto al senso di rotazione di Nettuno. Questa particolarità potrebbe derivare dal fatto che Tritone si sia formato indipendentemente e in un'altra regione del Sistema Solare, forse nella Fascia di Kuiper e che, avendo un'orbita che lo portava a distanza ravvicinata da Nettuno, ne è poi rimasto catturato. Ma questa anomalia in futuro potrebbe giocare al satellite un brutto scherzo: la rotazione del campo magnetico di Nettuno, in contrasto con il moto di Tritone, potrebbe farlo rallentare decisamente fino a provocarne la frantumazione, creando così nuovo materiale che si andrebbe ad aggiungere a quello già presente fra gli anelli, oppure potrebbe addirittura essere risucchiato fino a precipitare sul grande pianeta.

L'orbita di Tritone è fortemente inclinata rispetto al piano equatoriale di Nettuno di ben 157°. L'anomala inclinazione orbitale del satellite fa sì che, come Urano, Tritone esponga al Sole i poli e non l'equatore. Questa luna si presenta altamente interessante dal punto di vista geologico, prima di tutto perché ha una densità particolarmente elevata, oltre due volte quella dell'acqua ed è quindi più denso dei satelliti maggiori di Giove, seppur essi si trovino molto più vicini al Sole di quanto non lo sia Tritone. Questo significa che il satellite presenta una composizione maggiore di roccia, circa il 75% e minore di ghiaccio per il restante 25%.

La sua superficie inoltre, è altamente interessante sia dal punto di vista geologico che morfologico, poiché presenta un bassissimo numero di crateri e anche qui come su Io, si sono scoperti almeno quattro pennacchi, i quali stavano a indicare la presenza di attività vulcaniche in corso.

Naturalmente, date le basse temperature, i vulcani di Tritone non eruttano materiale magmatico incandescente, ma azoto e metano ghiacciati, i quali sublimano leggermente a causa delle forze mareali prodotte dal moto retrogrado che crea un maggior attrito con la magnetosfera di Nettuno; i gas vengono poi spinti in superficie dalla pressione interna fino a raggiungere una quota di 8 km, piegandosi sotto la spinta dei venti ed essere trasportati per chilometri.

Quindi l'interno di Tritone dovrebbe essere composto da un nucleo roccioso abbastanza grande, da un mantello ghiacciato di azoto e metano e da una sottile crosta rocciosa.

La superficie presenta una morfologia abbastanza eterogenea: il polo sud è caratterizzato da un color rosato prodotto dal candore del ghiaccio d'azoto mescolato al ghiaccio di metano, il quale si arrossa una volta che viene colpito dalla radiazione solare. Il confine del polo sud è segnato da un netto contrasto che va dal chiaro direttamente allo scuro. Quest'ampia zona è stata chiamata *buccia di melone,* poiché si presenta altamente crespa e rugosa a causa dell'intensa attività geologica dovuta ai geyser presenti in questa regione larga 1.000 km. Infine sono evidenti lunghissime striature che si collegano fra loro simili a una rete autostradale, le quali testimoniano un'attività tettonica molto dinamica all'interno di Tritone.

Questo satellite, benché relativamente piccolo, è l'unico, oltre a Titano, a possedere un'atmosfera, la quale è alta 800 km, ha una pressione al suolo pari a un settantesimo di quella terrestre ed è composta da azoto, metano e monossido di carbonio. È stato su Tritone che si è registrata la temperatura più fredda del Sistema Solare, -240° C, mentre nelle zone d'ombra si è arrivati a toccare addirittura i -270° C, appena 3° sopra lo zero assoluto.

Infine, l'ultimo lontanissimo Nereide, a 5,5 milioni di chilometri da Nettuno e con un diametro di 340 km, è l'unico satellite del sistema, tranne Tritone, ad avere un'orbita inclinata di 27° e altamente eccentrica che gli fa descrivere un'ellisse molto marcata.

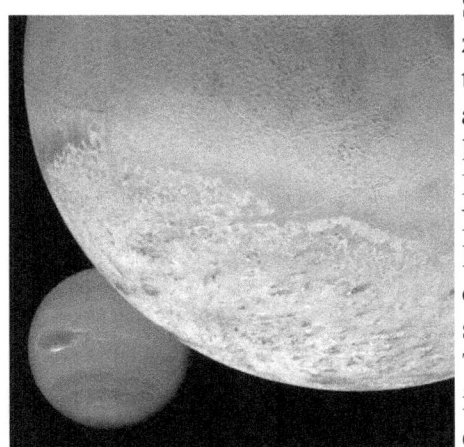

Anche su Tritone, come su Io, sono stati osservati fenomeni di vulcanesimo dalla sonda Voyager 2.

L'ultima missione del Voyager 2

L'ultimo obiettivo dell'odissea del Voyager 2 fu raggiunto nell'estate del 1989, quando la sonda si avvicinò a Nettuno che in quel periodo era il pianeta più lontano dal Sole, poiché Plutone si trovava all'interno della stessa orbita di Nettuno.

Nettuno è così lontano che i segnali del Voyager impiegavano più di quattro ore per raggiungere la Terra e gli obiettivi delle telecamere e degli strumenti fotografici dovevano necessariamente rimanere aperti più a lungo affinché si potessero ottenere foto nitide, data la scarsità della luce solare che in quelle remote regioni è mille volte inferiore rispetto a quella che giunge sul nostro pianeta.

Anche qui la sonda fece scoperte a raffica, anche perché fino a quel momento di Nettuno non si sapeva nulla: confermò che il pianeta è circondato da un sistema di anelli completo, mentre prima si credeva che fossero solo degli archi, misurò la velocità dei venti e studiò l'atmosfera del pianeta. Inoltre rilevò la presenza di un campo magnetico, scoprì sei nuove lune e fotografò le eruzioni su Tritone, per il quale venne addirittura deviata la sua rotta.

Dobbiamo tutti i dati in nostro possesso a questa eccezionale macchina automatica che ha battuto tutti i record nella storia dei voli spaziali senza equipaggio a bordo.

Il 2 ottobre 1989 vennero spenti tutti gli apparecchi di bordo e si dichiarò conclusa la missione; ma il Voyager 2 è ancora attivo e ha iniziato una nuova missione chiamata Voyager Interstellar Mission. La sonda è uscita verso il basso rispetto al piano eclittico con un angolo di 48° e sta studiando lo spazio interstellare con lo spettrometro ultravioletto, stabilendo fino a che punto l'influenza solare si spinge nel vuoto cosmico.

Attualmente Voyager 2 si trova ad oltre 20 miliardi di chilometri da noi, cinque volte la distanza che ci separa da Nettuno e viaggia a una velocità di 19 km/sec diretta verso la stella Sirio, la quale verrà raggiunta fra 358.000 anni. La sonda non avrà una vita tanto lunga, infatti i suoi generatori permetteranno il suo funzionamento al massimo fino al 2020.

IL SISTEMA BINARIO DI PLUTONE

Relegata ai confini del Sistema Solare c'è la grande orbita di Plutone, definito anche *pianeta doppio,* poiché possiede una luna relativamente grande, infatti Caronte è grande la metà del suo pianeta progenitore.

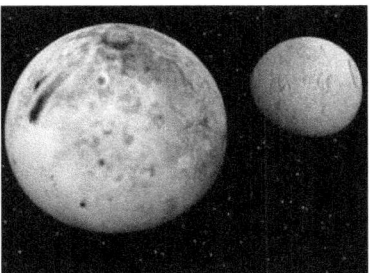

Plutone possiede una luna particolarmente grande se rapportata alle sue dimensioni. Per tale motivo viene anche definito pianeta doppio.

Plutone è di gran lunga il più piccolo fra tutti i pianeti del Sistema Solare, più piccolo anche di molti satelliti, quali la nostra Luna, i satelliti maggiori di Giove, Titano, Tritone ed è per questo che molti non lo considerano nemmeno un vero e proprio pianeta, ma un grande asteroide o una cometa gigante.

Questo pianeta è quasi del tutto sconosciuto, poiché è l'unico fra tutti a non essere stato mai esplorato da un robot automatico; i dati di cui disponiamo li dobbiamo ai telescopi.

La gigantesca orbita di Plutone viene completata in 284 anni ed è inclinata di ben 17° rispetto a tutti gli altri pianeti facendola somigliare più all'orbita di una cometa, come la Halley.

L'ellissi di Plutone inoltre è molto eccentrica, tanto che il pianeta si trova a 7,37 miliardi di chilometri quando è nell'afelio, mentre si avvicina fino a 4,4 miliardi di chilometri nel perielio, portandosi all'interno dell'orbita di Nettuno e facendolo divenire per breve tempo l'ultimo dei pianeti del Sistema Solare.

Come detto, Plutone è piccolissimo, misura solo 2.300 km e compie la sua lenta rotazione in oltre sei giorni terrestri. Le sue dimensioni e la sua notevole distanza dal Sole hanno permesso agli scienziati di scoprirlo solo in tempi recenti.

Ma ancora più recente è la scoperta di due nuovi satelliti di Plutone. Il telescopio spaziale Hubble ha scattato delle foto del piccolo Plutone nel maggio 2005 e dopo un mese di analisi si è ac-

213

certato che esso possiede altre due piccole lune inizialmente siglate come S/2005 P2 e S2005/P 1, poi battezzate Notte e Idra. La notizia venne diffusa nell'ottobre dello stesso anno.

Secondo la mitologia greca, Notte era un personaggio femminile, mentre Idra era il mostro a più teste messo a guardia dell'Oltretomba e ucciso da Ercole.

Notte è lontano da Plutone 48.600 Km e compie la sua rivoluzione in un tempo simile a quello di Caronte, mentre le sue dimensioni non sono stabilite con precisione: esse possono essere comprese fra 44 e 130 Km.

Notte è il più piccolo corpo celeste del sistema plutoniano e la sua superficie risulta essere rossastra, simile a quella di Plutone, ma differente da quelle di Caronte e Idra, i quali presentano una colorazione tendente al grigio.

Idra compie il suo moto intorno a Plutone in 38,6 giorni terrestri e dista da esso circa 65.000 Km; anche in questo caso le dimensioni di Idra non sono stabilite con certezza, considerata l'enorme distanza e le sue piccole dimensioni. Possono essere comprese fra 110 e 160 Km.

I dati descritti ci vengono forniti dalle osservazioni del telescopio Hubble, il quale ne ha misurato l'albedo ricavando questi sommari ma preziosissimi dati.

La scoperta di Plutone

Già agli inizi del '900, Percival Lowell, famoso per i canali di Marte, si accorse che i moti orbitali di Urano e di Nettuno non corrispondevano ai suoi calcoli e ne dedusse pertanto, che doveva esserci un corpo disturbatore al di là dell'orbita di Nettuno, un pianeta che doveva avere una massa pari a sei volte e mezza quella terrestre e che doveva trovarsi a 42 UA (Unità Astronomiche) dal Sole, nella costellazione dei Gemelli.

Lowell impiegò 14 anni a osservare le regioni di cielo dove pensava si trovasse il nono pianeta, ma morì prima che egli riuscisse a scoprirlo.

Alla sua morte, il progetto fu abbandonato per parecchi anni, fino a quando nel 1929, si tornò a parlare del pianeta X; gli astronomi dell'epoca scandagliarono tutta l'eclittica scattando migliaia di foto, ma senza ottenere alcun risultato.

Un anno più tardi, un giovane astronomo oggi scomparso, Clyde Tombaugh, riprese i progetti di Lowell studiandone tutti i calcoli, i risultati e le teorie; usando il telescopio dell'Osservatorio di Flagstaff dove lavorava come assistente, Tombaugh scoprì il nono pianeta del Sistema Solare in una posizione vicinissima a quella ipotizzata la Lowell e anche la distanza di questo remoto pianeta era abbastanza prossima ai calcoli fatti.

Al pianeta fu subito dato il nome di Plutone, anche per commemorare con le prime due lettere le iniziali di Percival Lowell.

Analizzando i risultati di tutte le osservazioni in archivio, si scoprì che Plutone era stato fotografato dallo stesso Lowell quand'egli era ancora in vita dall'osservatorio a lui intestato e per ben altre 14 volte da altri osservatori.

Solo nel 1978 si giunse alla scoperta di Caronte, allorché si notò un rigonfiamento della sagoma confusa di Plutone.

Attualmente solo il telescopio spaziale riesce a riprendere il sistema Plutone-Caronte nitidamente distinguendo distintamente due corpi, mentre i migliori telescopi terrestri danno un'immagine confusa ed è soprattutto grazie al suo acutissimo occhio che è stato possibile svelare alcuni misteri su questi due piccoli corpi confinati nelle estreme regioni del Sistema Solare.

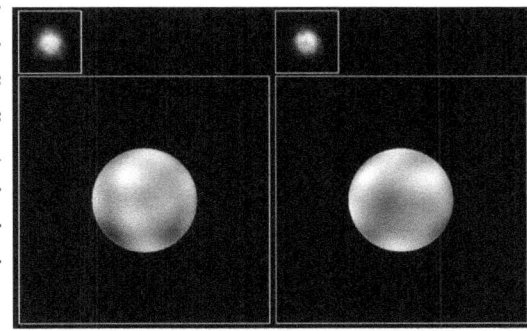

La migliore immagine attualmente disponibile del sistema Plutone-Caronte ripresa dal telescopio spaziale Hubble.

L'origine di Plutone

Dopo la sua scoperta, molti sono stati gli studi effettuati sul pianeta utilizzando tecniche diverse e da questa serie di osservazioni è emerso che Plutone è ben lungi da avere le 6,5 masse terrestri previste da Lowell, anzi risulta avere una massa di 0,002 volte quella del nostro pianeta.

Questi dati sono bastati per far capire ai planetologi che Plutone con la sua piccolissima massa non avrebbe in alcun modo potuto perturbare le orbite di due giganti quali Urano e Nettuno. In conclusione, la giusta posizione indicata da Lowell in cui avrebbe dovuto trovarsi il pianeta è stata ipotizzata per un fortunoso caso, oppure ci deve essere stato qualche altro parametro che ha aiutato l'astronomo americano a trarre conclusioni così precise. A tutt'oggi la metodologia usata da Lowell rimane ancora un mistero.

Successivamente, l'ultimo pianeta del Sistema Solare è stato sottoposto a diversi studi sia da terra sia dall'orbita terrestre a opera del telescopio spaziale e dei satelliti. Da tutti i dati è emersa la notevole diversità di parametri di questo pianeta rispetto a tutti gli altri, per esempio: l'anomala inclinazione orbitale, le caratteristiche geomorfologiche di entrambi i corpi, le loro piccole dimensioni rispetto agli altri pianeti e il fatto che il periodo di rivoluzione di Caronte coincida perfettamente con la rotazione di Plutone; in altre parole il satellite si trova fermo sempre sopra lo stesso punto del pianeta, una luna che non sorge e non tramonta mai.

Date le caratteristiche geologiche e una densità analoga a quella di Tritone, una delle ipotesi che riguarda l'origine di Plutone è basata sul fatto che esso sia stato in passato un satellite di Nettuno. In seguito ad un passaggio ravvicinato da parte di un corpo abbastanza grande, Plutone potrebbe essere stato scalzato dalla sua originaria orbita e portato in rivoluzione eccentrica intorno al Sole. Tuttavia esistono una serie di calcoli dinamici che escludono che si sia verificato un evento di questo tipo.

Appare invece più plausibile l'ipotesi che Plutone provenga dalla Fascia di Kuiper, una regione popolata da un gran numero di corpi ghiacciati situata all'esterno del sistema planetario circondandolo, la cui presenza venne ipotizzata dagli astronomi Kuiper e Edgeworth e che è stata confermata di recente, dal momento in cui si è scoperta e catalogata qualche decina di corpi appartenenti a questa zona.

A questo punto Plutone potrebbe essere il più grande e il più famoso degli oggetti contenuti nella Fascia di Kuiper, perdendo il grado di pianeta a tutti gli effetti.

La struttura interna

Attraverso tutte le informazioni possibili, gli scienziati hanno cercato di ricostruire nel modo più fedele possibile la struttura interna dell'ultimo pianeta del Sistema Solare.

Al momento attuale, il modello teorico prevede uno strato superficiale di azoto, metano e ossido di carbonio ad di sotto del quale ci potrebbe essere un mantello ghiacciato di 250 km, dove si troverebbe una transizione del metano da una struttura molecolare all'altra dovuta alla pressione sovrastante o forse sotto di esso potrebbe essere presente un piccolo strato di composti organici spesso 100 km e infine. al centro, un nucleo di roccia e silicati.

In superficie invece, abbondano formazioni ghiacciate di azoto, metano e acqua sgorgati all'esterno attraverso il calore prodotto dagli impatti meteoritici oppure scaturite dal contenuto radioattivo delle rocce.

Visto dal telescopio spaziale, Plutone appare come il pianeta dei contrasti, con zone più ampie e chiare confinanti in modo netto direttamente con le zone più scure.

I planetologi pensano che ciò potrebbe essere dovuto a diverse caratteristiche topografiche della superficie o che si tratti invece di zone sottoposte a una maggior influenza delle lunghissime stagioni plutoniane.

Le macchie chiare sarebbero composte da azoto solido che cambia il suo stato a seconda delle stagioni, più altre sostanze, mentre le zone scure dovrebbero essere composte da metano e ossido di carbonio.

L'atmosfera

Usando diverse tecniche d'osservazione e in particolare l'occultazione stellare del pianeta avvenuta nel 1998, si è riusciti a risalire alla presenza e alla composizione atmosferica di Plutone.

L'atmosfera plutoniana sembra essere divisa in due parti: da una quota di 1.200 km in su si estende lo strato superiore con una pressione atmosferica di 2 microbar, mentre al di sotto di tale quota vi è lo strato inferiore con una pressione al suolo compresa fra 3 e 160 microbar; il limite dei due livelli è diviso da uno strato di aerosol.

La componente principale dell'atmosfera risulta essere l'azoto, insieme al metano e all'ossido di carbonio, ma date le temperature comprese fra i -220° C e i -240° C, l'azoto è il primo elemento a sublimare prima degli altri due andando a rifornire l'atmosfera.

Risultano inoltre tracce di idrogeno e idrogeno molecolare che, essendo estremamente volatili, tendono a sfuggire nello spazio.

Questo particolare è molto interessante per i planetologi, poiché potrebbe essere una traccia a favore di una certa attività geologica presente sul pianeta più lontano dal Sole.

DATI SU PLUTONE	
DIAMETRO	2.300 Km
AFELIO	7,37 Miliardi di Km
PERIELIO	4,4 Miliardi di Km
DISTANZA MEDIA DAL SOLE	5,9 Miliardi di Km
VELOCITA' ORBITALE MEDIA	4,7 Km/sec.
PERIODO DI ROTAZIONE	6 giorni 9 h
PERIODO DI RIVOLUZIONE	284 anni
MASSA MEDIA	$1,29 \times 10^{*}25$ gr
MASSA MEDIA (TERRA = 1)	0,002
DENSITA' MEDIA	2,07 gr/cm3
DENSITA' MEDIA (TERRA = 1)	0,37
VOLUME (TERRA = 1)	0,006
VELOCITA' DI FUGA	1,1 Km/sec.
INCLINAZIONE DELL'ASSE DI ROTAZIONE	57,5°
INCLINAZIONE ORBITALE	17°
TEMPERATURA AL SUOLO DI GIORNO	-210°
TEMPERATURA AL SUOLO DI NOTTE	-250°
SATELLITI CONOSCIUTI	3
ATMOSFERA	Azoto+metano
STRUTTURA PLANETARIA	Rocciosa

Caronte

La grande luna, se proporzionata alle dimensioni del pianeta, è Caronte, scoperta nel 1978. Questa luna ha una particolarità unica nel Sistema Solare e cioè il suo periodo di rivoluzione intorno a Plutone è esattamente uguale a quello che il pianeta impiega per compiere una rotazione: se potessimo porci sulla superficie di Plutone, vedremmo un satellite fisso nel cielo senza mai muoversi, né sorgere, né tramontare, mentre dalla parte opposta esso non sarebbe mai visibile.
Caronte è a quasi 20.000 km da Plutone, ha un diametro di 1.200

219

km, poco più della metà del pianeta e ha un'inclinazione orbitale molto elevata: 99°.

Caronte è privo di atmosfera e presenta una superficie grigiastra, forse formata da ghiaccio d'acqua.

Possiede una densità relativamente elevata e simile a quella di Plutone e di Tritone e ciò potrebbe dare degli indizi riguardo la sua formazione.

La sola ipotesi che possa spiegare la formazione e la posizione di Caronte prevede l'impatto subìto da Plutone con un oggetto largo almeno 1.000 km; la collisione avrebbe strappato molto materiale al pianeta che, nel corso di 10 milioni di anni, si sarebbe aggregato formando Caronte.

La missione su Plutone

Plutone è l'unico pianeta del Sistema Solare ancora inesplorato dalle sonde automatiche. Le Pioneer e le Voyager non hanno potuto incontrare Plutone, poiché troppo lontano dalle rotte loro assegnate, tuttavia, già nel corso della missione Voyager 2, nacque il progetto di inviare un robot automatico sul piccolo pianeta doppio.

La missione ha subìto continui rinvii a causa del suo elevato costo: esaminando migliaia di progetti e disegni, i tecnici della missione hanno scartato molti dei piani di volo proposti a causa dell'eccessivo peso e grandezza della sonda che sarebbe costata svariati miliardi di dollari.

Infine, negli ultimi anni Novanta, finalmente si definì il programma Pluto Express Mission, frutto di una collaborazione fra NASA e Agenzia Spaziale Russa.

La sonda sarebbe dovuta partire agli inizi del 2001, ma a causa dei tagli di bilancio il programma venne temporaneamente annullato.

La partenza, successivamente fissata nel 2004, ha subìto un ulteriore rinvio, ma gli stessi tecnici pensavano che non sarebbe stato possibile dare il via alla missione nemmeno entro il 2006 e alla fine si decise di annullare definitivamente la missione Pluto Express.

Il progetto venne completamente rivisto, ridisegnato e ribattezzato New Horizon, ma anche qui iniziarono gli intoppi: inizialmente ci furono dei problemi di alimentazione poi risolti e la data del lancio venne fissata per l'11 gennaio 2005; il conto alla rovescia venne fermato e rimandato di sei giorni, per permettere ulteriori verifiche al razzo vettore, ma il 17 gennaio la partenza venne ancora rimandata per condizioni meteorologiche avverse. Si è preferito non correre rischi e far partire la sonda il 19 gennaio 2006: il razzo si staccò dalla rampa di lancio e decollò alle 14:00, raggiungendo Saturno nel giugno del 2008. Nel febbraio 2007 la sonda sfruttò una fiondata gravitazionale di Giove per accorciare i tempi di viaggio. L'arrivo su Plutone è previsto per il 14 luglio 2015, mentre la New Horizon inizierà a studiare Plutone già 150 giorni prima del sorvolo.

Il robot automatico è dotato di un sistema di telecomunicazioni, un generatore nucleare, un sistema di controllo della rotta, un cervello artificiale in grado di correggere la rotta indipendentemente dalle direttive umane, un sistema di controllo della propulsione, un sistema di controllo termico, oltre a tutte le apparecchiature scientifiche.

Dopo un anno di studi, il robot proseguirà in direzione della Fascia di Kuiper, dove incontrerà da 50 a 100 oggetti appartenenti a questa zona, permettendoci così di avere un quadro d'insieme di tutto il Sistema Solare.

Il decadimento del Plutonio con cui viene alimentata la sonda, genererà energia fino al 2025, anno in cui la missione New Horizon dovrebbe considerarsi conclusa.

Il X pianeta

Pianeta, asteroide o un grande corpo ghiacciato non classificabile come pianeta? Come definire Plutone? Il dilemma è più che mai oggetto di accese dispute fra gli astronomi di tutto il mondo ora che si stanno aggiungendo, sempre più frequentemente, nuove scoperte di corpi grandi poco meno di Plutone nella lontana Fascia di Kuiper, tanto che alcuni scienziati ritengono che classificarlo come pianeta sia un'offesa agli altri pianeti del Sistema Solare, mentre altri si basano sul fatto che Plutone possegga sia un'atmosfera, seppur essa sia molto tenue e presente solo quando Plutone è nel perielio, sia un satellite; ma d'altra parte, come abbiamo visto, anche l'asteroide Ida possiede una piccola luna e non è un pianeta.

Quindi, il Sistema Solare ha otto pianeti, nove o molti di più? Problema non di facile risoluzione.

Tutto questo è cominciato negli ultimi anni, quando gli astronomi hanno iniziato a individuare i primi oggetti orbitanti nella Fascia di Kuiper, all'esterno dell'orbita di Plutone. Attualmente se ne conoscono circa 400, i più grandi dei quali sono Varuna, grande 900 km e scoperto nel 2000, Ixion largo più di 1.000 km e scoperto nel 2001, ma soprattutto Quaoar, di 1.200 km di diametro e scoperto nel 2002 a cui è stato dato inizialmente il nastro di decimo pianeta, ma non per molto, poiché esso era troppo piccolo per essere considerato come tale e non se ne parlò più.

Nel novembre 2003, astronomi dell'osservatorio di Monte Palomar hanno scoperto un altro corpo distante da noi 13 miliardi di chilometri e grande pressapoco 1.700 km a cui è stato assegnato la sigla 2003 VB16, ma battezzato Sedna dai sui scopritori; anche in questo caso, gli astronomi realizzatori della scoperta hanno diffuso l'idea che si trattasse del decimo pianeta, idea naturalmente in attrito con quella della maggior parte degli astronomi ritenendolo una delle tante comete giganti appartenenti alla Fascia di Kuiper.

In un certo senso, è difficile dar torto a questi ultimi, considerato che in questi ultimi tempi si stanno facendo scoperte a raffica su nuovi e grandi corpi ghiacciati orbitanti in questa zona, oltre che ai parametri orbitali di Sedna: il suo percorso orbitale per esempio, è molto simile a quello della cometa di Halley, ma molto più ampio. È stato possibile individuarlo infatti, poiché si trova ora nel suo perielio, a oltre 13 miliardi di km dal Sole e quindi nella parte dell'orbita a noi più vicina, ma successivamente il suo progressivo allontanarsi lo porterà fuori dalla portata dei telescopi e fra un centinaio d'anni tornerà ad essere invisibile.

Secondo i calcoli, la sua orbita è straordinariamente allungata, con il perielio a 13 miliardi di km e l'afelio a 130 miliardi di km, orbita che viene completata in 10.500 anni.

Utilizzando anche i radiotelescopi, gli scienziati hanno scoperto che in questo periodo Sedna possiede una sottilissima atmosfera e la sua superficie è composta da acqua ghiacciata, metano e rocce, inoltre sembra che il suo colore caratteristico sia il rosso, ma non è stato possibile stabilirne il perché.

Esperti NASA inoltre, hanno decretato che con i mezzi e le tecnologie attuali, non è possibile mandare un robot automatico a studiare questo nuovo pseudo-pianeta; ciò potrebbe avvenire nel prossimo passaggio al perielio di Sedna, fra più di 10.000 anni. Certamente in quel lontano futuro e se l'umanità esisterà ancora, non ci sarà bisogno di lanciare una sonda per esaminarlo, ma saranno gli uomini stessi a studiare direttamente Sedna, magari atterrandovi sopra fisicamente.

Alla luce di tutto ciò, nella tarda estate del 2006, l'associazione internazionale degli astronomi ha escluso definitivamente Plutone dalla lista dei pianeti appartenenti al Sistema Solare, pertanto ora e ufficialmente, il sistema planetario appartenente al Sole è composto da otto pianeti.

LA FASCIA DI EDGEWORTH-KUIPER

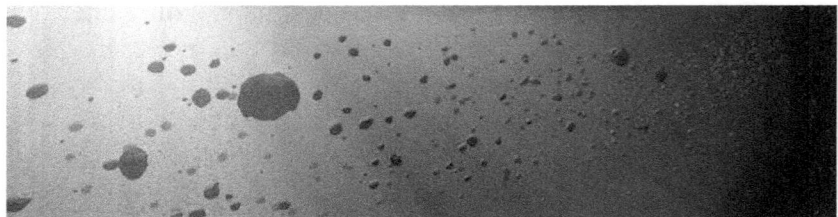

La Fascia di Edgeworth-Kuiper è l'equivalente della Fascia degli asteroidi. In entrambi i casi si tratta di residui della formazione del Sistema Solare; esse si differenziano solo per le caratteristiche chimiche: rocce carbonacee o silicee gli asteroidi e corpi ghiacciati gli oggetti relegati ai confini del nostro sistema planetario.

Saturno, l'ultimo dei pianeti visibili ad occhio nudo, è stato considerato per parecchi secoli anche l'ultimo pianeta del Sistema Solare. La matematica applicata e l'avvento dei telescopi, hanno in seguito allargato i confini del nostro sistema planetario portando alla scoperta di Urano, Nettuno e Plutone, anche se in maniera un po' fortunosa; è da questa serie di trionfi che si è molto confidato nella matematica, considerandola un valido aiuto che portasse alla scoperta del pianeta X, dove la X sta a significare sia l'incognita sia l'ipotetico decimo (in carattere romano) pianeta del Sistema Solare.

Dopo anni di vane ricerche, si è giunti alla conclusione che Plutone segni, con la sua orbita, il limite estremo del nostro sistema planetario: ma il Sistema Solare termina davvero a 30 UA dal Sole? Oltre Plutone inizia il vuoto interstellare?

Le moderne tecnologie si sono spinte oltre questo limite invisibile facendo nuove e interessanti scoperte: analogamente alla fascia principale degli asteroidi, anche al di fuori dell'orbita di Nettuno, gravitano centinaia di corpi ghiacciati di dimensioni medio-piccole che per composizione e parametri orbitali, somigliano molto a Plutone ed è proprio in base a dette similitudini che questi piccoli corpi sono stati battezzati Plutini.

Le ipotesi

Questa remota regione del Sistema Solare è stata scoperta prima con i ragionamenti e successivamente con le osservazioni.

Essa porta i nomi dei due uomini che per primi ne dedussero l'esistenza ed è oggi a noi nota come la Fascia di Edgeworth-Kuiper.

Kennet Edgeworth, un gentleman irlandese appassionato astronomo e Gerard Kuiper, un noto astronomo olandese, studiarono la nebulosa primordiale rispettivamente nel 1949 e nel 1951 l'uno all'insaputa dell'altro, soffermandosi sulla sua evoluzione e giungendo alla conclusione che il ciclo naturale del Sistema Solare, così come lo si conosceva, doveva necessariamente aver portato alla formazione di un gran numero di corpi ghiacciati all'esterno dell'orbita di Nettuno.

Dati i modesti mezzi dell'epoca, non fu possibile ottenere la veridicità delle ipotesi dei due studiosi, ma attualmente è noto che le loro indagini e i successivi ragionamenti li portarono a delle esatte e precise conclusioni, includendo nel Sistema Solare un'ampia regione densamente popolata da un gran numero di corpi minori.

Le prime scoperte

Gli oggetti visibili appartenenti alla Fascia di Kuiper prendono il nome di Centauri, i mitologici esseri metà uomini e metà equini: dal nome del più saggio dei Centauri prende il nome Chirone, il primo e uno dei più grandi oggetti trans-nettuniani.

Avvistato per la prima volta nel 1977 e ritenuto in principio uno dei Troiani, Chirone venne studiato a fondo prima di appurare che si trattasse di un corpo grande più di 200 km che orbitava intorno al Sole a una distanza compresa fra 19 e 8,42 UA in un periodo di 50 anni e con un'inclinazione orbitale di 7°.

Dapprima l'oggetto in questione venne catalogato come asteroide, ma fra la fine degli anni Ottanta e i primi anni Novanta, con la migliore qualità dei telescopi si risalì alla reale natura di Chirone, posto come oggetto cometario. Le sue dimensioni si presentarono eccezionali, al contrario della maggior parte delle comete, le quali hanno misure nell'ordine di poche decine di chilometri. Esso inoltre, palesava in determinati periodi una tenue chioma e una debolissima coda.

La scoperta di Chirone fu la prima di una lunga serie di avvistamenti, come all'inizio del 1992, allorquando venne notato su delle lastre fotografiche un altro oggetto largo 150 km e battezzato 5145 Pholus: esso è caratterizzato da un'orbita marcatamente eccentrica con l'afelio a 32 UA e il perielio a 8,9 UA dal Sole.

Nell'agosto dello stesso anno furono premiati gli sforzi e la costanza di una ricerca concentrata nella regione nettuniana e iniziata cinque anni prima con l'avvistamento di un altro Centauro battezzato 1992QB1 e caratterizzato da un afelio estremamente distante: 40 UA dalla nostra stella.

Negli anni a seguire e con una tecnologia sempre più all'avanguardia, si sono avvistati decine e decine di oggetti gravitanti nella zona trans-nettuniana facendo lievitare il numero dei Centauri in maniera esponenziale.

Un esercito di corpi celesti

Nell'era seguente la formazione dei pianeti, all'esterno del Sistema Solare, si aggregarono un numero sterminato di corpi ghiacciati che da allora sono rimasti sostanzialmente immutati; in miliardi di anni di evoluzione, questi oggetti, così come tutti i corpi di piccola massa e al contrario dei pianeti e di alcuni satelliti, non hanno subìto alcun cambiamento, a parte qualche sporadica collisione e quindi essi sono fra i più antichi del Sistema Solare.

Il numero dei corpi presenti è estremamente elevato, basti pensare che in uno spazio di 20 UA dovrebbero esserci più di 70.000 oggetti di dimensioni medio grandi, mentre nell'intera regione si stima che ve ne siano 10 milioni di dimensioni maggiori ai 10 km e ben 10 miliardi di diametro superiore al chilometro.

La Fascia di Kuiper ha una forma schiacciata e circonda il sistema planetario, così come gli anelli circondano Saturno, a una distanza dal Sole compresa tra 30 e 100 UA.

Il vagabondaggio dei centauri

I Centauri presenti nella Fascia di Kuiper rappresentano, per grandi linee, il gruppo di comete a corto periodo, al contrario di quelle situate nella Nube di Oort, molto più lontana, le quali impiegano più di 200 anni per compiere un'orbita completa intorno al Sole. Un esempio lampante è la famosa cometa Hale-Bopp, transitata nei nostri cieli dopo un'assenza di ben 4.000 anni; tuttavia, nel corso del suo ultimo passaggio, la tremenda forza gravitazionale di Giove ne ha accorciato l'orbita portandola a 2.200 anni. Tendenzialmente, gli oggetti nella Fascia di Kuiper non si muovono dalla zona, ma gli astronomi pensano che queste staticità non possono durare per più di qualche milione di anni; a cambiare il destino dei Centauri è l'influenza gravitazionale dei pianeti giganti ed è in occasione di queste interazioni che essi possono subìre diverse sorti: avendo orbite instabili, può accadere che vengano spinti lontano dal Sole, in regioni più fredde e buie o più raramente, che vengano condotti su orbite più stabili all'interno dei pianeti giganti o addirittura dei pianeti terrestri.

Esiste un'altra categoria di questi oggetti definiti Plutini, poiché come densità, composizione e parametri orbitali somigliano molto a Plutone; tutti questi corpi infatti, hanno orbite che intersecano quella di Nettuno con caratteristiche del tutto simili a quelle di Plutone.

A tal fine, è da chiedersi se escludere Plutone come pianeta a tutti gli effetti, portando a otto il numero dei principali abitanti del Sistema Solare o se includere tutti i Centauri, al pari di Plutone, come tanti altri pianeti orbitanti intorno al nostro Sole.

LA CULLA DELLE COMETE: LA NUBE DI OORT

Di tanto in tanto ci capita di ammirare degli strani ma affascinanti oggetti celesti che si affacciano nei nostri cieli con periodicità regolare o, in altri casi, in modo del tutto imprevedibile.

Le comete hanno sempre suscitato meraviglia negli uomini, ma anche terrore, poi-

Non è possibile osservare direttamente la Nube di Oort. Attraverso una serie di studi si è accertato che essa circonda il Sole come una grande palla.

ché queste improvvise e inaspettate apparizioni di corpi luminosi e allungati, venivano interpretati come presagi di morte e sciagura. Nella prima metà del XX° secolo tuttavia, si tentò di dare spiegazioni logiche su questi strani fenomeni e ci si cominciò a chiedere da dove provenissero questi luminosi oggetti dotati di lunghe code. Un noto astronomo olandese, Jan Oort, dopo lunghi e approfonditi studi, nel 1950 formulò l'ipotesi dell'esistenza di un enorme serbatoio di comete, al limite estremo del Sistema Solare, il quale avvolge lo stesso in una sorta di immenso guscio cosmico.

Da qui, secondo le ipotesi di Oort da cui prende il nome la nube, proverrebbero le comete di lungo periodo, cioè quelle che per compiere un giro completo intorno al Sole impiegano più di duecento anni.

L'origine della nube

Tornando indietro nel tempo fino a 4 miliardi di anni fa, assisteremmo a uno scenario già descritto in precedenza: lo spettacolo che si presenterebbe ai nostri occhi vedrebbe come protagonisti un Sole appena nato, una massiccia moltitudine di corpi di taglia medio piccola che impattano senza sosta sia gli uni con gli altri, sia con i pianeti in fase di accrescimento; in queste prime fasi di vita del Sistema Solare, non esiste traccia alcuna di comete, poiché è da tenere in considerazione che le alte temperature nell'ordine dei 1.000° C, non avrebbero permesso l'esistenza di corpi ghiacciati.

La Nube di Oort si è quindi formata molto dopo la formazione dei pianeti; ma in che modo?

Simulazioni effettuate al computer, risultati delle osservazioni fatte sulle comete transitate nei nostri cieli e la legge di gravitazione universale ci vengono in aiuto dandoci un'idea abbastanza precisa del modello teorico, il quale, secondo gli astronomi, riproduce in maniera fedelissima ciò che deve essere accaduto centinaia di milioni di anni fa.

Prive di elementi volatili ma ricchissime di ghiaccio, ammoniaca, acetilene e molti composti del carbonio, le comete sarebbero un insieme di ciò che i pianeti hanno espulso dalle loro atmosfere e materiale da essi non inglobato, poiché per molte caratteristiche chimiche, questi piccoli mondi ghiacciati somigliano molto ai pianeti, soprattutto a quelli giganti.

In seguito, la gravità dei pianeti gassosi ha fatto il resto: ancora una volta le simulazioni ci vengono incontro, provando che oggetti piccoli come i nuclei cometari possono essere spinti via dalle fiondate gravitazionali dei giganti gassosi anche fino a decine di migliaia di UA dal sistema planetario, relegandoli nelle remote regioni che segnano il confine estremo del Sistema Solare dove restano, diciamo così, in letargo conservandosi alle gelide temperature data l'abissale distanza dal Sole.

Un'enorme bolla

Le comete dunque, risiedono nelle remote regioni del Sistema Solare in quella che si chiama appunto la Nube di Oort. Essa è stata a lungo studiata per cercare di capirne la struttura. Attraverso complessi calcoli matematici, simulazioni e studi effettuati sulle comete penetrate per la prima volta nel Sistema Solare interno, si è capito che questo grande serbatoio cinge il Sole formando un'enorme palla.

Secondo i calcoli, la Nube di Oort si estenderebbe a una distanza dal Sole compresa fra 50.000 e 60.000 UA, corrispondente a 9.000 miliardi di chilometri, quasi un anno luce; essa dunque, è molto distante ma anche relativamente sottile, ciononostante si stima che vi risiedano 1.000 miliardi di nuclei cometari.

La presenza della nube è pertanto provata dalla casuale provenienza delle comete, soprattutto di quelle che, come anticipato, entrano per la prima volta nel sistema planetario, ma di queste si considerano solo le comete che non risentono dell'effetto razzo, cioè della spinta propulsiva che danno i getti di gas e polveri che sublimano sotto la potente azione solare e ciò avviene quando esse passano a una distanza dal Sole inferiore a 2,5 UA, circa la distanza Sole-Marte.

Oltre questo limite e senza deviazioni dovuti a effetti propulsivi significativi, è possibile calcolare la provenienza di una cometa a lungo periodo e prevederne anche il destino: si è dimostrato, attraverso elaborati calcoli, che il 10% delle comete hanno un perielio di 5 UA, circa la distanza Sole-Giove, ma con un afelio di 10.000 UA; altre con l'afelio a 50.000 UA, altre passano un'unica volta nelle zone interne per poi essere spinte fuori dal Sistema Solare e altre ancora che vedono accorciarsi la propria orbita rendendole cicliche e prevedibili.

L'equilibrio gravitazionale

Il grande serbatoio cometario che avvolge il Sistema Solare, trovandosi a una distanza abissale, subisce pochissimo l'influenza gravitazionale del Sole ed è in questo modo che le comete rimangono in un alquanto precario equilibrio molto facile da perturbare, con la conseguente caduta nelle regioni più interne.

Prendendo in considerazione le catastrofi di origine cosmica, si è avanzata l'ipotesi che esse abbiano una ciclicità regolare. In occasione di questi periodi, il sistema planetario sarebbe bersaglio di una pioggia di comete che talvolta hanno colpito la Terra causando le grandi estinzioni.

A causare ciò sarebbe una stella compagna del Sole, la quale orbitando intorno ad esso in un periodo di 10 milioni di anni, provoca periodicamente delle perturbazioni gravitazionali nella Nube di Oort facendo precipitare le comete verso l'interno.

Secondo le ipotesi, questa stella potrebbe essere di piccola massa, forse una nana rossa ed è già stata battezzata Nemesi, ma tutte le osservazioni rivolte in questo senso non hanno prodotto alcun risultato significativo.

Molti scienziati invece, sono d'accordo nel ritenere che l'equilibrio delle comete venga disturbato da nubi di gas e polveri interstellari che il Sistema Solare attraversa durante la sua orbita intorno alla galassia: il Sole infatti, copre un giro completo intorno al piano galattico in 225 milioni di anni, portandosi a spasso pianeti, asteroidi e anche la Nube di Oort.

Inoltre non bisogna omettere che tutte le altre stelle della Via Lattea non sono fisse, ma anch'esse gravitano intorno al centro galattico passando talvolta vicino al Sistema Solare e provocando le famose perturbazioni. In un caso o nell'altro, dal loro luogo d'origine le comete inizieranno un lungo viaggio che durerà milioni di anni verso le regioni centrali dove orbitano i pianeti.

Fuori dalla visibilità

Le più avanzate tecniche d'osservazione permettono oggi di studiare e catalogare i corpi presenti nella Fascia di Kuiper, ma non sono in grado di spingersi fino alla lontana Nube di Oort.
Questa regione tra l'altro, è popolata da oggetti piccoli e scuri, quindi assolutamente fuori dai limiti osservativi; la sua presenza è stata avanzata a tavolino attraverso complessi calcoli matematici e le orbite delle nuove comete. Tuttavia le osservazioni hanno riguardato anche altre stelle, alcune delle quali risultano avvolte da un guscio di materia, proprio come dovrebbe essere nel nostro caso e questo fa parte di un numero sempre crescente di indizi che provi la presenza di un deposito cometario ai confini del Sistema Solare e ipotizzato nella metà del XX° secolo.

Le comete

Periodicamente e per un limitato lasso di tempo, assistiamo a uno degli spettacoli più affascinanti in assoluto che il cielo può offrirci, quello delle comete.

Questi piccoli corpi hanno una caratteristica molto particolare: un po' come fa un bruco che si trasforma in una splendida farfalla, anche le comete subiscono questo tipo, diciamo così, di metamorfosi. Generalmente i nuclei cometari si presentano perfettamente neri, senza possedere alcuna capacità di riflessione, dato lo strato carbonaceo di cui sono ricoperti

Non è un evento frequente ma il fenomeno cometa è uno dei più affascinanti che il cielo possa offrire.

e inoltre sono di piccole dimensioni; allora ci si chiede il perché un oggetto piccolo e scuro riesca a essere più luminoso delle più brillanti stelle della volta celeste. Riusciamo a osservare bene le comete poiché esse, durante i loro passaggi, non solo si avvicinano alla Terra, ma soprattutto al Sole, il quale gioca un ruolo fondamentale nella mutazione di questi oggetti celesti. La metamorfosi avviene infatti, poiché la radiazione solare fa sublimare il ghiaccio e altri elementi volatili, che vengono spinti in direzione opposta al Sole dal vento solare creando la lunga coda.

Queste splendide manifestazioni possono verificarsi a intervalli regolari con le molte comete a corto periodo conosciute, ma possono anche presentarsi in maniera del tutto imprevista, come è accaduto nel 1997 con la cometa Hale-Bopp.

Le comete nella storia

Attualmente conosciamo molto bene il fenomeno cometa, come avviene e perché, ma in passato il transito di questi arcaici oggetti celesti era tutt'altro che piacevole.

La loro strana forma suscitava ovunque terrore, tanto che si pensava che fosse una punizione di Dio o in altri casi, un messaggero del diavolo e che avrebbe portato guerre, carestie e pestilenze.

In realtà di guerre ve ne sono in continuazione, di fatti di cronaca ne sono pieni i giornali, perciò il frequente passaggio delle comete è molto facile collegarlo con sciagure e inquietudini; basti pensare cosa sarebbe successo con simili mentalità se nei giorni antecedenti l'11 settembre 2001, con l'atto terroristico e il crollo delle torri gemelle di New York, fosse apparsa dal nulla una vistosissima cometa.

Naturalmente questo vorrebbe essere solo un esempio, ma la storia dell'umanità è piena di fatti del genere realmente accaduti e molte volte piuttosto bizzarri. Qualche esempio: nel 48 a.C. al passaggio di una cometa fu attribuita la guerra civile fra Pompeo e Cesare. Gli Incas e gli Aztechi rimasero impressionati dal passaggio di una cometa interpretandolo come un castigo degli dèi; ciò facilitò l'invasione dei conquistadores poiché non trovarono di fronte alcuna resistenza. Alla fine del '800 a una cometa venne attribuita la morte del re d'Inghilterra; in occasione del transito della cometa di Halley nel 1910, si pensò che con il suo passaggio ravvicinato la coda cometaria avrebbe avvelenato tutta l'atmosfera terrestre: le maschere antigas andarono a ruba. Alla cometa del 1811 si attribuì la disfatta di Napoleone nella campagna in Russia e come se non bastasse, se mancavano avvenimenti di eccezionale rilievo, si legava la comparsa di una cometa a fatti abbastanza ridicoli, come nel 1668, quando in mancanza di meglio fu considerata responsabile di una moria epidemica fra i gatti.

Fortunatamente non tutti erano invasi dal terrore, ma con grande spirito scientifico, certi uomini, anche in epoche remote, cercavano di dare una spiegazione ragionevole a questi fenomeni, anche se il risultato finale dei loro studi era ben lungi dalla realtà; tuttavia sono da apprezzare gli sforzi da essi sostenuti, oltre alla loro lucidità e sangue freddo.

Secondo Anassagora per esempio, questi fenomeni scaturivano in seguito all'avvicinamento di due pianeti, mentre i pitagorici sostenevano che si trattava di pianeti veri e propri che si alzavano di poco sopra l'orizzonte così come fa Mercurio.

Aristotele dal canto suo, diffuse l'idea che si trattava di esalazioni emesse dal nostro pianeta che si infiammavano nella zona sublunare.

Quattro secoli dopo, Seneca cominciò a intravedere la verità dichiarando che questi fenomeni non avevano nulla a che fare con la natura del nostro pianeta e che doveva quindi trattarsi di qualcos'altro; da qui in avanti, le scoperte si facevano molto più vicine alla realtà, quando nel '500 un astronomo tedesco notò che la coda delle comete era sempre allungata dalla parte opposta al Sole.

Nello stesso tempo Tycho Brahe, in sintonia con le ipotesi di Seneca, calcolò che la cometa del 1577 si doveva trovare a circa 1 UA dalla Terra e che la stessa, col suo moto, stava descrivendo un'enorme parabola, dunque si trattava di piccoli corpi vaganti nello spazio che non avrebbero in alcun modo potuto riguardare il nostro pianeta.

Non era dello stesso avviso invece Keplero, il quale attribuì alle comete un moto rettilineo, mentre in seguito anche Newton si occupò dei piccoli viaggiatori splendenti; egli, rifacendosi alle sue teorie di gravitazione universale e studiando il moto dei corpi in questione, attribuì loro un'orbita marcatamente ellittica, simile a quella dei pianeti.

Un famoso astronomo inglese, Edmond Halley, applicò i princìpi della meccanica di Newton suo amico, volendo dimostrare sia la validità della teoria, sia il fatto che le comete erano periodiche: curiosando fra gli archivi astronomici, Halley fu attratto da tre date: 1531, 1607 e 1682. Fu lesto a notare che tutte avevano lo stesso intervallo di tempo con una ciclicità di 76 anni e che, in conclusione, non doveva trattarsi di tre comete distinte, bensì di una sola, una stessa che tornava a farsi vedere con periodicità regolare.

Per dimostrare le sue decise conclusioni, predisse il ritorno di questa cometa nel 1758, ma sfortunatamente non poté essere testimone della validità delle sue ipotesi poiché morì nel 1742.

Tuttavia, come egli aveva previsto, la cometa riapparve nel dicembre 1758 e da allora essa porta il nome del grande astronomo inglese riapparendo per altre tre volte nei nostri cieli, nel 1835, 1910 e 1986; tornerà a farci visita nel 2062.

Il nucleo cometario

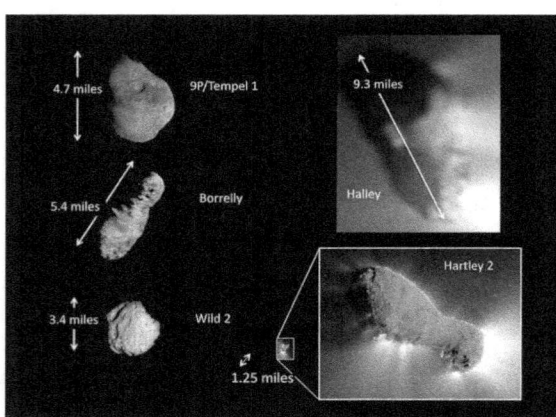

Vediamo ora da vicino come è fatta una cometa, definita nel 1950 da Fred Whipple, un astronomo americano, una palla di neve sporca attribuendole una composizione che comprende ghiaccio d'acqua e polveri.

Tradizionalmente associamo le comete a dei baffi luminosi. Questo accade quando esse si avvicinano al Sole. Nella scheda sono confrontati diversi nuclei cometari: si nota come si presentano quando non subiscono l'irragiamento solare (a sinistra) e come si trasformano con il processo di sublimazione (a destra) che le rende così come noi le conosciamo.

Una cometa è divisa in quattro parti ben distinte: il nucleo, base di tutta la fenomenologia cometaria, la chioma, un inviluppo luminoso che avvolge il nucleo e largo oltre 100.000 km, la coda, una struttura

allungata composta da diverse particelle e infine l'alone, una te-
nuissima atmosfera di idrogeno che raggiunge in modo alquanto
facile il milione di chilometri di diametro.

Il nucleo cometario ha una forma irregolare e triassiale, con dimensioni che vanno dai dieci a qualche decina di chilometri, anche se molte comete hanno diametri inferiori ai 10 km e perfino
al chilometro e altre ancora, più raramente, superano i 100 km
come Chirone orbitante nella Fascia di Kuiper.

La porosa superficie del nucleo assume diverse colorazioni che
vanno dal rosso scuro, al grigio scuro fino al nero; ciò dipende
dal rapporto di abbondanza tra ghiaccio e polvere.

Una cometa ha una densità estremamente bassa, compresa tra
0,2 e 1,2 grammi per centimetro cubo, ma alle volte assumono
valori microscopici fino ad arrivare a 0,03 grammi per centimetro cubo, poco meno la densità di una palla di neve soffice. Ciò
potrebbe dimostrare che all'interno delle comete vi siano delle
cavità di dimensioni piccolissime, ma che possono esserci anche
delle vere e proprie caverne; in altre parole, potremmo definire il
nucleo cometario come diversi blocchi di ghiaccio, tenuti debol-
mente insieme dalla gravità e ricoperti di polvere.

L'albedo è molto bassa, tanto che assorbe il 97% della luce incidente riflettendone solo il 3%, una capacità di riflessione inferiore al carbone. È proprio a causa della sua composizione superficiale che le comete, in condizioni di inattività, sono pressoché invisibili: la crosta superficiale comprende una percentuale
di carbonio pari al 30%, oltre ad altri composti organici come l'i-
drogeno, l'azoto e l'ossigeno; sono presenti inoltre, polveri silicee e carbonacee, ossidi e metalli, fra i quali silicio, alluminio,
cromo, ferro, cobalto, magnesio, rame, eccetera. All'interno vi è
un'elevata porzione di sostanze organiche e complesse, oltre a
ossido di carbonio e anidride carbonica. Si è scoperta anche la
presenza di azoto molecolare, argon, ammoniaca, metano, ciano-
geno, cianuro di idrogeno, formaldeide e molti idrocarburi complessi.

In sostanza, il nucleo cometario è formato da ghiacci all'interno e polvere all'esterno; in occasione del loro perielio, la superficie, essendo molto scura, assorbe gran parte del calore solare concentrandolo all'interno e causando l'immediata sublimazione dei ghiacci.

I vapori, sottoposti a forti pressioni, si spingono verso la superficie e fuoriuscendo dai punti più porosi della crosta sotto forma di violentissimi getti simili ai geyser, sfuggono facilmente alla debole attrazione gravitazionale del nucleo e vengono spinti dal vento solare creando la coda, lunga talvolta più di 100 milioni di chilometri.

Dai getti cometari fuoriescono, ogni secondo, 10 tonnellate di gas e 1 tonnellata di polvere, ma questi valori possono salire man mano che la cometa si avvicina al Sole. Tuttavia essa, a ogni suo passaggio nei pressi della nostra stella, perde una piccolissima porzione del suo materiale, circa l'1%. Gli scienziati stabiliscono che comete periodiche come la Halley, possono effettuare al massimo mille perieli prima di essere del tutto consumate e allora le comete subiscono un'ulteriore metamorfosi trasformandosi in piccoli asteroidi privi, ormai di ogni caratteristica che possa identificarla come cometa, proprio come se morisse di vecchiaia.

La chioma e la coda

La parola cometa deriva dal greco *aster kometes*, cioè stella dai lunghi capelli: per stella si intende la luminosa chioma che avvolge il nucleo e che insieme costituiscono la testa della cometa, mentre la lunga capigliatura sta a indicare la coda che si sviluppa dietro il nucleo.

La chioma è un inviluppo di particelle che avvolge il nucleo cometario assumendo dimensioni di 100.000 km, ma può raggiungere un diametro di 1.000.000 di chilometri a una distanza dal Sole di 3 UA; qui la chioma raggiunge il suo valore massimo poiché a distanze inferiori la pressione della radiazione solare influisce notevolmente sulla chioma stessa determinandone lo schiacciamento e la cometa diventa sempre più luminosa, dato che il crescente calore proveniente dal Sole fa vaporizzare una maggior quantità di ghiaccio altamente riflettente.

Al contrario, a grandi distanze eliocentriche il nucleo appare freddo e statico, per cui vi è totale assenza della chioma.

La chioma si sviluppa solo ed esclusivamente con l'avvicinarsi del nucleo al Sole e di conseguenza, l'aumento di temperatura fa passare dallo stato solido direttamente allo stato gassoso, per sublimazione, i composti volatili.

Questo processo si fa significativo a seconda della composizione chimica dei ghiacci contenuti nel nucleo: le prime sostanze iniziano a sublimare già a 10 UA dal Sole, essendo estremamente volatili, quali l'ossido di carbonio e l'anidride carbonica, mentre il ghiaccio d'acqua subisce il processo a distanze inferiori a 3 UA.

Nelle fasi di sublimazione che coinvolge la sola parte del nucleo rivolta verso il Sole, i gas fuoriescono da spaccature sulla crosta a una velocità di 300 m/sec fuggendo praticamente in linea retta nello spazio. La velocità di agitazione termica dei gas liberati infatti, è di gran lunga superiore a quella di gravità di un corpo grande anche 10 km, con una densità di 0,4 grammi per centimetro cubo e una massa di 1.000 miliardi di tonnellate, la cui velocità di fuga non supera i 5 m/sec.

A questa velocità, i potenti getti gassosi si trascinano dietro grandi quantità di polvere: la cometa di Halley, per esempio, a una distanza di 1 UA dal Sole, rilascia 30 tonnellate di gas e 24 tonnellate di polvere ogni secondo; date le microscopiche dimensioni dei granelli di polvere, nell'ordine del decimo di micron, il numero dei grani rilasciato è enorme e si è calcolato che si aggirasse intorno ai 4.000 miliardi di miliardi per ogni secondo.

I gas che si liberano dal nucleo, oltre a formare la chioma, subiscono processi di fotodissociazione e fotoionizzazione dovuti alla radiazione ultravioletta solare. Le molecole infatti, possono subire reazioni, possono anche diventare ioniche (elettricamente cariche).

Tutte queste molecole emettono radiazione luminosa per fluorescenza, avviata dalla radiazione ultravioletta del Sole, mentre le polveri strappate al nucleo riflettono la luce solare.

Dai rilevamenti effettuati dalle sonde è risultato che i grani di polvere sono ricchissimi di carbonio, ferro, silicio, ossigeno e magnesio, mentre la componente gassosa comprende in prevalenza acqua e per il resto formaldeide, acido formico, composti dell'azoto, composti dello zolfo, ossido di carbonio, anidride carbonica, idrocarburi complessi e materiale organico.

La coda di una cometa può nascere solo a distanze inferiori a 2 UA dal Sole; questa distanza comunque, dipende dalla quantità di elementi volatili e ghiaccio di cui il nucleo dispone.

Contrariamente a quanto si possa pensare, le code cometarie non seguono il moto del nucleo, così come succede con la scia di una nave, ma viene spinta dal vento solare in direzione indipendente da esso.

La loro lunghezza può arrivare a misurare centinaia di milioni di chilometri, ma questi sono casi eccezionali, come la cometa del 1843, la quale possedeva una coda record di ben 320 milioni di chilometri, ben oltre la distanza Sole-Marte, mentre solitamente raggiunge solo 100 milioni di chilometri.

Noi parliamo di coda, ma in realtà ve ne sono due e in alcuni casi tre: la coda di *tipo I* è composta da ioni ed è comunemente conosciuta come coda di plasma, in cui sono presenti atomi privi di elettroni ed elettroni liberi. Essa si presenta di color azzurrognolo, poiché la principale radiazione emessa è quella del monossido di carbonio e si estende dritta subito dietro la cometa; la coda di plasma è quella più lunga ed è estremamente rarefatta, tanto che la sua densità oscilla fra 10 e 100 molecole per centimetro cubo, vale a dire mille volte inferiore rispetto al vuoto più spinto riproducibile in laboratorio. Se si nota bene infatti, nonostante l'aspetto compatto della coda ionica, sono visibili attraverso di essa le stelle di fondo, come se fossero opacizzate da un foglio di carta velina.

La coda di *tipo II* è costituita da granelli di polvere e si presenta giallastra, poiché riflette la radiazione solare.

La velocità del vento solare, compresa fra 400 e 800 km/sec, legata a una serie di combinazioni geometriche, fa apparire la coda di polvere nettamente incurvata e ben separata dalla precedente, più lunga di decine di volte.

La curvatura di questa coda inoltre, è responsabile di un raro fenomeno detto anticoda, cioè una sorta di aguzzo spuntone che fuoriesce in avanti dalla testa della cometa dovuto a illusioni prospettiche.

L'alone

Nonostante l'eccezionale lunghezza, la coda non è la parte più grande che compone una cometa. A una distanza pari a quella Terra-Sole, il nucleo è avvolto da una rarefatta atmosfera di idrogeno che supera i 100 milioni di chilometri di diametro, quasi 10 volte superiore le dimensioni del Sole.

Come accertato dalle sonde, la quantità di atomi di idrogeno liberata dal nucleo è di 1.000 miliardi di miliardi di miliardi di grammi al secondo: esso, insieme all'ossidrile, è il più abbondante tra i radicali prodotti dalle comete e quest'ultimo, anch'esso formato dalla dissociazione delle molecole d'acqua, costituisce una nube intermedia situata fra quella dell'idrogeno e la chioma.

Vicino al Sole

Fra le molte comete a noi note, sono da distinguerne alcune appartenenti a un particolare gruppo: definite *sun grazing*, cioè che sfiorano il Sole, hanno orbite molto particolari con il perielio parecchio minore rispetto all'orbita di Mercurio.

Queste comete sono note da molti secoli, poiché a queste distanze la radiazione solare che incide sul nucleo è enormemente maggiore, tanto da renderle visibili anche in pieno giorno. Si consideri inoltre il fatto che molte di questo gruppo di comete hanno un diametro inferiore al chilometro.

Tuttavia, l'estrema vicinanza al perielio ne rende difficile l'osservazione, dal momento che la luminosità del Sole annulla completamente o quasi quella cometaria. Per tal motivo, fino agli inizi degli anni Ottanta, si conoscevano solo poche decine di comete sun grazing, ma con l'avvento dei satelliti il loro numero è cresciuto in maniera esponenziale fino a toccare alcune centinaia: ciò grazie a un particolare strumento detto coronografo (che occulta l'accecante fotosfera) montato sulle sonde, come la SOHO; è ad essa infatti che dobbiamo le nostre conoscenze riguardo al nostro Sole, poiché capace di osservarlo e studiarlo 24 ore su 24.

Tornando alle comete, la sonda SOHO, oltre che a contarle ha anche osservato i particolari di ciò che avviene quando esse transitano vicinissimo alla nostra stella: possono accadere molte cose, come la completa evaporazione del nucleo o lo schianto direttamente sul Sole, come può anche succedere che, come la Shoemaker-Levy 9, il nucleo cometario subisca un frammentazione in più pezzi e che ognuno di essi segua poi un'orbita a sé.

Una scoperta inaspettata

Un parametro che riguarda le comete e che ha lasciato impreparati tutti gli astrofisici, è l'emissione da parte di questi corpi di raggi x. Come è noto, queste radiazioni altamente energetiche scaturiscono solo dai nuclei di galassie attive, dalle pulsar e anche dal nostro Sole, in ambienti quindi con temperature che raggiungono centinaia di migliaia di gradi, ambienti completamente opposti rispetto al freddo nucleo di una cometa.

Tuttavia, negli ultimi anni, dopo la scoperta che anche le comete emettono raggi x, si è avuta la conferma e la spiegazione di un fenomeno così bizzarro: la corona solare è responsabile di tutto. Da qui infatti, parte il vento solare fra le cui particelle sono anche presenti azoto e ossigeno altamente ionizzanti, i quali interagendo con gli elettroni liberi della chioma, causano un'emissione nei raggi x.

OSSERVARE LE COMETE

LE MOLTE COMETE CONOSCIUTE SONO STATE SCOPERTE IN GRAN PARTE DA ASTROFILI E BATTEZZATE COI NOMI DEI RISPETTIVI SCOPRITORI: PER CERCARE UNA COMETA È NECESSARIO SEGUIRE SEMPRE LE REGIONI PROSSIME AL SOLE, COME A OVEST DOPO IL TRAMONTO E AD EST PRIMA DELL'ALBA. A SECONDA DELLA POSIZIONE, UNA COMETA PUÒ PRESENTARSI COME UNA MACCHIA DI LUCE OPALESCENTE O CON CHIOMA E CODA BEN DEFINITE.
CON UN BINOCOLO SI PUÒ SEGUIRE IL MOTO DEL NUCLEO PARAGONATO ALLE STELLE DI FONDO, MENTRE UN TELESCOPIO PERMETTE DI AMMIRARE TUTTI I PARTICOLARI CHE CARATTERIZZANO QUESTI AFFASCINANTI OGGETTI CELESTI.

Le gemelle Vega

Le sonde sovietiche Vega 1 e 2, oltre a Venere, avevano anche il compito di studiare la cometa di Halley in occasione del suo ultimo passaggio.

Entrambi i robot automatici, dopo aver sganciato i landers su Venere, si diressero verso la Halley, dove giunsero rispettivamente il 6 e il 9 marzo 1986. Vega 1 passò a 9.000 km dal nucleo e scattò una serie di foto che però risultarono sfocate, mentre Vega 2 si avvicinò fino a 8.000 km e riprese delle immagini di qualità migliore rispetto a quella della sua gemella, forse perché si trovò in un momento di minore attività eruttiva.

La missione permise di confermare che la Halley aveva una forma irregolare (la cui lunghezza maggiore è di 14 km) e si rilevarono inoltre le principali caratteristiche del nucleo, la cui temperatura oscillava fra i 30 e i 130° C.

Le missioni giapponesi

Per la prima volta i giapponesi entrano in scena nella corsa allo spazio con le due sonde Sakigake e Suisei, destinate a studiare la cometa di Halley.

La Sakigake, lanciata il 7 gennaio 1985, disponeva di due misuratori di plasma e un magnetometro: giunta a meno di 7 milioni di chilometri dal nucleo cometario l'8 gennaio 1986, scoprì che esso iniziava la sua attività a una distanza molto maggiore del previsto, mentre Suisei, partita il 18 agosto 1985, in occasione del suo massimo avvicinamento avvenuto lo stesso giorno della Sakigake, ma a una distanza di 151.000 km, era equipaggiata con un misuratore del vento solare e di una telecamera predisposta per l'osservazione nell'ultravioletto. La sonda si occupò di rilevare la produzione di idrogeno generata dallo scioglimento del ghiaccio che risultò essere di 60 tonnellate e dell'interazione del vento solare con la ionosfera cometaria.

La sonda Giotto

In mancanza delle super tecnologiche missioni della NASA, ci pensò l'ESA a ravvivare la scena per quanto riguarda i voli spaziali, e anche per l'Europa si trattava della prima missione interplanetaria gestita senza gli appoggi NASA.

La missione, nata nel 1980, si presentò subito rischiosa, ma se tutto fosse andato secondo i programmi, sarebbe passata alla storia come la più proficua delle missioni cometarie.

Approvata l'anno successivo, l'ESA affidò alla Laben, un'azienda italiana, la fornitura del sistema computerizzato di controllo della sonda che avrebbe permesso il suo recupero e riutilizzo. Già dai primi momenti infatti, nonostante la missione si presentasse di per sé già abbastanza ambiziosa e rischiosa, si pensò a un eventuale prolungamento della stessa, se la sonda fosse uscita indenne dall'incontro ravvicinato con la più famosa delle comete.

Dalla base di lancio dell'ESA a Kourour nella Guiana francese, il 2 luglio 1985 il razzo vettore Ariane 1 partì portando con sé la preziosa sonda Giotto, la quale successivamente, accese i motori a propellente solido posizionandosi in un'orbita eliocentrica che l'avrebbe portata all'appuntamento con la Halley.

Lo scopo principale della missione era di portare Giotto il più vicino possibile al nucleo e fotografarlo. Inizialmente, la traiettoria calcolata avrebbe portato il veicolo spaziale a 4.000 km dal nucleo, (ben due volte più vicino di Vega 2) ma in base ai dati rilevati da Vega 1 vennero effettuate delle correzioni di rotta che avrebbero portato la sonda Giotto a meno di 600 km dalla cometa.

Il 14 marzo 1986 avvenne lo storico incontro della Giotto con la Halley, sfiorandola a una distanza di 596 km. L'invio delle immagini della cometa si interruppe a 1.000 km, mentre continuarono a funzionare tutti gli altri strumenti.

Attraversando la coda cometaria a una distanza così ravvicinata, la navicella fu sottoposta a un continuo bombardamento di detriti con una capacità esplosiva cinque volte superiore rispetto a una pallottola.

Per qualche istante, dopo il massimo avvicinamento, si persero definitivamente i contatti con la Giotto e si pensò che fosse stata distrutta dai detriti cometari; i controllori di volo tuttavia non si preoccuparono, dato che la missione aveva già raggiunto il pieno successo per la grande quantità di informazioni ottenute, oltre alle stupende immagini del nucleo fotografato da vicinissimo e per la prima volta in assoluto.

In poche parole, la missione Giotto ha battuto tutti i record nel campo dell'esplorazione cometaria, ma non era ancora finita. Subito dopo l'improvviso silenzio, la navicella riprese a comunicare e fu subito chiaro ai tecnici che essa era uscita indenne dall'incontro con la Halley e che otto dei dieci strumenti scientifici di bordo erano perfettamente in grado di funzionare.

Si decise allora di effettuare il programmato prolungamento della missione, ribattezzandola Giotto Extended Mission. A questo punto la sonda venne spenta e posta in uno stato di ibernazione, ma le comunicazioni non cessarono del tutto, poiché si continuò a controllare il suo stato di funzionamento e i parametri orbitali che l'avrebbero portata all'appuntamento con una seconda cometa a corto periodo, la cometa Grigg-Skjiellerup; quest'ultima venne scelta poiché è una delle comete più conosciute e anche perché, avendo un periodo orbitale di soli 5 anni, è molto più degassata e consumata della Halley, per cui sarebbe stato estremamente interessante confrontare i due nuclei cometari.

Riattivare la sonda si rilevò molto difficile, dato che l'antenna principale non era rivolta verso il nostro pianeta, per cui fu necessario richiedere l'intervento delle antenne trasmettitrici NASA per ripristinare i contatti. La riattivazione avvenne il 19 febbraio 1990, mentre il massimo avvicinamento, a poche centinaia di chilometri dal nucleo, si ebbe il 10 luglio 1992.

Ancora una volta, nonostante il passaggio radente, Giotto ne uscì ammaccata ma ancora in grado di funzionare, tuttavia non si poté pensare di prolungare ulteriormente la missione per via della ridottissima quantità di carburante a bordo.

Per la seconda volta venne messa in ibernazione, ma stavolta in modo definitivo.

Verso le comete

Negli ultimi anni, le comete hanno suscitato l'interesse delle maggiori agenzie spaziali, tanto che la NASA ha in cantiere ben quattro missioni di esplorazione cometaria.

La prima, Deep Space 1, è iniziata il 24 ottobre 1998 e terminata il 18 dicembre 2001. La missione prevedeva due incontri: il primo con l'asteroide Braille e il secondo con la cometa Borelly, avvenuto il 22 settembre 2001. Qui la sonda ha effettuato dei rilevamenti del nucleo e della chioma.

Il 7 febbraio 1999 è avvenuto il lancio della sonda Stardust che avente come obiettivo la cometa Wild 2, raggiunta il 2 gennaio 2004. Scopo della missione era catturare le particelle cometarie della chioma tramite uno schermo e convogliarle all'interno della navicella. A questo punto Sturdust manovrò per il viaggio di ritorno giungendo sulla Terra nell'estate del 2006 e sganciando una capsula contenente i campioni prelevati, che atterrò dolcemente attaccata a un paracadute nel deserto dello Utah.

Parte dei campioni prelevati sono stati analizzati da un'equipe di ricercatori Inaf, all'osservatorio astronomico di Capodimonte e all'università Parthenope, presso Napoli.

La seconda missione americana chiamata Contour, è partita nel luglio 2002 e avrebbe dovuto visitare due comete: il 12 novembre 2003 la cometa Encke, mentre l'appuntamento successivo sarebbe stato il 18 giugno 2006 con la cometa Schawassman. La sonda Contour ha smesso di trasmettere all'inizio della missione, malgrado i ripetuti tentativi dei tecnici volti a ripristinare i contatti. In seguito si sono individuati tre oggetti vaganti che percorrevano quello che doveva essere il percorso della sonda, poi identificati come i pezzi della stessa andata distrutta per cause sconosciute, subito dopo l'accensione dei motori.

Terza e ultima missione NASA è la Deep Impact, partita il 12 gennaio 2005. Incontrò la cometa Tempel e il 29 giugno 2005 iniziarono i preparativi per la fase di impatto, avvenuto il 5 luglio; la sonda sparò contro la cometa un proiettile di 500 kg che generò un cratere di 100 metri. La materia espulsa in seguito all'esplosione venne analizzata dalla sonda.

Ma non stava certo a guardare l'ESA, la quale aveva in progetto una ben più ambiziosa missione chiamata Rosetta: il lancio della sonda era previsto per il gennaio 2003, ma l'esplosione del razzo Ariane, poco tempo prima dell'inizio della missione, fece slittare la data del lancio al 26 febbraio del 2004. Infatti sarebbe stato molto rischioso lanciare una preziosa sonda, costata svariati miliardi di euro col rischio che l'incidente si ripetesse e solo per non aver preso le dovute precauzioni, anche se ciò avrebbe causato il ritardo del lancio. Dopo un ennesimo ritardo, la sonda finalmente partì il 2 marzo 2004.

La missione Rosetta ha come obiettivo la cometa Churyumov-Gerasimenko; l'incontro avverrà nel 2014, a 790 milioni di Km dalla Terra nei pressi dell'orbita di Giove. La cometa quindi, sarà ancora lontana dal Sole, per cui non vi saranno i rischi che la Giotto ha dovuto affrontare. Data l'assenza di attività eruttive, il veicolo spaziale non subirà danni. Mentre la sonda Giotto ha effettuato una toccata e fuga, la Rosetta potrà prendersela comoda: essa si posizionerà in orbita intorno alla cometa iniziando uno studio approfondito che durerà 18 mesi, mentre verrà sganciato un modulo di atterraggio che si poserà sulla superficie cometaria.

La sonda figlia è dotata di una speciale trivella, fornita dall'Agenzia Spaziale Italiana, che scaverà la superficie del nucleo e ne analizzerà le caratteristiche raccogliendo informazioni sull'origine delle comete.

I PIANETI EXTRASOLARI

Il modello del Sistema Solare è il solo che conosciamo bene: i pianeti descritti sono quelli a noi più vicini, metaforicamente parlando, anche se distano miliardi di chilometri. Ma pensandoci meglio, viene spontaneo riflettere su una cosa molto semplice a cui qualcuno in passato ha cercato di dare delle risposte.

Se il nostro sistema planetario, formato dagli otto pianeti e uno sterminato numero di corpi minori ha preso origine nell'ambito di una sola stella, pensando al numero enorme di galassie che popolano l'universo e che ognuna di esse è composta da centinaia di miliardi di stelle, è ragionevole pensare che da qualche parte vi sia un sistema di pianeti simile al nostro; che poi ci sia anche la vita o addirittura civiltà tecnologiche, questo è un altro discorso di cui ci occuperemo più avanti.

Tuttavia, anche limitandoci alla nostra galassia, la Via Lattea, ci sono forti probabilità della presenza di uno o più pianeti orbitanti intorno alla loro stella progenitrice, come sembrano suggerire recenti osservazioni.

Il nostro Sistema Solare dunque, non è l'unico nell'universo, altre stelle con caratteristiche simili al nostro Sole ospitano altri pianeti e una domanda che con tutta possibilità è destinata a rimanere senza risposta è se fra alcuni di questi ci sia qualcuno che sta osservando con interesse il cosmo e si sta ponendo, come noi, la stessa domanda: siamo soli nell'universo?

I metodi di ricerca

In una notte limpida e nelle migliori condizioni, si possono vedere fino a seimila stelle, mentre un buon binocolo o un telescopio consentono di contarne molto più di quanto si possa immaginare.

Considerando tutte le stelle che popolano la Via Lattea, circa 400 miliardi, vi sono ottime possibilità che fra molte di esse vi orbitino dei pianeti, magari con caratteristiche del tutto simili alla nostra Terra; ma come riuscire ad individuare oggetti così piccoli a distanze così grandi? Come è noto, le stelle brillano di luce propria, una luce che è visibile anche a centinaia di anni luce, mentre i pianeti, che riflettono la luce emanata dalle stelle, hanno un albedo molto molto inferiore rispetto agli astri e per di più le loro dimensioni sono enormemente più piccole.

Senza neanche allontanarci troppo, il piccolo Plutone viene osservato distintamente solo dal telescopio spaziale; è vero che Plutone è piccolissimo, ma è anche vero che esso è ancora un nostro vicino di casa, se teniamo presente gli enormi vuoti che separano le stelle.

Tanto per darne un'idea, prendiamo in considerazione Alpha Centauri, la stella a noi più vicina e distante circa 4,2 anni luce. Supponiamo che la Terra sia larga tre centimetri e la Luna, in proporzione, sia di un centimetro: le loro dimensioni proporzionate in scala ridotta, le porrebbe a circa 60 centimetri l'una dall'altra, mentre, sempre in proporzione, Alpha Centauri si troverebbe a 80.000 km, quasi sette volte il diametro reale della Terra. Le altre stelle poi sono ancora più lontane, centinaia di migliaia di volte più lontane, eppure esse sono ancora tutte nostre vicine di casa, poiché appartengono alla nostra galassia; se poi ci inoltriamo negli abissi intergalattici, le distanze che ci separano da altre galassie diventano talmente enormi da diventare praticamente incomprensibili.

Gli astronomi tuttavia, non si sono fatti scoraggiare e hanno a disposizione due modi per individuare pianeti extrasolari, anche se non è possibile, almeno per ora, andare oltre il raggio di osservazione compreso entro poche decine di anni luce: il metodo indiretto e il metodo diretto. Il metodo indiretto non consente di osservare direttamente il pianeta, ma solo di intuirne la presenza attraverso i moti che la stella interessata compie, con l'astrometria e la velocità radiale.

Si sa che le stelle non sono fisse, ma orbitano intorno al nucleo galattico con moto rettilineo; quando gli astronomi notano che la stella non ha un movimento regolare ma procede un po' zigzagando, ciò è indice della presenza di un corpo disturbatore che, con la sua gravità, influisce sul moto della stella, per cui si ipotizza l'esistenza di uno o più pianeti.

Anche le velocità delle stelle ci aiutano in tal senso, attraverso le velocità radiali: se le velocità degli astri studiati sono regolari, significa che il loro moto non viene perturbato e che quindi non sono presenti pianeti; al contrario, la presenza di un pianeta massiccio come Giove, produrrebbe una specie di tiro alla fune stella-pianeta, con quest'ultimo che tirerebbe, anche se di poco, l'astro ora più vicino ora più lontano da noi.

Studiando lo spettro delle stelle è facile risalire alla natura di questi fenomeni che ipotizzano un sistema planetario orbitante intorno alla stella interessata.

Il modo diretto invece, dovrebbe permettere di osservare il pianeta vero e proprio, ma ciò risulta molto difficile, anche perché la forte luminosità di un astro coprirebbe senza dubbio quella riflessa dal pianeta; per questo è molto utile separare la luce del pianeta da quella della stella attraverso misurazioni nelle lunghezze d'onda dell'infrarosso. La banda a bassa energia come quella infrarossa, è emessa infatti principalmente dai pianeti, e tale differenza di emissione permette di dividere la natura dei due corpi facilitando le osservazioni.

I progetti futuri

Per facilitare ulteriormente le ricerche rivolte in questo senso, l'ESA e la NASA hanno in programma un progetto ciascuno: l'ESA sta elaborando il progetto Darwin, il quale, se sarà approvato, diverrà operativo fra il 2015 e il 2020. Esso consiste nella messa in orbita eliocentrica, fra le orbite di Marte e Giove, di sei telescopi all'infrarosso collegati fra loro, ciascuno grande quanto il telescopio Hubble e separati da una ventina di metri gli uni dagli altri.

Tale sistema sarà così posizionato lontano dal nostro pianeta e non relativamente vicino come il telescopio spaziale Hubble, poiché la Terra emette molta radiazione infrarossa che inquinerebbe le osservazioni.

La risoluzione di Darwin dovrebbe garantire la scoperta di pianeti orbitanti intorno a stelle poste al massimo a 50 anni luce, oltre che individuarne l'atmosfera e la composizione chimica della stessa.

Il progetto Keplero della NASA invece, prevede l'utilizzo di un fotometro ad altissima precisione, capace di misurare la debole diminuzione della luminosità di una stella che avviene quando un pianeta transita davanti a essa e se posizionata su un piano orbitale in linea con la Terra: se la luminosità stellare dovesse avere diminuzioni periodiche, allora si potrebbe essere abbastanza certi che ciò sia dovuto alla presenza di un pianeta.

Il telescopio spaziale è stato lanciato dalla rampa di lancio di Cape Canaveral il 7 marzo 2009.

Il campo di ogni ricerca comunque, verrebbe notevolmente ristretto dato l'immenso numero di stelle giganti, le quali non hanno nessuna possibilità di ospitare pianeti, considerato il fatto che hanno un'esistenza molto breve, ma sono invece da tener presente solo le stelle dalla vita molto lunga che possano permettere la formazione e l'evoluzione di pianeti e quindi con caratteristiche del tutto simili a quelle del nostro Sole.

Le scoperte

Nonostante le molte difficoltà, negli ultimi anni si è scoperto che intorno a certe stelle orbitano o vi orbiteranno poiché in fase di formazione, sicuramente dei pianeti.

Queste preziose informazioni e anche immagini, ci giungono dalle osservazioni dirette e ottiche, dato che anche il telescopio spaziale Hubble ha fatto la sua parte di scoperte.

In alcuni casi però, non si tratta di pianeti, bensì di dischi proto-planetari composti da gas e polveri in cui i pianeti si stanno ancora formando: la prima scoperta è avvenuta proprio in questo senso e risale al 1983, quando si riuscì a mettere in evidenza che la stella Beta Pictoris è circondata da un disco protoplanetario di dimensioni molto più grandi rispetto al nostro Sistema Solare. Al suo interno si stanno formando o si sono già formati dei pianeti.

Anche Vega, una delle stelle estive più luminose, sembra che sia circondata da un disco protoplanetario, dato che il satellite IRAS ha rilevato una grande quantità di radiazione infrarossa, la quale, secondo gli astronomi, prova che l'astro è avvolto da un disco di materiale allo stato primigenio che rappresenta il punto di partenza per la formazione di nuovi pianeti.

Il telescopio spaziale invece, ha puntato il suo obiettivo nella Nebulosa di Orione scoprendo che parecchie stelle appena nate sono completamente avvolte da dischi circumstellari, sede di formazione planetaria. Di queste notizie si hanno anche splendide immagini, ma considerando che questi pianeti impiegheranno milioni di anni per formarsi, la cosa potrebbe non suscitare più di tanto il nostro interesse; gli obiettivi principali sono i pianeti già formati, ma anche qui si sono fatte alcune scoperte: nel 1995 l'astronomia infrarossa si è concentrata sulla stella 51 Pegasi confermando che essa è accompagnata da un pianeta di massa pari a quella di Giove. Secondo i calcoli, il pianeta compie una rivoluzione in soli 4 giorni e si trova a 7 milioni di chilometri dall'astro: questa situazione è molto anomala poiché i modelli teorici riguardanti i sistemi planetari, non prevedono la formazione di pianeti giganti a distanza tanto ravvicinata, dove casomai, si formerebbero pianeti di tipo terrestre.

Ma altri pianeti sono stati scoperti successivamente: la stella 70 Virginis, posta a 80 anni luce da noi e leggermente più fredda del Sole, sembra possedere un pianeta di circa 7 masse gioviane a una distanza di 80 milioni di chilometri dall'astro centrale.

Intorno alla stella 47 Ursae Majoris, a 46 anni luce dalla Terra, orbita a una distanza di 300 milioni di chilometri un pianeta di massa doppia rispetto a quella di Giove.

Anche Rho Cancri, a 46 anni luce, è accompagnata da un pianeta di 0,8 masse gioviane, oltre a Tau Bootis, il quale possiede un pianeta di 3 masse gioviane.

Altre stelle ancora, sembrano avere più di un pianeta, come Lalande, una delle stelle più vicine al Sole: secondo misurazioni astrometriche, essa (una stella nana rossa) avrebbe un sistema di ben tre pianeti, ognuno dei quali ha una massa pari a quella di Giove.

Molti altri astri già osservati presentano indizi che proverebbero l'esistenza di pianeti orbitanti intorno a essi, mentre le ricerche continuano con mezzi sempre più sofisticati che permetteranno la scoperta di altri pianeti, magari non solo di tipo gioviano, ma anche e soprattutto simili alla nostra Terra, come è effettivamente avvenuto alla fine del 2002 con l'eccezionale notizia dell'avvistamento di un pianeta roccioso con caratteristiche e atmosfera somiglianti alla nostra.

Si sta lavorando freneticamente per avere la conferma di questa eccezionale scoperta, ma finora, e fino quando non ne saremo assolutamente certi, consideriamo il nostro pianeta unico nel suo genere.

LE NEBULOSE

La cosiddetta materia interstellare occupa gli infiniti spazi che separano le stelle. Si può dire che essa è presente in ogni angolo dell'universo, ma in misura estremamente rarefatta, tanto che in un metro cubo di spazio vi è una sola molecola di polvere e qualche molecola di gas, ciò vuol dire milioni di volte inferiore al vuoto più spinto.

Forse la nebulosa più famosa in assoluto nella costellazione di Orione, la nebulosa a testa di cavallo, nettamente visibile anche a occhio nudo subito sotto la cintura del cacciatore.

Questa materia che vaga nello spazio, col passare del tempo e per effetto della gravità, si addensa in immense nubi interstellari, laddove, nel corso di milioni di anni, prenderanno vita stelle e pianeti: le nebulose.

Queste gigantesche strutture sono formate essenzialmente da gas e polvere, e ognuna di esse ha una provenienza e un'età differente: il gas è l'elemento più antico, risalente addirittura alla nascita dell'universo, dopo che la materia prevalse sull'antimateria e protoni, neutroni ed elettroni iniziarono a legarsi formando nuclei di idrogeno ed elio. La polvere invece è molto più recente, formatasi all'interno di grandi stelle ed espulsa nello spazio alla fine della loro esistenza, quindi miliardi di anni dopo. Si ritiene che questa polvere sia composta da grafite e vari tipi di silicati, i quali partecipano alla formazione di nuovi dischi circumstellari e in particolare dei pianeti. Tutto ciò che vediamo intorno a noi infatti, compresa la Terra stessa e quindi anche tutte le molecole che costituiscono il nostro corpo, provengono dall'interno di stelle esplose miliardi e miliardi di anni fa.

Le nebulose insomma, hanno giocato e giocano tuttora, un ruolo essenziale nella formazione di nuove stelle e pianeti. Ma come riconoscerle e dove trovarle?

Nelle notti buie e limpide, lontano dalle luci parassita delle città, è ben visibile una striscia luminosa che attraversa la volta celeste: il centro della nostra galassia. La lunga scia che vediamo però non è omogenea, ma risulta oscurata, in certi punti, da macchie scure dove un tempo si credeva che ci fossero dei buchi nel cielo con relativa assenza di stelle; oggi invece è ben noto che si tratta di nebulose interstellari che occultano la luce delle stelle retrostanti a esse.

Tipi di nebulose

Non tutte le nebulose oscurano lo spazio, infatti ve ne sono altre che creano addirittura magnifici spettacoli luminosi e colorati. Vi sono perciò tre tipi di nebulose: quelle a emissione, a riflessione e oscure.

Le nebulose a emissione sono le più comuni e le più brillanti, visto che sono capaci di emettere luce propria, una luce che si presenta di un color rosato poiché composte principalmente da idrogeno, il quale, in gran parte, emette luce di color rossastro: ciò accade perché la luce ultravioletta proveniente da stelle vicine viene assorbita dagli atomi di idrogeno ionizzandoli e facendo staccare il protone dal suo unico elettrone; successivamente, l'elettrone si ricongiunge col protone riformando un atomo completo e rilasciando l'energia in precedenza assorbita sotto forma di luce rossa.

Le nebulose a emissione si trovano nei paraggi di stelle giovani e molto calde.

Quelle a riflessione, al contrario, riflettono la luce proveniente da stelle vicine e sono composte da gas e polvere. All'osservazione, esse si presentano di color azzurrognolo poiché capaci di riflettere la luce incidente solo in questa particolare lunghezza d'onda. Un noto esempio di nebulosa a riflessione è l'ammasso stellare delle Pleiadi, nella costellazione del Toro; si tratta di una cinquantina di giovani stelle, avvolte da una nube che riflette e diffonde luce azzurro-blu.

Infine, le nebulose oscure sono composte da polvere che assorbe la luce e si presentano come macchie scure fra le stelle. Queste immani nubi molecolari contengono una quantità di materia pari a 10 milioni di Soli e presentano dimensioni gigantesche.

Le molecole di queste nubi comprendono principalmente idrogeno e monossido di carbonio, oltre a un'elevata concentrazione di altre combinazioni fra carbonio, ossigeno, idrogeno e azoto come l'acqua, l'ammoniaca e l'alcool etilico.

Inizialmente le nebulose oscure sono statiche, poiché la luce ultravioletta di stelle lontane non arriva a ionizzare gli atomi, ma dai gas presenti in queste nubi molecolari giganti prendono vita le stelle più massicce, le quali, con l'intensa radiazione ultravioletta emessa, eccitano la nube creando una bolla di idrogeno caldo e brillante sviluppandosi così in una nebulosa a emissione.

In conclusione, si può dire che le nebulose svolgono un ottimo lavoro di riciclaggio raccogliendo materia espulsa da stelle morenti esplose in supernova e riutilizzandola nella formazione di nuove stelle.

Orione

Il Sistema Solare è collocato su uno dei bracci della galassia chiamato il braccio di Orione, da cui prende il nome l'omonima costellazione. Non a caso, nella costellazione di Orione che domina i cieli invernali nell'emisfero settentrionale, sono presenti una moltitudine di nebulose di tutti i tipi, dato che essa appunto è rivolta proprio nella direzione di uno dei bracci galattici, dove ci sono molte nubi molecolari.

La più famosa e senza dubbio la più osservata, oltre a essere la più brillante e quella più vicina alla Terra, è la nebulosa M42, una grande nube di idrogeno a emissione distante 1.500 anni luce da noi e grande 30 anni luce. È una nube molto complessa, poiché è un groviglio di nebulose intrecciate le une alle altre, infatti a settentrione di M42 si trova M43, un'altra nube a emissione più piccola della precedente e separata da quest'ultima da una nebulosa oscura.

Nella zona in alto rispetto a M42 si staglia IC434, un altro complesso di nebulose dove è presente la famosissima nebulosa *Testa di Cavallo*. Questa zona, osservata dal telescopio spaziale, presenta numerosi dischi protoplanetari da cui prenderanno vita dei pianeti.

Oltre a queste nebulose, di gran lunga le più famose e luminose visibili anche a occhio nudo, la costellazione di Orione ospita molte altre nebulose secondarie di tutti i tipi che vedremo più avanti.

Altre nebulose

Il complesso delle nebulose in Orione è l'esempio più noto, ma ve ne sono altre che appassionano astrofili e astronomi. Di seguito verranno citate quelle più interessanti, sia come luminosità sia come forma e grandezza. Una magnifica nebulosa a emissione, ma che presenta anche una componente a riflessione, è quella dell'Aquila, dalla caratteristica forma di un grande uccello in volo. La nebulosa si trova a circa 7.000 anni luce dalla Terra, mentre il telescopio spaziale Hubble ne ha studiato il centro scoprendo un ammasso di stelle molto calde e giovanissime; in questa regione dell'Aquila si sono riprese foto molto dettagliate in cui sono evidenti processi di formazione stellare in corso.

La nebulosa Omega è un altro bell'esempio di nebulosa a emissione ed è la più brillante del cielo dopo quella di Orione. La nube è anche detta *Ferro di Cavallo* per via della sua forma, e viene eccitata dalla presenza di alcune stelle che si trovano nelle vicinanze ed è inoltre sede di intense emissioni nei raggi x.

Infine citiamo la nebulosa Laguna, nella costellazione del Sagittario, distante 3.000 anni luce da noi. Essa è una nebulosa a emissione che riceve radiazione ultravioletta da un gruppo di una quarantina di stelle poco distanti e molto giovani e rappresenta un ottimo esempio di formazione di sistemi planetari. Al suo interno infatti, si sono intravisti dei globuli protostellari del diametro di migliaia di UA da cui prenderà forma un sistema planetario.

La regione dove risiede la nebulosa Laguna è molto ricca di questi tipi di oggetti, poiché si trovano in direzione del centro della nostra galassia e quindi in condizioni di elevata densità di materia.

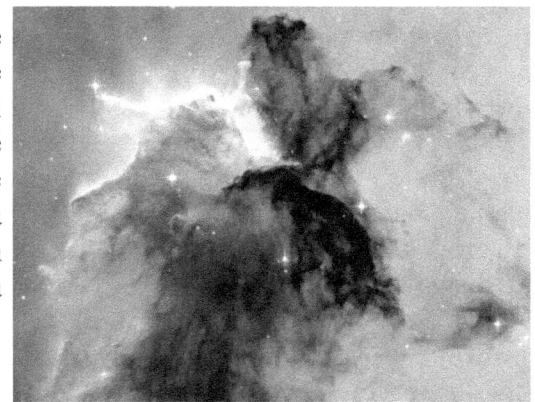

Una delle nebulose più ricercate è quella dell'Aquila, così chiamata per la sua caratteristica forma simile a un grande uccello in volo.

La nebulosa Laguna è sede di poderose formazioni stellari.

LUCI NEL CIELO: LE STELLE

Quando osserviamo il firmamento spesso restiamo colpiti dall'enorme numero di puntini luminosi che costellano la volta celeste. Tutto ciò che vediamo brillare in cielo infatti, sono stelle, stelle come il Sole, stelle

Antares, nella costellazione dello Scorpione, è una delle stelle più grandi che si conoscono.

più grandi del Sole, altre più piccole, stelle molto calde, altre più fredde, solitarie, multiple, rosse, bianche, gialle, azzurre, giovani, vecchie e molte altre ancora.

Come si può notare, non basta dire stelle, poiché ve ne sono di molti tipi, ma si somigliano tutte dal punto di vista di formazione ed evolutivo. Il ciclo stellare è analogo a quello del nostro Sole, astro non dissimile da tutti quelli che osserviamo in cielo: la stella nasce da un embrione di gas e polveri, evolve e infine muore.

Come si è detto, esistono diversi tipi di stelle fra cui il Sole, considerato come stella media, dato che ve ne sono di più piccole e di più grandi: gli astri più minuti sono conosciuti come nane rosse, stelle di piccole dimensioni di color rossastro; il Sole è una stella di media grandezza e temperatura e quindi dalla vita molto longeva, vale a dire oltre 10 miliardi di anni.

Poi vi sono le stelle giganti blu e le giganti rosse: le prime hanno un diametro compreso fra dieci e cento volte quelle del nostro astro. Le giganti blu hanno una temperatura superficiale di 40.000° C, dunque molto brillanti, al contrario le giganti rosse non superano i 2.000° C, temperatura addirittura più fredda rispetto a quella del Sole, ma in ogni caso la vita di queste super stelle sarà molto corta poiché bruciano molto rapidamente l'idrogeno che le alimenta, idrogeno che si esaurisce nell'arco di tempo compreso fra 10 e 100 milioni di anni.

La massa della stella deciderà le fasi e il tipo di morte che inevitabilmente la attende, mutandosi in altri tipi di astri dotati di caratteristiche ai limiti delle leggi fisiche.

La nascita stellare

Tutte le stelle hanno un avvio comune, all'interno di densi agglomerati di gas e polvere, che dura milioni di anni. Precedentemente descritte, le nebulose vengono chiamate anche embrioni stellari, poiché è proprio da qui che prende forma e vita la stella e la conserva facendola lentamente crescere al suo interno fino, diciamo, al parto vero e proprio.

L'idrogeno, il gas più comune nell'universo, è l'elemento principale delle stelle, ma sono presenti anche tracce di elementi più pesanti: questi ultimi provengono dai resti delle stelle di prima generazione, formatesi da agglomerati di idrogeno in condizioni di alta densità e sintetizzati dalla compressione dell'elio.

Le nebulose attuali sono insiemi di idrogeno e cocci stellari primordiali e anch'essi partecipano alla formazione di nuove stelle; laddove i gas e la polvere sono maggiormente concentrati si formano nuove stelle. Il processo ha inizio quando la nube viene stimolata da perturbazioni cosmiche, che siano esplosioni di supernova o influenza ultravioletta di stelle vicine; essa inizia a collassare lentamente sotto il suo stesso peso.

Mentre una sezione della nube continua a collassare, si formano delle dense e scure sfere di gas e polvere dotate di una massa superiore alle 200 masse solari e definite *globuli di Bok*; questo è il primo stato embrionale stellare e dura milioni di anni.

In tutto questo tempo, la gravità continua ad attrarre materia, mentre la nube diventa sempre più densa e calda, finché si forma una protostella. Durante questa fase, la materia si addensa sempre più al centro della protostella e la temperatura cresce in modo esponenziale fino a raggiungere milioni di gradi.

Queste stelle giovani sono circondate da un disco rotante di materia scura che occulta il nucleo, per cui esso è visibile solo nell'infrarosso. Raggiunto un certo limite di temperatura e pressione, la protostella inizia ad avviare il suo reattore nucleare interno divenendo una stella vera e propria. Nelle primissime fasi di vita la stella spazza via, attraverso un forte vento stellare, tutta la polvere circostante facendo intravedere l'astro e questo processo prende il nome di T-Tauri e può durare fino a 30 milioni di anni.

Dai residui di gas e polveri infine, possono formarsi dei pianeti, mentre la massa accumulata dalla stella ne deciderà l'evoluzione e la morte. Se la stella possiede una massa inferiore al 10% rispetto a quella del Sole, la temperatura e la pressione non saranno sufficienti a innescare le reazioni nucleari e il collasso continuerà raffreddandosi, fino a formare una nana bruna, cioè una via di mezzo fra un pianeta e una stella.

Viene definita stella a tutti gli effetti un astro che possiede almeno il 10% della massa del Sole.

Per la maggior parte della sua vita, la stella si manterrà in stabile equilibrio, poiché la forza gravitazionale che tenderebbe a ridurne il diametro è controbilanciata dalle reazioni nucleari che spingono dall'interno verso l'esterno, bruciando idrogeno e convertendolo in elio.

Ma nessuna stella è eterna: l'esaurimento dell'idrogeno segna l'approssimarsi della fine dell'astro e le fasi successive avranno procedure differenti strettamente correlate in base alla massa iniziale della stella.

L'evoluzione delle stelle

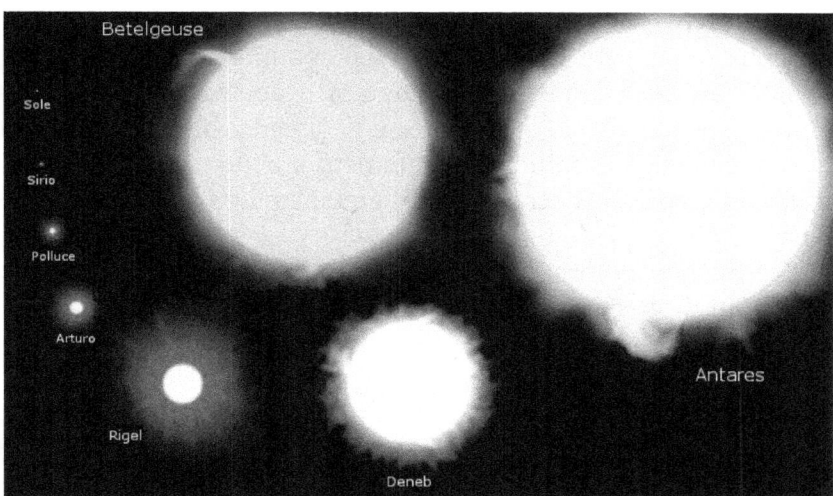

Le dimensioni delle stelle in scala. Dal Sole, considerato come astro di media grandezza, alle stelle supergiganti come Antares in Scorpione e Betelgeuse in Orione. Quest'ultima è nella fase terminale della sua esistenza, destinata a esplodere in supernova entro i prossimi diecimila anni.

Tutti gli astri, una volta formatisi, passano il 90% della loro esistenza in una fase di stabile equilibrio gravitazionale convertendo l'idrogeno in elio.

Come è noto, questo equilibrio è dato da forza gravitazionale e reazioni nucleari bilanciate fra loro: nella fase di formazione delle stelle prevale la forza di gravità, non essendosi ancora avviato il reattore nucleare, ma una volta accesa la fornace interna, le stelle si espandono leggermente fino al raggiungimento della stabilità gravitazionale, la quale permarrà per gran parte del tempo della loro esistenza.

All'esaurimento dell'idrogeno seguirà l'inizio della fine che sarà differente a seconda della loro massa: se una stella possiede una piccola massa, compresa fra 0,1 e 4 masse solari, segue un determinato ciclo, poiché in stelle di questo tipo non avvengono fenomeni di convezione al loro interno, per cui l'idrogeno presente negli strati più esterni non viene rimescolato. Nelle ultime fasi di vita delle stelle medio piccole, il nucleo è avvolto da un guscio di elio che comincia a comprimersi, dato che la fornace interna inizia a spegnersi. Mentre il nucleo continua a collassare aumentando esponenzialmente temperatura e densità, la stella comincia a espandersi fino a diventare una gigante rossa con un diametro di centinaia di milioni di chilometri e nello stesso tempo si raffredda, poiché l'energia e il calore vengono distribuiti in spazi sempre più ampi.

Nel nucleo intanto, la fornace interna si riavvia alla temperatura di 100 milioni di gradi bruciando elio e la stella riadatta la propria struttura a questo nuovo tipo di situazione, ma non per molto. Infatti dalla fusione dell'elio vengono sintetizzati il carbonio e altri elementi più pesanti, i quali determinano la fine dell'esistenza della stella.

In questa ultima fase l'astro esala il suo ultimo respiro perdendo massa e abbandonando i gas nello spazio, mentre il nucleo viene messo a nudo. Questa morte relativamente tranquilla assume una forma che viene chiamata nebulosa planetaria, poiché la nube circolare che avvolge il cadavere stellare viene illuminato dall'intensa radiazione termica di quest'ultimo che ha ridotto il suo diametro fino a raggiungere quello di un pianeta come la Terra, mentre

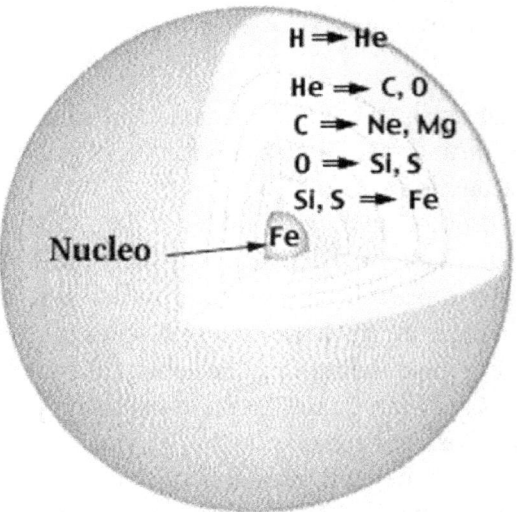

Le stelle supergiganti subiscono una serie di processi di fusione nucleare al termine della loro esistenza. Una volta giunti alla formazione del ferro la stella esplode in supernova.

sulla sua superficie la temperatura è di 100.000° C. Questo tipo di relitto è conosciuto come nana bianca e tutte le stelle di massa medio piccola sono destinate a divenirlo.

La nebulosa planetaria si dissolve in 30.000 anni, mentre le nane bianche si raffreddano in tempi molto più lunghi fino a raggiungere la morte termica, spegnendosi definitivamente e diventando infine nane nere.

La sorte che spetta a stelle di massa superiore a 5 masse solari invece, è alquanto più spettacolare e drammatica. Le cosiddette super stelle, avendo una temperatura al nucleo di decine di milioni di gradi, bruciano e consumano molto più in fretta l'idrogeno che le alimenta, quindi esse saranno molto luminose, ma avranno una vita assai più breve. Inoltre, la forte pressione esercitata, insieme all'elevata temperatura, provoca un coinvolgimento nella fusione di altri elementi più pesanti, al contrario di stelle come il nostro Sole, con conseguenti numerosi cicli di fusione.

Immaginando infatti di sezionare una grande stella, vedremmo che essa è divisa all'interno come gli strati di una cipolla: lo strato più esterno è composto da idrogeno, il quale bruciando a 15 milioni di gradi mantiene la stella nella fase di stabilità producendo elio. Quando l'idrogeno viene esaurito l'astro si spegne temporaneamente, collassa, la temperatura raggiunge i 100 milioni di gradi, la stella si riaccende bruciando l'elio prodotto dalla fusione dell'idrogeno iniziando, in tal modo, un nuovo ciclo di fusione dal quale viene creato un nuovo strato interno di carbonio.

Quando l'elio viene esaurito, si ripete il processo di spegnimento, innalzamento di temperatura fino a 800 milioni di gradi e riavviamento nucleare che fonde carbonio producendo ossigeno in uno strato sempre più all'interno della stella.

Il carbonio a sua volta si consuma, la stella si spegne e collassa, la temperatura cresce ulteriormente fino a 2 miliardi di gradi e si riaccende fondendo l'ossigeno in silicio in strati sempre più profondi e sempre più vicini al nucleo centrale.

Il ciclo di fusione continua riattivandosi per l'ennesima volta bruciando silicio a 3 miliardi di gradi, finché non si giunge alla formazione del ferro; a questo punto la catena nucleare si spezza, poiché è impossibile innescare spontaneamente la fusione del ferro ed è qui che la stella collassa definitivamente esplodendo in supernova.

Se la stella possiede una massa superiore alle dieci masse solari sintetizza gli elementi più pesanti del ferro come l'uranio e l'oro ed è curioso pensare che l'oro di cui sono fatti anelli e collane, provenga dall'esplosione di qualche supernova avvenuta in un angolo sperduto della galassia e chissà quanto tempo fa.

La supernova segna la morte di una stella di grande massa da cui ne rimarrà un relitto, a seconda della massa stellare iniziale: potrà dunque resuscitare, in un certo senso, trasformandosi o in una stella di neutroni o in un buco nero.

Le nebulose planetarie

Le nebulose sono note poiché è all'interno di esse che nascono nuove stelle e anche pianeti, ma le nebulose planetarie rappresentano l'altra faccia della medaglia, poiché ne indicano la loro morte. Si stima che solo nella nostra galassia vi siano 100.000 nebulose planetarie, fra cui farà parte anche il nostro Sole a tempo debito, mentre attualmente se ne sono scoperte circa duemila, 60 nella Piccola Nube di Magellano, 130

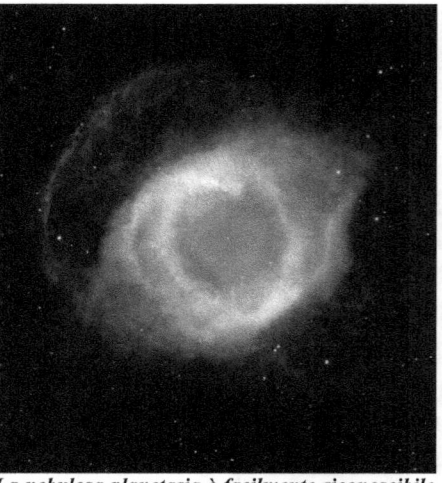

La nebulosa planetaria è facilmente riconoscibile per la sua caratteristica forma sferica.

nella Grande Nube di Magellano e alcune centinaia nella galassia di Andromeda.

Una nebulosa planetaria si forma quando una stella media, alla fine della sua esistenza, passa dallo stadio di gigante rossa a quello di nana bianca, abbandonando i gas più esterni nello spazio; la nana bianca soffia un forte vento stellare per qualche decina di migliaia di anni, mentre l'intensa radiazione ultravioletta emessa eccita gli atomi presenti nella nube rendendola visibile anche a grandi distanze.

Le nebulose planetarie quindi, non brillano di luce propria, ma riflettono la radiazione emessa dalla nana bianca e appaiono colorate a seconda della natura degli atomi presenti nella nube.

Osservandole nell'ultravioletto si può risalire alla composizione chimica delle nebulose planetarie, le quali risultano essere composte in prevalenza da idrogeno ed elio con tracce di carbonio, azoto, ossigeno, neon, zolfo, sodio e argon.

La temperatura tipica misurata è di 10.000° C, mentre la densità varia a seconda della regione ed è compresa da qualche atomo a circa 100.000 atomi per centimetro cubo. Le sue dimensioni oscillano molto: si può partire infatti, da nebulose più piccole con diametri equivalenti alla distanza Sole-Giove, alle nebulose più grandi, larghe alcuni anni luce.

La loro forma dipende dal modo in cui le stelle collassano; generalmente esse si presentano come delle grandi bolle circolari prendendo il nome di sferiche, ma ve ne sono anche di ellittiche e irregolari. Secondo alcuni recenti studi, le forme ellittiche sarebbero dovute a perdite di materia non omogenea, mentre le forme irregolari sarebbero influenzate e deformate dal moto delle nebulose planetarie nel mezzo interstellare, moto che raggiunge una velocità che varia dai 40 ai 150 km/sec.

Le nane bianche

Il cielo stellato ci offre un panorama di una moltitudine di stelle di ogni tipo, ma a occhio nudo non riusciamo a distinguerne la natura, considerate le enormi distanze. Ai nostri occhi, esse sembrano tutte uguali, tuttavia riusciamo a riconoscerne solo la lontananza, poiché le stelle vicine sono più luminose di quelle più lontane, quindi, nonostante la volta celeste ci appaia come una superficie piatta, siamo in grado di immaginare le stelle più deboli a una distanza maggiore e pertanto disposte a profondità diverse.

La nostra capacità visiva però ha un certo limite e non riesce a spingersi oltre, fino a intravedere la presenza di altri astri molto particolari: i cadaveri delle stesse stelle, come le nane bianche, le stelle di neutroni o pulsar e i buchi neri.

Esse altro non sono che stelle morte, nel senso che il loro cuore nucleare non batte più, non essendoci il processo di fusione che tiene le stelle accese, ma sono altamente interessanti dal punto di vista fisico, poiché al loro interno la materia si trova in uno stato molto particolare, definito materia degenere.

Per facilitare l'apprendimento di questo stato insolito a cui è sottoposta la materia, immaginiamo che in condizioni normali gli atomi che la compongono si trovano in uno stato diciamo libero: se potessimo ingrandire un nucleo di un atomo fino a fargli assumere le dimensioni di un pallone da calcio, gli elettroni, in proporzione, orbiterebbero attorno al nucleo alla distanza di qualche chilometro; ciò significa che fra il nucleo e gli elettroni vi sono enormi spazi vuoti.

In una nana bianca, la pressione esercitata dal collasso finale schiaccia e comprime gli elettroni fino a farli annullare contro i protoni; in pratica la massa della stella originaria è rimasta sempre la stessa, ma è ora super densa, poiché si è concentrata in uno spazio cento volte più piccolo di quello iniziale. Le nane bianche infatti, hanno le dimensioni di un pianeta come la Terra ed è per questo motivo che sono scarsamente luminose, anche se la loro superficie ha una temperatura di decine di migliaia di gradi.

Considerando quindi la massa e le dimensioni, questi sono oggetti dalla densità estremamente elevata, talmente elevata che una quantità di materia di una nana bianca grande quanto una zolletta di zucchero, peserebbe sulla Terra una tonnellata.

Anche se all'interno della nana bianca non vi sono più reazioni nucleari, la sua temperatura è elevatissima; questa energia latente tende a perdersi nello spazio sotto forma di radiazioni elettromagnetiche. È ovvio però, che la piccola stella si raffredderà sempre di più, ma nel corso di tempi molto lunghi, fino a spegnersi completamente divenendo una nana nera invisibile e andando ad aggiungersi a un'altra categoria di materia presente nell'universo in enormi quantità, ma che non si riesce a captare e di cui ci occuperemo più avanti: la materia oscura.

Le supernovae

Le supernovae si possono considerare le sorelle maggiori delle nebulose planetarie, poiché rappresentano l'evento conclusivo di stelle di grande massa. Osservandone i resti, detti resti di supernova, risulta evidente una struttura nebulare colorata, generatasi dal collasso e la conseguente esplosione di una stella massiva.

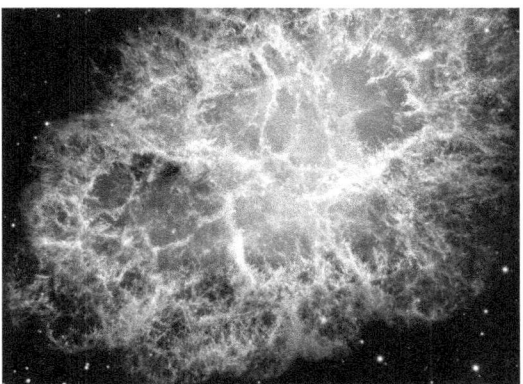

Il primo oggetto nel catalogo Messier (M1) è la nota supernova del Granchio, nella costellazione del Toro. L'apocalittica esplosione della stella è stata osservata e documentata nel 1054 da astronomi cinesi.

Le supernovae quindi, sono eventi apocalittici che segnano la morte di stelle giganti che esplodono. L'esplosione di una supernova è talmente potente da liberare, in una frazione di secondo, un'energia superiore a quella prodotta dalla stella in milioni di anni di esistenza.

Come è noto, le stelle di grande massa, una volta che hanno completato tutti cicli di fusione nucleare, collassano verso il nucleo determinando un aumento di pressione e temperatura incontrollabile; è in questo momento che le stelle esplodono in supernova, facendo volare ovunque una miriade di atomi pesanti appena formati e che si ritroveranno nelle nebulose gassose da dove prenderanno parte nella formazione di nuove stelle o pianeti.

Oltre a ciò, la potentissima esplosione genera un forte rinculo che proietta il relitto stellare lontano dal suo luogo d'origine a una velocità di centinaia di chilometri al secondo.

Dalla supernova emergerà ciò che resta della stella, una pulsar o anche un buco nero, a seconda della massa stellare.

Le supernovae si distinguono in due categorie principali dette di tipo I e di tipo II. Quelle di tipo I, definite anche SNI, comprendono stelle vecchie accompagnate, in un sistema binario, da una nana bianca. Infatti, può anche accadere che in questo tipo di situazione la nana bianca risucchi gravitazionalmente materia alla stella compagna; la materia che viene aspirata e che cade sulla nana bianca riscalda quest'ultima, generando reazioni nucleari incontrollabili che finiscono per causare l'esplosione e la distruzione del sistema binario: in tal caso si parla di stellenovae.

Le supernovae SNI si dividono in diversi sottogruppi: SNIa sono le supernovae più luminose, tanto da essere visibili anche in pieno giorno e si possono osservare in tutti i tipi morfologici di galassie, SNIb si trovano nelle galassie a spirale e infine SNIc rappresenta una sottoclasse delle SNIb, ma si distingue per particolari emissioni spettrali.

Le supernovae di tipo II o SNII invece, fanno riferimento a stelle giovani ma con masse enormi e si verificano in galassie a spirale o irregolari e inoltre sono meno luminose di quelle di tipo I. Anche le SNII si dividono in diverse sottoclassi: le SNII-L sono supernovae caratterizzate da un decremento costante di luminosità dopo il massimo. Le SNII-P sono più stabili, poiché restano luminose trenta giorni prima del massimo, per restare inalterate per altri cinquanta giorni, fino a diminuire in modo costante.

Le SNIIn rappresentano quelle con decremento più lento di luminosità, le SNIIb sono un cocktail tra le SNII e le SNIb e infine quelle con altre caratteristiche sono le SNIII, SNIV e SNV.

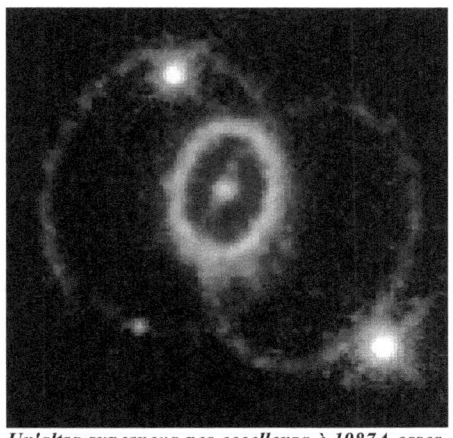

Un'altra supernova per eccellenza è 1987A osservata nella Nube di Magellano.

Le stelle di neutroni

Così come le nane bianche, anche le stelle di neutroni rappresentano quelle stelle che ormai hanno cessato la loro attività nucleare. Questo tipo di astri però, non muore totalmente, ma si trasforma in qualcos'altro; sono oggetti che attirano l'attenzione degli scienziati e il cui fascino non conosce limiti, prima di tutto perché le stelle di neutroni concentrano una massa enorme di materia, corrispondente a più di due masse solari, in uno spazio piccolissimo. Questi sorprendenti oggetti celesti infatti, misurano solo una decina di chilometri e la materia di cui essi sono composti è stata compressa in modo inimmaginabile, tanto che una quantità di materia di una stella di neutroni pari a una capocchia di spillo, peserebbe sulla Terra un milione di tonnellate. Ma come può formarsi un tale oggetto? Come si sa, una volta terminato il processo di fusione nucleare, le stelle super massive collassano ed esplodono in supernova; ciò che ne rimane è un relitto composto essenzialmente da neutroni, poiché alle temperature di questi astri, circa 100 milioni di gradi, i protoni collidono e interagiscono con gli elettroni liberi generando neutroni. Oltre a ciò, poiché il diametro della stella gigante diminuisce di parecchie volte, la velocità di rotazione aumenta notevolmente, quindi il collasso gravitazionale, associato all'altissima forza centrifuga, schiaccia la materia dell'astro in modo straordinario; gli astrofisici pensano però che ci deve essere un limite massimo della velocità di rotazione oltre il quale il corpo si disintegrerebbe per effetto della sua stessa forza centrifuga.

La velocità di rotazione delle stelle di neutroni è talmente elevata da farle compiere decine di giri al secondo, mentre vi sono altre che hanno una media di un giro al secondo.

Ad ogni giro partono dall'astro delle intense radiazioni elettromagnetiche sotto forma di impulsi radio ed è per questo che le stelle di questo tipo sono note anche con il nomignolo di pulsar, cioè stella pulsante.

Gli impulsi partono dalle regioni dove l'intensissimo campo magnetico crea due specie di buchi che funzionano come un vero e proprio faro cosmico; le scoperte delle pulsar infatti, vengono effettuate solo se i fasci delle onde elettromagnetiche emesse sono indirizzate verso di noi e risultano visibili proprio come si vede un faro in mare aperto, a intermittenze regolari.

Il loro periodo di pulsazione inoltre, è talmente preciso da far invidia ai migliori orologi atomici; le pulsar in effetti, mantengono lo stesso precisissimo ritmo per tempi lunghissimi, basti pensare che il loro periodo di pulsazione diminuisce di un secondo ogni tre milioni di anni.

Tombini cosmici: i buchi neri

L'universo è un autentico scrigno di misteri, ma l'uomo nonostante le infinite difficoltà, tenta di scoprire e comprendere fenomeni che hanno dell'incredibile. Abbiamo già descritto infatti, le nane bianche e le pulsar, oggetti celesti dotati di caratteristiche, secondo il nostro discreto modo di percepire dato che si tratta di normali leggi fisiche, assolutamente fuori dal comune e composte da materia che sulla Terra non potrà mai esistere, ma ciò che affascina gli astrofisici sopra ogni cosa sono i buchi neri.

Raffigurazione di un buco nero. Esso diventa visibile se si trova nelle vicinanze di materiale interstellare o di stelle; la materia risucchiata si mette a spiraleggiare nel disco di accrescimento prima di precipitare nel nucleo centrale del buco nero. L'intensa energia prodotta causa una forte emissione nei raggi x e gamma.

Dapprima ipotizzati e successivamente studiati direttamente, i buchi neri sono degli oggetti celesti dalle caratteristiche fisiche che superano ogni limite, rientrando a far parte di una di quelle cose che possono essere concepite solo in astratto; questi corpi infatti, non sono assolutamente riproducibili in laboratorio e neanche i più sofisticati computer sono in grado di avvicinarsi alle reali potenzialità fisiche che caratterizzano i buchi neri, ma possono solo simularne i movimenti attraverso delle animazioni grafiche.

Questi mostri cosmici possono essere equiparati a degli zombi, poiché essi non sono altro che stelle con masse superiori a dieci masse solari, le quali al momento della loro morte e col collasso gravitazionale completo, resuscitano in buchi neri compiendo opere di vero e proprio cannibalismo, ingoiando tutto ciò che si trova a passare nelle loro vicinanze. Si trasformano in buchi neri solo le stelle di grande massa, poiché possiedono una pressione gravitazionale talmente potente da farne assumere queste caratteristiche, ma qualcuno ha ironicamente ma giustamente fatto esempio che se ci fosse un gigante che comprimesse il nostro pianeta con forza mostruosa, la Terra si trasformerebbe in un buco nero dello spessore di un centimetro.

I buchi neri infatti, sono capaci di concentrare milioni di masse solari in uno spazio del diametro di poche centinaia di metri; in altre parole, è la pressione esercitata che fa assumere alla materia caratteristiche del tutto particolari.

Abbiamo già visto come nelle pulsar la materia viene compressa fino a farla diventare impenetrabile e superdensa; il collasso gravitazionale che genera poi i buchi neri si spinge ancora oltre, poiché la pressione esercitata è talmente potente da far richiudere lo spazio su se stesso.

Come è noto, la velocità massima possibile in natura è quella della luce: un fotone luminoso viaggia alla velocità costante di 300.000 km/sec, mentre la velocità di rotazione di un buco nero supera quella della luce e, di conseguenza, neanche la luce è in grado di uscire da un tale astro e sono perciò, per definizione, invisibili, poiché non emettono luce e da cui ne deriva il nomignolo di buco nero.

Ma se i buchi neri sono invisibili come si è fatto a scoprirli? Prima di tutto bisogna pensare che solo nella nostra galassia la maggior parte delle stelle sono massicce, perciò gli astronomi pensano che vi siano più buchi neri di quanto possiamo aspettarci; in secondo luogo, è vero che questi corpi sono invisibili, ma solo se si trovano isolati negli ampi spazi che dividono una stella dall'altra. Se invece si trovano nei paraggi di nubi interstellari o sono accompagnati da altre stelle, la loro tremenda forza gravitazionale risucchia materia di qualsiasi natura, che poi si mette a spiraleggiare intorno al nucleo centrale del buco nero.

La loro presenza infatti, è indicata da un disco di materia che ruota ad altissima velocità e temperatura, fino a precipitare nell'abisso invisibile, inoltre, come si sa, la paurosa gravità che esercita un buco nero è causa di forti emissioni di radiazioni ad alta energia come i raggi x e raggi gamma, perciò possono essere rilevati anche dai radiotelescopi in queste particolari lunghezze d'onda.

Le estreme condizioni ambientali di un buco nero non possono essere spiegate dalla teoria gravitazionale di Newton, ma solo dalla relatività generale di Einstein, nella quale spazio, tempo e materia sono legate indissolubilmente: secondo la relatività infatti, il tempo, nei pressi di un buco nero, scorrerebbe più lentamente rispetto al normale, mentre la struttura spaziale verrebbe deformata in modo esponenziale; ciò significa che per unire due punti in prossimità di un buco nero, lo spazio non è più il linea retta ma è curvo, poiché la sua forma è stata distorta dalla massa stessa del buco nero.

Tutto questo però, accade all'esterno, ma cosa succede all'interno di un buco nero? Questa è una domanda alla quale non si è ancora in grado di dare una risposta e forse resterà tale per sempre. Le ipotesi si susseguono a ritmo frenetico ed è difficile avvalorarne una per scartarne un'altra.

Fra le teorie più ardite vi è una che descrive un buco nero come una specie di tunnel, attraverso cui si sbucherebbe in un punto lontano dell'universo o addirittura in un'altra dimensione parallela e in un altro tempo. Secondo questi modelli teorici, ai buchi neri che ingoiano materia corrisponderebbero, dall'altra parte, dei buchi bianchi che espellono materia, per cui essi potrebbero essere considerati non solo come degli strumenti per spostarsi all'istante da un punto all'altro dell'universo, ma anche per viaggiare lontani nel tempo, per poi tornare indietro in un'era compresa fra 20.000 e un milione di anni nel futuro.

C'è da dire però, che queste teorie sono solo il frutto di complessi calcoli matematici, ma una cosa è lavorare sui modelli teorici e un'altra è fare i conti con la realtà.

La teoria più accreditata e al contempo più vicina alla realtà, è che qualsiasi oggetto che si avvicini troppo a un buco nero verrebbe prima stirato, così come si allunga una gomma da masticare data la fortissima accelerazione impressa e poi stritolato nel punto centrale fino a scomparire definitivamente.

L'idea dunque che si ha oggi dei buchi neri è quella che ciò che si trova a transitare nei paraggi di tali oggetti viene inghiottito e fatto sparire senza lasciare tracce, come dimostrano osservazioni moderne con buchi neri che non solo risucchiano stelle, ma il centro di intere galassie.

Secondo le stime, tutte le galassie hanno al loro centro un enorme buco nero, compresa la nostra, un buco nero con centinaia di milioni di volte la massa del Sole.

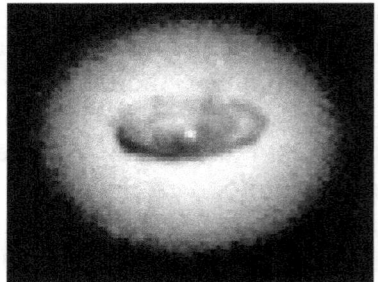

L'eccezionale avvistamento di un buco nero al centro della galassia NGC4261 fotografato dal telescopio spaziale.

TIPI DI STELLE			
COLORE	TEMPERATURA SUPERFICIALE	TIPO	STELLE TIPICHE
BLU	22.000° C	O	ZETA PUPPIS, 15 MONOCEROTIS
BIANCO-BLU	14.000° C	B	EPSILON ORIONIS, RIGEL, SPICA
BIANCO	10.000° C	A	SIRIO, VEGA, ALTAIR
BIANCO-GIALLO	6.700° C	F	CANOPO, PROCIONE, ALPHA PERSEI
GIALLO	5.500° C	G	SOLE, CAPELLA, ALPHA CENTAURI
GIALLO-ARANCIO	3.800° C	K	AUTURO, ALPHA URSAE MAJORIS
ROSSO	1.800° C	M	BETELGEUSE, ANTARES

GLI AMMASSI APERTI

Abbiamo visto come siano diversissimi i tipi e le dimensioni delle
stelle; abbiamo parlato del differente ciclo evolutivo che caratterizza le stelle in base alla loro massa
e abbiamo appurato che esistono
molte razze stellari, dalla stella più
piccola alla più massiccia, da quella più fredda alla più calda, dalle
stelle solitarie come il nostro Sole
ai sistemi multipli con più stelle
nate dalla stessa nube cosmica e legate fra loro gravitazionalmente e

*L'ammasso più noto in assoluto, le Pleia-
di, un gruppo di una cinquantina di stelle
molto giovani che galleggiano in una
nube azzurrognola. L'ammasso delle
Pleiadi è ben visibile a occhio nudo come
una macchiolina sfocata nella costellazione del Toro.*

infine, stelle variabili o pulsanti meglio conosciute come Cefeidi, caratterizzate dall'accentuata variazione luminosa strettamente correlata in base alle fusioni nucleari interne e che avvengono
a intervalli estremamente regolari.
Tutto l'universo dunque, è popolato da questi vari tipi di astri,
ma alcuni di essi tendono a raggrupparsi in famiglie nell'ambito
della galassia cui appartengono, formando sciami da qualche decina a qualche migliaia di stelle più o meno giovani: gli ammassi
aperti.
Gli ammassi aperti più noti e anche visibili a occhio nudo sono
le Pleiadi e le Iadi, e si presentano come macchie sfocate, mentre al telescopio è possibile apprezzarne la bellezza osservando
gruppi di stelle che splendono in una nube azzurrognola.
Presumibilmente, tutte le stelle comprese in un ammasso aperto
dovrebbero avere la stessa età, nell'ordine di poche decine di milioni di anni, davvero pochi per le stelle e nate quasi contemporaneamente dalla medesima nube interstellare; l'unica differenza
che può esserci fra questi astri è il diverso ciclo evolutivo legato
alla massa della stella; è noto infatti, che una stella di grande

massa consuma più rapidamente l'idrogeno causandone una vita più breve rispetto a una di massa media che, al contrario, ha un ciclo di fusione di molto inferiore, pertanto avrà una vita molto più lunga.

Le stelle degli ammassi aperti, essendo molto giovani, sono dislocate nei bracci della galassia, laddove le nubi molecolari interstellari abbondano ed è proprio da qui, come abbiamo visto, che nascono nuove stelle, diversamente dalle regioni più prossime al centro galattico, dove vi risiedono le stelle più vecchie.

La posizione degli ammassi aperti nella galassia, rende molto difficile l'osservazione, infatti, trovandosi in regioni sature di gas, polvere interstellare e materia oscura, vengono oscurati o nascosti da questi ultimi; attualmente si conoscono circa 1.200 ammassi aperti, ma si ipotizza che solo nella nostra galassia ve ne siano da 50.000 a 100.000. Occorre tenere in considerazione inoltre, che ci è impossibile osservare l'altra estremità della Via Lattea, dato che il suo nucleo occulta completamente la parte interessata trovandosi interposta fra noi e i bracci opposti della galassia.

Le teorie avanzate dagli astrofisici riguardo al loro numero si basano sullo studio di altre galassie con struttura e dimensioni simili alla nostra, quindi si tratta di studi indiretti; il problema vero è che non possiamo uscire dalla nostra galassia per osservarla e studiarla dall'esterno, poiché, anche disponendo di un'astronave capace di viaggiare alla velocità della luce sarebbero necessari diverse decine di migliaia di anni.

Le dimensioni degli ammassi aperti sono nell'ordine di poche decine di anni luce, mentre la loro densità si aggira dalle dieci alle cinquanta stelle per anno luce cubico.

Lo studio degli ammassi aperti

Lo studio degli ammassi è di rilevante importanza, poiché consente agli astronomi di esaminare e approfondire l'evoluzione delle stelle. Se si prende in considerazione una famiglia di stelle come gli ammassi aperti, studiandone i dettagli ci si rende conto che la loro forma non è stabile, ma cambia nel tempo: le stelle che compongono un ammasso sono legate fra loro gravitazionalmente, ma in misura molto debole. Il loro moto nello spazio è perturbato dal passaggio di altre stelle vicine e da polvere interstellare, perciò accade, ma a distanza di centinaia di milioni di anni, che il gruppo si disperda o in casi rari, che negli ammassi aperti composti da stelle giovani vengano a trovarsi stelle più vecchie con un'età di circa 10 miliardi di anni.

In questi casi ci si basa sulla composizione chimica del singolo astro analizzando il suo spettro; le stelle più vecchie in effetti, sono molto povere di elementi metallici, formatisi molto dopo dalle esplosioni di grandi stelle in supernova, le quali hanno distribuito gli elementi più pesanti nel mezzo interstellare.

Le stelle di seconda generazione si sono formate dai residui di queste esplosioni e quindi sono molto più ricche di elementi metallici rispetto alle stelle più vecchie.

Si calcola che per gli ammassi più giovani, come quello delle Iadi e con un'età stimata dai 500 milioni al miliardo di anni, abbia una percentuale di metalli pari allo 0,032%, mentre per gli ammassi più vecchi come MEL66, con un'età di 6,5 miliardi di anni, la quantità di metalli sia pari allo 0,0046%.

Classificazione degli ammassi

La struttura degli ammassi assume le forme più diverse in quanto non hanno una loro precisa configurazione e oltre a ciò, il numero di stelle che li compongono non è fisso, né tanto meno hanno pari magnitudine. Inoltre le loro dimensioni possono oscillare da 6 a 30 anni luce, quindi tenendo in considerazione tutti questi parametri non è semplice stilare dei cataloghi che li possa classificare; ciononostante, nel 1930, un astronomo americano propose una classificazione basandosi proprio su questi fattori: divise gli ammassi in quattro categorie principali contrassegnate dai primi numeri dell'alfabeto romano, dove il tipo I sta a indicare gli ammassi più densi, fino al tipo IV cioè quelli meno densi. Ogni categoria si divide in tre sottoclassi segnate dai numeri 1, 2 e 3, dove la prima indica gli ammassi composti dalle stelle che hanno grossomodo tutte la stessa luminosità, fino alla numero 3, naturalmente indice di ammassi con stelle dalle luminosità più diverse.

Per ultimo, vennero stabilite tre ulteriori categorie per indicare il numero complessivo di astri contenuti in un ammasso: la lettera p (poveri) fa riferimento agli ammassi con meno stelle, meno di 50, la lettera m (medi) indica gli ammassi medi con un numero di astri compreso fra 50 e 100, e infine r (ricchi) si riferisce a quelli più popolosi con oltre 100 stelle.

Vi sono poi altri cataloghi astronomici in cui sono elencati gli ammassi aperti, i più importanti dei quali sono: il *Catalogue of Stars Cluters and Associations*, contenente tutti gli ammassi aperti pubblicati fra il 1901 e il 1967, il *Catalogue of Open Clusters Data,* che comprende tutti i parametri relativi agli ammassi aperti, quali la composizione, l'età, la distanza, la densità, la grandezza, la massa eccetera, e infine i cataloghi a livello amatoriale come quello di *Messier*, contente 110 oggetti non stellari dei quali 30 sono ammassi aperti e quello *NGC (New General Catalogue)*, il quale elenca quasi 350 oggetti.

Altri ammassi

La nostra galassia ospita un gran numero di ammassi aperti, ma è ovvio che questo non è un particolare riservato alla nostra sola Via Lattea. Tutte le galassie contengono degli ammassi aperti con caratteristiche del tutto simili a quelle a noi note, ma essendo molto lontane se ne conoscono ben poche.

Anche l'acutissimo occhio del telescopio spaziale farebbe fatica a individuarle, persino nella vicina galassia di Andromeda, anche se si trattassero delle più luminose.

Tuttavia, osservando e studiando gli ammassi aperti finora scoperti in altre galassie, si è notato che il loro ciclo evolutivo è differente da quello che di solito caratterizza gli ammassi appartenenti alla nostra galassia, forse dovuto alla diversa struttura e dimensione della galassia ospite.

Si è visto infatti in entrambe le galassie satelliti della Via Lattea, le due Nubi di Magellano, che inizialmente la procedura di avvio con la formazione di nuove stelle è simile alla nostra, cioè inizia dove vi è maggior densità di nubi gassose, ma poi accade che il ciclo si interrompa in quel punto per riprendere altrove, oppure, dopo un periodo di pausa, riprenda nella stessa regione dove si era interrotto.

I molti ammassi scoperti in entrambe le Nubi di Magellano hanno età medio-giovane e sono praticamente sferiche; il loro studio è fondamentale, poiché da essi si possono trarre molte utili informazioni sulla dinamica cosmologica.

GLI AMMASSI GLOBULARI

Abbiamo finora descritto ciò
che la nostra galassia contiene: partendo dal nostro pianeta, siamo ora giunti ai confini della Via Lattea, la galassia in cui ci troviamo e ci
apprestiamo a uscire al di
fuori di essa.
Ai suoi bordi vi è un nugolo
di ammassi stellari, i quali
segnano i confini della nostra

Uno degli ammassi globulari più ricercati è M13, nella costellazione di Ercole.

galassia: gli ammassi globulari. Questi ultimi sono insiemi di
centinaia di migliaia di stelle di età avanzata, formatisi fra 12 e
15 miliardi di anni fa in contemporanea alla Via Lattea e risiedono tutt'intorno a essa in quello che viene chiamato l'alone galattico.
Al contrario degli ammassi aperti, gli ammassi globulari hanno
forma pressoché sferica e si presentano come densi agglomerati
di stelle, talmente densi che anche i migliori telescopi terrestri
non riescono a distinguere le singole stelle, specialmente nelle
regioni centrali.
Nella Via Lattea esistono 150 ammassi globulari, i quali hanno
un diametro di poche decine di anni luce e in questo spazio sono
ammassate centinaia di migliaia o, in alcuni casi, milioni di stelle, come Omega Centauri, contenente 10 milioni di stelle e visibile a occhio nudo ma solo dall'emisfero australe; l'ammasso
globulare a noi più vicino è M4, a 6.500 anni luce, mentre M13,
nonostante sia molto luminoso, è relativamente lontano: la sua
brillantezza, pari a 200.000 volte quella del Sole, deriva dal fatto
che è composto da un milione di stelle concentrate in uno spazio
di soli 30 anni luce.
Considerando tutto ciò, è facile immaginare che sia gli ammassi

aperti che gli ammassi globulari, sono fra gli oggetti celesti più studiati dagli astronomi, poiché i primi ci permettono di apprendere meglio la nascita e l'evoluzione stellare, mentre i secondi ci danno preziose informazioni sia sull'età della nostra galassia e perfino dell'universo, sia perché vengono usati per valutare le distanze nel cosmo.

Ultimamente però, è emerso un paradosso a riguardo degli ammassi globulari: è venuto fuori infatti, che l'età di alcuni di essi sia addirittura superiore all'età dell'universo stesso, un po' come se fossero nati prima i figli dei genitori; probabilmente l'età degli ammassi studiati è stata sopravvalutata, mentre gli scienziati stanno ancora lavorando per risolvere l'enigma.

La storia degli ammassi globulari

Gli ammassi globulari sono disposti simmetricamente intorno al centro galattico formando l'alone, una sfocata luce sferica che avvolge la Via Lattea.

Gli ammassi globulari quindi, si trovano nelle regioni che segnano i confini della nostra galassia, oltre i quali vi è il vuoto intergalattico. Ma come mai gli ammassi globulari hanno forma, età e posizione diverse rispetto agli ammassi aperti?

Come è noto, questi ultimi sono composti da stelle più giovani, poiché si sono formati molto dopo. La formazione degli ammassi globulari invece, avvenne insieme alla stessa galassia: la nube protogalattica aveva inizialmente una forma sferica, ma che si andava man mano schiacciando per effetto della gravità formando il disco protogalattico; durante lo schiacciamento, la nube lasciava dietro di sé detriti di gas e polveri che servirono per la formazione degli ammassi globulari.

Questi quindi, si sono formati prima del completo schiacciamento del disco galattico e hanno un'età che varia dai 12 ai 15 miliardi di anni.

Dal momento della loro formazione, gli ammassi globulari sono rimasti nelle zone in cui sono nati, mantenendo la stessa forma; tuttavia, anche loro orbitano intorno al centro galattico attraversando il suo disco: l'ammasso globulare M13 per esempio, si sta avvicinando alla Terra alla velocità di 250 km/sec.

Un'esistenza tormentata

Si è detto in precedenza che nessun telescopio terrestre può distinguere il centro degli ammassi globulari, ma dopo l'avvento dei CCD e soprattutto del telescopio spaziale Hubble, è stato possibile vincere questa sfida e il quadro che ne è emerso è alquanto bizzarro. Avendo una risoluzione tale da riuscire a distinguere le singole stelle all'interno degli ammassi globulari, l'Hubble ha scoperto la presenza di stelle stragglers, cioè astri blu prodotti da una collisione fra due o più stelle e di molti sistemi binari e multipli, tutto ciò frutto dell'elevata densità stellare in un ristretto volume di spazio. In paragone, lo stesso spazio dove si trova il Sole, è mille volte meno denso rispetto a quello di un ammasso globulare standard.

È per questo che l'elevata forza gravitazionale tende ad ammassare le stelle verso il centro dell'ammasso, innescando la nascita di stelle stragglers e di sistemi binari; si è anche osservata una forte emissione nei raggi x, dovuta alla presenza di stelle di neutroni che risucchiano gravitazionalmente materia alle stelle vicine, oltre a un certo numero di vere e proprie collisioni fra stelle.

Alla luce di tutto ciò, si può dire che gli ammassi globulari siano tutti uguali, tuttavia, essi appartengono a diverse famiglie a seconda della composizione chimica e della distanza dal centro galattico: si parla infatti, di *ammassi di disco* allorquando la composizione chimica degli ammassi globulari ha un contenuto di metalli superiore, poiché raccolto da stelle esplose precedentemente in supernova e che hanno distribuito tale elemento nel mezzo interstellare.

Questi ammassi sono un po' più giovani degli ammassi con una più bassa concentrazione di metalli e si trovano appunto nelle regioni del disco galattico, da cui ne deriva il nome.

Inoltre vi sono altre tre famiglie diverse divise in base alla loro distanza dal centro galattico: vi sono ammassi appartenenti alla famiglia *dell'alone interno*, cioè quegli ammassi che hanno una distanza dal centro della Via Lattea inferiore a quella che ha Sole, il gruppo *dell'alone esterno*, cioè gli ammassi che hanno una distanza maggiore rispetto a quella che ha il Sole, ma comunque inferiore a 60.000 parsec e infine gli ammassi dell'*alone estremo* se hanno una distanza superiore a 60.000 parsec.

Indipendentemente dalla loro distanza, tutti gli ammassi globulari gravitano intorno alla galassia su orbite altamente eccentriche, simili a quelle degli asteroidi che incrociano l'orbita terrestre, oppure a quelle delle comete periodiche come la Halley.

È chiaro che gli ammassi sono legati alla Via Lattea, trattenuti dalla sua forza di gravità, ma ciò provoca anche violenti fenomeni ambientali sugli ammassi stessi: infatti essi, a seconda della loro orbita e mediamente ogni 100 milioni di anni, attraversano il disco galattico e ciò provoca dei significativi cambiamenti alla struttura degli ammassi. In particolare accade che le forze mareali della galassia esercitate sugli ammassi globulari, sono talmente elevate da provocarne la distruzione: le stelle che si trovano all'esterno degli ammassi risentono in misura minore l'influenza gravitazionale degli stessi e ne vengono strappate dalla ben più potente gravità galattica.

Si parla allora di *evaporazione stellare,* la quale tende a far ridurre le dimensioni dell'ammasso. Forse è per questo motivo che si sono osservate stelle molto vecchie all'interno della Via Lattea, un tempo facenti parte di un ammasso globulare.

Si è calcolato che la distruzione media sia di cinque ammassi globulari ogni miliardo di anni.

LA NOSTRA GALASSIA: LA VIA LATTEA

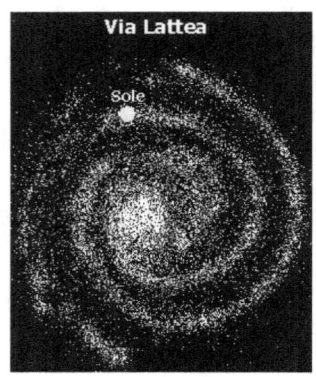

Trovandoci all'interno della Via Lattea non ci è possibile osservarla per intero. Nella figura a sinistra la rappresentazione della sua forma e il posto che occupa il nostro Sistema Solare nella galassia. Se potessimo osservarla dall'esterno, sarebbe molto simile alla galassia gemella Andromeda (foto sopra).

Il termine *galassia* deriva dal greco antico *gala* cioè latte ed è probabilmente per questo che alla nostra Galassia sia stato dato il nome di Via Lattea.

Osservandola bene e in condizioni di scarso inquinamento luminoso, ci si accorge che essa assume le sembianze di una striscia luminosa opalescente che attraversa il cielo, una via lattiginosa da cui ne prende il nome.

La nostra Galassia può essere osservata per tutto il periodo dell'anno e da entrambi gli emisferi, ma da nessun luogo della Terra può essere vista per intero.

La parte più luminosa della Via Lattea è visibile dall'emisfero australe in direzione della costellazione del Sagittario: qui è talmente luminosa che può essere osservata anche in piena città o in condizioni di luna piena.

Ma cos'è una galassia? Tutte le galassie, a cominciare dalla nostra, sono agglomerati di centinaia di miliardi di stelle, materia oscura, nebulose e polveri interstellari. Esse possono assumere forme, dimensioni e densità stellare differenti e in base a ciò sono divise in diverse categorie.

Ma la nostra Galassia come è fatta? Come possiamo immaginarcela dal momento che se ci troviamo all'interno di essa non possiamo vederla per intero? Studi effettuati dai ricercatori su altre galassie, ma soprattutto sulla nostra, hanno permesso di definirne con precisione la morfologia.

TIPI DI GALASSIE

ESISTE UNA CLASSIFICAZIONE DELLE GALASSIE FORMULATA DA EDWIN HUBBLE IN RAPPORTO ALLA LORO FORMA. SECONDO QUESTA TABELLA, LE GALASSIE SONO DI TIPO ELLITTICO (E), LE QUALI VARIANO DA QUASI SFERICHE (E0), FINO A ESSERE ALLUNGATE COME DIRIGIBILI (E7) ATTRAVERSO OTTO STADI INTERMEDI. POI VI SONO LE GALASSIE A SPIRALE (S) DIVISE A SECONDA DELLA POSIZIONE DEI BRACCI E INFINE LE GALASSIE IRREGOLARI (IR) DI FORMA NON IDENTIFICABILE.

Galassia del tipo E0, nella foto a sinistra M87 nella costellazione della Vergine, è fra le galassie ellittiche più grandi: essa misura 10 milioni di anni luce. Procedendo nella sezione E (E2) si vede che la forma si schiaccia, nella foto al centro M32. La forma più allungata delle galassie del tipo E (E7) la possiede NGC3115 (a destra), una delle galassie satelliti di Andromeda.

Le galassie tipo Sa presentano bracci strettamente ripiegati come M65 (a sinistra), nella costellazione del Leone. La classe tipo Sb presenta bracci più ampi: al centro M81, una galassia simile alla nostra. Le galassie con i bracci più ampi sono di tipo Sc. A destra M33 nella costellazione del Triangolo.

Le galassie SB sono caratterizzate da una barra fra i bracci e si dividono in a, b e c, a seconda della forma ampia o stretta dei bracci. A sinistra NGC 7479. Alla classe di galassie SBb(r), la r indica l'anello attorno alla barra da cui partono i bracci. Al centro M95. Il 25% delle galassie non possiede una massa sufficiente per sviluppare spirali. M82 è una tipica galassia irregolare classificata Ir.

Come è fatta la Via Lattea?

Da molti secoli l'uomo scruta il cielo con interesse dando nomi mitologici a pianeti, satelliti, stelle e costellazioni. Ma come definire una striscia luminosa che attraversa il cielo da parte a parte?

Si è tentato di dare una spiegazione a questo quesito fin dagli albori, ma è solo nel XIX secolo che si è riusciti a intravedere la verità. Una volta definito con precisione che il nostro Sistema Solare si trova immerso in mezzo ad altre centinaia di miliardi di stelle e che tutte insieme compongono una galassia, ci si è cominciato a chiedere come essa fosse fatta vista dall'esterno.

Naturalmente questa osservazione diretta è impossibile, sarebbe come trovarsi immersi in un bosco e voler scorgerne la forma dall'esterno; per poter far ciò, basterebbe servirsi di un elicottero e osservarlo dall'alto, cosa tutt'altro che semplice quando si tratta di una galassia, della nostra Galassia.

Anche disponendo di una sonda che viaggi alla velocità della luce, si impiegherebbero 100.000 anni per farla uscire al di fuori della Via Lattea e avere quindi una visione completa della sua forma, e altri 100.000 anni per far giungere a terra le immagini riprese; sono numeri da capogiro che scoraggerebbero anche i più volenterosi.

Ora sappiamo comunque, che si è stabilita con precisione la struttura e le dimensioni della Via Lattea. Ma come sono arrivati gli scienziati a fare ciò che in apparenza sembra impossibile?

Naturalmente le osservazioni non hanno riguardato solo la nostra Galassia, ma anche altre galassie sparse nell'universo. Dal nostro angolo, noi riusciamo a scorgere bene il centro della Via Lattea, popolato densamente di stelle antiche e del tutto simile alle galassie con struttura a spirale, in particolare la si è confrontata con quelle che si presentano di taglio.

Alla luce di tutto ciò, gli scienziati hanno stabilito con certezza che la nostra Galassia ha una struttura a spirale, simile a un disco, la morfologia galattica più comune nell'universo.

La Via Lattea non ha una forma compatta, ma si divide in tre sezioni: il nucleo galattico è la parte più densa e luminosa della Galassia, di forma sferoidale e popolato da un'enorme quantità di stelle antiche; il nucleo è largo circa 30.000 anni luce ed è avvolto dall'alone, una struttura opalescente che circonda non solo il nucleo, ma l'intera Galassia ed è qui che risiedono gli ammassi globulari.

Infine, dal nucleo si estendono i bracci, strutture allungate e ricurve popolate dalle stelle più giovani, da nebulose e materia interstellare.

Il Sole e i pianeti prendono posto in uno dei bracci della Via Lattea a una distanza dal centro di 28.000 anni luce, cioè a circa 2/3 del raggio galattico e quindi alla sua periferia.

Complessivamente la Via Lattea ha un diametro di 100.000 anni luce e contiene al suo interno circa 400 miliardi di stelle.

Una giostra cosmica

Abbiamo abbondantemente trattato la famosa legge di gravitazione universale descritta da Newton, di come essa preveda il moto dei corpi celesti nel cosmo, influenzati dalla massa di altri oggetti vicini. Così come abbiamo visto per i pianeti, satelliti, asteroidi e comete, anche il Sole compie una sua rivoluzione attorno alla Galassia in un periodo di 225 milioni di anni e, anche se non ci accorgiamo di nulla, ogni istante viaggiamo alla folle velocità di 200 km/sec nello spazio, vale a dire più di 800.000 km/h; questo effetto deriva dal fatto che ci muoviamo a velocità pressoché costante e se per un qualche motivo il Sole, e quindi anche il nostro pianeta, dovesse bruscamente rallentare o accelerare, saremmo sbalzati via dalla Terra come moscerini, poiché il forte sbalzo di velocità supererebbe di gran lunga la velocità di fuga terrestre, che ricordiamo è di soli 12 km/sec.

Anche il Sole dunque, come tutte le altre stelle che popolano la

Via Lattea, orbita intorno a essa trattenuto dalla sua potente attrazione gravitazionale e come accade nel Sistema Solare, anche nella Galassia tutte le stelle appartenenti orbitano a velocità e in tempi differenti a seconda della distanza dal centro galattico, analogamente a quanto avviene per Mercurio e Plutone, i quali hanno caratteristiche orbitali differenti in quanto si trovano a distanze differenti dal Sole.

Ciò significa che al tempo dei dinosauri il cielo stellato era completamente differente da quello che vediamo noi oggi, avendo il Sole percorso in questo lasso di tempo un terzo della sua orbita intorno alla Galassia e di conseguenza le costellazioni che vediamo noi oggi scompariranno completamente in un futuro molto lontano.

Oltre alle stelle, anche le mini galassie satelliti, gli ammassi globulari, orbitano intorno alla Via Lattea, ma su un percorso altamente eccentrico. Come si è visto per le comete, gli ammassi globulari, immersi nell'alone galattico, descrivono orbite altamente ellittiche, inclinate e mai coincidenti col piano galattico, anzi, le loro orbite li portano due volte per ogni giro ad attraversare a 200 km/sec, il piano della Via Lattea, ma essendo essi molto densi, risentono poco degli effetti di questi urti cosmici, anche se in alcuni casi e dopo molte orbite, ne avviene la totale disgregazione.

Il centro della Via Lattea

Il centro della nostra Galassia lo si osserva da secoli, ma mai come negli ultimi decenni si è arrivati a osservare e a studiare cosa c'è esattamente nel suo nucleo. Anche usando i più sofisticati telescopi ottici, possiamo vedere solo una fioca luce provenire dal centro galattico, poiché gran parte della radiazione fotonica viene assorbita da polvere interstellare, nubi molecolari e altre stelle interposte fra noi ed esso, proprio come se ci trovassimo in condizioni di nebbia.

Negli ultimi anni però, si è riusciti a superare questi ostacoli con la radio astronomia e le osservazioni nell'infrarosso, nei raggi x e gamma; infatti, utilizzando lunghezze d'onda diverse dalla luce visibile, il materiale interstellare parassita diviene trasparente, permettendoci così di arrivare a osservare il nucleo galattico.

Si è calcolato che esso possiede un diametro di 30.000 anni luce e si presenta come un'enorme insieme di stelle, polveri e gas di diversa natura in base alla distanza dal centro; entro uno spazio che va da 6.000 a 0,3 anni luce dal centro, il gas può trovarsi sotto diverse forme: molecolare, atomico o ionizzato e dentro il quale vi è un ammasso di giovani stelle molto più massicce del Sole.

Ma è il complesso del Sagittario che è stato riconosciuto come l'epicentro preciso della Via Lattea e in particolare Sagittario A*, fonte di una sorgente radio.

Studiando i nuclei di altre galassie si è osservata un'intensa emissione ad alta energia probabilmente prodotti da buchi neri super massicci.

Ma cosa si può dire sul nucleo della Via Lattea? Nasconde davvero un enorme buco nero?

Alcuni indizi fanno pensare all'esistenza di un tale oggetto celeste proprio al centro della nostra Galassia, ma esistono altre informazioni che fanno pensare il contrario.

Da anni si è alla caccia di questo presunto buco nero e naturalmente lo si sta cercando con metodi indiretti: la massa esistente nel centro galattico infatti, non coincide con la luce da esso irradiata; in altre parole, calcolando la massa e l'e-

Lontano dalle luci parassita e in una notte limpida e senza luna è possibile ammirare il centro della Via Lattea.

292

missione radio proveniente dal nucleo galattico si è stimato che la radiazione luminosa dovrebbe essere di gran lunga superiore rispetto a quello che noi vediamo, perciò gli astronomi pensano che la massa in eccesso sia dovuta alla presenza di un gigantesco buco nero.

Secondo altre misurazioni però, vi sono prove che un buco nero non sia presente in questa zona. La materia catturata dal campo gravitazionale di un buco nero infatti, si mette a spiraleggiare intorno al disco di accrescimento perdendo energia, la quale a sua volta viene irradiata dal buco nero sotto forma di radiazioni ad alta energia, come i raggi x e gamma.

I dati fin qui ottenuti dunque, rilevano che non vi sia accrescimento nelle zone prossime al centro della Via Lattea, ma il fatto che non vi sia emissione ad alta energia non vuol dire che non esista un buco nero super massiccio. Esiste la possibilità che il buco nero vi sia ma che non stia accrescendo materia.

Questo succedeva dopo decenni di studi e ricerche, ma nell'ultimo anno, utilizzando apparecchiature sempre più sofisticate si è arrivati alla risposta certa su cosa si nasconde realmente in quelle regioni.

Gli scienziati sono concordi nel ritenere che al centro della Via Lattea la fa da padrone un immenso buco nero con una massa di tre milioni di masse solari.

IL GRUPPO LOCALE

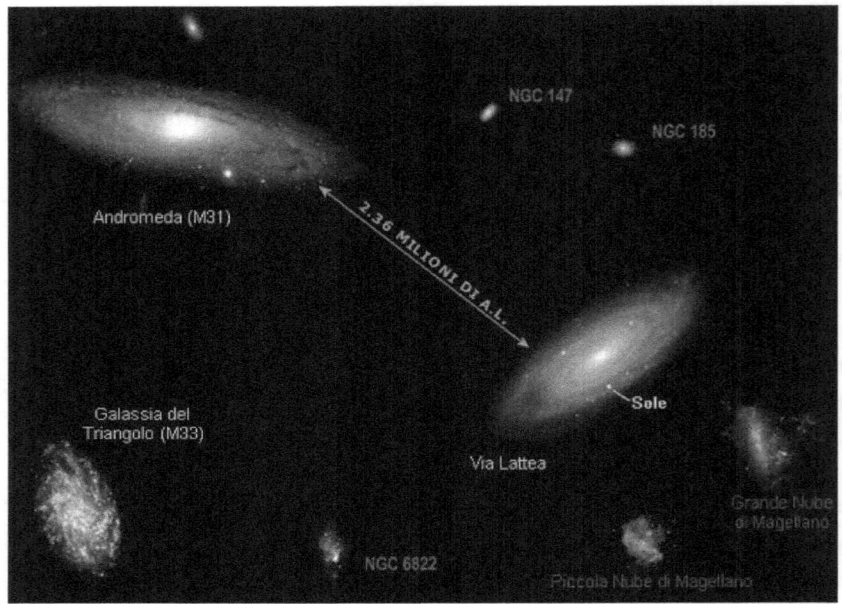

Nell'illustrazione sono riportate le galassie più importanti del Gruppo Locale. Molte altre galassie nane fanno parte di questa famiglia.

Fra la fine del XIX secolo e l'inizio del XX secolo, l'uomo iniziò ad allargare i propri orizzonti astronomici e ad avere una visione sempre più ampia dell'universo in cui vive. Uomini come Edwin Hubble, il primo a scoprire e a provare l'espansione dell'universo, furono i promotori della moderna cosmologia realizzando scoperte su scoperte, le quali all'inizio potevano sembrare assurde e fantastiche, come del resto è avvenuto ad altri scienziati come Galileo, condannato addirittura come eretico.

Oggi invece, sappiamo e prendiamo atto della validità delle affermazioni di grandi astronomi del passato, ma tuttavia, alcune cose ci risultano ancora quasi inconcepibili. Abbiamo già parlato per esempio, delle enormi distanze che separano stella e stella, anche se su scala cosmica sono vicinissime, come quella che c'è fra noi e Alpha Centauri; abbiamo poc'anzi fatto esempio di un'ipotetica sonda lanciata alla velocità della luce fuori dalla nostra Galassia, abbiamo compreso che nell'universo spazio e tempo sono talmente lunghi da divenire, secondo il nostro piccolo modo di vedere le cose, molto difficili da visualizzare razionalmente.

Uscendo poi fuori dalla Via Lattea ci perdiamo letteralmente negli abissi intergalattici; eppure parliamo ancora di vicini di casa, poiché il gruppo di galassie più vicine alla nostra fa parte di un'unica famiglia.

La Via Lattea infatti è, in uno spazio che va dai 3 ai 4 milioni di anni luce, una delle galassie appartenenti al noto Gruppo Locale, una comunità di oggetti stellari composto dai 30 ai 40 membri.

Tuttavia nel Gruppo Locale vi sono galassie di taglia medio piccola o come vengono definite, galassie nane e altre galassie satelliti, molte delle quali gravitazionalmente legate alle due galassie giganti del Gruppo Locale, la Via Lattea appunto e la galassia gemella Andromeda, larga 200.000 anni luce e distante 2,2 milioni di anni luce da noi.

Tutto il Gruppo Locale, gravitazionalmente legato, orbita a 40-60 milioni di anni luce dall'ammasso della Vergine, un altro affollamento di galassie giganti che in un futuro molto remoto potrebbe inghiottire anche il Gruppo Locale.

Ma torniamo ora al nostro Gruppo Locale per esaminare e catalogare i nostri più vicini compagni intergalattici.

Le Nubi di Magellano

Il Gruppo Locale è come una famiglia di galassie influenzate gravitazionalmente dalla reciproca massa delle galassie stesse.

Le due galassie più vicine a noi e di conseguenza le più visibili, sono la Grande Nube di Magellano e la Piccola Nube di Magellano, rispettivamente di magnitudine 0,1 e 2,2, quindi molto brillanti.

Esse sono state osservate per la prima volta dal navigatore Ferdinando Magellano, da cui prendono il nome le due galassie, il quale riportò la notizia in Occidente dell'esistenza dei due oggetti nebulari. Infatti esse sono visibili solo dall'emisfero australe circumnavigato dall'esploratore portoghese e si presentano come batuffoli biancastri di forma irregolare.

Le due Nubi di Magellano sono di fatto galassie satelliti della Via Lattea e si trovano a una distanza di 180.000 anni luce la più grande e 250.000 anni luce la più piccola; tenendo presente che il diametro della nostra Galassia è di oltre 100.000 anni luce, le due piccole galassie sono situate a una distanza molto ravvicinata, proporzionalmente molto più vicine di quanto non lo siano le stelle della nostra stessa Galassia.

Ciononostante, nel 1994 si è scoperta l'esistenza di una galassia nana molto più vicina delle Nubi Magellaniche e assai poco brillante, in direzione della costellazione del Sagittario, per cui semi-nascosta dal nucleo della Via Lattea.

Da sinistra a destra: le due galassie satelliti della Via Lattea, la Grande e la Piccola Nube di Magellano, visibili dall'emisfero australe.

La vicinanza delle due Nubi permette agli astronomi di approfondire gli studi anche su galassie più lontane, dal momento che si sfruttano particolari astri relativamente vicini a noi ma appartenenti a un'altra galassia per calcolare con precisione la distanza delle galassie lontane, come le cefeidi o candele campione. Riflettendo però sull'estrema vicinanza su scala cosmica delle due Nubi e alle dimensioni della nostra Galassia, è stimolante immaginare che se lassù esistessero delle civiltà intelligenti, vedrebbero la nostra Galassia come un meraviglioso oggetto celeste da ammirare; secondo i calcoli la Via Lattea apparirebbe luminosa come la luna piena ma sessanta volte più estesa. Uno spettacolo davvero impressionante!

In esse sono state riconosciute molte stelle giovani blu in piena evoluzione: la loro età oscillerebbe fra i 500 milioni e il miliardo di anni. Inoltre sono entrambe sature di nebulose brillanti, sede di massicce formazioni stellari, la più famosa delle quali è la Nebulosa Tarantola (NGC2070) nella Grande Nube, così chiamata per la sua forma assai simile a quella di un enorme ragno.

L'età delle galassie satelliti è stata stimata intorno ai 10 miliardi di anni, ma secondo gli astrofisici e le simulazioni non si sarebbero formate lì dove sono ora, bensì nei pressi della galassia di Andromeda e successivamente catturate dalla gravità della Via Lattea; stando alle stime, esse starebbero compiendo il loro secondo giro intorno alla nostra Galassia, in un periodo di rivoluzione compreso fra i 3 e i 6 miliardi di anni.

Le dimensioni delle Nubi sono di 50.000 anni luce per la maggiore e 10.000 anni luce per la più piccola, ma attorno a esse è stata individuata, negli ultimi anni, una struttura molto estesa invisibile ai telescopi ottici e nota come *Magellanic Stream*, cioè Corrente di Magellano. Si tratta di un'immensa nube di idrogeno individuata grazie ai radiotelescopi, talmente estesa da influenzare gravitazionalmente la nostra Galassia. Si era notato infatti, che il piano della Via Lattea era leggermente deformato, come se su di esso pesasse una forza invisibile.

Questo è un esempio di quanto resta ancora molto da capire sulle enormi forze e su fenomeni incomprensibili che avvengono nel cosmo, ma lo stimolo dei ricercatori consiste nel conoscere e scoprire nuovi eventi, ai quali però si aggiungono nuovi misteri da risolvere.

La galassia di Andromeda

La grande galassia di Andromeda o M31 è una spirale estesa per 200.000 anni luce ed è l'oggetto più lontano visibile a occhio nudo dal nostro emisfero.

Osservata per la prima volta nel X secolo d.C. e successivamente con i primi telescopi, la si credeva una nebulosa appartenente alla nostra Galassia, considerato il suo ingannevole aspetto di una sfocata macchia di luce allungata, anche perché essi ritenevano che l'universo fosse limitato alla nostra Galassia, ma non potevano sapere che essa in realtà è un granello di polvere perso nell'immensità del cosmo.

Oggi sappiamo che si tratta di una galassia a spirale molto simile alla nostra che ci guarda da una distanza di oltre 2 milioni di anni luce, ciò vuol dire che se la luce impiega 2 milioni di anni per coprire la distanza e se su Andromeda esistessero civiltà evolute in grado di osservarci, non vedrebbero la Terra di oggi, ma quella di 2 milioni di anni fa, quando l'uomo cominciò a muovere i suoi primi passi.

La struttura della galassia di Andromeda è analoga a quella della Via Lattea: un nucleo centrale molto luminoso composto dalle stelle più vecchie e dei bracci estesi intorno al nucleo, dove prendono posto le stelle più giovani.

La materia nebulare osservata, cioè le zone dove si formano nuove stelle, si è rilevata minore di quella prevista, circa 1/5 di quella presente nella Via Lattea. Ciò ha lasciato perplessi gli scienziati, se si considera che Andromeda ha dimensioni quasi doppie rispetto a quelle della nostra Galassia.

Secondo i ricercatori, ci possono essere due possibilità: o su Andromeda ci è stata ed è tuttora in corso una poderosa formazione stellare che ha consumato gran parte del materiale iniziale o l'altra, meno probabile, che la galassia lo abbia espulso nel vuoto cosmico.

Un'altra particolarità di Andromeda, già notata nel 1974, riguarda il suo nucleo, infatti si è scoperto che esso, largo 30.000 anni luce, si distingue in due parti separate da uno spazio di 5 anni luce; in pratica è come se Andromeda avesse due nuclei invece di uno solo, un fatto confermato nel 1995 dal telescopio spaziale Hubble. Studiato anche dai satelliti e in diverse lunghezze d'onda, si è giunti a concludere che possa essere o un ammasso globulare orbitante molto vicino al nucleo, oppure che Andromeda abbia inghiottito un'altra galassia più piccola; non si esclude tuttavia, che questo fenomeno possa derivare dalla presenza di un buco nero. Andromeda, insieme alla Via Lattea, è la galassia più grande del Gruppo Locale e anch'essa possiede piccole galassie satelliti di forma ellittica.

Le più importanti sono M32 e M110, distanti qualche decina di migliaia di anni luce dalla galassia a spirale; M32 ha una massa pari a un miliardo di masse solari e la sua forma, nettamente ellittica e priva di strutture nebulari ai suoi bordi, fa supporre che Andromeda ne abbia risucchiato gravitazionalmente la materia più esterna; ciononostante, essa è estremamente brillante e si pensa che il suo nucleo nasconda un enorme buco nero con una massa di qualche milione di masse solari.

L'altra galassia satellite, M110, è l'ultimo oggetto presente nel catalogo Messier e si presenta di forma ellittica, ma al contrario di M32, presenta un esteso alone luminoso.

Si notano infatti delle zone dove vi è un notevole assorbimento della luce, dovuto alla presenza di nubi interstellari e questo è un fatto abbastanza anomalo per una galassia ellittica in quanto dovrebbe esserne priva e quindi nell'impossibilità di formare nuovi astri; invece si è osservato un gran numero di stelle relativamente giovani, oltre ad altri ancora in formazione.

Le altre due galassie satelliti di Andromeda sono NGC185 e NGC147, due piccolissime galassie nane ellittiche sferoidali talmente vicine fra loro, tanto da far presumere a un sistema doppio legato gravitazionalmente che orbita intorno alla galassia di Andromeda.

Le galassie minori del Gruppo Locale

La terza galassia in ordine di luminosità appartenente al Gruppo Locale è M33, un'altra spirale chiamata anche la galassia del Triangolo, dall'omonima costellazione in cui essa è proiettata.

M33 si trova a 2 milione di anni luce, una distanza simile a M31 ed è caratterizzata da bracci pronunciati ma un nucleo poco luminoso e quasi assente. Si stima la sua larghezza intorno ai 3 anni luce ed è alquanto improbabile che celi un buco nero.

Tuttavia, osservando M33 nelle onde radio, esso risulta densamente avvolto da un enorme alone di gas che pesa sul disco, infatti il suo spessore aumenta man mano che ci si allontana dal centro della galassia.

Terminate le grandi spirali, il Gruppo Locale contiene molte galassie di piccole dimensioni, ma alcune molto interessanti per gli astrofisici, come le galassie *starburst*, letteralmente esplosioni stellari.

Una delle più interessanti è IC10, situata a 2 milioni di anni luce in direzione del piano della nostra Galassia. Rendendola poco luminosa, le polveri della Via Lattea hanno nascosto la sua esistenza fino a tempi relativamente recenti.

La sua caratteristica è l'abbondanza di nubi di gas che causa una massiccia e continua nascita stellare, proprio come galassie di questo tipo vengono definite.

Altri oggetti analoghi sono NGC6822 e IC1613, la prima una galassia nana a spirale barrata e la seconda irregolare, ma entrambe si distinguono, come IC10, con una costante formazione di nuove stelle, anche se con un ritmo più lento.

Infine è da menzionare una stella variabile la cui sigla è V39, con una particolarità da guinness: essendo una cefeide, si è calcolata in modo molto preciso la sua distanza ed è venuto fuori che a tutt'oggi rimane l'oggetto intergalattico più lontano finora scoperto, trovandosi essa a 700.000 anni luce da noi.

La stragrande maggioranza delle galassie che abitano il Gruppo Locale sono piccole galassie nane su cui disponiamo tuttora dati incompleti, tuttavia menzioneremo in una scheda quelle finora note e ciò che si sa sul loro conto, precisando che anche questo elenco può essere incompleto in quanto nuove galassie vengono spesso scoperte .

LE GALASSIE CONOSCIUTE DEL GRUPPO LOCALE			
GALASSIA	TIPO	DISTANZA (milioni di a.l.)	DIAMETRO (migliaia di a.l.)
VIA LATTEA	Sbc	/	130
WLM	Irr	2	7
IC10	Irr	4	6
NGC147	E5	2,2	10
ANDROMEDA III	E5	2,2	3
NGC185	E3	2,2	6
NGC205	E5	2,2	10
M32	E2	2,2	5
M31	Sb	2,2	200
ANDROMEDA I	E3	2,2	2
PICCOLA NUBE DI MAGELLA-NO	Irr	0,3	10
SCULPTOR	E3	0,2	1
PISCES	Irr	2,5	12
IC1613	Irr	3	0,5
ANDROMEDA II	E2	2,2	2
M33	Sc	2,5	45
FORNAX	E3	0,5	3
GRANDE NUBE DI MAGELLANO	Irr	0,2	50
CARINA	E3	0,6	0,5
LEO A	Irr	5	7
LEO I	E3	0,6	1
SEXTANS I	E	0,3	3
LEO II	E0	0,6	0,5
GR 8	Irr	4	0,2

GALASSIA	TIPO	DISTANZA (milioni di a.l.)	DIAMETRO (migliaia di a.l.)
URSA MINOR	E5	0,3	1
DRACO	E3	0,3	0,5
SAG DIG	Irr	4	5
NGC6822	Irr	1,7	8
DDO 210	Irr	5	4
IC5152	Irr	2	5
TUCANA	nc	nc	nc
PEGASUS	Irr	5	8
SAG DEG	nc	0,08	nc

AMMASSI E SUPERAMMASSI

Quando osserviamo il firmamento non ci viene mai in mente che non stiamo guardano senza nemmeno rendercene conto migliaia di stelle, ma anche centinaia di miliardi di galassie sparse nell'universo.

Il limite di percezione dell'occhio umano non ci permette di vederle, essendo mi-

Il nostro Gruppo locale fa parte del superammasso della Vergine.

liardi di volte più deboli, ma tanto per dare un'idea, puntando il pollice verso il cielo dobbiamo pensare che nello spazio dell'unghia si trovano mediamente un centinaio di galassie, di galassie non di stelle e ognuna delle quali contenente centinaia di miliardi di stelle.

Naturalmente non le vediamo a occhio nudo perché sono molto lontane, ma questo esempio basta per farci capire l'enorme immensità del cosmo e quale posto occupiamo all'interno di esso.

I primi telescopi capaci di scandagliare distanze così enormi si sono utilizzati nei primi anni del '900 e da allora si sono osservate e catalogate centinaia di galassie raggruppate in ammassi che, a loro volta, fanno parte di superammassi.

I superammassi sono le strutture più grandi dell'universo e del resto anche il nostro Gruppo Locale fa parte di un ammasso, quello della Vergine, intorno alla quale orbitano altri gruppi di galassie e tutte insieme formano il superammasso della Vergine.

L'ammasso della Vergine si trova a 15 Mpc (1 megaparsec=1.000.000 pc, 1 pc=3,26 a.l.), ma sono stati osservati numerosi altri superammassi più estesi. In media i superammassi oscillano dai 50 ai 150 Mpc, spazi abissali entro cui brillano milioni di galassie. È uno scenario che si ripete in qualsiasi direzione noi osserviamo.

Come detto i superammassi sono raggruppamenti di ammassi galattici legati fra loro dalla forza di gravità da sottili filamenti, tuttavia sono state osservate altre strutture che girano liberamente nello spazio, non ancora legate a nessuna massa gravitazionale.

Edwin Hubble iniziò uno studio sul moto delle galassie e su dove esse si stanno dirigendo. Spingendosi negli spazi più profondi, analizzò lo spettro delle galassie più lontane e notò che vi era un notevole spostamento verso il rosso rispetto allo spettro delle galassie più vicine.

Questo fenomeno conosciuto come *red-shift* o fuga verso il rosso, prevede che più una galassia è lontana da noi, tanto più la sua velocità di allontanamento aumenta e nei casi più estremi può sfiorare la velocità della luce, che come sappiamo è la massima possibile nell'universo; sarebbe come sparare un missile: se esso ha una velocità superiore alla velocità di fuga terrestre continuerebbe la sua corsa all'infinito, accelerando sempre più, se la sua velocità invece non è abbastanza elevata, ricadrebbe inevitabilmente al suolo.

È con questo principio che Hubble ha scoperto che l'universo in cui viviamo si sta espandendo in tutte le direzioni, creando lo spazio e il tempo ed è in questi spazi sempre più ampi che trovano posto le centinaia di miliardi di galassie conosciute, poi raggruppate in enormi superammassi.

Le lenti gravitazionali

Tutti conosciamo i miraggi. Il più comune lo vediamo in estate, quando il suolo in lontananza ci appare bagnato; è un effetto dovuto ai raggi solari che attraversano, via via, vari strati dell'atmosfera di diversa densità.

Anche nel cosmo si verificano dei miraggi, ma la cosa che stupisce è che non si tratta di nuove scoperte, ma di teorie formulate

senza conferme osservative all'inizio del '900 e previste nella relatività descritta da Einstein e pubblicata in un articolo del 1936.
È secondo la relatività einsteiniana che possiamo comprendere i misteri, le connessioni sotterranee spazio-temporali e il perché la luce curva in prossimità di una grande massa.
Come postulato infatti, la luce viaggia a una velocità finita (300.000 km/sec) in linea retta nello spazio; il trucco previsto da Einstein è che se un corpo massivo è interposto fra un oggetto celeste e l'osservatore, esso distorcerà la luce dell'oggetto interessato sconvolgendone la reale forma.
Questo fenomeno venne battezzato *lente gravitazionale*, ma lo stesso Einstein riteneva che le probabilità di un buon allineamento fossero quasi nulle.
È stato dal 1979 che gli astronomi hanno scoperto decine di lenti gravitazionali: immagini doppie, quadruple, ad arco, ingrandite, rimpicciolite, capovolte. Si è anche scoperto il cosiddetto *anello di Einstein*, creduto dall'omonimo scopritore un evento più unico che raro, secondo cui una massa perfettamente allineata fra l'osservatore e la sorgente, dovrebbe farci apparire quest'ultima come un anello. Il grande scienziato era stato troppo pessimista.
L'universo in realtà è un luogo pieno di oggetti massivi che curvano lo spazio-tempo, l'universo stesso è ricurvo, perciò anche la luce che non ha massa ma energia pura, viene costretta a piegare presso la curvatura di una grande massa e viene di conseguenza flessa in direzione dell'accelerazione di gravità.

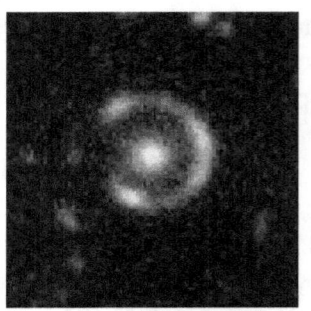

È in base a questo principio che vediamo due o persino quattro Quasar laddove in realtà ne esiste solo una o perché vediamo degli archi quando puntiamo delle galassie poste dietro a degli ammassi.

Due stelle perfettamente allineate producono questo curioso effetto visivo previsto da Einstein e definito anello di Einstein.

Oggi i ricercatori utilizzano a proprio favore le lenti gravitazionali, poiché è noto che la maggior parte della materia presente nell'universo è la nota materia oscura, decisiva tra l'altro nel destino dell'universo e la cui massa invisibile ricurva lo spazio e ne altera le proprietà.

È grazie a ciò che possiamo vedere indirettamente la materia oscura, quando la luce passa attraverso queste alterazioni spaziali; un'altra grande frontiera raggiunta dagli scienziati è riuscire a vedere l'invisibile sfruttando le lenti gravitazionali.

Le quasar

Osservando nello spazio più profondo, le quasar sono le fonti energetiche più potenti dell'universo, oltre a essere gli oggetti celesti più distanti che si conoscono.

Le Quasar sono le sorgenti di raggi gamma più potenti dell'universo, di dimensioni paragonabili al nostro Sistema Solare, ma centinaia di migliaia di volte più brillanti di una galassia media.

307

Osservando le galassie o gli ammassi, l'universo ci dà l'impressione di grande serenità e immutabilità, una visione del tutto opposta a quella che è la realtà.

Non tutte le galassie, come Andromeda o la nostra Galassia, appaiono così tranquille; ce ne sono molte la cui esistenza è tormentata da violentissimi fenomeni. Parliamo delle cosiddette galassie attive o Quasar.

Le Quasar sono caratterizzate da un'immensa emissione nei raggi x e gamma migliaia di volte più intensa di una galassia normale, tanto che è più facile osservarle con lunghezze d'onda diverse dalla luce visibile.

Esiste qui un controsenso, in quanto le Quasar sono definite brillanti, quando la più luminosa di esse finora scoperte è di magnitudine 13. La spiegazione è nella distanza, poiché esse sono gli oggetti più lontani dell'universo conosciuto; le Quasar più vicine si trovano a un miliardo di anni luce da noi, mentre le più lontane osservate sono situate a 13-14 miliardi di anni luce. In pratica osserviamo un oggetto brillare con la stessa magnitudine di una galassia normale, milioni di volte più vicina di quanto non lo sia una Quasar.

Le Quasar più lontane raffigurano quando l'universo era molto più giovane, all'inizio della sua storia; l'età dell'universo è stimata intorno ai 15 miliardi di anni, ciò significa che noi osserviamo il suo primo miliardo di anni di vita, quando cioè le galassie iniziarono a formarsi e la materia e la temperatura erano molto più dense ed elevate di oggi.

Dagli anni quaranta si iniziò a scrutare le Quasar con i radiotelescopi rivelandone la natura altamente energetica e da qui che le Quasar sono note anche come radiogalassie. Il nome Quasar invece, venne coniato quando si iniziò a utilizzare mezzi sempre più sofisticati. Con i telescopi ottici si notò che queste radiosorgenti non potevano essere associate a galassie, ma a corpi di tipo quasi stellare, di conseguenza si pensò che appartenessero a delle sorgenti radio fino ad allora sconosciute e vennero battezzate

Quasar, cioè Sorgente Radio Quasi Stellare.

Nonostante tutto, le Quasar avevano l'aspetto di galassie, ma se non erano galassie per quale motivo apparivano come tali?

La spiegazione sta nel nucleo estremamente brillante, il quale assorbe la luminosità dei bracci a spirale. Dalle analisi spettroscopiche si deduce che le Quasar abbiano un moto di recessione molto forte, nell'ordine di qualche decina di migliaia di chilometri al secondo.

Tutte le galassie di questo tipo vengono comunemente definite Nuclei di Galassie Attive (AGN) e l'idea che si ha oggi sul loro conto è che tutte abbiano al loro centro un immenso buco nero.

Nelle prime fasi di vita dell'AGN, la materia era talmente addensata da favorire la collisione e la successiva fusione delle stelle, le quali si aggregarono fino a formare una struttura supermassiva.

Questo colossale mostro cosmico starebbe continuando a succhiare la materia circostante creando una forte emissione nelle varie lunghezze d'onda. Si può concludere che tutte le Quasar non sono altro che galassie evolutesi intorno a buchi neri con miliardi e miliardi di masse solari.

Ai confini dell'universo

A questo punto viene spontaneo porgersi alcune domande che già i filosofi greci si ponevano: dove finisce l'universo? In che cosa consisterebbero questi confini? E infine, cosa ci sarebbe oltre?

Chiesto a un astrofisico, risponderebbe che la domanda posta in questi termini è errata, perché presuppone che ci sia un dentro e un fuori, invece non è così. È l'universo stesso che espandendosi, crea lo spazio e il tempo, poiché l'universo è tutto quanto esiste, anche lo spazio; non è come un palloncino che si espande nel vuoto, l'universo non si espande nel vuoto, ma nel nulla e il nulla è una cosa completamente diversa che la nostra mente non riesce a visualizzare. Ma le galassie più lontane che vediamo, quelle che si allontanano quasi alla velocità della luce, non si trovano ai confini di questa espansione?

Per fare un esempio, prendiamo in considerazione il nostro pianeta. Noi possiamo continuare a camminare in qualsiasi direzione senza trovare mai un confine perché la Terra è rotonda; ebbene, anche nell'universo lo spazio e il tempo sono curvi e se noi fossimo su quelle galassie le cose si rovescerebbero e vedremmo la nostra lontanissima Galassia, ai confini dell'universo, che si allontana quasi alla velocità della luce.

Possiamo allora chiederci, ma l'universo è finito o è infinito? Per rispondere a questa domanda occorre conoscere la quantità di materia presente nell'universo. Secondo Einstein infatti, se la quantità di materia supera un certo valore critico, farà richiudere lo spazio su se stesso e in questo caso l'universo è finito. Se invece non è sufficiente, la massa presente piegherà lo spazio, ma non abbastanza da farlo richiudere; in questo caso l'universo è infinito.

La quantità di materia visibile oggi conosciuta come stelle, galassie, nebulose, eccetera, non è sufficiente cioè non pesa abbastanza per far richiudere lo spazio su se stesso; ciò vuol dire che l'universo continuerà a espandersi per sempre, all'infinito, e stelle e galassie, una volta esaurito il loro carburante, si spegneranno gradualmente e vagheranno in un cosmo buio e gelido.

Ma la massa mancante potrebbe saltar fuori dove meno ce lo aspettiamo e superare il valore critico, in questo caso l'espansione si fermerà e l'universo inizierà a contrarsi in una specie di Big Bang alla rovescia.

L'idea di un universo spazialmente chiuso o aperto, non ci aiuta comunque a porre confini così come noi possiamo immaginarceli. Supponiamo che l'universo sia spazialmente chiuso e che un fotone luminoso parta da un qualsiasi punto: ebbene, esso ritornerà al punto di partenza dopo un viaggio di miliardi di anni e aver percorso una gigantesca circonferenza. Se l'universo è aper-

to, esso non ritornerà più in quel punto, ma si perderà nell'infinito. In entrambi i casi non incontreremo mai alcun confine, quindi, secondo i fisici, il termine *confini dell'universo* non ha senso.
Queste concezioni però, si legano poi ad altri quesiti: se è così per lo spazio, cosa possiamo dire del tempo? È sempre esistito o meno? E continuerà a scorrere per sempre o finirà?
Se guardiamo al passato il tempo non è infinito: è infatti nato 15 miliardi di anni fa col Big Bang, ma se guardiamo al futuro le cose si fanno più complicate.
Come abbiamo visto per lo spazio, se l'universo è infinito il tempo continuerà a scorrere per sempre, ma se l'universo è finito quest'ultimo si contrarrà sempre più velocemente dopo il ciclo di espansione, fino a far fondere tutte le galassie in un punto come in un immenso buco nero; in questo caso avremmo una fine dell'universo, dello spazio e del tempo.
Quando si parla di infinito, ci si imbatte tuttavia in qualche rompicapo: possiamo infatti chiederci se il nostro universo è l'unico esistente o se ce ne sono anche altri; e il nostro universo potrebbe essere inglobato in altri? Se sì, da quanti?
A questo punto è molto facile lavorare con l'immaginazione, possiamo dire qualsiasi cosa, formulare centinaia di ipotesi e tutte possono avere un valido fondamento o nessuna.
Concettualmente, non potremo mai saperlo in quanto, se anche esistessero, non saremmo mai in grado di comunicare con altre dimensioni parallele o osservarle.
Complessi calcoli matematici postulano anche un'infinità di infinito di universi che si espandono, diciamo l'uno all'insaputa dell'altro, ma un conto sono delle elaborazioni di cui parla la matematica e un altro e fare i conti con la realtà.
Per quanto ne sappiamo, il nostro è l'unico universo esistente e ancora in piena evoluzione e se esso finirà per contrarsi o meno, il che avverrà fra decine e decine di miliardi di anni, la storia dell'evoluzione ci insegna che quasi sicuramente non ci sarà nessuno a osservare che piega prenderanno gli eventi.

LA MATERIA OSCURA

Osservando il cielo stellato i nostri occhi riescono a percepire un limitato numero di stelle, essendo queste molto vicine a noi oppure un po' più lontane, ma più grandi. Se usiamo un telescopio amatoriale ne vediamo molte di più, poiché le sue lenti sono capaci di raccogliere molta luce, più di quanta possa riuscire a coglierne l'occhio umano; usufruendo poi dei grandi telescopi a cupola, del telescopio spaziale o dei radiotelescopi, ebbene, in questi casi possiamo spingerci ancora oltre, fino a osservare stelle e galassie poste ai confini dell'universo.

Eppure, nonostante i miliardi e miliardi di galassie che osserviamo sparse per tutto il cosmo, gli astrofisici ipotizzano che queste rappresentino solo una piccola parte della materia presente nell'universo, mentre molta altra comprenda materia invisibile e introvabile, ma decisiva per il destino dell'universo stesso, la cosiddetta materia oscura. Essa infatti, potrebbe rappresentare la svolta e la chiave di un grosso mistero: l'universo è spazialmente chiuso o aperto? Tutto dipende dalla materia presente nel cosmo. Se essa è abbastanza pesante, supererà il valore critico facendo curvare l'universo su se stesso fino a determinarne la chiusura completa. L'universo terminerà il proprio periodo di espansione iniziando quello di contrazione, fino ad arrivare al collasso finale. Se invece la materia è insufficiente, l'universo si piegherà ma non abbastanza, in questo caso l'universo sarà e rimarrà aperto e quindi infinito nello spazio e nel tempo, continuando a espandersi per sempre. Ebbene, tutta la materia a noi visibile, come stelle, galassie, nebulose eccetera, non è sufficiente a far richiudere lo spazio su se stesso, ma la massa mancante potrebbe saltar fuori all'improvviso laddove meno la si cercherebbe, ed è a tal fine che si dà la caccia alla materia oscura con delle enormi apparecchiature, onde individuarla, calcolarne il peso e permettendo così di fornirci una concreta risposta su uno dei più grandi interrogativi dell'astrofisica moderna.

La massa invisibile

È utile puntualizzare che l'argomento della materia oscura trattata in questo capitolo è basato per gran parte su ipotesi avanzate dagli astrofisici, dai fisici e dai matematici.

Ciononostante, quello che tratteremo ora non è fantascienza o frutto dell'immaginazione, ma un fitto mistero a cui gli scienziati stanno cercando di dare una risposta.

Il cosmo, tra l'altro, cela ancora molti dei suoi segreti, dunque ciò che sarà descritto non è mai stato né osservato né studiato direttamente, ma ipotizzato attraverso degli intricati calcoli matematici e anche grazie all'aiuto della fisica applicata, delle simulazioni computerizzate, delle leggi di gravitazione universale e anche della teoria della relatività.

Scienziati di tutto il mondo uniscono le loro conoscenze e i loro sforzi per tentare di dare risposte scientifiche, basate su solide fondamenta e in grado di essere provate e lo fanno servendosi di macchinari super tecnologici e all'avanguardia nella ricerca di ciò che, almeno in apparenza, non può essere trovato.

Il primo ad accorgersi che nell'universo era presente una grande quantità di massa invisibile, fu l'astronomo americano Fritz Zwichy, negli anni Quaranta; egli infatti, si accorse, osservando l'Ammasso della Vergine, che le galassie appartenenti orbitavano attorno al centro di gravità a velocità così elevate che la massa totale dell'ammasso doveva essere fra 10 e 100 volte superiore rispetto a quella calcolata, ottenuta pesando tutte le galassie osservabili.

Misurazioni più accurate sono state effettuate negli ultimi decenni osservando anche i moti delle galassie a spirale. Secondo le misurazioni infatti, è emerso che in una galassia tipo, la massa visibile calcolata e di conseguenza la sua forza di gravità, non è sufficiente a trattenere le stelle a essa appartenenti, le quali in queste condizioni, si perderebbero man mano nello spazio determinando, in poche centinaia di milioni di anni, la completa evaporazione della galassia.

Come sappiamo, le galassie esistono da miliardi di anni e questi catastrofici effetti non avvengono, proprio perché nell'universo sono presenti grandi quantità di materia oscura non osservabile, ma che con la sua gravità lascia una traccia sufficiente ai ricercatori atta a svelare alcuni degli enigmi sui misteriosi comportamenti della materia, o meglio ancora, di quella che riusciamo a osservare.

Si è anche riscontrato, sempre nelle galassie a spirale, una evidente deformazione del disco, come se una zavorra invisibile pesasse su di esso.

Ma la domanda principale che molti si pongono è: in cosa consiste e di che cosa è fatta la materia oscura?

Naturalmente una risposta precisa non è stata ancora data, considerato che stiamo parlando di materia invisibile, tuttavia gli scienziati non si sono fatti scoraggiare e hanno avanzato alcune ipotesi.

Si è divisa la materia in due classi: la barionica e quella non barionica. La materia barionica è praticamente quella materia così come noi la conosciamo costituita da protoni, neutroni ed elettroni. A questa categoria vengono riconosciuti, col nomignolo di MACHOs, quei corpi troppo piccoli o dalla luminosità molto debole, tipo pianeti e le stelle nane, come le nane bianche.

Della materia non barionica, la particella più conosciuta è senz'altro il neutrino, una particella evanescente che viaggia alla velocità della luce, quasi priva di massa e prodotta a miliardi di miliardi di miliardi al secondo nelle reazioni nucleari che avvengono all'interno delle stelle durante il processo del decadimento del neutrone isolato, il quale si divide in un protone e un elettrone; in questa trasformazione però, sembra che un po' d'energia scompaia, ma quest'anomalia non convinceva i fisici, i quali appurarono che l'energia mancante fosse portata via da una particella quasi priva di massa poi battezzata neutrino.

Gli stessi fisici hanno inoltre avanzato l'ipotesi che la massa del neutrino, semmai ne possieda, sia di 1/10.000 o di 1/100.000 la massa del neutrone.

Un altro tipo di particelle non barioniche con massa elevata ma prive di carica definite WIMPs, ipotizzate ma mai osservate, sono i fotini, particelle analoghe al fotone.

Oltre a non essere stati mai osservati, le condizioni in cui sono stati prodotti i fotini inoltre, non sono assolutamente riproducibili in nessun laboratorio terrestre, in quanto a temperature e densità elevatissime, paragonabili a quelle presenti nelle primissime fasi di vita dell'universo.

L'esistenza delle particelle subatomiche più elementari, come il neutrino, è stata osservata in appositi rilevatori sotterranei schermati come quello del Gran Sasso, mentre la presenza di altre, come il fotino, è stata solo provata dalla teoria della supersimmetria delle forze elementari, la quale postula che all'aumentare delle energie dei diversi processi, le forze in gioco cessino di essere differenti per divenire una, ma in modo graduale; è proprio in queste condizioni che nascono le particelle -ini come i neutrini e i fotini, condizioni estreme alle quali, almeno per ora, non potremmo mai arrivare a ricostruire, mentre esperimenti al CERN di Ginevra hanno provato la fondatezza della teoria dell'unificazione delle forze. Come accennato poc'anzi, l'unificazione delle quattro forze fondamentali, l'elettromagnetica, la gravitazionale, la nucleare forte e la nucleare debole, avviene in modo graduale. Con i modesti mezzi a disposizione degli scienziati, seppur siano i più moderni capolavori nel campo della ricerca atomica, si è arrivati alla sola fusione della nucleare debole e dell'elettromagnetica in elettrodebole, dando così vita a particelle -oni come i bosoni Z.

Ma oltre a queste particelle super-elusive, esiste un altro tipo di materia oscura, ma dalla massa enorme: i buchi neri.

Già descritti in precedenza, i buchi neri sono stelle esplose dalla massa talmente elevata che nemmeno la luce riesce a uscire da un tale oggetto. Per definizione, i buchi neri sono invisibili, ma alcuni di essi sono stati osservati poiché accompagnati da altre stelle o da nubi interstellari che li rendono visibili, ma si pensa che un enorme numero di questa particolare categoria di materia oscura si trovi isolata, quindi nell'impossibilità di essere vista, di conseguenza niente materia nei dintorni da risucchiare, niente materia che spiraleggia attorno al mulinello rendendolo visibile ai telescopi ottici più potenti, pertanto niente emissioni di radiazioni ad alta energia che possono essere captate dai radiotelescopi.

I neutrini

Il neutrino è quanto di più sfuggente possa esistere in natura; si tratta di una particella dalla massa quasi nulla e priva di carica elettrica, emessa in grande numero nelle reazioni nucleari stellari.

Per dare un'idea del loro numero, basti pensare che ogni centimetro quadrato della nostra pelle è attraversato da oltre 60 miliardi di neutrini per ogni secondo, in gran parte provenienti dal Sole e inoltre sono capaci di attraversare un intero pianeta da parte a parte, senza interagire minimamente con la materia.

Possono sembrare cifre da capogiro e viene spontaneo chiedersi il perché non ci accorgiamo minimamente di questo pesantissimo bombardamento. La risposta è nella massa del neutrino, il grande enigma che riguarda queste sfuggenti particelle; non essendo dotate di massa, per i neutrini siamo completamente trasparenti, tuttavia, nonostante essi non abbiano carica elettrica e di conseguenza incapaci di interagire con la materia, i fisici ne attribuiscono una massa, seppur minima e indefinibile, chiamata massa non nulla.

Se ciò che affermano gli scienziati corrispondesse al vero e cioè che il neutrino possegga una massa, la densità dell'universo supererebbe il valore critico, determinando la chiusura dello spazio, il blocco del ciclo di espansione e la conseguente contrazione dell'universo fino al collasso definitivo in una specie di Big Bang alla rovescia e denominato Big Crunch.

Come sappiamo il numero dei neutrini presenti nel cosmo è sterminato, tuttavia i ricercatori si sono accorti che il loro numero è inferiore rispetto ai calcoli: è nato così il mistero dei neutrini mancanti.

Per arrivare a queste conclusioni sono stati costruiti enormi rilevatori di neutrini nelle profondità delle montagne o degli oceani; in questo modo infatti, è possibile schermare queste particolari trappole per neutrini dai raggi cosmici, rendendo gli esperimenti molto più efficaci.

Alla luce di ciò, i fisici dividono i neutrini in tre categorie: il neutrino elettronico, il neutrino muonico e quello tau; ogni tipo di neutrino ha le sue proprietà. Ebbene, si è ipotizzato che il neutrino possa oscillare, cioè mutare per un certo periodo di tempo, da un tipo all'altro divenendo invisibile e irrilevabile.

Se questa teoria fosse corretta, il mistero della massa dei neutrini sarebbe svelato, poiché le mutazioni avverrebbero solo se essi hanno una massa.

IL TUTTO DAL NULLA: IL BIG BANG

Il testé citato argomento sulla materia oscura, rappresentava l'epilogo di tutto ciò che esiste in natura; dalla nostra Terra ai confini del Sistema Solare, dalle comete alle stelle, dalle galassie ai superammassi, ci siamo mentalmente spostati in ogni anfratto dell'universo conosciuto descrivendolo secondo quello che gli scienziati sanno, che hanno scoperto o che hanno solo ipotizzato.

Raffigurazione artistica della nascita dell'universo e della sua espansione.

Ma tutto questo da dove è venuto? Da dove ha preso origine? È sempre esistito oppure no? Queste sono domande a cui solo in tempi recenti si è iniziato a dare alcune risposte concrete, grazie agli sforzi congiunti fra astronomi e fisici.

La teoria che prevale e di cui tanto si discute è quella del Big Bang, letteralmente *grande botto*. Una sedia, un'automobile, la Terra, il Sole, noi stessi, insomma tutto quello che vediamo senza eccezioni e che misuriamo, è nato miliardi di anni fa da questa immane esplosione cosmica che si è espansa in tutte le direzioni a velocità vertiginosa, trascinando con sé lo spazio e il tempo.

Le osservazioni effettuate in questo senso dai telescopi ottici, si sono spinti fino al primo miliardo di anni di vita dell'universo, poi sono intervenuti i supercomputer e gli acceleratori di particelle, da cui gli scienziati sono riusciti a trarre preziose informazioni spingendosi fino ai primi miliardesimi di secondo dopo il Big Bang.

Ma cosa ha fatto pensare ai ricercatori che la teoria del Big Bang fosse quella giusta? Dal momento stesso in cui l'universo ha preso vita, esso ha cominciato a espandersi in tutte le direzioni; tutt'oggi viviamo in un universo che si espande, in cui ogni galassia si allontana da ogni altra galassia. Dobbiamo la scoperta a Edwin Hubble, il quale nel 1929, ha dimostrato che più le galassie sono lontane da noi, tanto più la loro velocità di allontanamento aumenta. Secondo le stime vengono creati ogni secondo, in un'area di un anno luce, 15 millimetri di nuovo spazio.

Naturalmente è logico pensare che tutto questo ha avuto un inizio. Facendo il percorso a ritroso nel tempo, le galassie erano più vicine tra loro, l'universo stesso era molto più piccolo; più torniamo indietro nel tempo, tanto più piccolo diviene il cosmo fino ad assumere dimensioni infinitesime, più piccolo del nucleo di un atomo. Come già accennato, gli astrofisici sanno per certo ciò che accadde subito dopo i primi miliardesimi di secondo dopo il Big Bang, ma cosa ci fosse al momento stesso del Big Bang, momento definito *singolarità iniziale*, rimane un mistero. Inoltre vi è da dire che non dobbiamo immaginare il Big Bang come una normale esplosione così come noi la concepiamo, poiché non vi era nulla che potesse esplodere, in più esso avvenne nel buio più completo, dato che le particelle fondamentali come i fotoni e quindi la luce, apparvero solo dopo.

Ma la prova più schiacciante che dà forza alla validità della teoria del Big Bang è stata scoperta solo per caso. Negli anni Sessanta due astronomi, Penzias e Wilson, stavano testando una nuova antenna per le trasmissioni radio. Qualcosa pareva non funzionare poiché nelle microonde vi era un disturbo che sembrava provenire da tutte le direzioni; dapprima i due scienziati pensarono a un guasto, ma dopo continui studi e tentativi, essi si resero conto che ciò che poteva apparire come un disturbo, era in realtà la radiazione fossile lasciata dal Big Bang: era stata scoperta la *radiazione cosmica di fondo* o eco fossile del Big Bang.

Nei primi anni Novanta, il satellite COBE ha mappato l'eco fossile del Big Bang che permea l'universo e si è accertato che è proprio questa energia latente a evitare che in qualsiasi punto del cosmo si raggiunga la temperatura dello zero assoluto.

Così si è giunti a scoprire e poi a provare la teoria del Big Bang, ma a posteriori si sollevò il dilemma di come poter ricostruire la dinamica dei fatti e con prove valide, chiare e visibili.

Dove non arriva l'occhio acuto dei telescopi o i sensibilissimi strumenti dei satelliti, intervengono gli acceleratori di particelle. È stato proprio grazie all'ausilio di tali strumenti che i fisici hanno potuto osservare e ricostruire i primi istanti di vita dell'universo. Abbiamo già delineato il processo in cui si formano le particelle fondamentali, come protoni e neutroni e questo avvenne in un periodo posteriore a quello che ci interessa; queste particelle, sono a loro volta formate da altre particelle più elementari, ed è questo infinitesimo istante dopo il Big Bang che è stato riprodotto negli acceleratori.

In sostanza, facendo correre protoni e neutroni ad altissima velocità e in senso opposto gli uni rispetto agli altri, al momento dello scontro frontale si libera un'immensa quantità di energia e le particelle si disintegrano in particelle ancora più piccole come i quark. Questo tipo di simulazione ha permesso di riprodurre approssimativamente l'universo in condizioni di temperatura, pressione ed energia simili a quelle che esistevano nelle prime fasi di vita dell'universo e a noi di apprendere in che modo esso ha avuto origine.

Dalla soglia della creazione

La teoria del Big Bang postula che tutto ciò che siamo, osserviamo e misuriamo, sia nato da un minuscolo embrione cosmico talmente piccolo da divenire senza dimensioni, in condizioni di temperatura, densità e pressione tendenti all'infinito e che gli scienziati hanno definito singolarità iniziale.

Intraprendere il nostro racconto dalla singolarità, cioè al momento preciso del Big Bang non avrebbe senso, poiché non sappiamo nulla di ciò che avvenne in quello stesso istante; ciò di cui siamo sicuri di conoscere per certo succede a partire da una frazione di secondo dopo la singolarità, ma prima è utile fermarci per una piccola premessa. Poiché avremo a che fare con numeri temporali molto piccoli, faremo ricorso alle elevazioni a potenza in negativo: se 10^2 corrisponde a 100, 10^3 a 1000 e così via, 10^{-2} sarà uguale a 1/100 cioè un centesimo di secondo, 10^{-3} a 1/1000 ossia un millesimo di secondo e via di seguito. In sostanza, il numero dell'elevazione a potenza in negativo indica da quanti zeri è preceduto il numero uno.

La nostra storia e quindi il computo del tempo, parte dal cosiddetto *tempo di Planck,* cioè da 10^{-43} sec dopo il Big Bang. L'universo era ridotto a un minuscolo puntino, più piccolo del nucleo di un atomo, le quattro forze fondamentali, la gravitazionale, l'elettromagnetica, la nucleare forte e la nucleare debole, erano unite in un'unica grande forza detta *unificata* e la temperatura superava i 10^{32} k: la materia non esisteva, le particelle stesse non esistevano, vi era solo radiazione. Da questa nascita, l'universo iniziò il suo periodo di espansione e di raffreddamento portando subito la grande forza unificata a scindersi: la prima forza a separarsi fu la gravità, ne rimase quindi un'altra forza detta interazione iperdebole. Il processo inflattivo, sarebbe a dire di espansione, iniziò a 10^{-35} sec e procedette fino a 10^{-32} sec dopo il Big Bang, raddoppiando le dimensioni dell'universo ogni 10^{-34} sec; in questo periodo l'universo assunse le dimensioni di un pompelmo, la temperatura iniziò a calare raggiungendo valori di 10^{28} k e iniziarono a formarsi particelle elementari come i quark. Tuttavia, per ogni particella si formava un'antiparticella: in definitiva, per ogni quark creatosi nasceva un antiquark, cioè una particella in tutto simile alla prima ma con carica elettrica opposta.

Normalmente, particelle e antiparticelle si creano a coppie, pertanto vi è una perfetta simmetria; a posteriori vi è stato uno squilibrio che ha portato i quark a prevalere sugli antiquark e di conseguenza la materia risultò dominare l'universo a danno dell'antimateria. È un mistero al quale i fisici non riescono ancora a

321

dare una soluzione.

Durante la fase inflattiva si scisse un'altra interazione; l'universo era regolato da tre forze: la gravità, la nucleare forte, separatosi dalla iperdebole, e l'elettrodebole.

Siamo giunti a 10^{-10} sec (un decimiliardesimo di secondo) di vita dell'universo e qui si verificarono i primi sostanziali cambiamenti: l'ultima forza, l'elettrodebole, finalmente si separò in elettromagnetica e nucleare debole, si ruppe la simmetria fra quark e antiquark determinando la preponderanza della materia che osserviamo oggi e la temperatura scese a 10^{15} k. A questo punto i quark si unirono formando protoni, neutroni e mesoni, in più coppie di elettroni e positroni si annichilirono producendo fotoni ad alta energia; tuttavia, nonostante la nascita dei fotoni, la luce non esisteva ancora poiché la radiazione era talmente densa da impedire ai fotoni di viaggiare liberamente, anzi subivano continui urti con altre particelle venendo alterati. Tutto questo avvenne fra 10^{-10} e il primo secondo dopo il Big Bang.

Dopo i primissimi minuti, la temperatura scese sul miliardo di gradi permettendo l'inizio della nucleosintesi e che si concluse in pochi minuti: protoni e neutroni si accoppiarono a formare atomi di idrogeno e per successive reazioni nucleari, atomi di elio.

Nell'arco di tempo fra 10.000 e 300.000 anni dopo il Big Bang, la temperatura scese da 100.000° a 3.000°, finalmente l'universo divenne trasparente e la luce fu libera di diffondersi.

A quell'epoca gli elettroni si legarono ai protoni e ai nuclei di elio formando gli atomi completi liberando nel processo una radiazione diffusa di 3° che osserviamo oggi e che conosciamo come radiazione cosmica di fondo, energia latente o eco fossile del Big Bang.

La storia del Big Bang si conclude nel primo miliardo di anni di vita dell'universo, quando tutto il sistema è ormai pronto a formare le prime stelle e galassie: espansione, nascita, evoluzione e morte continuano tutt'oggi, a distanza di 15 miliardi di anni dall'inizio, ma l'universo continuerà sempre a espandersi e a plasmare nuove stelle fino a quando non ci sarà più materia necessaria alla loro formazione o tornerà a contrarsi in una specie di Big Bang alla rovescia e scomparire come in un enorme buco nero, per poi riesplodere in un nuovo Big Bang, iniziando un nuovo processo evolutivo? Forse non lo sapremo mai.

Questioni metafisiche

La domanda con cui si è chiuso il precedente paragrafo è solo una delle tante che a questo punto possono passarci per la mente. Molti misteri che il cosmo celava sono stati risolti dopo non pochi sforzi, ma un'infinità di enigmi assillano attualmente i ricercatori ed è stimolante pensare che la mente umana sia sempre alla ricerca di nuove sfide e nuove frontiere che possono a volte apparire insormontabili; spesso l'uomo ne è uscito vincitore, ma c'è da augurarsi che nuove scoperte non portino ulteriori problemi da risolvere che siano, a loro volta, infiniti.

Più che un argomento descrittivo, possiamo definire il presente paragrafo come un gioco, un gioco in cui ognuno di noi può lavorare di immaginazione ed esprimere il proprio parere alle seguenti questioni metafisiche, ossia insolubili.

Possiamo permetterci di fare questo senza ricevere critiche, per il semplice fatto che di risposte a queste domande non ne esistono; ci limitiamo solo a descrivere ciò che gli astrofisici e i matematici pensano a riguardo da un punto di vista scientifico e in altri casi persino astratto, ma pur sempre frutto di elaborazioni e ragionamenti.

Possiamo infatti chiederci cosa ci fosse prima del Big Bang. L'universo è tutto quanto esiste ed è iniziato col Big Bang; non ha senso per gli esperti parlare di un prima, poiché il tempo stesso non esisteva, ma ha iniziato a scorrere dalla singolarità. Prima del Big Bang c'era, per quanto possiamo immaginare, il nulla assoluto, intendiamo, non il vuoto ma il nulla, una cosa che la nostra mente ha difficoltà a visualizzare razionalmente, oltre a essere anche complicato da descrivere.

Per rendere più chiara l'idea, possiamo immaginare noi stessi, il singolo individuo: egli nasce da un minuscolo ovulo all'interno dell'utero materno e, proprio come il Big Bang, non ha senso dire cosa facevamo prima che nascessimo per il semplice concetto che non esistevamo.

Tutt'oggi l'universo si espande nel nulla, è l'universo stesso che espandendosi crea lo spazio e il tempo. Per rifarci al nostro esempio, è come quando il nostro individuo cresce; l'organismo si allarga e per le cellule che si trovano al suo interno non vi è nulla al di fuori del corpo. Il corpo è tutto quanto esiste. Così come nel nostro organismo, anche nell'universo succede la stessa cosa: le galassie sono le cellule e lo spazio è il corpo che cresce.

Possiamo allora chiederci se il nostro universo è l'unico esistente. Qui entra in gioco la matematica e al contrario della prima domanda, a questa le ipotesi si susseguono a ritmo frenetico. Secondo alcuni modelli teorici, potrebbero esistere più di un universo, potrebbero esserci due, quattro, venti e qualcuno ha azzardato l'ipotesi di un'infinità di universi esistenti, solo che trovandoci al di fuori di essi siamo del tutto incapaci di comunicare o osservare questi ipotetici mondi. A questo proposito i matematici postulano che i buchi neri posseggano una struttura simmetrica, vale a dire che dall'altra parte abbiano un buco bianco: passando attraverso questa strozzatura, dice la teoria, si sbucherebbe in un altro universo e ancora, se ritornassimo sui nostri passi torneremmo in un periodo di un milione di anni nel futuro.

Ipotizziamo per un attimo che tutti gli universi di cui parla la matematica esistano realmente. Come sarebbero disposti? Recenti teorie pongono un universo, ad esempio come quello in cui viviamo, all'interno di un altro universo, creando una sorta di gioco di scatole cinesi, racchiusi tra loro e inaccessibili gli uni agli altri. Quindi all'interno del nostro universo, potrebbe esistere un altro universo che non riusciamo a vedere, poiché scollegati da questo sistema e che a sua volta potrebbe contenere un altro universo e così via.

Altre teorie prevedono tantissimi universi paralleli, cioè al di fuori del nostro sistema; secondo il modello di *universo caotico*, l'espansione non è una prerogativa solo di quello a cui noi apparteniamo, ma che si verifica in tanti altri universi che si creano in continuazione e che potrebbero esistere da sempre.

Questo problema si collega poi a un'altra domanda: alla luce di ciò, possiamo pensare che il nostro Big Bang non sia stato il solo a verificarsi. Anche qui le ipotesi cascano a valanga. Secondo talune, se ne verificano decine al secondo, altre ne postulano un'infinità, ma è bene precisare che queste ipotesi sono solo frutto di elaborazioni matematiche, perciò è chiaro che fra i modelli teorici e la realtà, il passo potrebbe essere tanto lungo quanto breve, non potremmo mai saperlo.

Chiunque può cimentarsi in questa gara di modelli teorici, immaginando le ipotesi più fantastiche e irreali, anzi, è anche vero che, come vedremo nel prossimo capitolo, fenomeni che possono sembrare incredibili sono normali leggi fisiche, nulla dovrebbe stupirci e chissà, potrebbe persino essere che quella che possa apparire più assurda o pazzesca sia inconsapevolmente proprio quella giusta. L'astronomia è fatta anche di questo.

LA TEORIA DELLA RELATIVITÀ

Albert Einstein, uno dei più brillanti fisici di tutti i tempi, ha formulato delle teorie che hanno dell'incredibile. La cosa che più colpisce è che ha proposto nozioni quasi fantascientifiche, avvalendosi solo di calcoli matematici e soprattutto senza che i mediocri mezzi dell'epoca potessero verificare la veridicità delle sue ipotesi. Se egli fosse vissuto all'epoca di Galileo, è quasi certo che sarebbe stato dichiarato eretico, ma anche così, all'inizio del XX° secolo, molti fisici espressero incredulità e disappunto per teorie che, secondo loro, non potevano essere comprese.

Solo in tempi recenti e con non poca fatica, strumenti supertecnologici hanno accertato la giustezza delle ipotesi di Einstein, anche se rimangono ancora alcune cose della relatività, che non siamo ancora in grado di mettere alla prova.

Come detto e come vedremo tra poco, le teorie proposte dal grande fisico possono sembrare assolutamente prive di fondamento o addirittura pazzesche per il semplice fatto che non viviamo in tali sistemi e che forse non arriveremo mai a sperimentare, dato che le energie in gioco necessarie ad avviare questi ipotetici collaudi arrivano ad assumere valori da capogiro.

Tuttavia, con i mezzi di cui disponiamo siamo stati in grado di accertare che ciò che verrà descritto non riguarda la fantascienza, ma corrisponde a normali leggi fisiche.

Le leggi relativistiche

La nozione fondamentale della teoria della relatività è che spazio, tempo e materia sono indissolubilmente legate tra loro. È un concetto molto complicato, ma che vale la pena di capire, almeno per grandi linee, poiché molto affascinante.

Iniziamo prima col dire che gli effetti relativistici possono apparire strani, a volte sconcertanti, eppure è proprio quello che succede nella realtà. Partiamo con un fenomeno con cui abbiamo continuamente a che fare da sempre, la forza di gravità.

Il concetto di gravità come forza, sintetizzato da Isaac Newton, venne per così dire, eliminato da Einstein, il quale dopo anni di lavoro, la sostituì come la *nozione di spazio-tempo curvo*.

L'opera di Einstein è in parte concentrata sul concetto profondo del *principio di equivalenza*, il quale enuncia la perfetta eguaglianza tra la massa gravitazionale e la massa inerziale: la prima è responsabile della presenza di un campo gravitazionale, la seconda è la misura della reazione di un corpo all'influenza di una forza che grava su di esso.

Alla luce di ciò, la loro equivalenza rende possibile il fatto che, se lasciassimo cadere due corpi di massa differente, la forza d'accelerazione impressa dalla gravità risulterà identica per entrambi i corpi, quindi essi atterreranno nello stesso momento.

È da tenere a mente, ed è un po' il trucco per capire questo concetto, che spesso parliamo di peso e massa come due cose uguali, ma in realtà fra queste due nozioni vi è una notevole differenza. Il peso dipende esclusivamente dalla gravità, pertanto è relativo al luogo su cui ci si trova: ad esempio, un uomo che sulla Terra pesa 70 kg, sulla Luna ne peserebbe solo 25 oppure su Giove arriverebbe a pesare più di 300 kg, proprio perché la gravità del pianeta gigante è molto più forte che sulla Terra. La massa invece, che è la capacità di un corpo di contenere materia, ossia la sua densità, rimane sempre la stessa ovunque ci si trovi, poiché non viene influenzata dalla gravità.

Quindi la gravità fa accelerare qualsiasi corpo, anche se di masse differenti, allo stesso modo: se lasciassimo cadere dalla stessa altezza una matita e un martello, quali di questi cadrebbe prima? Senza eccezione, chiunque non abbia una benché minima idea delle leggi relativistiche, risponderebbe ovviamente l'oggetto più pesante, ossia il martello, ma se facessimo la prova potremmo verificare che il principio di equivalenza di Einstein, descritto nella relatività generale, è esatto; con grande stupore, vedremmo cadere i due oggetti esattamente allo stesso momento. Ma che succederebbe se facessimo lo stesso esperimento usando un martello e qualcosa di molto meno massiccio di una matita, tipo un tovagliolo di carta? Perché questi non cadrebbero contemporaneamente? La risposta è molto semplice: è l'attrito con l'aria, quindi la presenza di un'atmosfera, a far rallentare il tovagliolo più del martello, ma se potessimo disporre di un ambiente con gravità ma privo di atmosfera, la sua assenza non influenzerebbe la caduta dei due corpi, i quali atterrerebbero allo stesso istante.

Il test è stato effettuato sulla Luna, un luogo privo di atmosfera ma con la presenza della gravità: nel 1971, l'astronauta David Scott lasciò cadere un martello e una piuma e questi oggetti toccarono il suolo contemporaneamente.

La relatività speciale

Einstein non si limitò all'analisi tensoriale, cioè al linguaggio matematico con cui è scritta la relatività, al solo principio di equivalenza. A seguito di un'altra brillante intuizione, si applicò sul significato profondo di gravitazione e ne concluse che non si tratta di una forza, bensì di una proprietà dello spazio-tempo e tale riferimento rientra nelle leggi della relatività speciale.

In parole povere, quanto più è massiccia la materia, tanto più lo spazio-tempo è ricurvo, costringendo qualsiasi oggetto nei dintorni a non muoversi in linea retta.

Nello spazio-tempo curvo tutti i corpi cadono con dei tragitti parabolici o descrivendo ellissi e orbite, seguendo delle traiettorie più brevi possibili. Tali traiettorie prendono il nome di geodetiche.

Il nostro modo di vedere esula lo spazio-tempo curvo, poiché siamo abituati a vivere e pensare le geodetiche nello spazio-tempo euclideo, il quale è espressamente fatto di linee rette. Sappiamo inoltre che, per unire due punti di partenza e di arrivo, il percorso più breve è sempre la linea retta; uno spazio con queste caratteristiche è detto, oltre che euclideo, anche spazio-tempo piatto e si verifica solo in regioni dell'universo molto lontane da ogni genere di materia ed energia, oppure in una ristretta superficie di spazio come una stanza o una piazza, dove possiamo avvalerci della comoda geometria euclidea. Al contrario, le cose si farebbero molto più complesse in presenza di un corpo massiccio che ricurva lo spazio-tempo, il quale ci obbligherebbe a elaborare impossibili calcoli tensoriali in quattro dimensioni per scegliere la via più comoda per arrivare all'altro capo della piazza.

Le prove sperimentali delle leggi della relatività speciale le si sono ottenute nel nostro Sistema Solare e più precisamente nelle vicinanze del Sole, laddove il campo gravitazionale è abbastanza intenso da farne notare le conseguenze. Tuttavia, gli effetti dello spazio-tempo curvo nel nostro caso, sono limitati al pianeta Mercurio, quello più vicino al Sole, il quale è il solo che ne risente in maniera apprezzabile. Quello che succede è che la curvatura dello spazio-tempo provocata dalla massa del Sole, causa lo spostamento del perielio nell'orbita del pianeta. Solo negli ultimi anni, utilizzando sensibilissimi apparecchi, si sono effettuati minuziosi controlli a riguardo e il risultato è stato esattamente quello predetto da Einstein.

Ma questi effetti non riguardano solo corpi ma qualcos'altro: perfino la luce, che è solo energia, risente della curvatura dello spazio-tempo, per cui anch'essa è costretta a compiere traiettorie curve.

Abbiamo già parlato delle lenti gravitazionali in precedenza, un fenomeno che rientra nella relatività speciale di Einstein. Egli postulò che la luce di una sorgente luminosa ricurva se fra la fonte e l'osservatore è interposto un corpo massiccio.

Oggi questo fenomeno è osservato su grande scala e abbastanza di frequente. Osserviamo due o quattro quasar laddove ne esiste una sola, dato che fra noi è la sorgente vi è una notevole massa cosmica che, distorcendo lo spazio-tempo, ricurva la luce creando questi curiosi effetti visivi.

Osserviamo anche gli anelli di Einstein, una conseguenza ottica provocata da due stelle perfettamente allineate rispetto a noi, con la massa di quella più vicina che ci fa apparire quella più lontana come un anello, un'aura luminosa che circonda la prima.

Un'ultima intuizione di Einstein riguardo al campo gravitazionale fu il rallentamento degli orologi, cioè la dilatazione del tempo in prossimità di uno spazio-tempo curvo.

Secondo le sue equazioni, il tempo scorrerebbe sempre più lentamente quanto più è intenso e ricurvo lo spazio-tempo. Poiché non viviamo in un intenso campo gravitazionale, la scarsa entità del fenomeno ne ritardò l'effettiva osservazione. Fu solo dopo la morte di Einstein, con l'avvento di precisissimi orologi atomici, che si poté dimostrare che anche in questo caso il grande scienziato non aveva sbagliato i suoi calcoli.

Oggi siamo in grado di stabilire che per un orologio che si trova ad alta quota, il tempo scorre diversamente rispetto a uno gemello che si trova sulla superficie terrestre, poiché quest'ultimo risente maggiormente dell'effetto relativistico.

Ma gli effetti più sbalorditivi sono stati osservati ancora una volta nell'universo. I buchi neri possiedono una tale densità, che la struttura spazio-temporale attorno a essi è talmente distorta da richiudersi su se stessa. La gravità, attorno a un buco nero, fa rallentare decisamente lo scorrere del tempo fino a fermarlo del tutto; se potessimo osservare un astronauta cadere in un buco nero assisteremmo a uno straordinario fenomeno: la caduta rallenterebbe sempre di più fino a fermarsi proprio sull'orlo del buco nero e questo a causa delle distorsioni spazio-temporali che la sua gravità esercita nei dintorni. L'astronauta in caduta invece, non si accorgerebbe di questo fenomeno ed entrerebbe nel buco nero. In questo caso non è possibile verificare la fondatezza della teoria avanzata da Einstein, ma dopo tutto ciò che abbiamo descritto, chi può dire che in un lontano futuro i nostri posteri avranno la possibilità di dimostrare che anche questa volta il grande fisico avesse ragione?

La relatività ristretta

Ancora più sorprendenti della relatività speciale sono gli effetti dei paradossi della luce previsti da Einstein e descritti nella teoria della relatività ristretta.

Gli astronomi hanno continuamente a che fare con uno degli sconcertanti paradossi della luce, ma al contrario di noi profani, essi sanno perfettamente che tanto più si guarda lontano nello spazio, tanto più indietro si osserva nel passato. Possiamo fare un semplice esempio di immaginazione per rendercene conto. Supponiamo di osservare un gruppo di persone in una piazza; ebbene, noi possiamo facilmente identificare ogni singola persona per il suo aspetto, la sua età e la sua posizione. Se qualcuno ci dicesse che ciò che vediamo è solo un'illusione ottica, certamente rimarremmo stupiti, in quanto la realtà sarebbe tutt'altra. Se vediamo un bambino, in realtà quel bambino è un vecchietto o se osserviamo una persona al centro della piazza, in realtà questa si trova da tutt'altra parte, eccetera.

Proprio questo avviene quando guardiamo il cielo stellato: certe stelle che guardiamo non esistono più, altre che sembrano giovani sono vecchie, altre ancora non si trovano più nella posizione in cui le vediamo.

Tutto questo è dovuto al tempo che impiega la luce per arrivare fino a noi, tanto più tempo quanto maggiore è la distanza.

Per capire questo nuovo modo di vedere dobbiamo pensare in termini relativistici. La teoria della relatività ristretta si basa su due principi fondamentali: il primo enuncia che la velocità della luce è fissa e costante ed è la massima raggiungibile in natura; essa corrisponde a 300.000 km/sec (per la precisione 299.792,458 km/sec).

Il secondo principio esprime il fatto che non esiste un sistema di riferimento assoluto, cioè spazio, tempo e materia non sono fissi e immutabili, ma subiscono distorsioni spazio-temporali relativi alla velocità con cui si muovono, rispetto a un osservatore che invece rimane fermo.

Può sembrare un argomento molto complicato, poiché noi viviamo a velocità troppo basse per sperimentare in modo apprezzabile gli effetti relativistici. In realtà, nel nostro modo di vivere, noi rientriamo nei parametri della relatività, ma non ci accorgiamo di nulla, poiché la Terra compie moti molto lenti e inoltre il campo gravitazionale prodotto dal Sole non è sufficientemente potente o ancora perché i nostri mezzi di trasporto sono ben lungi dal raggiungere velocità fotoniche, mentre gli effetti si fanno più marcati e visibili man mano che ci si avvicina sempre di più alla velocità della luce.

Basti pensare che l'oggetto più veloce che l'uomo ha costruito è una sonda interplanetaria che nei momenti di punta massima, raggiunge la velocità di 20 km/sec. Ebbene, la velocità della luce è 15.000 volte più veloce, cioè ci troviamo nelle stesse condizioni di una tartaruga nei confronti di un aereo a reazione.

Come abbiamo visto, la velocità della luce è altissima per il nostro ristretto modo di vedere le cose, ma se potessimo osservarla su scala cosmica noteremmo che si tratta di una velocità assai modesta. È vero che un fotone di luce impiega solo un secondo per arrivare dalla Terra alla Luna, ma dal Sole alla Terra sono necessari già otto minuti e mezzo, ancora, se potessimo vederla viaggiare dal centro della galassia al nostro pianeta, impiegherebbe 30.000 anni, dalla galassia di Andromeda alla nostra Via Lattea sarebbero necessari oltre due milioni di anni, nonostante Andromeda sia ancora una nostra vicina di casa.

È per questo motivo che noi vediamo un oggetto lontano non com'è nel momento in cui lo stiamo guardando, ma come si presentava nel momento in cui la luce ha cominciato il suo viaggio, nel caso di Andromeda, distante 2,2 milione di anni luce, la vediamo così com'era più di due milioni di anni fa, viceversa se su Andromeda ci fosse una civiltà evoluta in grado di osservarci, non vedrebbe la Terra di oggi, ma quella dei nostri lontanissimi progenitori che ancora scorrazzavano per la savana africana.

È un po' come quando riceviamo una lettera da un amico; questa lettera non dice come sta quella persona nel momento in cui la leggiamo, bensì come stava nel momento in cui l'ha scritta.

Ma esistono altri paradossi della luce molto più sconcertanti di questo, il più famoso dei quali è il cosiddetto paradosso dei gemelli, il quale dice che il tempo scorre sempre più lentamente man mano che ci si avvicina alla velocità della luce.

Prendiamo in considerazione due gemelli, uno dei quali parte per una passeggiata nello spazio a velocità prossime a quella della luce. Durante il viaggio egli vedrebbe scorrere il tempo in modo normale, ma al suo ritorno sulla Terra avrebbe una sorpresa: troverebbe il suo gemello molto più vecchio di lui. Ciò dipende alla durata del viaggio e alla velocità alla quale si è svolto: più vicina è a quella della luce, maggiore sarà la differenza temporale sperimentata dai due gemelli. La cosa straordinaria è che se il gemello rimasto a terra potesse, vedrebbe il tempo all'interno dell'astronave in viaggio scorrere a rallentatore, tanto più a rallentatore quanto maggiore è la velocità.

Può sembrare incredibile, ma il paradosso è stato provato. Come si è fatto? Naturalmente noi non disponiamo di astronavi capaci della velocità della luce, ma abbiamo gli orologi atomici, capaci di contare i miliardesimi di secondo. Due di questi orologi sono stati perfettamente sincronizzati e uno di questi lo si è collocato all'interno di un aereo B52, mentre il gemello è rimasto a terra. Dopo un lungo volo si sono confrontati i due orologi e ne è risultato che quello che aveva volato era in ritardo rispetto al suo gemello di un'infinitesima frazione di secondo, un ritardo minimo, ma sufficiente per provare l'esattezza della teoria einsteiniana.

C'è anche da dire che così come il tempo, anche lo spazio risente dell'influenza della velocità, cioè un oggetto che viaggia a velocità prossime a quella della luce si contrae nel senso di marcia aumentando la sua massa. Anche questa teoria è stata provata e questa volta negli acceleratori di particelle: facendo correre par-

333

ticelle a velocità vicine a quella della luce, i fisici hanno riscontrato che esse si schiacciano nel senso di marcia, ma nello stesso tempo, tendono ad aumentare la loro massa un po' come se un'automobile si contraesse, ma contemporaneamente la sua massa arrivasse a eguagliare quella di un autobus.

In conclusione, l'intero universo sembra essere proprio regolato da queste leggi; ma come mai non ci accorgiamo di nulla? La risposta è semplice. Le cose stanno così, da sempre, siamo noi a non essercene mai accorti, perché viviamo a velocità troppo basse per risentire apprezzabilmente degli effetti relativistici.

Se potessimo sperimentare quotidianamente la relatività, non faremmo più caso a queste stranezze, ma la considereremmo una normale legge fisica, come è in realtà.

Un'ultima conseguenza della relatività ristretta, ma molto importante nei postulati einsteiniani, è che quando si ha a che fare con velocità vicine a quella della luce, le velocità non si possono sommare, vale a dire che se per ipotesi ci trovassimo su un treno che viaggia a 100 km/h e camminassimo nel senso di marcia a 10 km/h, la velocità totale rispetto al suolo dovrebbe essere la somma delle due velocità: 110 km/h.

Supponiamo che il treno non viaggi a 100 km/h, ma a 300.000 km/sec e procediamo nel senso di marcia a 10.000 km/sec; la velocità totale non sarà di 310.000 km/sec, poiché per superare i 300.000 km/sec occorrerebbe un'energia infinita e a questo punto anche la massa diventerebbe infinita. Questo non può accadere perché andrebbe contro il primo principio della relatività: la velocità della luce è fissa e insuperabile e la natura impedisce a qualsiasi corpo di essere accelerato a una velocità superiore a quella della luce, qualsiasi sia l'energia che gli si imprima.

Comunque sia, l'uomo è ben lungi da provare l'ebbrezza della velocità della luce, che come abbiamo visto è grandissima per il nostro modo di vedere, ma piccolissima su scala cosmica; eppure la fantasia e l'estro della mente umana non conosce frontiere e già si inizia a pensare a viaggi, non interplanetari, ma interstellari. In che modo può avvenire questo, considerato il fatto che siamo ancora lontani dall'ottenere propulsioni fotoniche?

I paradossi della luce e la velocità della luce, si collegano a un campo dell'esplorazione spaziale del tutto nuovo e quasi fantascientifico. Entriamo brevemente in questo affascinante argomento per scoprire cosa stanno attualmente escogitando gli ingegneri aerospaziali, per intraprendere dei viaggi con equipaggio a bordo alla ricerca di nuovi mondi fuori dal Sistema Solare con delle astronavi del tutto particolari.

I viaggi interstellari

Già nel bel mezzo delle missioni Apollo gli ingegneri iniziarono a pensare a missioni a lungo periodo con speciali astronavi. La riuscita dei viaggi sulla Luna aveva suscitato ottimismo e stimolato l'estro e la fantasia su di un campo dei voli spaziali, attualmente fuori dalla nostra portata.

Consideriamo che per arrivare sulla Luna, che è il corpo celeste a noi più vicino, sono stati necessari ben quattro giorni di viaggio. I viaggi interstellari impongono tempi di navigazione impensabili per l'uomo, basti pensare che la stella a noi più vicina, Proxima Centauri distante poco più di 4 a.l., verrebbe raggiunta con i mezzi attuali in quasi 76.000 anni.

Attualmente le sonde Pioneer e Voyager, partite dalla Terra negli anni Settanta, sono uscite da poco dal Sistema Solare viaggiando ad appena 30 km/sec; una distanza esigua, se consideriamo che sono in navigazione da più di 40 anni; praticamente esse sono poco fuori dal cortile di casa.

I passi da compiere sembrano fuori dalla nostra portata, eppure gli scienziati non si sono fatti scoraggiare, mentre continuano le ricerche per trovare dei validi sistemi di propulsione che ci permettano di intraprendere questo nuovo tipo di avventura.

Come postulato da Einstein, la velocità della luce è la massima raggiungibile e non può essere superata, per questo, in sostitu-

zione ai motori a combustione chimica si sta lavorando febbril-
mente per ottenere propulsioni più energetiche, e un primo risultato è stato ottenuto con il motore a propulsione ionica, messo a
punto sulla sonda Deep Space. Diversi progetti prevedono altri
tipi di reazioni propulsive, tuttavia si ipotizza che arriveremo a
raggiungere appena il 30% della velocità della luce.

Anche così, i viaggi interstellari avrebbero durate lunghissime,
ma fossimo persino capaci di assemblare astronavi in grado di
raggiungere la velocità della luce, le distanze rimangono comunque abissali e insormontabili.

Uno dei più estroversi scienziati moderni Isaac Asimof, scomparso negli anni Novanta, ha dato idee fantascientifiche in proposito. Secondo il suo modo di vedere il futuro, i primi ad attraversare i vuoti cosmici per colonizzare altri mondi non saranno
gli uomini, ma degli automi costruiti dagli uomini e dotati di una
propria intelligenza. Questi robot naturalmente, non avranno
problemi di cibo, aria, acqua o di adattamento che al contrario
sono quelli primari per una lunga missione con equipaggio umano, e potranno sopportare senza alcuna preoccupazione viaggi a
lungo termine. Dice ancora Asimof che gli automi in questione,
una volta giunti sul pianeta prescelto, potranno utilizzare i materiali trovati sul posto per costruire repliche di loro stessi, riparti-
re verso altri mondi e diffondersi su larga scala.

Inoltre avranno anche le capacità di costruire degli habitat pronti
a ospitare future missioni umane.

Per ora tutto questo rimane fantascienza, ma dobbiamo pensare
che nel giro di sessant'anni si è passati, o per meglio dire balzati,
dal primo aereo a sollevarsi da terra dei fratelli Wright all'atterraggio sulla Luna. La tecnologia sta compiendo passi da gigante
e chissà che procedendo a questo ritmo, nel giro di un secolo
non si sia davvero in grado di trasformare queste che per ora
sono solo idee in una concreta realtà. Esaminiamo sommaria-
mente le attuali problematiche che gli ingegneri devono affrontare nel progettare missioni spaziali interstellari.

Ostacoli insuperabili?

Gli abissi interstellari rimangono invalicabili se affrontiamo il viaggio con gli attuali veicoli spaziali.

L'ostacolo principe di questa sfida resta la velocità. Non esiste alternativa se non quella di ideare un sistema propulsivo di nuova generazione, che ci permetta di avvicinarci a velocità fotoniche.

Dobbiamo considerare che l'energia necessaria per imprimere tali accelerazioni è immensa, per questo gli scienziati hanno messo in piedi, ma solo su carta, alcune interessanti alternative ai tradizionali motori a combustione chimica.

Sono state proposte idee di alcuni progetti di motori a fusione nucleare, oppure ad annichilazione materia antimateria. Abbiamo visto che questo tipo di processo libera un'immensa quantità d'energia e in questo caso il combustibile necessario all'accelerazione, avrebbe una massa centinaia di volte inferiore rispetto a quello che servirebbe nei tradizionali motori a combustione chimica.

L'idea pertanto, è molto valida, ma esiste un piccolo granello di sabbia che se rimosso potrebbe far crollare un castello di pietra. Sappiamo che è la materia a permeare l'universo, di conseguenza l'antimateria è quasi totalmente assente. Riprodurre un chilogrammo di antimateria è fisicamente fattibile, ma costerebbe miliardi di miliardi di miliardi di euro; chi se la sentirebbe di finanziare la realizzazione di un disegno abbozzato su carta e neanche in fase di progettazione?

Questo discorso vale per tutti i nuovi progetti propulsivi, che siano ad annichilazione, a fusione o a fissione.

Oltre al problema dei costi, non è da sottovalutare il problema della massa. Come detto, con gli attuali motori infatti, non sarebbe sufficiente una quantità di propellente pari all'intera massa esistente nell'universo per accelerare un'astronave con una massa di una sola tonnellata a 1/100 della velocità della luce; ecco da qui l'alternativa al motore ad annichilazione.

Se per ipotesi, si riuscisse ad assemblare e collaudare con successo un propulsore capace di raggiungere velocità prossime a quella della luce, andrebbe accantonato uno dei problemi che riguardano lunghi viaggi interstellari; è chiaro che il riferimento concerne il tempo che gli astronauti dovranno trascorrere a bordo, e questo per effetto della contrazione temporale prevista dalla teoria della relatività testé trattata. Infatti, se si riuscisse a imprimere all'astronave un'elevatissima velocità, il tempo di viaggio sarebbe di molto inferiore di quanto osservato da terra.

Ciò permetterebbe di non sacrificare l'intera esistenza degli astronauti per un viaggio interstellare che potrebbe durare persino pochi giorni a bordo, a seconda della velocità.

Naturalmente vi sono anche degli svantaggi: una volta allontanatisi dal Sistema Solare, gli astronauti sarebbero completamente soli nello spazio interstellare, poiché incapaci di comunicare istantaneamente con il centro di controllo; basti pensare che se per ipotesi dovessimo mandare una comunicazione a degli astronauti che si trovano all'altezza di Plutone sarebbero necessarie oltre dieci ore per riceverne la risposta.

Altro essenziale particolare sarebbe che al loro ritorno sulla Terra, gli astronauti racconterebbero la loro odissea cosmica non ai loro figli, ma ai loro lontani pronipoti. Potrebbero ritrovarsi secoli o addirittura millenni nel futuro, a seconda della velocità e dei tempi di viaggio, su un pianeta che stenterebbero a riconoscere.

Oltre a ciò, un veicolo spaziale che viaggia a velocità vertiginose, attraversando atomi e gas interstellari, diventerebbe bersaglio di pericolosi raggi cosmici difficili da schermare, inoltre, impatti con micrometeoriti e polvere interstellare sarebbero estremamente energetici con conseguenti effetti erosivi o distruttivi.

Altro dilemma è rappresentato dal calore. Lo smaltimento del calore prodotto da un'energetica accelerazione è di vitale importanza, poiché è impensabile immaginare motori potenti che si vaporizzano a causa del forte calore da essi prodotto; basta un esempio per rendercene conto. Per accelerare un'astronave di massa non trascurabile a velocità pari al 5% della velocità della luce si impiegherebbero 35 milioni di chilowattora di energia per ogni chilogrammi di astronave, nel frattempo una quantità pari di energia deve essere espulsa nello spazio sotto forma di calore, un calore talmente intenso che fonderebbe qualunque materiale conosciuto.

Come si può notare, i problemi da affrontare restano molti, tuttavia alcuni progetti sui viaggi interstellari sono stati già da tempo sbozzati.

I progetti dei veicoli interstellari

Nonostante i grandi problemi che viaggi cosmici a lunga percorrenza impongono e nonostante la nostra attuale tecnologia sia rudimentale e primitiva se paragonata alle difficoltà, dopo le missioni Apollo gli ingegneri abbozzarono alcuni progetti di astronavi capaci di far uscire l'uomo dal Sistema Solare.

Il primo esempio è il progetto conosciuto come Orione, il quale consiste nel rilascio in modo sequenziale subito dietro l'astronave di bombe nucleari a fissione. L'idea è quella di sfruttare l'onda d'urto prodotta dall'esplosione e assorbita da uno speciale scudo particolarmente resistente, ottenendo così un'ottima accelerazione.

Negli anni seguenti l'idea venne leggermente modificata con una versione più potente, attraverso il rilascio di bombe a fusione. Tuttavia il progetto venne

L'astronave Ramjet è uno dei progetti proposti per viaggi interstellari.

accantonato poiché poteva essere applicato per il solo utilizzo di sonde automatiche.

Il successivo progetto battezzato Ramjet, permette di aggirare il problema della massa e consiste nella raccolta, direttamente dallo spazio e durante il viaggio, dell'idrogeno sparso nel mezzo interstellare, il quale alimenta dei motori a fusione nucleare. L'idea, seppur estremamente interessante, presentava nonostante tutto alcune difficoltà: innanzi tutto la costruzione di motori a fusione nucleare è già un ostacolo enorme, dato che il processo di fusione, il medesimo che tiene accese le stelle, libera immense quantità d'energia. Come impedire che tale sistema non distrugga i propulsori se non l'intera astronave?

Inoltre, anche la raccolta dell'idrogeno non è semplice; in media nello spazio, vi è un atomo di idrogeno per ogni centimetro cubo e per raggranellare una quantità pari a un chilogrammo di idrogeno alla velocità di 30.000 km/sec, 1/10 della velocità della luce, sarebbe necessario un imbuto largo non meno di 5.000 km. Anche così però, la quantità di idrogeno raccolta non sarebbe sufficiente alle esigenze dei motori, per questo anche il progetto Ramjet, nonostante le successive versioni proposte, venne accantonato, dato che presentava problemi considerati fisicamente irrisolvibili.

Una variante del progetto Orione, ma concettualmente più fattibile, è il Daedalus. Esso consiste, come l'Orione, nel rilascio non di bombe nucleari ma di pasticche di deuterio e di elio-3, ben più pesanti dell'idrogeno. Il rifornimento avviene prelevando i gas direttamente dall'atmosfera gioviana e questo sistema propulsivo permetterebbe all'astronave, completamente automatizzata, di raggiungere 1/10 della velocità della luce. L'idea resta valida, ma al momento irrealizzabile, poiché non possediamo attualmente la tecnologia adatta.

Infine l'idea dell'astronave Starwisp, completamente priva di sistemi propulsivi. L'eccentrico piano consiste in una megavela di 6 km di diametro che viene spinta da un potentissimo trasmettitore a microonde, alimentato da un centro di potenza con decine di chilometri quadrati di pannelli solari. Una lente sottilissima collocata nello spazio e grande quattro volte la Terra, focalizza le microonde concentrando l'energia, anche a distanze abissali, sulla Starwisp che viene così accelerata fino a 1/10 della velocità della luce in due settimane.

Tutte queste proposte sono al momento irrealizzabili, ma teniamo a mente che siamo appena all'inizio dell'era spaziale, la tecnologia è ancora ai primi passi, di conseguenza ci sono buone possibilità che fra un secolo o due l'uomo sarà in grado di uscire fisicamente fuori dal Sistema Solare e dirigersi verso le stelle senza alcuna difficoltà.

Qualcuno ha proposto l'idea fantascientifica di vere e proprie arche spaziali con un ecosistema indipendente, al cui interno prendono posto e vivono piante, alberi, animali e uomini con tanto di città, foreste, fiumi, montagne e campagne.

Milioni di esseri viventi che viaggiano per sempre nello spazio in un'immensa astronave che, grazie alla forza centrifuga, garantirebbe anche la gravità.

Esiste però qualcuno che se la sentirebbe di abbandonare per sempre il pianeta d'origine per un viaggio nell'ignoto e senza ritorno, sacrificando anche la sua progenia?

Dal punto di vista fisico inoltre, la razza umana in viaggio, come anche qualunque essere vivente, si evolverebbe ulteriormente adattandosi a un ambiente ristretto e con gravità di molto inferiore a quella terrestre, modificandosi in una specie che potremmo non arrivare a riconoscere, ma pur sempre discendente dall'homo sapiens.

Il pensiero dell'arca spaziale potrebbe tuttavia essere preso in considerazione se e quando sulla Terra si esaurirà ogni tipo di risorsa energetica o se l'ecosistema terrestre verrebbe irrimediabilmente compromesso, come sembra che stia già accadendo.

Per ora questi restano solo progetti, ma che in futuro saremo certamente costretti a sviluppare, comunque vadano le cose.

LE COSTELLAZIONI

Fin dalla notte dei tempi, l'uomo è sempre rimasto affascinato dallo splendore che il firmamento offre. In una notte limpida, senza luna e senza l'inquinamento dovuto alle luci cittadine, balza agli occhi un'enorme quantità di stelle luminose e meno luminose; con l'immaginazione possiamo dare una forma a dei raggruppamenti di stelle un po' come si fa quando per gioco si dà alle nuvole una somiglianza a qualcosa.

Questa chiamiamola necessità, è nata da epoche remote per dare un senso di riferimento alla volta celeste. Allora naturalmente, l'inquinamento atmosferico e quello luminoso erano del tutto assenti e ciò rendeva possibile osservare una grande quantità di stelle, molte di più di quante non se ne vedano attualmente nelle migliori condizioni.

Il primo a parlarci delle costellazioni fu Arato, vissuto nel III° secolo a.C., il quale, si deduce, ne abbia ripreso documentazione da Accadi, un popolo vissuto duemila anni prima in Mesopotamia; le costellazioni che egli riporta infatti, non sono visibili alle latitudini e nel periodo in cui visse, teoria convalidata dal ritrovamento di tavolette accadiche raffiguranti le costellazioni riportate da Arato e poi passate ai greci.

Tale passaggio diede origine alle primissime costellazioni raffiguranti personaggi legati alla mitologia classica, mentre alle costellazioni moderne vennero attribuite le opere legate all'ingegno umano, come quelle del Pittore, lo Scultore, la Macchina Pneumatica, eccetera.

Altre culture e altri popoli, come i cinesi, hanno creato un catalogo di costellazioni diverso dal nostro, il quale ne annovera un paio di centinaia; ciò accade perché i cinesi consideravano asterismi una ristrettissima porzione di cielo, spesso formato da pochissime stelle, di conseguenza con dimensioni di molto inferiori a quelle dei paesi occidentali. Da questo deriva il fatto che anche i nomi delle costellazioni cinesi, decisamente in numero superiore, abbiano nomi vari: sono state a esse attribuite nomi di animali, sia reali che immaginari o anche personalità dell'impero celeste.

Sono esistite inoltre altre costellazioni che attualmente non vengono più riconosciute nelle tavole ufficiali o non sono mai state accettate dalla comunità degli studiosi, come quella della Quercia di Giorgio, una costellazione inventata dall'astronomo inglese Halley in onore del re d'Inghilterra Giorgio II.

Attualmente sono ufficialmente riconosciute 88 costellazioni, comprese quelle dello zodiaco, queste ultime particolarmente conosciute per i famosi oroscopi astrologici, una disciplina che non ha nulla a che vedere con la scienza applicata, come vedremo nel prossimo e ultimo capitolo.

*Nella tabella sono elencate le 88 costellazioni riconosciute nelle tavole. La lista è in ordine al-
fabetico secondo la definizione latina, in parentesi la traduzione in lingua italiana, quindi
l'abbreviazione e la pagina su cui è riportato il dettaglio del relativo asterismo.*

INDICE DELLE COSTELLAZIONI

Andromeda

La leggenda narra che Cassiopea, moglie di Cefeo re d'Etiopia, pensava che lei e sua figlia Andromeda fossero le donne più belle mai vissute; ciò fece infuriare la moglie di Poseidone, la quale per punire la superbia di Cassiopea, pregò suo marito il dio dei mari, di infliggerle un'immediata e severa punizione. Poseidone scatenò il mostro marino Cetus contro il regno di Cefeo, il quale venuto a sapere dell'ira di Poseidone, sacrificò la figlia Andromeda legandola nuda a uno scoglio e abbandonandola alla furia del mostro. Poco prima dell'attacco di Cetus, si trovò a passare Perseo, il quale non esitò a scagliarsi contro il mostro, ma che si rivelò più forte del previsto. Perseo tirò fuori la testa di Medusa da un sacco, uccisa nella missione da cui era reduce e la mostrò a Cetus stando ben attento a non rivolgerla ad Andromeda. La bestia non sfuggì alla sua sorte restando pietrificata all'istante, mentre Perseo liberò la fanciulla che in seguito sposò.

Andromeda è una delle costellazioni più importanti dell'emisfero boreale, nonostante sia composta da stelle non molto brillanti. Pur essendo una costellazione essenzialmente autunnale, la sua locazione la rende quasi circumpolare, dunque visibile per buona parte dell'anno, sopra i 50° latitudine nord. Andromeda è una costellazione molto estesa; è facilmente identificabile poiché compresa fra la caratteristica Cassiopea e il quadrilatero di Pegaso, col quale condivide una stella. La costellazione confina a nord con Cassiopea, a est con Lucertola e Pegaso, a sud con Pesci, Triangolo e ancora Pegaso, e ad ovest e a nord con Perseo. Andromeda culmina a mezzanotte alla metà di ottobre, mentre alle latitudini italiane è già abbastanza alta sull'orizzonte in prima serata alla fine dell'estate, levandosi in direzione nord-est.

La costellazione è famosa poiché ospita l'oggetto più lontano visibile a occhio nudo, l'omonima galassia di Andromeda (M31), mentre altri oggetti sono NGC7662, una nebulosa planetaria distante 1800 a.l. e NGC752, un ammasso di un centinaio di stelle distante 3400 a.l.

Stelle importanti sono *Alpha And* (Sirrah o Alpheraz), una stella bianco-azzurra distante 105 a.l. di magnitudine 2, *Beta And* (Mirach), una gigante rossa a 88 a.l. di magnitudine 2, *Gamma And* (Alaniak o Almach), una tripla distante 160 a.l., *Delta And,* una gigante arancione posta a 160 a.l., *Mu And,* una stella bianca a 82 a.l., *Pi And,* un sistema doppio distante 390 a.l. e infine *56 And,* una coppia di giganti gialle di magnitudine 6, distanti 240 a.l.

 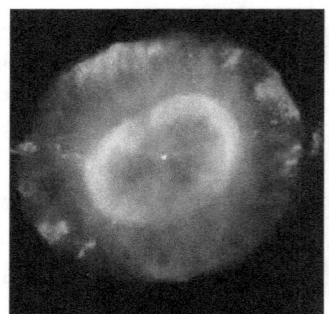

Oggetti in Andromeda sono M110 (a sinistra), l'oggetto più lontano visibile a occhio nudo e la nebulosa planetaria NGC7662 (foto a destra).

Macchina Pneumatica

La costellazione è stata inserita nel 1763 da Lacaille per onorare l'invenzione di Robert Boyle, quindi fondamentalmente priva di ogni significato mitologico come di solito accade per le co-  stellazioni. La Macchina Pneumatica è una costellazione piccola, poco luminosa, essendo di magnitudine 4,25 e visibile dall'emisfero australe, mentre alle latitudini italiane è osservabile solo dalla Sicilia. Inoltre essa è di importanza pressoché irrilevante per gli astrofili, dato che si trova in una porzione di cielo spoglia e praticamente quasi priva di oggetti di interesse. La costellazione confina a nord con l'Idra, a ovest con Bussola e Vele, a sud sempre con le Vele e ad est col Centauro. La Macchina Pneumatica passa allo zenit a mezzanotte in tardo inverno, verso la fine di febbraio e contiene qualche galassia e una nebulosa planetaria. NGC3132 infatti, è una nebulosa relativamente estesa e luminosa (magnitudine 8). Osservata al telescopio si presenta più grande di Giove, mentre la nana bianca al centro è di magnitudine 10; essa dista 1.300 a.l. e si trova sul confine celeste della costellazione delle Vele. NGC2997 è una galassia a spirale fioca e con un piccolo nucleo particolarmente brillante. NGC3223 è un'altra galassia a spirale molto debole, ma con un nucleo esteso e luminoso. Infine NGC3347 l'ultima spirale appartenente alla costellazione. Stelle principali della Macchina Pneumatica sono *Alpha Antliae,* di magnitudine 4,3 è la più brillante della famiglia ed è una gigante arancione distante 280 a.l., *Delta Ant,* una stella bianco-azzurra di magnitudine 5,6 accompagnata da una stella di magnitudine 9,7 e distante 1.100 a.l. e *Zeta1 Zeta2 Ant,* un'altra stella doppia di magnitudine 5,8 e 5,9.

347

Uccello del Paradiso

La costellazione dell'Uccello del Paradiso è stata inserita nel 1603 dall'astronomo tedesco Johann Bayer, il quale fu anche autore dell'introduzione di altre 12 costellazioni oltre a questa. Si tratta di una piccolissima e praticamente insignificante costellazione 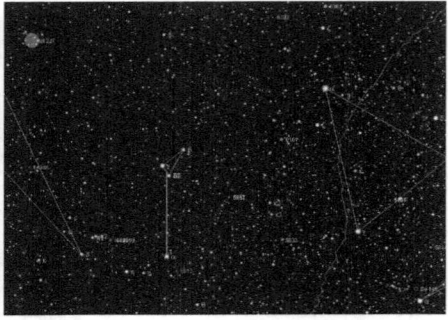 vicina al polo sud celeste, quindi non visibile dall'Italia.

Ciò non rappresenta alcuno svantaggio, al contrario di altre costellazioni molto interessanti visibili solo dall'emisfero australe, poiché l'Uccello del Paradiso non contiene nessun oggetto celeste rimarchevole.

Essa confina a nord con il Pavone, il Triangolo Australe, l'Altare e il Compasso, a ovest con la Mosca e il Camaleonte, e a sud con l'Ottante.

Il sistema è formato da quattro stelle: *Alpha Aps* è una stella gigante arancione di magnitudine 3,8 e distante 220 a.l.; poi troviamo *Beta Aps*, stella gialla di magnitudine 4,2 e lontana 110 a.l., *Gamma Aps*, un'altra stella gialla di magnitudine 3,9 e distante 46 a.l., e infine *Delta1* e *Delta2 Aps*, un sistema di due stelle arancioni di magnitudine 4,7 e 5,3 distanti 390 a.l.

Acquario

È una delle costellazioni più note e antiche. La leggenda dell'Acquario abbraccia infatti molti popoli e molte culture. Si hanno testimonianze già da antiche tavole babilonesi, successivamente dagli arabi e infine dai greci. Tutti i popoli comunque, associa- 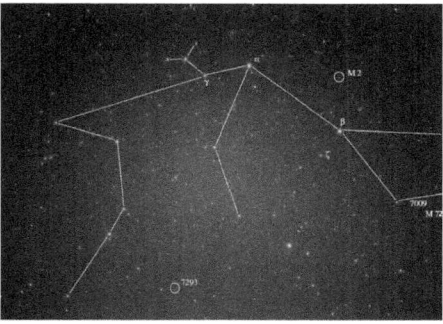 no questa costellazione all'acqua, forse perché il sole si trova a passare per l'Acquario fra la fine di febbraio e gli inizi di marzo, periodo abbastanza piovoso.

La leggenda greca più accreditata vede l'Acquario rappresentato da Ganimede, il coppiere degli dèi e figlio di Troo. Colpito dalla bellezza del ragazzo, Zeus lo rapì mentre sorvegliava il gregge del padre e lo condusse sull'Olimpo dove poi versava nei festini degli dèi della mistura di acqua e nettare.

L'Acquario è l'undicesima costellazione dello zodiaco ed è visibile in estate e in autunno ma è poco luminosa, poiché formata da stelle che non scendono al di sotto della terza magnitudine; nonostante tutto essa è molto ricca di oggetti interessanti.

L'Aquario confina a nord con i Pesci, Pegaso, Cavallino e Delfino, a ovest con l'Aquila e il Capricorno, quest'ultimo anche a sud insieme al Pesce Australe e lo Scultore, infine a est con Balena e Pesci.

Le stelle più interessanti sono *Alpha Aqr* (Sadalrmelik), una supergigante gialla di magnitudine 3 distante 950 a.l., *Beta Aqr* (Sadalsuud), un'altra supergigante gialla di magnitudine 2,9 distante 980 a.l. e *Zeta Aqr*, una nota binaria costituita da due stelle bianche di magnitudine 4,5 e 4,3 che girano l'una intorno all'altra in un periodo di 856 anni e lontane 76 a.l. Molti sono gli oggetti interessanti che gli astrofili possono ammirare in questa

costellazione: M2, un denso ammasso globulare composto da oltre 100.000 stelle e lontano 50.000 a.l., M72, un altro ammasso
globulare meno denso e più piccolo di M2 e distante 60.000 a.l.,
l'ammasso aperto M73, NGC7009, una nebulosa planetaria detta
anche nebulosa Saturno per via della sua somiglianza al pianeta
e lontana 1.250 a.l., NGC7293 o nebulosa Elica, un'altra nebulosa planetaria particolarmente famosa poiché è la più vicina a noi,
a circa 650 a.l., NGC7184, una galassia a spirale, NGC7492, un
ammasso globulare molto grande ma poco denso, NGC7606,
una galassia a spirale e infine un'altra galassia a spirale molto
debole NGC7727.

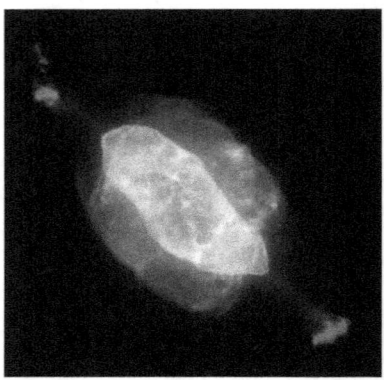 

*Da sinistra a destra: due note nebulose
planetarie in acquario. La nebulosa Saturno e la nebulosa Elica.*

Aquila

La costellazione dell'Aquila è connessa strettamente a quella dell'Acquario. Secondo il mito greco infatti, Zeus rapì Ganimede poiché colpito dalla sua bellezza; egli divenne poi il coppiere degli dèi. Secondo la leggenda, Zeus si servì della sua fedele Aquila per portare a termine il ratto, Aquila detta anche Uccello del Tuono, poiché Zeus se ne serviva come uccello di recupero delle folgori che il padre degli dèi scagliava.

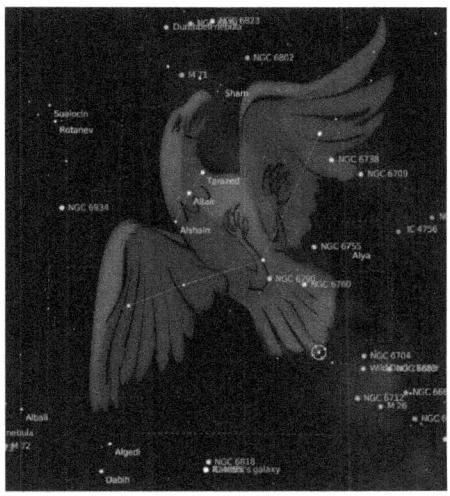

L'asterismo è facilmente riconoscibile dalla sua caratteristica forma di aquilone ed è tipicamente estiva, dominata dalla luminosissima stella Altair.

Nel pieno della stagione, si trova alta sull'orizzonte in direzione sud già dalle prime ore della sera, permettendo l'osservazione di una considerevole quantità di oggetti celesti che la costellazione contiene.

L'Aquila confina a nord con la Freccia e con Ercole, quest'ultimo anche a ovest insieme a Ofiuco, Serpente e Scudo, a sud con Sagittario e Capricorno e ad est con l'Acquario.

Le stelle più interessanti, oltre ad Altair o *Alpha Aql*, stella bianca di magnitudine 0,77, una delle più vicine a noi e distante 16,1 a.l. sono: *Beta Aql* (Alshain), stella gigante gialla con magnitudine 3,7 e lontana 42 a.l., *Gamma Aql* (Tarazed), un'altra gigante gialla distante 280 a.l. di magnitudine 2,7, *Eta Aql*, lontana 1.400 a.l. è una delle cefeidi variabili più brillanti con una magnitudine che varia da 4,1 a 5,3 in un periodo di 7,2 giorni e infine *15 Aql* e *57 Aql*, entrambi sistemi binari.

I molti oggetti di rimarchevole interesse osservativo sono: NG-
C6709, un ammasso aperto di 40 stelle lontano 2.500 a.l., NG-
C6741, una nebulosa planetaria estremamente piccola, NG-
C6749, un ammasso globulare poco concentrato, NGC6751, una
nebulosa planetaria larga 0,8 a.l. e distante 6.500 a.l., NGC6760,
un ammasso globulare con un nucleo particolarmente brillante,
NGC6781, l'ennesima nebulosa planetaria e infine B143, una
nebulosa oscura.

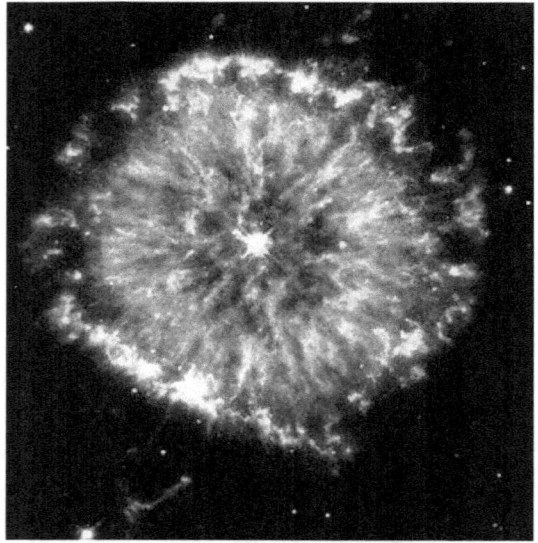

*Fra gli oggetti nella costellazione dell'Aquila spiccano la
nebulosa planetaria NGC6751 e l'ammasso globulare NG-
C6760.*

Altare

Nonostante sia un asterismo di modeste dimensioni e poco appariscente, l'Altare rientra a far parte delle più antiche costellazioni classiche.

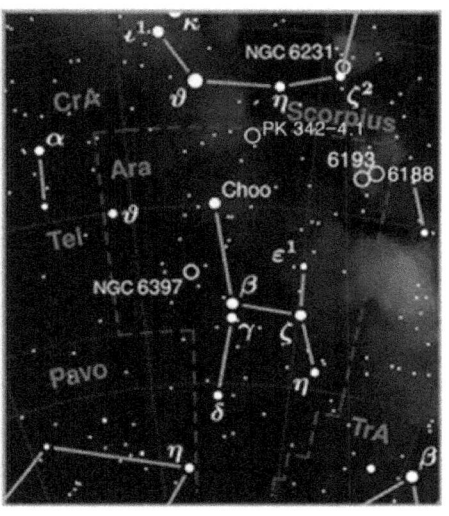

Il mito greco racconta che la più giovane generazione degli dèi chiamati Olimpici, fra cui Zeus, Era, Hermes e Atena, costruirono l'Altare prima di iniziare la guerra contro i Titani e sul quale giurarono eterna alleanza e fedeltà a Zeus.

Vi fu una guerra cosmica in cui una miriade di orribili creature vennero sguinzagliate in giro per il mondo seminando morte e distruzione, ma dopo che la vecchia generazione di Titani fu spodestata, gli Olimpici posero il loro regno sul Monte Olimpo, che i greci immaginavano altissimo e situato al centro della Terra, per poi collocare l'Altare in cielo dal cui fumo e fuoco nacque la Via Lattea.

Dall'Italia la costellazione è in parte visibile solo dalla Sicilia, facendo capolino per alcuni gradi sopra l'orizzonte.

Si trova in una regione densa nei pressi del centro galattico e confina a nord con la Corona Australe e lo Scorpione, a ovest con Squadra e Triangolo Australe, a sud con l'Uccello del Paradiso e il Pavone e ad est ancora con il Pavone e il Telescopio.

Astri principali dell'asterismo sono *Alpha Ara*, una stella bianco-azzurra di magnitudine 3 distante 220 a.l., *Beta Ara* posta a 780 a.l., è una supergigante gialla di magnitudine 2,9, *Gamma Ara*, una gigante azzurra di magnitudine 3,3 lontana 1.100 a.l., *Delta*

Ara, astro bianco-azzurro di magnitudine 3,6 a 150 a.l., e *Zeta Ara*, gigante arancione di magnitudine 3,1 a 140 a.l.

Oggetti rilevanti appartenenti alla costellazione sono: NGC6188, una bellissima nebulosa ibrida con regioni sia a emissione, sia a riflessione che oscure, nelle cui vicinanze è collocato anche NGC6193, un ammasso brillante composto da una trentina di astri e lontano 2.300 a.l.

Rilevante è anche NGC6397, uno degli ammassi globulari più estesi e brillanti i cui membri sono in maggioranza giganti rosse 500 volte più luminose del Sole. NGC6397 è uno degli ammassi globulari più vicini a noi essendo distante 7.500 a.l.

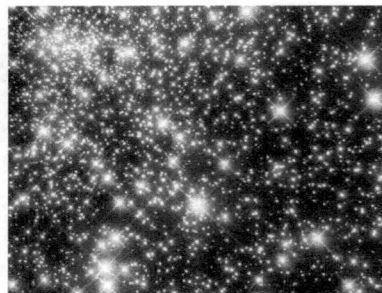

Nell'Altare spiccano la meravigliosa nebulosa ibrida NGC6188 e il colorato ammasso globulare NGC6397.

Ariete

L'Ariete, una delle costella-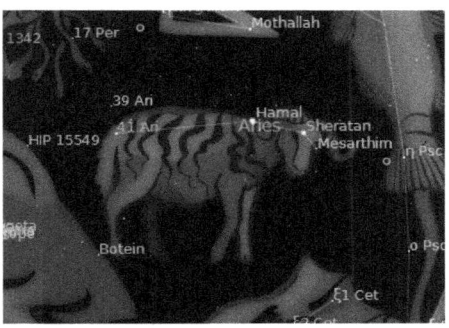
zioni più note e antiche del-
l'intera volta celeste, nonostante sia poco luminosa è
conosciuta fin da tempi remoti.

Primo fra le costellazioni
dello zodiaco, già duemila
anni fa l'asterismo era noto
poiché a esso veniva a trovarsi il Sole nell'equinozio di primavera, ora spostato nei Pesci, ma che per motivi storici continua a
essere chiamato *primo punto di ariete*.

La leggenda narra l'infelice storia di re Atamante di Boezia, il
quale ebbe due figli da sua moglie Nephele: Frisso e la sorella
Helle. Dopo la prematura dipartita di Nephele, Atamante prese
come seconda moglie Ino, figlia di re Cadmo di Tebe, la quale
non vedeva di buon occhio i figliastri. Decise di eliminare i due
ragazzi diffondendo una malattia fra le messi della Boezia in
modo che i raccolti andassero distrutti e vi fosse una carestia.

Per aggirare la sciagura, re Atamante mandò dei messaggeri al-
l'oracolo di Delfi per ricevere consigli, ma questi vennero cor-
rotti da Ino e riferirono al loro padrone il falso messaggio che
questi doveva sacrificare i figli per salvare i raccolti. Restio al-
l'olocausto, il re continuava a esitare, ma spinto dai sacerdoti decise di portare i figli in cima a una vicina montagna per compiere il sacrificio. La loro madre naturale Nephele però, vegliava
dal cielo e mandò un ariete dorato che raccolse i figli poco prima che venissero sacrificati.

L'ariete dorato volò verso l'Asia, ma Helle non riuscì a tenere la
presa cadendo nel vuoto. Solo Frisso riuscì ad arrivare in salvo
tra le montagne del Caucaso, facendo dono al sovrano della regione re Aeta, della pelliccia dorata dell'ariete, il quale concesse

a Frisso la mano della figlia. Aeta appese il Vello d'Oro a una quercia in mezzo a un bosco con a guardia un dragone che con le sue spire avvolgeva l'albero.

L'Ariete è una costellazione autunnale, poco luminosa e priva di oggetti interessanti all'osservazione. Confina a nord con Perseo e Triangolo, a ovest ancora con Triangolo e Pesci, a sud sempre con Pesci e Balena, e ad ovest con il Toro.

Stelle importanti sono *Gamma Ari* (Mesarthim), una stella doppia a 160 a.l. da noi, *Epsilon Ari*, una coppia di stelle a 410 a.l., *Lambda Ari*, una stella bianca accompagnata da una gialla a 140 a.l. dalla Terra, e *Pi Ari*, un'altra stella doppia a 620 a.l.

Di oggetti rilevanti spicca solo NGC772, una bella galassia a spirale osservabile anche con piccoli telescopi.

Una bellissima galassia a spirale in Ariete, NGC772.

Auriga

L'Auriga era già noto fin dai tempi dei babilonesi grazie alla sua particolare luminosità.
Gli antichi greci attribuiscono questa costellazione a Fetonte, figlio del dio del sole Helios (Apollo dal V secolo a.C.). Fetonte era ansioso di dimostrare di essere effettivamente il figlio del dio del sole e il solo modo era pretendere dal padre qualsiasi cosa lui chiedesse; Helios ac-

consentì, ma successivamente si accorse di aver fatto uno sbaglio, poiché Fetonte desiderò di poter condurre il carro del sole per un intero giorno. I cavalli si resero conto che la mano dell'auriga non era la solita, perciò questi cambiarono direzione nel cielo e Fetonte perse del tutto il controllo del carro causando danni di ogni genere.
Zeus, adirato, gli scagliò contro un fulmine e Fetonte ne restò ucciso precipitando nel fiume Eridano.
L'Auriga, alle latitudini italiane, è parzialmente circumpolare, ma il periodo migliore per osservarla è l'inverno. È una costellazione molto luminosa e composta da parecchi oggetti interessanti da ammirare.
L'astro più luminoso è *Alpha Aur* (Capella), in realtà due stelle gialle orbitanti l'una intorno all'altra in un periodo di 104 giorni di magnitudine 0,08 e distanti 46 a.l.; *Beta Aur* (Menkalinan) è una stella variabile lontana 72 a.l. Altri astri interessanti sono *Epsilon Aur*, una supergigante gialla lontana 2.000 a.l. di magnitudine 3 che ogni 27 anni viene eclissata per un anno da una

compagna invisibile che gli astronomi pensano sia una protostella circondata da un disco di materia, *Zeta Aur*, una gigante arancione posta a 520 a.l. anch'essa eclissata ogni 972 giorni da una piccola stella azzurra che le ruota intorno, *Theta Aur*, un astro bianco-azzurro di magnitudine 2,6 a 120 a.l. e accompagnato da una debole stella bianca, *Omega Aur*, una doppia a 225 a.l., *14 Aur*, un'altra doppia a 105 a.l. e infine *UU Aur*, una stella rossa a 3.000 a.l. che varia in media ogni 235 giorni passando di magnitudine da 5 a 7.

Parecchi gli oggetti nell'Auriga: M36, un ammasso aperto a 3.800 a.l., M37, il più luminoso ammasso dell'asterismo con circa 150 membri, M38, lontano 3.600 a.l., è un grande ammasso aperto di circa 100 stelle, NGC2281, un altro ammasso di circa 30 stelle e lontano 5.400 a.l., IC2149, una piccola ma brillante nebulosa planetaria, IC405, una nebulosa diffusa, inoltre NGC1857, CR62, NGC1893 e NGC1907, tutti ammassi aperti.

Un bell'oggetto da osservare nella costellazione, la nebulosa IC405.

Bifolco

Differenti sono i miti legati a questa costellazione. La più classica identifica l'asterismo ad Arcade figlio di Callisto e Zeus da cui fu sedotta. La moglie Era, pazza di gelosia, trasformò Callisto in un'orsa. Callisto era figlia di re Licaone d'Arcadia, il quale invitò Zeus a un banchetto. Scettico che il suo ospite fosse davvero il sommo padre degli dèi, lo sottopose a una crudele prova: fece a pezzi Arcade, il frutto dell'amore fra Zeus e Callisto e la servì al dio come pietanza. Accortosi subito di ciò che re Licaone aveva commesso e cieco di rabbia, scagliò fulmini per uccidere i suoi figli e trasformò lo stesso Licaone in un lupo, quindi rimise insieme i pezzi di Arcade e lo resuscitò.

Successivamente, divenuto adolescente, Arcade si trovò a caccia nei boschi e incontrò la madre Callisto che naturalmente non riconobbe. Da buon cacciatore, inseguì l'orsa ansioso di prenderne la pelle ed esibirla come trofeo, ma Callisto fuggì fino al tempio di Zeus, sempre inseguita dal figlio. Da lì Zeus spedì i due in cielo che poi divennero Callisto l'Orsa Maggiore e Arcade il Bifolco conduttore di orsi.

Il Bifolco è una grande costellazione che culmina a maggio, a forma di aquilone e dominata dalla splendente Arturo. Confina a nord con il Dragone e l'Orsa Maggiore, a est ancora con l'Orsa Maggiore, poi i Cani da Caccia, la Chioma di Berenice e la Vergine, a sud sempre con la Vergine e ad ovest col Serpente, la Corona Boreale ed Ercole.

Molte le stelle interessanti fra cui *Alpha Boo* (Arturo), una gigante rossa 24 volte il Sole, lontana 36 a.l. e di magnitudine 0,04, *Beta Boo* (Nekkar), gigante gialla di magnitudine 3,5 a 140 a.l., *Delta Boo*, una gigante gialla di magnitudine 3,5 accompagnata da un'altra stella e lontana 140 a.l., *Epsilon Boo* (Izar), una gigante arancione di magnitudine 2,7 con una compagna azzurra di magnitudine 5,1 poste a 150 a.l., *Iota Boo*, una doppia a 91 a.l., *Kappa Boo*, un'altra doppia a 125 a.l., *Mu Boo* (Alkalurops), un trio di stelle a 59 a.l., *Nu Boo*, un bis di stelle, una posta a 170 a.l. da noi e l'altra a 330 a.l., *Pi Boo*, una doppia a 360 a.l. e infine *Xi Boo*, l'ennesimo sistema binario posto a 22 a.l.

Fra gli oggetti in Bifolco risaltano le galassie a spirale NGC5248, NGC5529, NGC5533, NGC5669, NGC5676 e NGC5689. È inoltre presente l'ammasso globulare NGC5466.

Bulino

Il Bulino è una di quelle costellazioni inserite solo in tempi relativamente recenti e di scarsa rilevanza sia dal punto di vista luminoso che da quello osservativo.
La piccola costellazione è stata inserita da Lacaille in seguito alla sua spedizione al 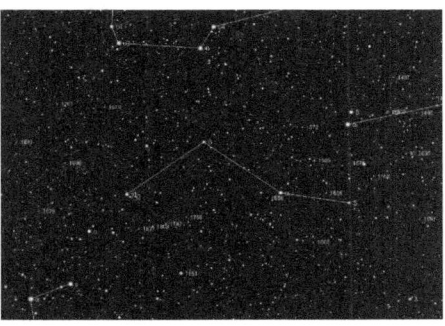 Capo di Buona Speranza, tra il 1751 e il 1753.

È visibile dall'emisfero australe, mentre dall'Italia sorge poco sopra l'orizzonte solo nelle regioni più meridionali e ovviamente, nessun mito o leggenda è connessa a questo asterismo.

Il Bulino è circondato dalle costellazioni dell'Eridano, dell'Orologio, del Pittore, della Colomba, della Lepre e del Pesce Spada.

Piccolo e poco visibile, è composto da *Alpha Cae*, una stella bianca distante 65 a.l. di magnitudine 4,5, *Beta Cae*, stella bianca di magnitudine 5,1 posta a 55 a.l., *Gamma Cae*, un astro arancione distante 170 a.l. di magnitudine 4,6 accompagnato da una stella di magnitudine 8,5, e *Delta Cae*, una stella bianco-azzurra distante 170 a.l. di magnitudine 5,1.

Oltre a essere piccolo e poco appariscente, il Bulino non contiene nessun oggetto di rilievo per l'osservazione.

Giraffa

La costellazione è poco visibile ma molto estesa ed è stata scoperta da un astronomo olandese, Petrus Plancius, ma introdotta da un matematico tedesco nel 1624, Jakob Bartsch, il quale scrisse che rappresentava il cammello che portò Rebecca da Isacco.

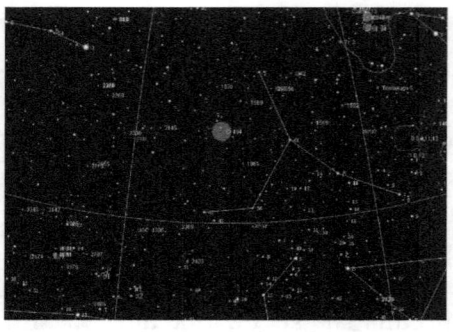

La Giraffa non tramonta mai, essendo una costellazione circumpolare e seppur sia poco nota e scarsamente luminosa, contiene oggetti stellari e non stellari altamente interessanti.

La Giraffa confina a nord con l'Orsa Minore e Cefeo, a est con Cassiopea, a sud con Perseo, Auriga e Lince e ad ovest con l'Orsa Maggiore e il Dragone.

Gli astri primari sono *Alpha Cam*, una supergigante azzurra di magnitudine 4,3 lontana 2.800 a.l., *Beta Cam*, la più brillante del gruppo, una stella supergigante gialla di magnitudine 4 a 1.500 a.l., e *Struve 1694*, una coppia di stelle bianche di magnitudine 5,3 e 5,8 lontane 400 a.l.

Oggetti d'interesse nella Giraffa sono IC342, una grande spirale che si presenta quasi di fronte, NGC2403, posta a 11 milioni di a.l., è una delle galassie a spirale più vicine a noi, NGC1501, una piccola nebulosa planetaria, l'ammasso aperto NGC1502, IC356, una debole galassia a spirale, IC361, un ammasso aperto piccolo ma compatto, la spirale NGC1560, poi NGC1961, una larga galassia a spirale, NGC2146, una debole galassia a spirale irregolare, NGC2268, una sfocata spirale vicino al polo nord celeste, NGC2336, un'altra debole spirale, NGC2366, una galassia irregolare molto grande e molto vicina, NGC2655, una spirale molto estesa e NGC2523 una galassia a spirale barrata dalla forma molto curiosa.

Cancro

Il Cancro è una delle dodici costellazioni dello zodiaco ed è collegata al mito di Ercole.
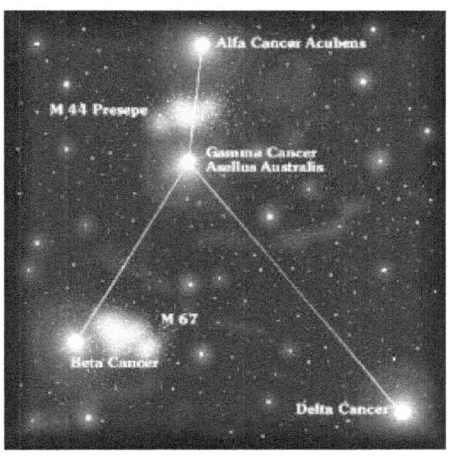
Secondo la leggenda greca, in una delle sue dodici fatiche, Ercole affrontò il mostro marino Idra, un animale con molte teste.

Durante il combattimento, un granchio gigante (il Cancro) mordeva ripetutamente Ercole a un piede.

Questi prima debellò il granchio schiacciandolo, poi sconfisse l'Idra con l'aiuto di Iolao.

Il grosso granchio andò in cielo come costellazione, accanto al Leone di Nemea, ucciso da Ercole stesso nella sua prima fatica.

Il Cancro è la costellazione meno appariscente dello zodiaco, ma facilmente rintracciabile grazie alla sua vicinanza col Leone, asterismo molto più brillante. È una costellazione invernale circondata da Lince, Gemelli, Cane Minore, Idra e Leone.

Astri primari sono *Alpha Cnc* (Acubens), una stella bianca a 100 a.l. di magnitudine 4,3 accompagnata da un'altra stella, *Beta Cnc*, la più brillante del gruppo, una gigante arancione di magnitudine 3,5 posta a 170 a.l., *Delta Cnc* (Asellus Australis), una gigante gialla di magnitudine 3,9 a 220 a.l. da noi, *Zeta Cnc*, due stelle gialle orbitanti una intorno all'altra in un periodo di 60 anni distanti 52 a.l., e *Iota Cnc*, distante 420 a.l., è una gigante gialla di magnitudine 4 con una compagna bianco-azzurra di magnitudine 6,6.

Oggetti rimarchevoli appartenenti a questo asterismo sono M44, uno dei più spettacolari ammassi aperti detto anche Presepio o

Alveare e visibile a occhio nudo come una macchia nebbiosa; composto da parecchie decine di elementi, dista 520 a.l., oltre a essere molto giovane avendo solo 400 milioni di anni.

Un altro ammasso più piccolo presente nel Cancro è M67, composto da una sessantina di membri. M67 è molto più vecchio del Presepio, avendo quasi 4 miliardi di anni, di conseguenza la maggior parte delle stelle presenti in questo ammasso sono giganti, proprio perché si trovano in un avanzato stato evolutivo.

Infine vi è una galassia a spirale, NGC2775 di magnitudine 10,3, nella quale il 23 settembre 1993 è stata avvistata una supernova battezzata poi SN1993Z.

NGC2775, una bella galassia a spirale nel Cancro.

Cani da caccia

La costellazione dei Cani da Caccia è stata introdotta nel 1690 da Johannes Hevelius, per riempire una regione vuota di cielo fra l'Orsa Maggiore e il Bifolco.

La sua interposizione fra questi due asterismi rappresenta i cani trattenuti al guinzaglio da Arcade il Bifolco, mentre sono all'inseguimento di Callisto l'Orsa. Il cane più settentrionale è chiamato Asterion, quello meridionale Chara.

La costellazione è quasi invisibile e insignificante a eccezione dei molteplici oggetti celesti che è possibile ammirare anche con un binocolo.

La stella più brillante è *Beta CVn* (Asterion o Chara), di magnitudine 4,3 e distante 30 a.l., mentre *Y CVn* chiamata la Superba, è una variabile di colore rosso scuro che varia di magnitudine da 5 a 6,5 in un periodo di 160 giorni.

Cor Caroli infine, è stata battezzata così da Halley in onore del re Carlo II d'Inghilterra.

M3 è uno degli ammassi globulari più belli dell'emisfero boreale ed è distante 45.000 a.l. Nei Cani da Caccia vi è una miriade di galassie a spirale da ammirare: citiamo M51 detta Vortice, distante 14 milioni di a.l. e M94, anch'essa distante 14 milioni di a.l. Altre galassie importanti a spirale sono M63, M106, NGC4111, NGC4145, NGC4217, NGC4242, NGC4244, NGC4395, NGC4490, NGC4618, NGC4631, NGC4656, NGC5005, NGC5033, MGC5112, NGC5371 e NGC5377.

Altre galassie irregolari sono NGC4861, NGC4449, NGC4214 e NGC4151.

Cane Maggiore

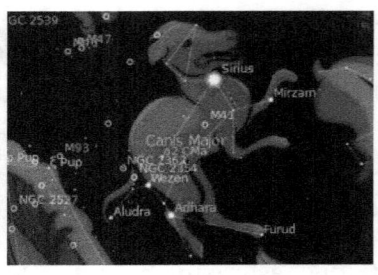

È una delle costellazioni più importanti dell'emisfero boreale, sia per valore storico che per valore scientifico. Il Cane Maggiore, dominato dalla più splendente stella dell'emisfero nord Sirio, era famoso già dai tempi degli antichi egizi, i quali associavano il sorgere della stella Sirio alle benefiche piene del Nilo, all'inizio di agosto. Oggi questa costellazione è tipicamente invernale, facendo la sua prima apparizione dalla fine di agosto, fenomeno dovuto alla precessione degli equinozi. Il Cane Maggiore confina a nord con l'Unicorno, a ovest con la Lepre, a sud-ovest con la Colomba e a sud-est con la Poppa. La costellazione è particolarmente ricca sia di stelle luminose che di oggetti altamente interessanti per le lunghe notti che gli astrofili dedicano all'osservazione.

Come detto, *Alpha CMa* (Sirio) è la stella più splendente dei nostri cieli, trovandosi solo a 8,7 a.l., è uno degli astri a noi più vicini; essa è una stella bianca di magnitudine 1,46 ed è accompagnata da una nana bianca di magnitudine 8,5 che le ruota intorno in un periodo di 50 anni. *Beta CMa* (Mirzam), è una gigante blu pulsante di magnitudine 2 lontana 720 a.l. *Delta CMa* (Wezen), è una supergigante gialla di magnitudine 1,9 a 3.000 a.l. da noi. *Epsilon CMa* (Adhara), posta a 490 a.l., è una gigante blu di magnitudine 1,5. Infine *Eta CMa* (Aludra), di 2,4 di magnitudine, è una supergigante blu a 2.500 a.l. di distanza.

Per l'osservazione profonda, il Cane Maggiore presenta parecchie chicche: gli ammassi aperti sono il suo piatto forte, i più importanti dei quali sono M41, NGC2345, NGC2354 e NGC2362 a 4.000 a.l. da noi, seguono NGC2204, NGC2243, NGC2360, CR140 e NGC2374. In più, sono presenti le nebulose diffuse NGC2359 e Ced90 e le spirali NGC2217 e NGC2280.

Cane Minore

Seppur piccolissimo, il Cane Minore era noto già agli egizi.

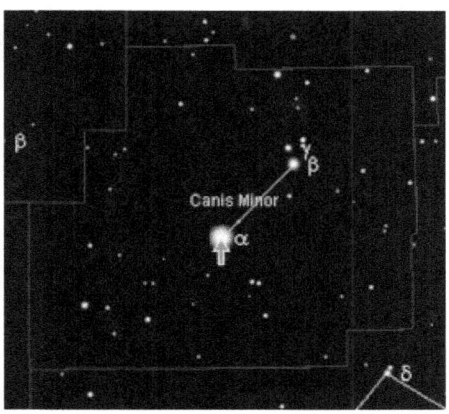

La mitologia greca associa l'asterismo, insieme al Cane Maggiore, alla muta di cani di Orione il cacciatore, ma tra gli stessi greci alcuni affermavano si trattasse del cane di Icaro.

Anche tavole arabe riportano questo gruppetto di stelle, che però interpretano come un albero.

Come detto, si tratta di una costellazione molto piccola e dall'area molto ristretta, il cui unico interesse è indirizzato alla brillante stella Procione.

Questo astro è l'unico oggetto che rende la costellazione non del tutto irrilevante.

Alpha CMi (Procione), è una stella bianco-gialla di magnitudine 0,38, lontana 11,3 a.l. Trovandosi a questa distanza, Procione è una delle stelle a noi più vicine; solo quattro stelle sono più vicine di essa e occupa l'ottavo posto tra gli astri più splendenti dei nostri cieli.

Beta CMi (Gomeisa), è una stella azzurra con magnitudine 2,9 e dista 140 a.l. da noi.

L'area che comprende l'asterismo è praticamente spoglio, privo di qualsiasi oggetto che possa interessare l'astrofilo, tuttavia spingendosi nello spazio profondo si possono ammirare alcuni corpi celesti, ma solo con l'ausilio di telescopi molto potenti, dato che la loro magnitudine supera i 12.

Si tratta della galassia a spirale NGC2538 di magnitudine 12,6 e di NGC2470, un'altra spirale con magnitudine che sfiora i 14.

Capricorno

Decima costellazione dello zodiaco, il Capricorno è il più antico asterismo.
Si hanno testimonianze da tavolette risalenti addirittura a 5.000 anni prima di Cristo, nelle quali si deduce che originariamente la costellazione comprendeva Acquario e Capricorno ed era associata allo 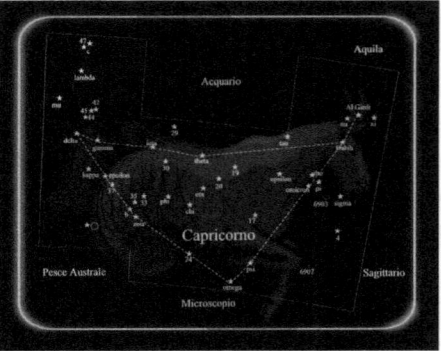 Stambecco, successivamente sostituita da un caprone con la coda di pesce.

Nella leggenda greca, il Capricorno è collegato a Pan, intento a far festa sulle rive del Nilo insieme ad altri dèi.

Improvvisamente apparve il gigante Tifone che terrorizzò gli dèi, i quali assunsero sembianze di vari animali per fuggire in qualsiasi direzione.

Pan si gettò nel fiume e si tramutò in un animale mezzo capra e mezzo pesce, così come viene raffigurato nelle tavole celesti.

Il Capricorno confina a ovest con l'Acquario, a nord sempre con l'Acquario e l'Aquila, a est col Sagittario, e a sud col Microscopio e il Pesce Australe.

Gli astri più importanti sono *Alpha Cap* (Giedi o Algedi), due stelle una gialla l'altra arancione con magnitudine 4,2 e 3,6 distanti rispettivamente 1.600 e 120 a.l., *Alpha1* e *Alpha2*, entrambe stelle doppie e *Delta Cap* (Algedi), di magnitudine 2,9 che è la più brillante del gruppo e si trova a 49 a.l.

L'unico oggetto d'interesse è un ammasso globulare molto denso e lontano 40.000 a.l. (M30), oltre a una galassia a spirale di magnitudine 11,2 persa nel profondo dello spazio (NGC6907).

Carena

È una delle costellazioni più importanti dell'emisfero australe e ad essa è attribuita la leggenda di Giasone.

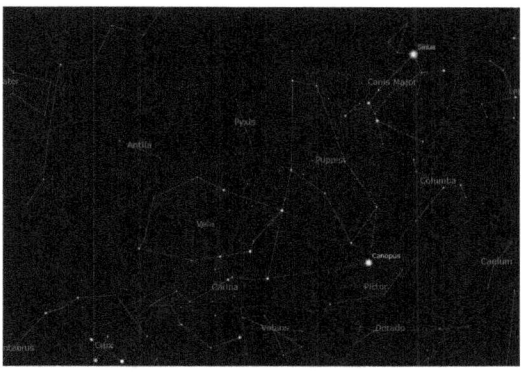

Egli era intenzionato a riportare il Vello d'Oro in Grecia, per questo incaricò Argo di costruire una poderosa nave in grado di sopportare le insidie di un epico viaggio.

Giasone, insieme ai cinquanta Argonauti fra cui lo stesso Argo e persino Ercole, il quale abbandonò temporaneamente le dodici fatiche per unirsi alla missione, salpò superando grazie alla robusta nave le tempeste e i venti più impetuosi arrivando alla Colchide dove recuperò il Vello d'Oro e lo riportò in patria.

Al ritorno, Corinto tirò in secca la nave e ne fece un monumento dedicato al dio Poseidone, il quale ne immortalò i resti in una grande costellazione.

Proprio perché molto grande, Lacaille, nel XVIII° secolo, la divise in quattro costellazioni: la Carena, le Vele, la Poppa e l'Albero che poi divenne la Bussola.

La Carena non è visibile dall'Italia ed è circondata da Pittore, Pesce Volante, Camaleonte, Mosca, Poppa e Centauro.

Le stelle principali sono *Alpha Car* (Canopo), la seconda stella più brillante dell'intera volta celeste; è una supergigante giallo-bianca di magnitudine 0,72 e lontana 1.200 a.l., segue *Beta Car* (Miaplacidus), di magnitudine 1,7 e posta a 85 a.l., *Epsilon Car*, gigante gialla di magnitudine 1,9 a 200 a.l., *Eta Car*, distante 9.000 a.l., è una stella variabile molto instabile che in passato ha raggiunto punte di -1 di magnitudine ormai prossima a esplodere in supernova e *Iota Car*, una supergigante gialla di magnitudine 2,3 e distante 820 a.l.

Diversissimi gli oggetti da poter ammirare: i tanti ammassi aperti NGC2516, composto da un centinaio di membri e distante 4.300 a.l., NGC3114 a 1.000 a.l. e NGC3532, a 1.700 a.l. che conta ben 150 stelle; seguono Cr240, IC2581, NGC3293, NGC3324, Mel101, IC2602, NGC3496 e IC2714.

Visibile anche l'ammasso globulare NGC2808 estremamente ricco e le nebulose diffuse NGC3199, NGC3576 e NGC3372, ancora più estesa della nebulosa di Orione circonda la variabile Eta Carinae. Infine le nebulose planetarie PK289-0.1, PK283-1.1 e NGC2867.

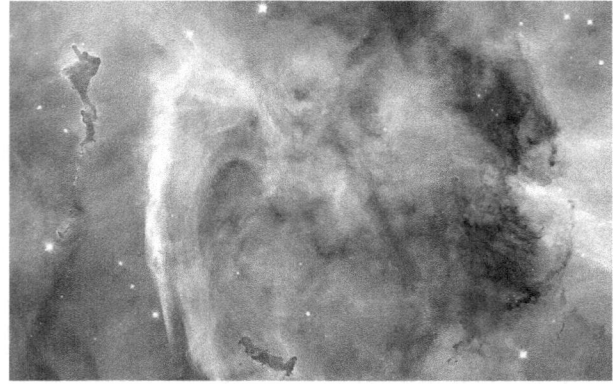

Due fra gli oggetti più ricercati dagli astrofili nella costellazione della Carena. La nebulosa NGC3372 e l'ammasso globulare NGC2808.

Cassiopea

Nella mitologia greca, Cassiopea era la moglie di Cefeo ed ebbe la presunzione di dichiararsi più bella delle splendide Nereidi, le cinque ninfe del mare figlie di Nereo.

Una delle Nereidi, Amphitrite, era sposa di Poseidone e chiese a quest'ultimo di punire la superbia di Cassiopea. Egli l'accontentò mandando il mostro marino Cetus a devastare il regno di Cefeo.

Un ulteriore castigo fu la condanna per Cassiopea a girare per sempre intorno al polo nord celeste talvolta a testa in giù, posizione poco dignitosa.

Cassiopea è una delle costellazioni più facilmente riconoscibili, insieme all'Orsa Maggiore e a Orione, grazie alla sua caratteristica forma a W.

Confina con Cefeo, Lucertola, Andromeda, Perseo e Giraffa ed è maggiormente visibile a partire dalla tarda estate in poi.

Stelle importanti sono *Alpha Cas* (Schedar), di magnitudine 2,2 è una gigante gialla a 120 a.l., *Beta Cas* (Caph), una stella bianca con 2,3 di magnitudine e lontana 42 a.l., *Gamma Cas*, una gigante blu a 780 a.l. altamente variabile con magnitudine che passa imprevedibilmente da 3 a 1,6, *Delta Cas* (Ruchbah), con magnitudine 2,7 è una stella bianca a 62 a.l., *Epsilon Cas*, una gigante blu a 520 a.l. di magnitudine 3,4, ed *Eta Cas*, una stella doppia a 19 a.l.

Cassiopea è situata in una zona della Via Lattea particolarmente ricca di oggetti molto interessanti: una moltitudine di ammassi aperti, i più importanti dei quali sono M52, con 120 stelle e distante 3.800 a.l., M103, anch'esso a 3.800 a.l., conta circa una sessantina di membri e NGC663, composto da circa 80 stelle a

2.600 a.l. da noi. Altri ammassi aperti sono NGC457, NGC129, NGC225, NGC436, NGC559, NGC609, NGC654, NGC663, Stock2, Mel15, Tr3 e NGC7789. Presenti anche delle nebulose planetarie fra cui PK114-4.1 e IC289, oltre a delle nebulose diffuse come NGC281, IC63 e NGC7635. Inoltre vi sono una galassia irregolare nana, IC10, una delle più vicine a noi e due galassie ellittiche nane, NGC147 e NGC185.

Malgrado l'area di cielo che occupa Cassiopea sia piuttosto piccola, essa offre comunque all'osservatore un gran numero di oggetti degni di interesse, due dei quali sono la galassia nana IC10 e la variegata nebulosa NGC281.

Centauro

I Centauri erano metà uomini e metà cavalli di indole incivile e violenta, ma la costellazione è rappresentata da Chirone, il più saggio e illustre di essi.

Chirone divenne Centauro poiché il padre Crono (Saturno) sedusse una delle ninfe dei mari dalla quale nacque Chirone. Quando l'adulterio fu scoperto da Rhea, moglie di Crono, quest'ultimo si trasformò in cavallo per fuggire alla collera della moglie e da questo episodio che Chirone divenne per metà cavallo.

Il Centauro aveva ottime doti civili e militari e fu maestro di Giasone, Achille e di Asclepio, rappresentato dalla costellazione dell'Ofiuco.

Chirone è stato immortalato in cielo dopo che tentò la pacificazione fra i Centauri ed Ercole, ma durante la battaglia restò accidentalmente ucciso da una delle frecce scagliate da Ercole e avvelenate col sangue dell'Idra.

L'asterismo è fra i più noti, luminosi e interessanti del cielo, ma purtroppo alle latitudini italiane è visibile in parte solo dalla Sicilia.

Ospita un gran numero di oggetti e stelle interessanti, fra cui la stella più vicina al Sistema Solare *Alpha Cen* (Rigil Kentaurus), distante poco più di 4 a.l., è in realtà un trio di stelle, una con caratteristiche simili al nostro Sole e orbitanti, una intorno all'altra, in un periodo di 80 anni. La terza stella *Proxima Cen*, è una nana rossa che orbita intorno alla coppia in un milione di anni ed

è più vicina a noi, rispetto ad Alpha Centauri, di 0,1 a.l.
Il Centauro ospita un gran numero di galassie, la più intrigante delle quali è NGC5128, una potente radiogalassia ellittica che i radioastronomi chiamano Centaurus A e lontana 15 milioni di a.l., mentre altre galassie ellittiche sono NGC5253 e NGC3557. Visibili anche alcune spirali fra cui NGC4603, NGC4945, NGC5102 e NGC5161, nebulose planetarie come PK290-7.1, PK293-1.1 e NGC3918, una nebulosa diffusa, Ced122, ammassi globulari come NGC5139 e NGC5286 e infine ammassi aperti fra cui NGC5662, NGC5617, NGC5316 e NGC3766.

La galassia NGC5128 nota come Centaurus A, caratterizzata da un'intensa emissione nelle onde radio. Una galassia di questo tipo è anche detta radiogalassia. Una tipica galassia a spirale che si presenta di faccia: NGC4603.

Cefeo

Cefeo, nel mito greco, era il re d'Etiopia discendente di Zeus e nato da una sua relazione con Io.
La leggenda di Cefeo è legata a quella di Andromeda e Cassiopea.
Alle nostre latitudini la

costellazione è circumpolare, quindi visibile per tutto il periodo dell'anno.

L'asterismo confina con l'Orsa Minore, il Dragone, il Cigno, la Lucertola, Cassiopea e la Giraffa.

Non ha stelle particolarmente splendenti, tuttavia esse sono di grande interesse, insieme a tutti gli altri oggetti che popolano questa porzione di cielo.

Gli astri di rilievo sono *Alpha Cep* (Alderamin), la stella più brillante del gruppo di magnitudine 2,4 e lontana 46 a.l., *Beta Cep* (Alfirk), una gigante blu con magnitudine 3,2 a 750 a.l. e *Delta Cep*, una famosa variabile cefeide pulsante a 1.300 a.l. da noi.

Fra gli oggetti in Cefeo vi sono parecchi ammassi aperti: NGC188, il quale sembra essere l'ammasso aperto più antico della nostra galassia, NGC6939, NGC7142, NGC7235, NGC7261 e NGC7510.

Da ammirare anche le nebulose NGC7538, IC1396 e NGC7023, in più la nebulosa planetaria NGC40 e la galassia a spirale NGC6946.

Balena

Gli antichi astronomi vedevano la balena come un animale del tutto immaginario
con la testa di drago, pinne
anteriori e corpo squamoso
di pesce.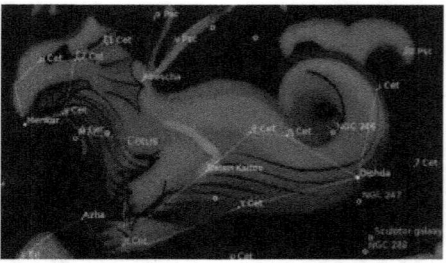
La Balena rappresenta, nel
mito greco, il mostro marino
mandato da Poseidone per punire Cassiopea, moglie di Cefeo.
Quest'ultimo, saputo dell'imminente attacco della bestia, chiese
consiglio all'oracolo del dio Ammone, il quale gli disse di offrire
sua figlia Andromeda in sacrificio a Cetus.
Cefeo incatenò Andromeda a uno scoglio sulle coste del Medi-
terraneo, ma poco prima che il mostro divorasse la fanciulla
giunse Perseo in tempo per eliminare Cetus.
Perseo liberò Andromeda che divenne poi sua moglie.
La costellazione è molto grande, composta da stelle poco splendenti ma molto interessanti e confina con Ariete, Pesci, Acquario, Scultore, Fornace, Eridano e Toro.
Astri di rilievo sono *Alpha Cet* (Menkar), una gigante rossa di
magnitudine 2,5 a 130 a.l., *Beta Cet*, la più brillante del gruppo,
è una gigante gialla di magnitudine 2 a 68 a.l., *Omicron Cet*
(Mira), una famosa gigante rossa variabile a 680 a.l., e *Tau Cet*,
con magnitudine 3,5, a una distanza di 11,7 a.l., è una delle stelle singole a noi più vicine con caratteristiche identiche al nostro
Sole; alcuni astronomi ipotizzano la presenza di un sistema planetario in orbita intorno a questa stella, teoria che al momento
non è ancora stata provata.
Numerosissime e spettacolari le galassie presenti nella Balena;
la maggior parte di esse hanno struttura a spirale: citiamo M77,
spirale simile per dimensioni alla nostra Via Lattea, è la galassia
più lontana presente nel catalogo di Messier trovandosi a 50 mi-

lioni di a.l., a seguire NGC45, NGC151, NGC157, NGC210, NGC247, NGC337A, NGC578, NGC615, NGC779, NGC864, NGC908, NGC936, NGC988, NGC1032, NGC1042, NGC1073 e NGC1087. Rimarchevoli anche la galassia ellittica NGC720, la galassia irregolare IC1613 e la nebulosa planetaria NGC246.

Una tipica spirale barrata, qui raffigurata NG-C1073 e la galassia irregolare IC1613.

Camaleonte

Costellazione inserita nel 1603 da Johann Bayer, è dedicata a un animale esotico poco conosciuto a quei tempi.

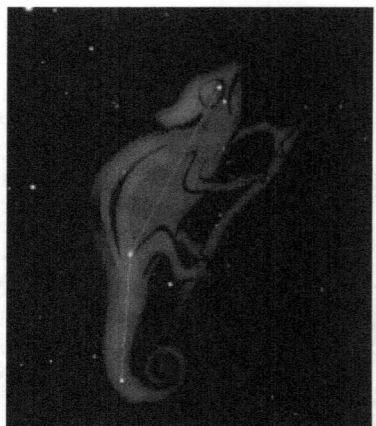

Molto piccola, composta da stelle deboli e alquanto insignificante, è situata vicino al polo sud celeste, pertanto non visibile alle latitudini italiane, svantaggio irrilevante considerata la debolezza delle sue stelle e la scarsità di oggetti in essa contenuti.

Pone i suoi confini fra Mosca, Carena, Pesce Volante, Mensa, Ottante e Uccello del Paradiso.

La costellazione raggruppa *Alpha Cha*, con magnitudine 4,1 è una stella bianca a 78 a.l., *Beta Cha*, una stella azzurra di magnitudine 4,3 a 360 a.l., *Gamma Cha*, una gigante rossa a 250 a.l. che con la sua magnitudine di 4,1 è la più brillante dell'asterismo insieme ad *Alpha Cha*, *Delta Cha*, una coppia di stelle, una arancione l'altra azzurra poste rispettivamente a 360 e 550 a.l. ed *Epsilon Cha*, un'altra coppia di stelle di magnitudine 5,5 e 6,3 lontane 290 a.l.

L'unico oggetto di interesse presente nell'area è una nebulosa planetaria di grandezza apparente simile al pianeta Giove, NGC3195.

Essa è stata scoperta da Herschel nel 1835, si trova a 5.445 a.l. da noi e ha una magnitudine di 11,6.

Compasso

Altra piccola e insignificante costellazione appartenente all'emisfero australe e inserita, come molte altre, da Lacaille nel XVIII° secolo durante il suo viaggio a Città del Capo.

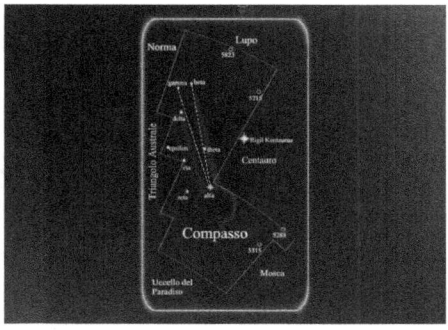

Egli dedicò l'asterismo a uno degli strumenti usato dai topografi insieme alla Squadra, con cui trova uno dei suoi confini.

Poco appariscente, la sua oscura presenza è ulteriormente offuscata dalla vicinanza del Centauro, costellazione assai più luminosa.

Il Compasso è circondato da Squadra, Centauro, Lupo, Triangolo, Uccello del Paradiso e Mosca.

Non presenta astri di rilievo, tutti al di sopra della magnitudine 3, anche se *Alpha* e *Delta Cir* possono essere entrambe separate da un buon telescopio e riconosciute come stelle doppie.

Nella sua ristretta porzione di cielo, il Compasso contiene tuttavia la galassia a spirale ESO097-G013, gli ammassi aperti NGC5715 e NGC5823 e infine le nebulose planetarie PK318-2.2 e PK318-2.1.

Colomba

Altra piccola e poco vistosa costellazione, la Colomba è stata introdotta da Johanm Bayer, ma accettata quando Augustin Royer nel 1679, la incluse in un elenco.

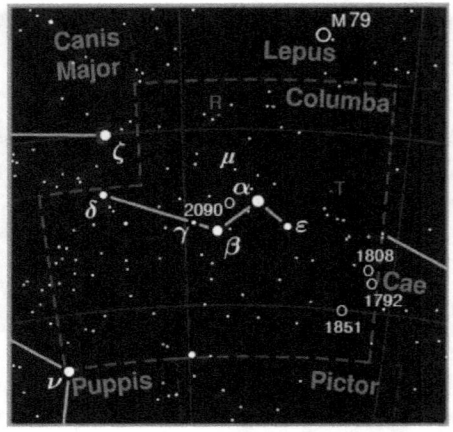

Essa rappresenta la colomba mandata da Noè fuori dall'arca per assicurarsi che il diluvio fosse finito e che ritornò con un ramoscello d'ulivo nel becco.

In Italia è visibile solo dalla Sicilia e confina a nord con Lepre, a est con Bulino, a sud con Pittore e Poppa e ad ovest ancora con Poppa e Cane Maggiore.

Le stelle più vistose sono *Alpha Col* (Phact) a 100 a.l. da noi e *Beta Col* (Wezn), posta a 250 a.l.

È possibile ammirare nella costellazione, ma solo con l'ausilio di strumenti molto potenti, due galassie a spirale: NGC1792 e NGC1808 e un ammasso globulare di magnitudine 7: NGC1851.

La galassia a spirale NGC1792 e l'ammasso globulare NGC1851.

380

Chioma di Berenice

Sebbene la leggenda della 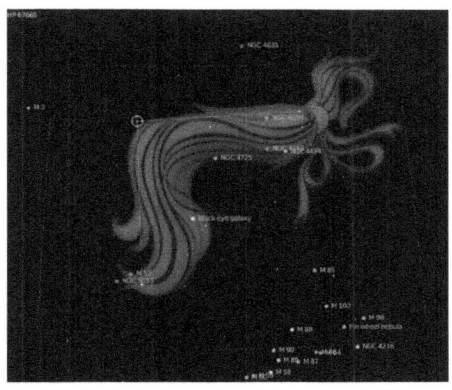 Chioma di Berenice risalga al tempo degli antichi greci, è stata ufficialmente riconosciuta nel 1603 quando Tycho Brahe la incluse nel catalogo.

Parla di Berenice regina d'Egitto, la quale fece il voto che se il marito Tolomeo Euergete III fosse tornato sano a salvo dalla battaglia che stava per ingaggiare, avrebbe sacrificato la sua bellissima chioma.

Tolomeo III tornò e Berenice, fedele al suo giuramento, si fece tagliare la chioma e la appese al tempio di Afrodite.

Qualche tempo dopo, la chioma scomparve e la regina d'Egitto interrogò i sapienti, uno dei quali rispose che Zeus, affascinato da quelle trecce, le aveva prese e fissate per sempre in cielo.

Costellazione quasi invisibile, non presenta alcun astro di rilievo, ma così non si può dire della lunga lista di oggetti presenti in questa piccola porzione della volta celeste.

La Chioma di Berenice pone i suoi confini fra Bifolco, Cani da Caccia, Orsa Maggiore, Leone e Vergine ed è in questo asterismo che si trova il polo nord galattico.

Da ammirare sono gli ammassi globulari NGC5053, NGC4147 e M53, l'ammasso aperto Mel111, uno dei più vicini a noi posto a 250 a.l. e una miriade di galassie fra ellittiche e spirali.

La Chioma di Berenice condivide, con la costellazione della Vergine, parte del famoso ammasso di galassie della Vergine, site a 400 milioni di anni luce da noi.

Citiamo le galassie a spirale M64, M88, M91, M98, M99, M100, NGC4136, NGC4274, NGC4293, NGC4314, NGC4414,

NGC4448, NGC4450, NGC4459, NGC4477, NGC4559, NG-C4565, NGC4571, NGC4710 e NGC4725 e le galassie ellittiche NGC4494, NGC4473, NGC4278 e M85.

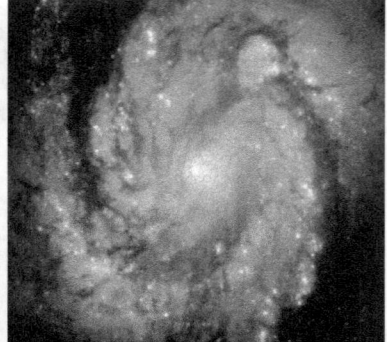

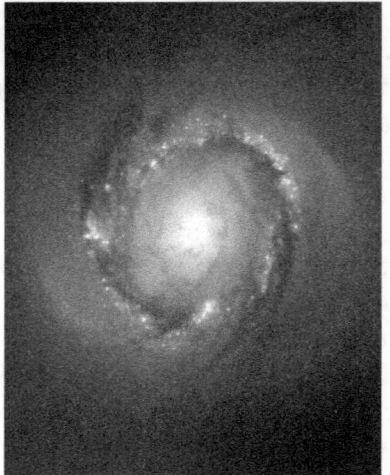

Fra le tante galassie che si possono ammirare nella Chioma di Berenice risaltano M64 (in alto), M100 (in alto a destra), ngc4314 (foto a destra) e m98 (in basso).

Corona Australe

La Corona Australe è una piccola costellazione non visibile dall'Italia a parte la Sicilia.

Nonostante sia poco splendente, era già conosciuta ai tempi di Tolomeo, il quale la rappresentava come una ghirlanda portata dal centauro Sagittario.

La costellazione confina in gran parte col Sagittario, poi con Scorpione, Altare e Telescopio.

Poco luminose le sue stelle, fra le quali *Alpha CrA*, una stella bianca di magnitudine 4,1 a 100 a.l. e *Beta CrA*, una gigante gialla anch'essa con 4,1 di magnitudine e posta a 110 a.l. da noi.

Molto interessanti all'osservazione sono un gruppo di nebulose ibride, NGC6726, NGC6727, NGC6729, più una nebulosa oscura, Be157 e un ammasso globulare, NGC6541 lontano 14.000 anni luce.

Nella Corona Australe è possibile ammirare la bella nebulosa ibrida NGC6729.

383

Corona Boreale

Al contrario della sua gemella, la Corona Boreale si presenta più brillante e più facile da localizzare, di contro
non presenta oggetti alla portata di telescopi amatoriali.
Anche questa costellazione
era nota in tempi antichi, già
inclusa nelle 48 costellazioni
originali di Tolomeo.
La Corona Boreale raffigura
la corona gemmata che Bac-
co donò ad Arianna, figlia di

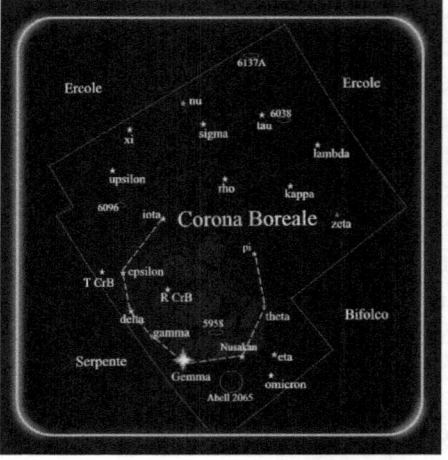

Minosse re di Creta, per consolarla dell'abbandono di Teseo
dopo che questi uccise il Minotauro nel labirinto e che ritrovò la
via d'uscita proprio grazie al filo donatogli da Arianna e che aveva sedotta.

L'asterismo è sopraffatto dalle due costellazioni giganti di Ercole e Bifolco, con a sud il Serpente.

Stelle interessanti sono *Alpha CrB* (Gemma o Alphecca), di magnitudine 2,2 e lontana 78 a.l., *Zeta CrB*, una coppia di stelle blu
a 420 a.l., *Nu CrB*, due stelle giganti arancioni ma non fisicamente in coppia, l'una distante 490 a.l. l'altra 420 a.l., *Sigma
CrB*, un sistema di due stelle gialle a 68 a.l. e *T CrB*, una stella
spettacolare che normalmente è invisibile a occhio nudo dor-
mendo a 11 di magnitudine, ma che si risveglia in una nova ricorrente balzando fino a 2 di magnitudine.

Solo telescopi molto potenti possono arrivare ad ammirare l'ammasso di galassie presenti nella Corona Boreale e noto con la sigla Abell2065. Si tratta di un ammasso distante oltre un miliardo
di anni luce e composto da circa 400 membri, i più luminosi dei
quali sfiorano magnitudine 14.

Corvo

Il Corvo è una costellazione invernale, essendo visibile da gennaio a maggio alle latitudini più basse dell'emisfero boreale. La leggenda del Corvo è alquanto curiosa. Era l'uccello consacrato dal dio Apollo e in 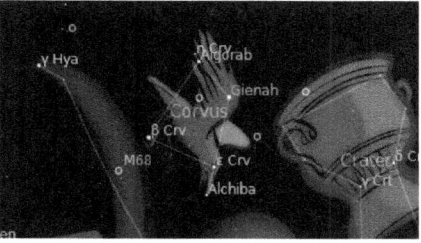 origine aveva un piumaggio bianco. Apollo mandò il Corvo a riempire una coppa di acqua in un vicino ruscello, ma questo, alquanto goloso, fu attratto da un albero di fichi che non erano ancora giunti nel pieno della maturazione. Preso dall'ingordigia, il Corvo decise di attendere un paio di giorni affinché il frutto maturasse. Stanco di attendere e infuriato per il ritardo del Corvo, Apollo si procurò l'acqua da sé, nel frattempo il volatile ormai sazio, raccolse l'acqua e si avviò. Al suo ritorno raccontò ad Apollo la frottola che un serpente d'acqua aveva ostacolato la sua missione, ma il dio non la bevve. Da qui, punì il Corvo dandogli un piumaggio nero e mutò la sua voce melodiosa in un rauco stridio, infine lo relegò in cielo fra la Coppa e il serpente d'acqua (Idra) e ordinò a quest'ultimo di impedire al Corvo di avvicinarsi alla Coppa a dissetarsi per l'eternità. La costellazione ha i suoi confini fra la Vergine, la Coppa e l'Idra e le sue stelle primarie sono *Alpha Crv* (Al Chiba), di magnitudine 4, è una stella bianca a 68 a.l., *Beta Crv*, una gigante gialla di magnitudine 2,7 a 290 a.l., *Gamma Crv* (Gienah), la più brillante, un astro bianco-azzurro di magnitudine 2,6 a 190 a.l. e *Delta Crv*, una binaria a 120 a.l. Molto interessante è la coppia di galassie in fase di collisione presenti nel Corvo le cui sigle sono NGC4038-NGC4039, meglio conosciute col nomignolo di Antenne, per via della loro curiosa forma che ricorda le antenne di un insetto. In più, è interessante anche osservare la nebulosa planetaria NGC4361 il cui involucro di gas si espande a 23 km/sec.

385

Coppa

La leggenda della Coppa è analoga a quella del Corvo testé trattata, quindi anche questa, seppur piccolissima e ai limiti della percezione dell'occhio umano, è una costellazione conosciuta da tempi remoti.

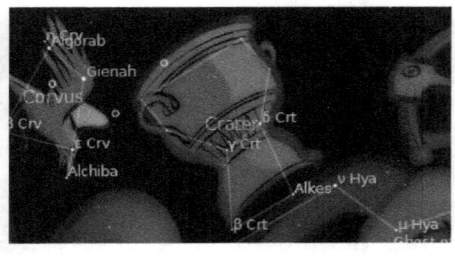

È un asterismo con astri quasi insignificanti e del tutto priva di oggetti d'interesse per l'astrofilo.

La Coppa è visibile dall'emisfero australe e confina con il Corvo, l'Idra, La Vergine, il Leone e il Sestante.

Gli astri primari della costellazione sono *Alpha Crt*, di magnitudine 4,1 è una gigante gialla a 160 a.l., *Beta Crt*, una stella di magnitudine 4,5 a 230 a.l., *Gamma Crt*, una stella bianca a 78 a.l. con magnitudine di 4,1 e *Delta Crt*, la stella più brillante del gruppo con magnitudine 3,6, è una gigante gialla posta a 130 a.l. da noi.

Il Corvo non offre oggetti di rilievo che piccoli telescopi amatoriali possano risolvere; solo disponendo di potenti telescopi con apertura minima di 200 mm è possibile focalizzare un paio di galassie perse nello spazio profondo: NGC3511 e NGC3672.

In alto NGC3511, una galassia molto debole.

Croce del Sud

Seppur sia piccolissima, la Croce del Sud è fra le costellazioni di punta dell'emisfero australe sia per luminosità che per gli oggetti che essa contiene.

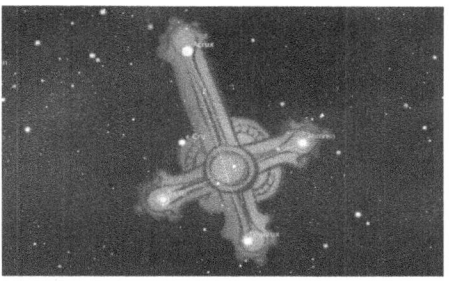

Anche la Croce del Sud era nota dall'antichità e in origine faceva parte del Centauro; assunse l'autonomia a partire dal XVII° secolo.

L'asterismo è quasi completamente circondato dalla costellazione del Centauro a parte a sud, dove confina con la Mosca.

Le stelle più rimarchevoli sono *Alpha Cru* (Acrux), a occhio nudo appare come una stella di magnitudine apparente di 0,9 ed è un sistema doppio a 360 a.l. da noi, *Beta Cru*, una stella bianco-azzurra variabile cefeide distante 570 a.l. e *Gamma Cru*, una stella gigante rossa di magnitudine 1,6 lontana 88 a.l.

Fra gli oggetti nella Croce del Sud spiccano gli ammassi aperti NGC4103, NGC4349 e NGC4755, quest'ultimo altrimenti noto col nomignolo di *Scrigno* per via del suo aspetto che ricorda un mucchietto di gioielli multicolori. Inoltre è interessante anche osservare la nebulosa *Sacco di Carbone,* una densa nube di polveri scure e gas.

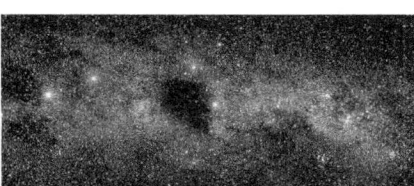

Due oggetti celesti fra i più ricercati in assoluto: a sinistra la nebulosa oscura Sacco di Carbone, a destra l'ammasso aperto definito Scrigno.

Cigno

Il Cigno è una costellazione tipica-mente estiva ed è fra le più impor-tanti dell'emisfero boreale. Facilis-sima da riconoscere per la sua ca-ratteristica forma a croce, è domi-nata da stelle splendenti, la più lu-minosa delle quali è Deneb. Nella mitologia greca, il Cigno raffigura Zeus, tramutatosi nel volatile con 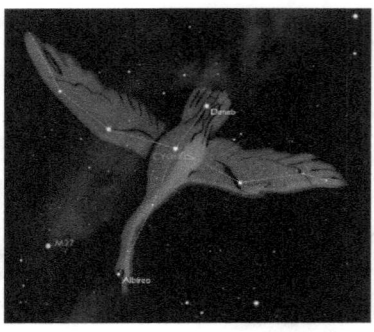 l'intento di sedurre Leda, regina di Sparta. La stessa notte Leda giacque anche con suo marito re Tindaro e il risultato furono due uova dalle quali nacquero i due gemelli Castore e Polluce.

Il Cigno è circondato da Cefeo, Dragone, Lira, Volpacchiotto e Lucertola. Le stelle primarie sono *Alpha Cyg* (Deneb), una su-pergigante bianco azzurra di magnitudine 1,3 a 1.800 a.l. da noi, *Beta Cyg* (Albireo), una doppia a 360 a.l., *Gamma Cyg* (Sadr), con magnitudine 2,2 è una supergigante gialla a 750 a.l., *Epsilon Cyg* (Gienah), una gigante gialla di magnitudine 2,2 lontana 82 a.l., e *61 Cyg*, una coppia di nane arancioni a 11,1 a.l. orbitanti l'una intorno all'altra in un periodo di 700 anni. Trovandosi in una porzione di cielo attraversata dalla Via Lattea, nella costella-zione vi è un vero e proprio scenario che riprende le varie fasi della vita delle stelle: dalla loro nascita, con le molte nebulose diffuse, alla loro vita, riferita agli ammassi aperti, fino ad arriva-re alla loro morte con nebulose planetarie, resti di supernova e persino buchi neri. Fra le nebulose troviamo NGC6888, IC1318, NGC6914, IC5076, NGC7000 e IC5146; gli ammassi aperti pre-senti sono NGC7086, NGC7082, NGC6871, NGC6866, NG-C6834, NGC6819, M39 e M29; seguono le nebulose planetarie NGC6826, NGC6857, NGC7008, NGC7026 e NGC7027; infine i resti di supernova NGC6960-6992 senza omettere un paio di radiosorgenti, Cygnus X-1 e Cygnus A.

Delfino

Il Delfino è una modesta costellazione estiva dell'emisfero boreale.

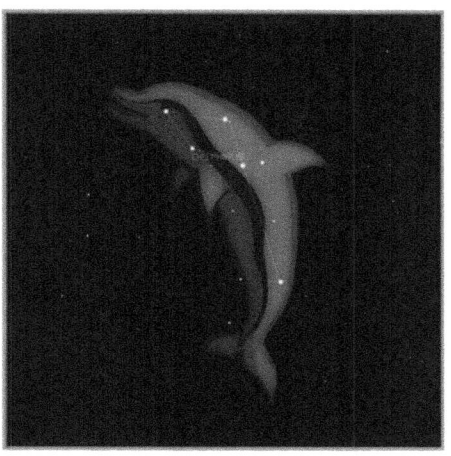

Nota già agli antichi greci, la
leggenda narra il Delfino
come un messaggero del dio
dei mari Poseidone; in cerca
di una moglie e invaghitosi
di Anfitrite, una delle ninfe
del mare, cercò in tutti i
modi di conquistare quest'ultima, la quale era restia ad
accettare le avances di Poseidone per i suoi modi bruti e violenti.

Poseidone decise di mandare un Delfino che con gran cortesia e
ardenti parole, finì per convincere Anfitrite a sposare il dio dei
mari.

Poseidone, riconoscente, pose il Delfino nel cielo affinché potesse essere ricordato per l'eternità.

L'asterismo è composto da *Alpha Del* (Sualocin), una stella
bianco-azzurra di magnitudine 3,8 a 170 a.l., *Beta Del*
(Rotanev), un astro bianco con magnitudine 3,5 e lontano 110
a.l. e *Gamma Del*, una stella doppia a 110 a.l. da noi.

Nel Delfino sono presenti solo oggetti alla portata di potenti telescopi amatoriali: da osservare gli ammassi globulari NG-
C7006, uno dei più lontani da noi tanto da essere definito extra-
galattico e NGC6934. Vi sono anche le nebulose planetarie NG-
C6891 e NGC6905, una bolla di gas bluastra con al centro una
nana bianca di magnitudine 13,9.

Pesce Spada

Piccola e poco visibile costellazione appartenente al-
l'emisfero australe, sarebbe
quasi insignificante se non
fosse per la grande quantità
di oggetti che contiene per
lunghe e appassionanti notti
dedicate all'osservazione celeste.

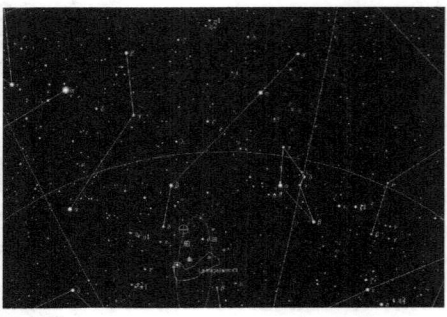

Il Pesce Spada è stato inserito da Bayer nel 1603 e naturalmente
nessuna leggenda è legata a questo strano asterismo.
È circondato da Bulino, Pittore, Orologio, Reticolo, Idra Maschio e Mensa.
Fra le stelle di rilievo *Alpha Dor*, una stella bianco azzurra di
magnitudine 3,3 a 190 a.l. e *Beta Dor*, una supergigante gialla
variabile a 7.500 a.l.
Molti e diversi gli oggetti nel Pesce Spada, fra cui la *Grande
Nube di Magellano*, una delle galassie satelliti della Via Lattea.
Si stimano le sue dimensioni intorno ai 10.000 a.l. e con 10 miliardi di stelle al suo interno, mentre dista da noi 180.000 a.l. Oltre alla nostra galassia satellite, sono visibili le galassie a spirale
NGC1515, NGC1566, NGC1617 e NGC1672, gli ammassi
aperti NGC1955, NGC1850 e NGC1814, la galassia ellittica
NGC1553 e le nebulose NGC1763 nella Grande Nube di Magellano a sua volta suddivisa in denominazioni individuali e NG-
C2070, meglio nota come nebulosa *Tarantola*, per via della sua
forma che ricorda quella di un enorme ragno. Anche questa nebulosa si trova all'interno della Grande Nube di Magellano ed è
estesa per 1.000 a.l.; avendo al suo interno decine di stelle supergiganti, queste ultime fanno risplendere la nebulosa rendendola più brillante di qualsiasi altra presente nella Via Lattea.

Dragone

Il Dragone è una costellazione circumpolare che circonda quasi completamente l'Orsa Minore, per cui essa è ubicata nei pressi del polo nord celeste.

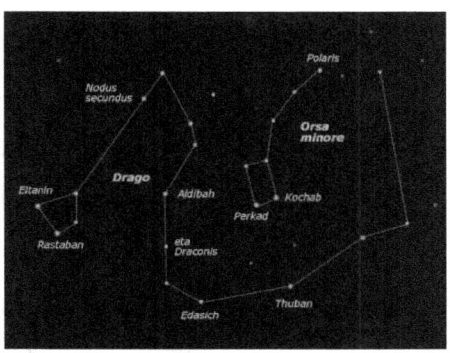

Nella leggenda greca, il Drago è Lacone, ucciso da una frecciata di Ercole in una delle sue memorabili dodici fatiche. L'eroe fu incaricato di rubare le mele d'oro da un albero donato da Gea a Era per il suo matrimonio con Zeus; a prendersi cura dell'albero c'erano le Esperidi, figlie di Atlante, le quali avevano incaricato Lacone il Drago di proteggere la pianta dagli intrusi. Nonostante contenga stelle poco luminose, il Dragone è riconoscibile, se la notte è abbastanza buia, dal suo andamento a zig-zag intorno all'Orsa Minore. La costellazione confina con Orsa Minore, Orsa Maggiore, Lira, Ercole, Bifolco, Cigno e Cefeo. Le stelle di maggior rilievo sono *Alpha Dra* (Thuban), una stella bianca di magnitudine 3,7 a 230 a.l. che 5.000 anni or sono indicava il polo nord celeste, ora passato all'attuale *Polaris* nell'Orsa Minore per effetto della precessione, *Beta Dra* (Restaban o Alwaid), una supergigante gialla di magnitudine 2,8 a 270 a.l., *Gamma Dra* (Eltanin), la stella più brillante dell'asterismo, una gigante arancione lontana 100 a.l. con magnitudine di 2,2, *Mu Dra* (Arrakis), una coppia di stelle poste a 85 a.l. e altre stelle doppie secondarie che superano la quarta magnitudine.

Rilevanti gli oggetti nel Dragone, fra cui le tante galassie a spirale NGC6643, NGC6503, NGC6015, NGC5985, NGC5907, NGC5879 e NGC4236, le galassie ellittiche NGC4125, NGC5866 e l'ellittica nana UGC10822 e infine la nebulosa planetaria NGC6543, lontana 1.700 a.l. e una delle più brillanti.

Cavallino

L'asterismo detiene il secondo primato come piccolezza, infatti dopo la Croce del Sud, è la costellazione più minuscola dell'intera volta celeste. Pare sia stata introdotta da Tolomeo nel II° secolo a.C. ed è priva di significati legati alla mitologia. Il Cavalluccio è molto debole, difficile da individuare, anche quando culmina a mezzanotte verso i primi di agosto. Pone i suoi confini con Delfino, Pegaso e Acquario e presenta stelle deboli e poco interessanti.

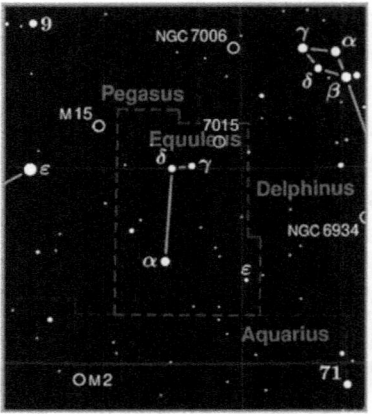

Astri primari sono *Alpha Equ* (Kitalpha), una gigante gialla di magnitudine 3,3 a 150 a.l., *Gamma Equ*, una stella bianca di magnitudine 4,7 con una compagna di magnitudine 6 a 180 a.l. e infine *Epsilon Equ*, un sistema triplo a 130 a.l.

La costellazione del cavallino non offre nessun oggetto interessante da osservare, a parte il sistema triplo di *Epsilon Equ,* il quale può essere ben distinto anche disponendo di un apparecchio con 150 mm di apertura; sono presenti alcune lontanissime galassie perse nel vuoto cosmico, ma per essere ben focalizzate occorre una provata esperienza e un telescopio con almeno 200 mm di apertura. NGC7046, una debolissima galassia a spirale di magnitudine 14, posta presso il confine con l'Acquario e che si presenta ai telescopi migliori come una macchiolina indistinta e un nucleo leggermente più brillante. NGC7015 è la spirale più brillante della costellazione, ma nonostante questo, è possibile scorgerla solo se dotati di potenti apparecchi, poiché anche NGC7015 ha una magnitudine molto debole. Qualche altra galassia presente in quest'area è fuori dalla portata di telescopi amatoriali, avendo delle magnitudini che superano i 14.

Eridano

Una lunga e sinuosa costella-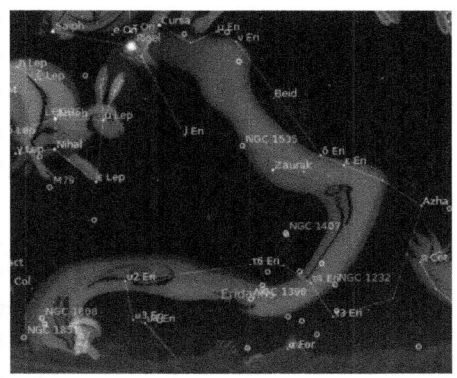
zione che si estende dall'emi-
sfero boreale all'emisfero australe, ma poco visibile a
causa della sua scarsa luminosità.

Nella leggenda, Eridano è il
fiume in cui precipitò Fetonte: figlio di Helios dio del
sole, era ansioso di condurre
il cocchio del padre, quest'ul-
timo restio ad accontentarlo nella sua pretesa. Alla fine Helios
cedette e Fetonte poté così scorrazzare per il cielo; ben presto si
accorse che non era così facile come poteva sembrare condurre
quei giganteschi cavalli, i quali portavano il carro sempre più
lontano dalla Terra, finché non si imbatterono in uno scorpione
che col suo aculeo cercò di colpire. Ormai il carro col sole, privo
di ogni controllo, ondeggiava pericolosamente fino a sfiorare la
Terra e fu in questa occasione che la Libia divenne un deserto, la
pelle degli etiopi si arse fino a divenire nera e i fiumi dell'Africa
evaporarono. Zeus decise di porre fine a questa catastrofe abbat-
tendo il carro con un fulmine che fece precipitare Fetonte nel
fiume Eridano, dove molti anni dopo, si trovò a passare Giasone,
il quale vide il corpo del ragazzo ancora invaso dalle fiamme.

Fra le tante stelle che compongono questo asterismo spiccano
Alpha Eri (Archernar), la più brillante, una stella bianco-azzurra
di magnitudine 0,5 a 85 a.l. ma visibile solo dall'emisfero australe, *Beta Eri* (Cursa), un'altra stella bianco-azzurra di magnitudine 2,8 a 91 a.l. da noi, *Epsilon Eri*, una delle stelle più simili al
Sole di magnitudine 3,7 e distante 10,7 a.l. accompagnata da un
grande pianeta o da una stella molto piccola, *Theta Eri*, una coppia di stelle bianco-azzurre lontane 55 a.l., *Omicron2 Eri* (40

Eridani), distante 15,9 a.l., è un sistema triplo composto da una stella principale simile al Sole, accompagnata da due stelle nane, una bianca e una rossa e *32 Eri*, una doppia a 220 a.l. da noi.

In Eridano vi sono molte galassie a spirale da ammirare: NGC1187, NGC1232, NGC1291, NGC1300, NGC1337 e NGC1532, oltre a una nebulosa a riflessione, IC2118 e una nebulosa planetaria distante 2.150 a.l. con magnitudine 9: NGC1535.

Nelle foto in alto da sinistra a destra, la galassie a spirale NGC1232 e la spirale barrata NGC1300. In basso, la galassia NGC1532 e la nebulosa a riflessione IC2118.

Fornace

Piccola e poco luminosa costellazione dell'emisfero sud,
è una delle tante introdotte
da Lacaille nel 1752.
È possibile riconoscerla solo
nelle migliore condizioni di
visibilità, dato che è composta da stelle molto deboli, le
più importanti delle quali
sono *Alpha For*, una gigante

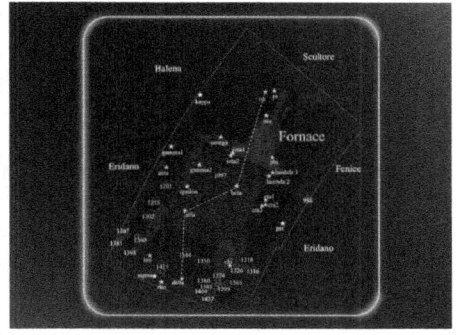

gialla di magnitudine 4,2 a 46 a.l. da noi accompagnata da una
stella di magnitudine 6,6 e *Beta For*, un'altra gigante gialla di
magnitudine 4,5 posta a 220 a.l.
La Fornace, nonostante sia piccola e poco appariscente, è una
costellazione molto ricercata dagli astrofili per il suo elevato
contenuto di oggetti di tutto rilievo.
Al suo interno infatti, si trova la galassia ellittica nana NGC1049
appartenente al Gruppo Locale e distante 800.000 a.l. osservabile però solo con telescopi professionali avendo magnitudine 13,
la nebulosa planetaria NGC1360, un gruppo di galassie noto
come il gruppo dello Scultore distante fra 8 e 10 milioni di a.l. e
il vero e proprio ammasso di galassie della Fornace posto al confine con l'Eridano.
Disponendo di un ottimo telescopio riflettore con 200 mm di
apertura, l'astrofilo può passare intere notti ad ammirare uno degli ammassi galattici più spettacolari che il cielo possa offrire.

Gemelli

È la terza costellazione dello zodiaco, già nota da tempi antichissimi.

I Gemelli, Castore e Polluce, erano figli di Leda regina di Sparta e nacquero da padri diversi: il padre di Polluce era Zeus, che sedusse Leda sotto forma di un Cigno e da cui ne acquisì l'immortalità, mentre Castore non era dota-

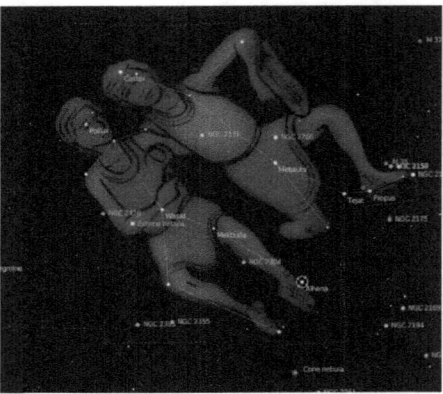

to di tale dono poiché figlio di re Tindaro, marito di Leda. Nonostante avessero padri diversi, i due Gemelli erano identici e molto legati l'uno all'altro. Entrambi eccellevano in arti guerresche e nella caccia, tanto che Castore fu maestro del giovane Ercole nel combattimento con la spada. I Gemelli erano anche due dei cinquanta Argonauti che con Giasone presero parte al recupero del Vello d'Oro.

Durante la missione Castore restò ucciso nello scontro con altri due gemelli, Ida e Linceo. Nel corso della zuffa, Castore morì per mano di Linceo che a sua volta venne ucciso da Polluce. Accecato dalla vendetta, Ida si scagliò contro Polluce, ma a questo punto intervenne Zeus il quale fulminò Ida. Affranto per la morte del fratello, Polluce pregò Zeus di condividere la sua immortalità con Castore; il padre degli dèi esaudì la preghiera del figlio portandoli entrambi in cielo dove sono tuttora.

Le due stelle più brillanti della costellazione sono le teste dei due gemelli e si chiamano appunto Castore e Polluce: *Alpha Gem* (Castore), è una famiglia di ben sei stelle lontane 85 a.l., *Beta Gem* (Polluce) è una gigante arancione di magnitudine 1,1 anch'essa a 85 a.l.; altre stelle sono *Gamma Gem*, una stella bianco-azzurra di magnitudine 1,9 a 85 a.l. ed *Eta Gem*, una gigante rossa variabile lontana 190 a.l. Numerosi gli ammassi aperti rintracciabili in questa zona, il più importante dei quali è M35, composto da circa 120 astri e lontano 2.600 a.l. Apparentemente vicino a M35, ma in realtà distante 14.000 a.l., è visibile NGC2158, un ammasso stellare molto ricco; seguono NGC2129, NGC2158, NGC2266 e NGC2420. Rilevanti sono anche le nebulose planetarie NGC2392 chiamata Eschimese e lontana 1.400 a.l., NGC2371 e PK194+2.1, oltre ai resti di supernova IC443, somigliante ai resti delle Vele nella costellazione del Cigno.

IC443, resti di supernova nella costellazione dei Gemelli.

Gru

Alquanto piccola e poco luminosa e introdotta da Johann Bayer nel 1603, la costellazione della Gru è stata conosciuta anche col nome di Fenicottero. È una costellazione appartenente all'emisfero australe ma visibile anche alle latitudine italiane più meridionali.

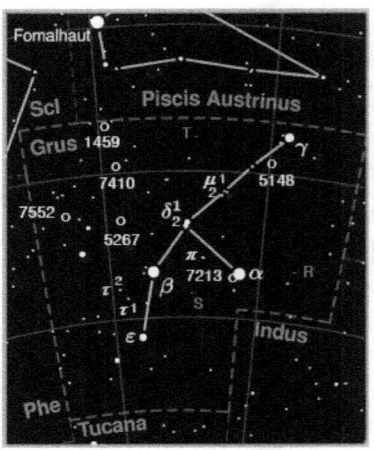

La Gru è circondata dalla Fenice, dal Pesce Australe, dallo Scultore, dal Microscopio, dall'Indiano e dal Tucano.

Gli astri più interessanti che compongono questa costellazione sono *Alpha Gru* (Alnair), una stella bianco-azzurra con magnitudine 1,9 posta a 91 a.l., *Beta* Gru, con magnitudine 2,1, è una gigante rossa a 270 a.l., *Gamma Gru*, una stella bianco-azzurra con magnitudine 3 a 230 a.l., *Delta Gru*, una curiosa doppia visibile a occhio nudo: si ritiene che le due stelle non siano legate fra loro e si trovino a distanze molto diverse, per cui sono state battezzate *Delta1*, una gigante gialla di magnitudine 4 posta a 140 a.l. da noi e *Delta2*, una stella rossa di magnitudine 4,1 la cui distanza è incerta. Infine *Mu Gru*, un'altra apparente coppia di stelle visibili a occhio nudo, ma solo perché si trovano quasi allineate: *Mu1* è una gigante gialla di magnitudine 4,8 a 260 a.l., mentre *Mu2* è un'altra gigante gialla di magnitudine 5,1 ma lontana 280 a.l.

L'astrofilo non trova interessante questa costellazione per l'assenza di oggetti celesti alla portata di piccoli telescopi amatoriali; tuttavia, disponendo di potenti apparecchi, si possono osservare galassie ellittiche e a spirale, oltre ad alcune nebulose planetarie, ma tenendo sempre presente che si tratta di oggetti estremamente deboli, dato che superano tutti la decima magnitudine.

Ercole

Ercole era figlio di Zeus, concepito durante una delle sue tante effusioni amorose. Per rendere Ercole immortale, Zeus attaccò il neonato al seno di sua moglie Era mentre ella dormiva. Essendosi nutrito del latte della dea, da quel momento Ercole divenne immortale, ma Era per punire le infedeltà del marito, decise di trasformare la vita del piccolo in un inferno, visto che ormai non poteva più ucciderlo.

In età adulta Ercole, divenuto un possente uomo alto, esperto nell'uso delle armi e dotato di una forza indicibile, cadde in uno stato di furore causato dalla punizione di Era, tanto da portarlo a uccidere i suoi stessi figli. In seguito, pentitosi del gesto, chiese consiglio all'oracolo di Delfi, il quale gli disse che doveva servire il re Euristeo di Micene per dodici anni. Fu in questa occasione che Ercole ricevette le memorabili dodici fatiche; dopo averle eseguite ripudiò la moglie Megara e madre dei figli che aveva ucciso e sposò Deianira, figlia di re Eneo. Durante una missione, Ercole lasciò che la sua sposa venisse traghettata su un fiume tumultuoso da un centauro che però cercò di rapirla; Ercole lo colpì con una freccia avvelenata col sangue dell'Idra e il centauro morente per vendicarsi, convinse Deianira che il suo sangue avrebbe costituito un potentissimo filtro d'amore che avrebbe per sempre reso Ercole fedele solo a lei. Un giorno Deianira ebbe il sospetto che suo marito si interessasse troppo a un'altra donna, perciò gli fece dono di una camicia imbevuta col sangue del centauro, contenente anche il sangue avvelenato dell'Idra. La vendetta del centauro si compì. Dal momento in cui Ercole indossò la camicia fu colto da dolori insopportabili e lancinanti,

tanto da preferire la morte; Zeus, impietositosi per le agonie su-
bìte dal suo figlio prediletto, decise di stroncare le sue sofferen-
ze uccidendo la sua parte mortale con una folgore e di porre
quella immortale in cielo tra gli dèi, lì dove si trova ora la costellazione che porta il suo nome.

Le stelle che compongono l'asterismo, sono tutte al di sopra della terza magnitudine e quindi poco brillanti, a parte *Alpha Her*
(Ras Algethi), una stella rossa che, con un diametro di 600 volte
quello del Sole, ne fa una delle stelle più grandi che si conoscano e *Beta Her*, una gigante gialla di magnitudine 2,8 a 100 a.l.
da noi. Fra gli oggetti di rilievo spiccano il famosissimo ammasso globulare M13, il più luminoso del suo tipo, composto da
300.000 stelle, largo 100 a.l. e lontano 22.500 a.l., M92, un altro
luminoso ammasso posto a 36.000 a.l., l'ammasso globulare
NGC6229 e le nebulose planetarie NGC6210, NGC6058 e
IC4593.

*M13, senz'altro il più noto fra gli ammassi globulari, densamente
popolato di stelle e molto luminoso.*

Orologio

Da una sinuosa fila di stelle deboli, Lacaille ricavò la costellazione dell'Orologio, in onore dell'invenzione dello scienziato olandese Christiaan Huygens, tra l'altro protagonista, insieme a Galileo, nella scoperta degli anelli di Saturno.

L'Orologio si estende nell'emisfero australe fra Eridano, Idra Maschio, Reticolo, Pesce Spada e Bulino.

Tutti gli astri di questo asterismo sono estremamente deboli, di conseguenza di scarso interesse osservativo; quelli principali sono *Alpha Hor*, una gigante gialla di magnitudine 3,9 a 190 a.l. e *Beta Hor*, una stella bianca di quinta magnitudine distante 280 a.l.

Qualche interesse in più possono suscitare gli oggetti entro i confini di questa costellazione: vi sono alcune galassie a spirale NGC1249, NGC1433, NGC1448 e NGC1512, quest'ultima una spirale barrata distante 50 milioni di a.l. con una piccola compagna ellittica (NGC1510) di dodicesima magnitudine e l'ammasso globulare NGC1261, estremamente denso.

La galassia barrata NGC1433 e la spirale NGC1448.

Idra Femmina

L'Idra Femmina è la costellazione più estesa del cielo,
non è composta da stelle
molto brillanti, ma era già
nota agli antichi Greci.
L'Idra rappresenta la bestia
uccisa da Ercole nella secon-

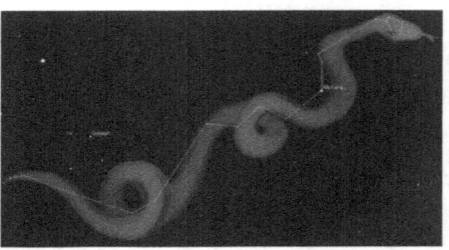

da delle sue dodici fatiche. Idra significa serpente d'acqua ed era
posta di guardia al confine fra il mondo dei viventi e il regno dei
morti, a Lerna nei pressi della città di Argo. Idra era figlia di
Echidna, la dea serpente, anch'essa dotata di molte teste e sorella
di Cerbero. Al suo arrivo a Lerna, Ercole, insieme a suo nipote
Iolao, trovò la tana sotterranea dentro cui si celava il mostro e
lanciò delle frecce incendiarie nella caverna al fine di far uscire
Idra per poi attaccarla; l'eroe iniziò a sferrare fendenti mozzando
tutte le teste che gli capitavano a tiro, ma per ogni testa tagliata
ne ricrescevano subito altre due viventi. Al che, Ercole chiamò
in aiuto Iolao, il quale cominciò a bruciare le ferite delle teste ta-
gliate da Ercole facendole cauterizzare e impedendo così che ne
crescessero altre. A Iolao toccò bruciare mezza foresta prima
che Ercole riuscisse a tranciare la testa immortale del mostro.
Come detto, questa costellazione, nonostante si allunghi per circa 100°, non contiene stelle luminose; fra quelle di maggior rilievo citiamo *Alpha Hya* (Alphard), una gigante arancione di seconda magnitudine a 130 a.l., *Epsilon Hya*, una stella doppia posta a 110 a.l. e *R Hya*, una gigante rossa variabile a 330 a.l.
Fra gli oggetti di rilievo sono presenti gli ammassi globulari
M68 e NGC5694, l'ammasso aperto M48, distante 3.000 a.l. e
comprendente circa 80 stelle, le nebulose planetarie NGC2610,
Abell 33 e NGC3242 lontana 1.900 a.l., la galassia irregolare
NGC3109 e le galassie a spirale NGC3621, NGC2835, NG-
C2784 e M83.

Idra Maschio

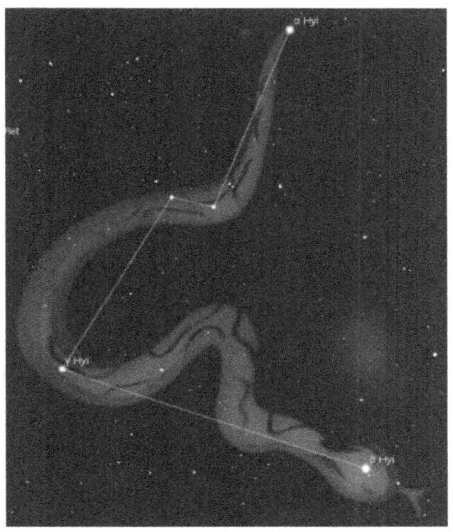

Nel 1603 Johann Bayer introdusse questa costellazione come complemento della più antica e famosa Idra Femmina.

Si tratta di un asterismo australe molto scarno, privo di stelle e di oggetti di un certo rilievo.

Pone i suoi confini fra Eridano, Orologio, Reticolo, Pesce Spada, Mensa, Ottante e Tucano ed è stretta fra le due Nubi di Magellano.

Stelle primarie sono *Alpha* *Hyi*, una stella bianca di magnitudine 2,9 lontana 36 a.l., *Beta Hyi*, una stella gialla di magnitudine 2,8 a 21 a.l., *Gamma Hyi*, una gigante rossa di terza magnitudine distante 160 a.l. e *Pi Hyi*, una doppia apparente formata da una stella rossa a 400 a.l. e una arancione posta a 520 a.l.

L'Idra Maschio non è per nulla ricercata dagli astrofili per l'assenza di oggetti alla portata di modesti strumenti amatoriali e addirittura professionali.

L'Idra Maschio in pratica, è una costellazione inserita come riempitivo in una regione vuota e priva di galassie o semplici ammassi presenti in quasi tutti gli asterismi.

Indiano

Come tante altre costellazioni dell'emisfero australe, l'Indiano è stata inserita da Bayer nel 1603 e rappresenta gli indiani americani incontrati da Magellano, forse quelli della Patagonia.
Anche questo asterismo, oltre a essere piuttosto piccolo,

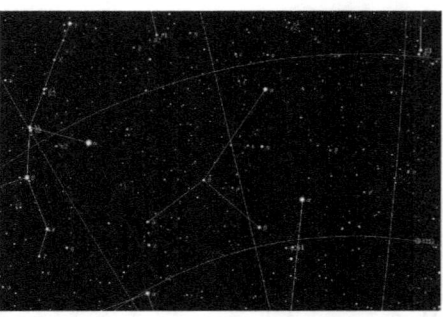

non è di grande interesse, non presenta astri particolarmente brillanti, ma alcuni oggetti celesti sono tuttavia rintracciabili nella ristretta area che occupa la costellazione.
L'indiano confina con Pavone, Ottante, Tucano, Gru, Microscopio e Telescopio.
Le stelle primarie della costellazione sono *Alpha Ind*, l'astro più brillante nell'Indiano di terza magnitudine, una gigante arancione a 120 a.l., *Beta Ind*, un'altra gigante arancione di magnitudine 3,7 a 270 a.l. da noi, *Delta Ind*, una stella bianca di magnitudine 4,4 lontana 110 a.l., *Epsilon Ind* è uno degli astri più vicini a noi posto a 11,2 a.l., una stella di magnitudine 4,7, simile al nostro Sole ma un po' più piccola e fredda e infine *Theta Ind*, una coppia di stelle di magnitudine 4,6 e 7, distanti 91 a.l.
Nella costellazione dell'Indiano, vi sono parecchi oggetti molto interessanti, ma la maggior parte possono essere visualizzati solo con potenti mezzi d'osservazione e con un grosso bagaglio di esperienza all'attivo; alla portata degli astrofili dilettanti e di discreti telescopi amatoriali si possono intravedere le galassie a spirale NGC7083, NGC7090 e NGC7205, oltre alla galassia irregolare IC515

Lucertola

La Lucertola è una delle poche costellazioni di secondo piano dell'emisfero boreale. Poco brillante e di scarso interesse, è stata inventata da Johann Hevelius e inserita fra Cefeo, Cassiopea, Cigno, Pegaso e Andromeda. Alle latitudini italiane la Lucertola è visibile a partire

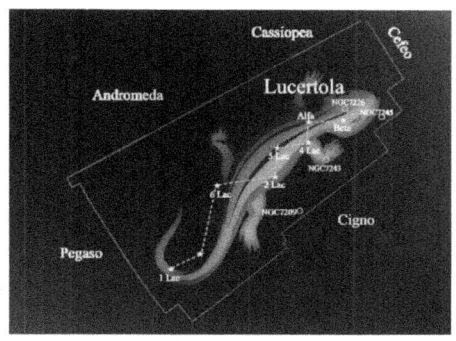

dalla tarda estate e per tutto l'inverno, ma può essere delineata solo nelle migliori condizioni di visibilità, con assenza di luna e lontano dalle luci parassita delle città.

La stella più brillante della costellazione è *Alpha Lac*, una stella bianco-azzurra di magnitudine 3,8 distante 98 a.l., segue *Beta Lac*, una stella gialla superiore alla quarta magnitudine e lontana 220 a.l.

Nella Lucertola vi sono parecchie galassie, ma hanno tutte magnitudine superiore alla dodicesima, assolutamente troppo deboli per essere ammirate discretamente dagli astrofili.

Gli unici oggetti alla portata di telescopi amatoriali sono gli ammassi aperti NGC7243, NGC7209, NGC7296, NGC7245, questi ultimi due un po' meno brillanti.

Leone

Il Leone è una delle costellazioni più importanti e ricercate dell'emisfero nord, la
quinta dello zodiaco e inoltre
è fra quelle che più somigliano a ciò che rappresentano,
in questo caso un leone acco-
vacciato.

È molto ricco di stelle luminose, di oggetti di tutto rilie-
vo e nel periodo delle leonidi, il 17 novembre, la costellazione si
rende altamente spettacolare per il gran numero di meteoriti che
transitano presso la testa del Leone; spesso arrivano a toccare le
100.000 unità in un'ora, il più straordinario fenomeno celeste
mai visto dall'uomo in tempi moderni.

A essa è associato il Leone, figlio della dea serpente Echidna e
fratello di Idra e Cerbero; la leggenda narra che nella sua prima
fatica, Ercole si recò nella foresta di Nemea dove viveva il Leone e decise di strangolarlo dato che, essendo immortale, non poteva essere ucciso con le armi; una volta liberatosi della bestia,
la scuoiò e ne indossò la pelliccia invulnerabile.

Il Leone è circondato da Orsa Maggiore, Leone Minore, Cancro,
Idra Femmina, Sestante, Coppa, Vergine e Chioma di Berenice.

Abbondanti le stelle luminose presenti fra cui *Alpha Leo* (Regu-
lus), una stella bianco-azzurra di prima magnitudine a 85 a.l. accompagnata da un astro di settima magnitudine, *Beta Leo* (De-
nebola), una stella bianca di magnitudine 2,1 a 42 a.l., *Gamma
Leo* (Algieba) a 100 a.l, una delle più spettacolari doppie di tutto
il cielo, *Delta Leo* (Zosma), un astro bianco-azzurro di magnitudine 2,6 a 52 a.l., *Zeta Leo*, un sistema triplo lontano 120 a.l.,
Iota Leo, una stella doppia a 78 a.l. e infine *R Leo*, posta a 3.000
a.l., è una gigante rossa variabile.

Una moltitudine di bellissimi oggetti è presente nella zona: tra le galassie a spirale le più rimarchevoli sono M65, M66, a 22 milioni a.l., M95, M96, lontane oltre 35 milioni di a.l., più le altre spirali NGC3628, NGC2903, NGC3338, NGC3384, NGC3521, NGC3705 e NGC3810. Ugualmente spettacolari le galassie ellittiche NGC3640, NGC3607, LeoII, LeoI e M105; infine la galassia irregolare LeoIII, uno dei membri del Gruppo Locale.

Tre delle stupende galassie a spirale visibili nel Leone. Da sinistra a destra M66, M95 e M96.

Leoncino

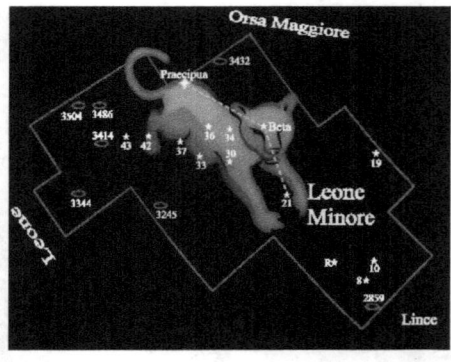

Notevolmente più piccola, meno conosciuta, meno appariscente e meno ricercata rispetto alla costellazione omonima, il Leoncino o Leone Minore, è stata introdotta da Hevelius nel XVII° secolo; egli ottenne l'asterismo raggruppando 18 stelle nello spazio compreso fra l'Orsa Maggiore e il Leone.

Comunque nessuno fra gli astri presenti in questa costellazione, meritano un'attenzione particolare poiché debolissimi, a parte *46 LMi*, una gigante arancione di magnitudine 3,8 distante 75 a.l., che Hevelius battezzò Praecipua, posta proprio al confine con l'Orsa Maggiore.

Oltre che con l'Orsa Maggiore, il Leoncino confina con la Lince e il Leone.

Anche se molto povero di stelle, l'asterismo presenta tuttavia qualche oggetto appetente per gli astrofili, in particolare le galassie a spirale NGC2859, NGC3003, NGC3254, NGC3344, NGC3432 e NGC3486.

NGC3344 si presenta di faccia ed è una tipica spirale con bracci molto estesi.

Lepre

La Lepre è una piccola ma abbastanza brillante costellazione dell'emisfero boreale. Le sue origine risalgono al tempo degli antichi greci e rappresenta una lepre accovacciata ai piedi di Orione il cacciatore. Essa confina con Orione,

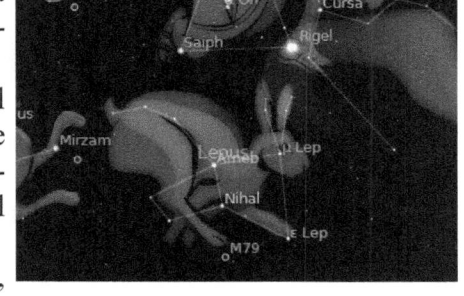

Unicorno, Eridano, Bulino, Colomba e Cane Maggiore.

Le stelle tipo di questa costellazione sono *Alpha Lep* (Arneb), una supergigante bianco-gialla di seconda magnitudine a 950 a.l., *Beta Lep* (Nihal), una gigante gialla di magnitudine 2,8 a 320 a.l. da noi, *Gamma Lep*, una stella doppia lontana 27 a.l., *Delta Lep*, una gigante gialla di magnitudine 3,8 posta a 160 a.l. dal Sistema Solare, *Epsilon Lep*, una gigante arancione di magnitudine 3,2 distante 160 a.l., *Kappa Lep*, un sistema doppio posto a 420 a.l., e *R Lep*, una famosa stella rossa variabile definita una *goccia di sangue su un campo nero*.

Tra gli oggetti di rilievo spiccano l'ammasso globulare M79, lontano 43.000 a.l., l'ammasso aperto NGC2017, la nebulosa planetaria IC418 e le galassie a spirale NGC1744, NGC1784, e NGC1964.

Bilancia

Settimo segno dello zodiaco, la Bilancia nonostante tutto, è una costellazione abbastanza insignificante, sia per luminosità che per la scarsità di oggetti che essa ospita entro i propri confini.

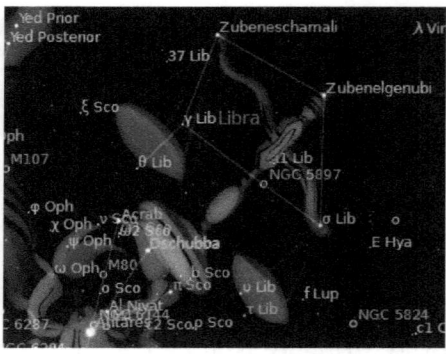

La costellazione risale ai tempi degli antichi greci i quali la definivano *le chele dello scorpione*. A quell'epoca infatti, la Bilancia non esisteva ma era parte integrante della costellazione dello Scorpione di cui ne rappresentava le chele.

Furono i romani, nel I° secolo a.C., a separare l'asterismo e a raffigurarla come una Bilancia, la quale sintetizzava il simbolo della giustizia.

La Bilancia ha come vicini lo Scorpione, l'Ofiuco, il Serpente, la Vergine, l'Idra e il Lupo.

Nonostante siano poco appariscenti, stelle degne di nota sono *Alpha Lib* (Zubenelgenubi), un sistema doppio a 72 a.l., *Beta Lib* (Zubeneschamali), una curiosa e netta stella verde di magnitudine 2,6 a 120 a.l., *Gamma Lib* (Zubenelakrab), una gigante gialla di magnitudine 3,9 distante 75 a.l., *Delta Lib*, una stella variabile a eclisse lontana 240 a.l., *Iota Lib*, una stella tripla a 300 a.l., *Mu Lib*, un sistema doppio posto a 300 a.l., e *48 Lib*, un'anomala stella gigante blu: essa ha un'elevata quanto insolita velocità di rotazione e questo causa un inviluppo di gas che circonda la stella. Mediamente le dimensioni del guscio sono di due o tre volte quello dell'astro.

L'unico oggetto presente nell'area è l'ammasso globulare NGC5897, un debole e disperso, seppur grande ammasso, lontano 45.000 a.l.

Lupo

La costellazione era considerata dai greci come un sacrificio che il Centauro offriva agli dèi, impalando il Lupo e porgendolo sull'altare. L'asterismo è in parte visibile solo dalla Sicilia e si trova in una regione attraversata dalla Via Lattea, pertanto molto ricca di oggetti celesti molto intriganti.

Il Lupo confina con il Centauro, la Bilancia, il Compasso, la Squadra e lo Scorpione.

Le stelle che compongono la costellazione, brillano con luminosità media: tra le più interessanti *Alpha Lup*, una gigante blu di magnitudine 2,3 a 680 a.l., *Beta Lup*, una stella bianco-azzurra di magnitudine 2,7 a 360 a.l., *Gamma Lup*, un astro bianco-azzurro con 2,8 di magnitudine lontano 260 a.l., *Epsilon Lup*, un sistema multiplo posto a 460 a.l., *Eta Lup*, una stella doppia a 490 a.l., *Kappa Lup*, un altro sistema doppio lontano 150 a.l., *Mu Lup*, una stella multipla di magnitudine 4,3 distante 250 a.l., *Xi Lup*, una coppia di stelle bianche a 160 a.l. e *Pi Lup*, una doppia bianco-azzurra a 420 a.l. da noi.

Fra gli oggetti di rilievo nel Lupo vi sono gli ammassi globulari NGC5986, lontano 45.000 a.l., NGC5927, abbastanza grande e denso e NGC5824, molto distante ma abbastanza luminoso. Vi è poi l'ammasso aperto NGC5822, distante 6.000 a.l. e contenente circa 120 stelle, la nebulosa planetaria IC4406, di magnitudine 6,4 e le galassie a spirale NGC5530 e NGC5643.

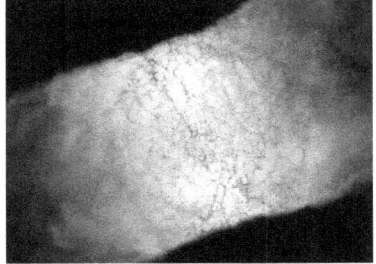

Nella costellazione del Lupo è visibile una delle più note nebulose planetarie: IC4406.

411

Lince

Costellazione poco nota e poco visibile ma abbastanza estesa, appartenente all'emisfero boreale. Fu introdotta da Hevelius nel XVII° secolo raggruppando 19 stelle in una zona vuota compresa fra Auriga, Giraffa, Orsa Maggiore, Gemelli, Cancro e Leone Minore. Proprio perché la costellazione è poco luminosa, si pensa che sia stata battez- 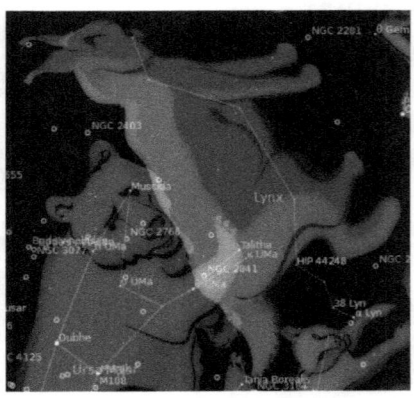 zata in tal modo poiché solo chi ha una vista da lince può arrivare a scorgerne le stelle che la compongono. Tuttavia essa contiene alcune stelle interessanti e altre binarie su cui vale la pena soffermarsi. *Alpha Lyn* è la stella più brillante del gruppo; si tratta di una gigante rossa di magnitudine 3,1 a 170 a.l. Le altre stelle che formano l'asterismo sono tutte multiple, ma con magnitudini ai limiti della percezione dell'occhio umano: *5 Lyn*, distante 330 a.l., è una gigante arancione accompagnata da una stella di magnitudine 8, a seguire ci sono *12 Lyn*, un'affascinante tripla a 180 a.l., *15 Lyn*, una doppia lontana 105 a.l., *19 Lyn*, un sistema binario a 420 a.l., *38 Lyn*, una coppia di stelle molto vicine poste a 88 a.l. e infine *41 Lyn*, un sistema doppio a 68 a.l. Fra gli oggetti nella Lince si possono osservare NGC2419, un ammasso globulare molto lontano dal centro galattico, oltre 200.000 a.l. ma con magnitudine 10 e una galassia a spirale che si presenta di taglio all'osservatore: NGC2683. Questa galassia, con 9,8 di magnitudine, è poco più brillante dell'ammasso globulare NGC2419. In questo asterismo sono presenti tantissime altre galassie a spirale e barrate, ma avendo tutte magnitudini che superano i 13, sono troppo deboli per essere inquadrati e focalizzati decentemente, anche utilizzando i telescopi più potenti.

Lira

Nella leggenda, la Lira era lo strumento usato da Orfeo per incantare anche gli uomini più infuriati e perfino le bestie feroci.

Hermes, messaggero degli dèi, si imbatté casualmente in un guscio vuoto di tartaruga ed ebbe l'idea di tenderne delle corde: nacque così la Lira.

Hermes ne fece dono ad Apollo, il quale la regalò a Orfeo.

Tempo dopo, Orfeo perì

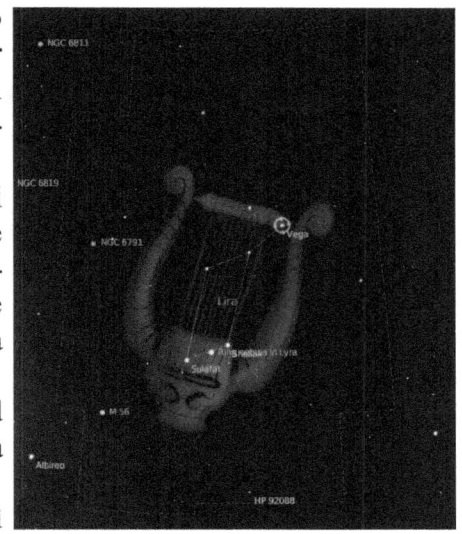

atrocemente per mano delle Menadi istigate dal dio Dioniso, lo fecero a pezzi e gettarono i resti nel fiume Ebro.

Zeus mandò un avvoltoio a recuperare la Lira per metterla in cielo fra le stelle.

La Lira è una piccola ma splendente costellazione dell'emisfero nord, dominata dalla luminosità di Vega, una delle stelle più brillanti, passando alta nei nostri cieli estivi già dalla prima serata. Gli astri più importanti del gruppo sono *Alpha Lyr* (Vega), una stella bianco-azzurro di magnitudine 0,03 a 26 a.l., *Beta Lyr* (Sheliak), una stella tripla posta a 1.100 a.l., *Epsilon Lyr*, un sistema quadruplo lontano 120 a.l. e *RR Lyr*, un'importante stella variabile del tipo usato per calcolare le distanze nel cosmo.

Nonostante il suo splendore, la costellazione contiene pochi oggetti di interesse, fra cui l'ammasso globulare M56, largo 60 a.l., la nebulosa planetaria M57, distante 4.100 a.l. e l'ammasso aperto NGC6791.

Tavola-Mensa

Povera e scientificamente insignificante costellazione nei
pressi del polo sud celeste e
inserita da Lacaille durante il
suo viaggio al Capo di Buona Speranza.
Per due anni Lacaille si fer-
mò sul Table Mountain, la

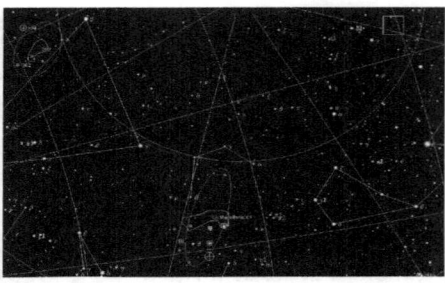

montagna più alta che domina il Capo di Buona Speranza; da
qui poté meglio effettuare le sue osservazioni, per cui volle battezzare questo piccolo asterismo col nome della montagna che lo
accolse.

La Mensa è una costellazione circumpolare australe composta da
stelle molto deboli e confinante con Pesce Spada, Ottante, Idra
Maschio, Camaleonte e Pesce Volante.

Gli astri che compongono la costellazione sono *Alpha Men*, una
stella gialla simile al Sole con magnitudine 5,1 e distante 28 a.l.,
Beta Men, astro giallo di magnitudine 5,3 a 140 a.l., *Gamma
Men*, una gigante arancione con 5,2 di magnitudine e lontana
420 a.l. ed *Eta Men*, una gigante arancione di magnitudine 5,5 a
460 a.l.

La regione è praticamente priva di oggetti da osservare, fatta eccezione per qualche ammasso globulare e poche galassie; tuttavia, essendo tutti al di sopra della dodicesima magnitudine, non
possono essere osservati con modesti apparecchi.

La Mensa è una costellazione poco ricercata, nonostante nelle
vicinanze, più precisamente poco oltre il confine col Pesce Spada, è possibile ammirare la suggestiva Grande Nube di Magellano.

Microscopio

Anche il Microscopio, come le altre 13 costellazioni, è stata inserita da Lacaille fra il 1751 e il 1753, col solo scopo di riempire dei buchi fra gli asterismi più noti.

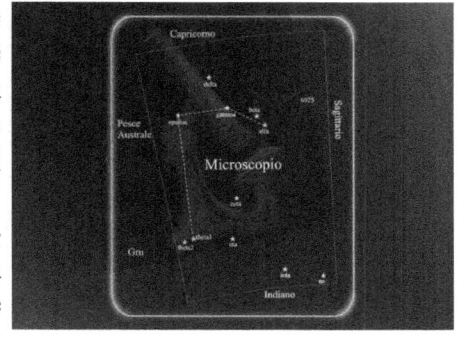

Era il tempo dell'illuminismo, nel quale Lacaille era profondamente immerso e pertanto, anche in questo caso, egli diede il nome di un'opera inventata dall'uomo in onore all'inventiva e all'ingegno.

Il Microscopio si trova subito a sud del Capricorno, per il resto confina con Sagittario, Indiano, Gru e Pesce Australe.

Non vi sono stelle brillanti, tutt'altro, la loro magnitudine è ai limiti della percezione dell'occhio umano.

Citiamo *Alpha Mic*, una gigante gialla di magnitudine 4,9 a 240 a.l. con una compagna di magnitudine 10, *Gamma Mic*, una stella gigante gialla con magnitudine 4,7 e lontana 230 a.l. ed *Epsilon mic*, una stella bianco-azzurra di magnitudine 4,7 posta a 110 a.l. da noi.

Troppo deboli alcune galassie presenti in quest'area, tanto da essere scorte solo da potenti telescopi professionali.

In definitiva il Microscopio, così come qualche altra costellazione simile, è stata inserita solo come riempitivo in una parte spoglia di cielo, sia come astri che come oggetti galattici e non. In conclusione, la sua presenza nei cataloghi non suscita alcun interesse né da parte di astronomi professionisti, né tanto meno da parte di astrofili.

Unicorno

L'Unicorno è una delle poche costellazioni inserite abbastanza di
recente che sia irresistibilmente at-
traente agli occhi degli appassiona-
ti.

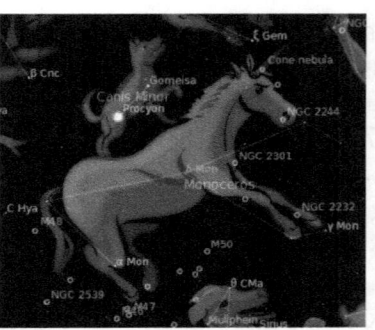

Fu catalogata da Jakob Bartsch,
genero di Keplero, nel 1624 ed è
visibile dall'emisfero boreale vicina ad Orione, Cane Minore, Ge-
melli, Lepre, Cane Maggiore e Poppa. Le sue stelle principali
sono *Alpha Mon*, una stella gigante arancione di magnitudine
3,9 a 180 a.l., *Beta Mon*, una delle più belle stelle triple del cielo
a 720 a.l., *Delta Mon*, una stella bianco-azzurra di magnitudine
4,2 e distante 210 a.l. con una compagna di magnitudine 5,5,
Epsilon Mon, un sistema doppio a 180 a.l. e infine *S Mon*, una
stella bianco-azzurra distante oltre 3.000 a.l. facente parte del-
l'ammasso NGC2264. L'Unicorno è sita in una regione della Via
Lattea molto densa, quindi molto ricca di oggetti meravigliosi da
osservare. Da menzionare i molti ammassi aperti fra cui alcuni
estremamente interessanti: M50 è un enorme ammasso di circa
100 membri lontano 2.300 a.l.; NGC2232 posto a 1.000 a.l., è
uno degli ammassi più vicini ed è visibile a occhio nudo; NG-
C2237-9+NGC2244 è sicuramente l'ammasso più ricercato in
assoluto, nonostante sia composto da pochissime stelle, poiché a
esso è associata una nebulosa diffusa molto luminosa e nota col
nome di *Nebulosa Rosetta*; Il complesso è distante 3.600 a.l. A
seguire NGC2264, un'altra combinazione ammasso-nebulosa distante circa 3.000 a.l., NGC2301 un ammasso con circa 60 elementi posto a 2.500 a.l. dal Sole e gli altri ammassi NGC2215,
NGC2236, NGC2252, NGC2254, Tr5, NGC2324, NGC2335, e
NGC2506. Inoltre vi sono le nebulose diffuse Gum 1 e NG-
C2261, oltre alla nebulosa planetaria NGC2346.

Mosca

La Mosca è una piccola ma riconoscibile costellazione appartenente all'emisfero australe.
Fu introdotta da John Bayer nel 1603, il quale originariamente le attribuì il nome di Apis (Ape), ma era una denominazione che poteva fa-

cilmente essere confusa con Apus (Uccello del Paradiso), per cui si preferì modificarla col nome attuale, Mosca Australe.
Tale aggettivo serviva a differenziarla dalla Mosca Boreale, costellazione oggi eliminata, le cui stelle sono state assegnate all'Ariete.
La Mosca confina con Croce del Sud, Centauro, Compasso, Uccello del Paradiso, Camaleonte e Carena.
Gli astri che formano la costellazione sono *Alpha Mus*, una stella bianco-azzurra di magnitudine 2,7 a 300 a.l. dal Sole, *Beta Mus*, un sistema binario stretto lontano 290 a.l. e *Delta Mus*, una

gigante arancione con 3,6 di magnitudine e distante 180 a.l.
All'interno della costellazione sono visibili gli ammassi globulari NGC4372 e NGC4833, un ammasso più piccolo ma più brillante del precedente e lontano 17.000 a.l., gli ammassi aperti Harvard 6 e NGC4815 e infine la nebulosa planetaria NGC5189.

NGC5189, una particolare nebulosa planetaria.

417

Squadra

La costellazione della Squadra è una delle quattordici inserite da Lacaille durante la sua permanenza al Capo di Buona Speranza.
Molto piccola e poco luminosa, le sue stelle appartenevano in origine alle costellazioni dell'Altare e del Lupo.
Pone i suoi confini fra Scorpione, Altare, Lupo, Compasso e Triangolo.
Le stelle primarie dell'asterismo sono *Gamma Nor*, una supergigante gialla di quarta magnitudine e distante 130 a.l., *Delta Nor*, una normale stella bianca di magnitudine 4,7 posta a 230 a.l., *Epsilon Nor*, un sistema doppio di magnitudine 4,8 e 7,5 lontano 490 a.l. e *Iota Nor*, un'altra doppia a 98 a.l.
La costellazione della Squadra è popolata da una serie di ammassi aperti e globulari: fra i più rimarchevoli citiamo NGC6167, piccolo ma brillante ammasso aperto, NGC6152, NGC6067, NGC5999, Cr 292, NGC5925, NGC6087 lontano 3.600 a.l. e l'ammasso globulare NGC5946.

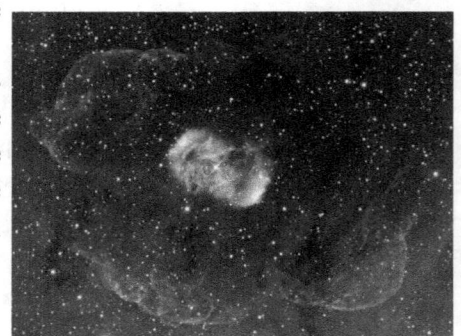

Interessante anche una chiazza di nebulosità al confine con l'Altare, la cui nube è stata espulsa da una giovane e calda stella in una serie di esplosioni: NGC6164-65.

Un particolare fenomeno di esplosioni stellari crea delle curiose nubi colorate. Qui in foto NGC 6164.

Ottante

L'Ottante è una costellazione inventata da John Hadley nel 1730 e veniva usata per determinare la posizione delle stelle nelle navigazioni, ma fu introdotta da Lacaille.

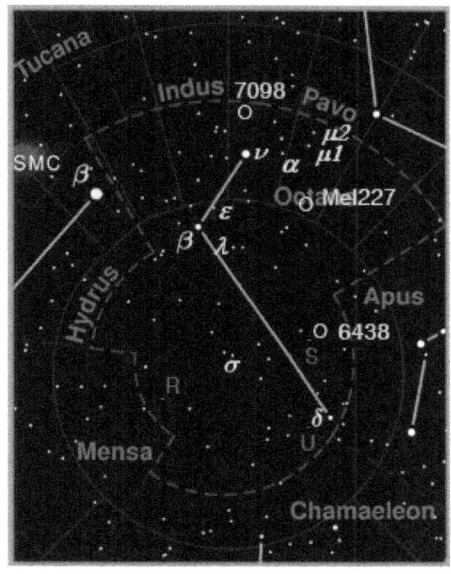

È un asterismo ai limiti estremi della visibilità umana, sebbene la sua rilevanza risieda nel fatto che è una costellazione circumpolare australe che include il polo sud celeste, nelle cui più immediate vicinanze si trova la stella *Sigma Oct*, 20 volte più debole della nostra stella polare.

L'Ottante è circondato da Indiano, Tucano, Idra Maschio, Tavola, Camaleonte, Uccello del Paradiso e Pavone.

Le sue stelle primarie sono *Alpha Oct*, una stella bianca di magnitudine 5,2 a 230 a.l., *Beta Oct*, con magnitudine 4,2, è posta a 65 a.l. da noi, *Delta Oct*, una stella gigante arancione di magnitudine 4,3 distante 200 a.l., *Theta Oct*, un'altra gigante arancione di magnitudine 4,8 e lontana 250 a.l., *Lambda Oct*, un sistema binario a 36 a.l. e *Nu Oct*, la più luminosa della costellazione, una gigante arancione di magnitudine 3,8 a 105 a.l.

Nella regione appartenente all'Ottante è visibile solo l'ammasso aperto Mel227, composto da una quarantina di stelle e con una brillantezza pari alla settima magnitudine.

Ofiuco

L'Ofiuco è una delle costellazioni più antiche e importanti, come è rilevante il fatto
che sia collocato esattamente
a metà strada fra il polo nord
e il polo sud celeste e tra gli
equinozi di primavera e d'autunno.

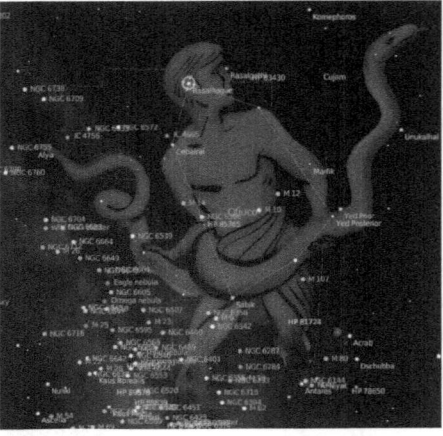

Nel mito, Ofiuco rappresenta
Esculapio figlio di Apollo,
istruito nella medicina da
Chirone il Centauro.

L'Ofiuco è simbolicamente

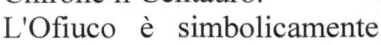

rappresentato con un serpente in mano, simbolo della medicina,
ma anche della sapienza e della prudenza.

Si narra che il grande medico si recò a casa di un amico dove
avrebbe ucciso un serpente; in quel momento entrò un altro serpente che portava in bocca un mazzetto di erbe che resuscitò il
compagno. Esculapio si impadronì di quelle erbe e ne apprese i
segreti per guarire i malati e addirittura per resuscitare i morti.

L'Ofiuco è una costellazione molto estesa e contiene molte stelle
luminose, fra cui *Alpha Oph* (Ras Albague), una stella bianca di
magnitudine 2,1 a 62 a.l., *Beta Oph*, una gigante gialla di magnitudine 2,8 a 120 a.l., *Delta Oph* (Yed Prior), una stella gigante
rossa di magnitudine 2,7 lontana 140 a.l., *Epsilon Oph* (Yed Po-
sterior), una gigante arancione con 3,2 di magnitudine e distante
105 a.l., *Zeta Oph*, un astro bianco-azzurro di magnitudine 2,6
lontano 550 a.l., *Eta Oph*, una stella bianco-azzurra di magnitudine 2,4 a 59 a.l., *Rho Oph*, una bellissima tripla a 720 a.l. e infine la stella di *Barnard*, una nana rossa a 6 a.l., la stella più vicina al Sole dopo Proxima Centauri; si ritiene che questa piccola
stella abbia un sistema planetario simile al nostro. Una miriade

di oggetti popola la costellazione dell'Ofiuco, poiché è sita in una regione della via Lattea estremamente densa; gli oggetti più rimarchevoli sono: gli ammassi globulari M7, M10, M12, M14, M19, M62, M107, NGC6235, NGC6284, NGC6287, NGC6293, NGC6304, NGC6325, NGC6355, NGC6356 e NGC6366, gli ammassi aperti NGC6633 e IC4665, le nebulose planetarie NGC6572, NGC6309 e NGC6369 e la galassia a spirale NGC6384.

La nebulosa planetaria NGC6369 e una meravigliosa spirale, NGC6384.

Orione

Orione è sicuramente la costellazione più nota. Anche
agli occhi dei meno esperti,
la costellazione diventa subito riconoscibile una volta osservata. È un grande e impo-
nente asterismo molto ricco
di oggetti interessanti e di
stelle luminose; nessun'altra
costellazione contiene tante

stelle brillanti quanto Orione. Il Sistema Solare è sito in un braccio della galassia chiamato Braccio di Orione, ed è proprio in
quella direzione che si stanno tuttora formando nuove stelle e
ammassi aperti in possenti nubi di gas.

Orione è una delle costellazioni più antiche. La leggenda raffigura un enorme cacciatore che accompagnava Artemide e Lato-
na nelle battute di caccia nell'isola di Creta; Orione brandisce
una clava con la mano destra, ha una pelle di leone nella sinistra
e porta una spada appesa alla cintura. Il cacciatore morì durante
una delle battute di caccia, morso da uno Scorpione, scaturito
dalla terra per punire le sue vanterie. Artemide chiese che Orione venisse posto in cielo il più lontano possibile dallo Scorpione,
in modo da non apparire contemporaneamente insieme al suo as-
sassino.

Fra le tante stelle splendenti in Orione spiccano *Alpha Ori* (Betelgeuse), una supergigante rossa molto instabile che esploderà
in supernova entro i prossimi 10.000 anni; Betelgeuse ha 400
volte il diametro del Sole, brilla con magnitudine che varia da
0,4 a 1,3 e dista 310 a.l.; a seguire *Beta Ori* (Rigel), una supergigante bianco-azzurra di magnitudine 0,1 lontana 910 a.l., *Gamma Ori* (Bellatrix), una stella gigante blu di magnitudine 1,6 a
360 a.l., *Delta Ori* (Mintaka), una stella multipla a 2.300 a.l.,

Epsilon Ori (Alnilam), una supergigante blu di magnitudine 1,7 a 1.200 a.l., *Zeta Ori* (Alnitak), una stella doppia distante 1.100 a.l. e *Kappa Ori* (Saiph), una supergigante blu di magnitudine 2,1 a 1.300 a.l.

L'oggetto più noto della costellazione di Orione forma la spada del cacciatore; in realtà, più che un oggetto si tratta di un complesso di nebulose ibride e ammassi aperti conosciuto col nome di Nebulosa a Testa di Cavallo o Nebulosa di Orione. Si tratta di un immenso ammasso di polveri e gas interstellari, posto a 1.300 a.l. da noi e largo 15 a.l. in cui sono in corso poderose formazioni stellari. La nebulosa è talmente splendente da essere facilmente visibile a occhio nudo. Vi sono poi una serie di ammassi aperti e la nebulosa planetaria NGC2022. Per meglio osservare i tanti oggetti in Orione è utile, per i meno esperti, munirsi di un atlante stellare che elenchi i siti delle meraviglie in essa contenute.

Il complesso nebulare di Orione ingloba i tre tipi di nebulose: emissione, riflessione e oscura.

Pavone

La costellazione del Pavone è stata introdotta nel 1603 da Johannes Bayer, ma si collega a una leggenda. Il Pavone era l'uccello sacro di Era, moglie di Zeus, la quale ne adornò le piume della coda con gli occhi di Argo. Argo non fa riferimento al famoso

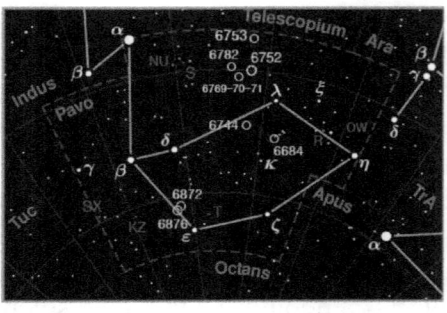

costruttore di navi, ma era un mostro dotato di cento occhi.

Era mise il Pavone a guardia di Io per evitare che Zeus la seducesse, ma l'uccello fu addormentato e decapitato da Hermes.

Il Pavone è una costellazione australe circoscritta da Telescopio, Altare, Uccello del Paradiso, Ottante e Indiano.

Si tratta di un asterismo dalla media brillantezza e la sua stella più splendente, al confine col Telescopio, porta lo stesso nome della costellazione.

Astri principali sono *Alpha Pav* (Peacock), una stella bianco-azzurra di magnitudine 1,9 a 230 a.l., *Beta Pav*, un astro bianco di magnitudine 3,4 lontano 91 a.l., *Delta Pav*, una stella gialla di magnitudine 3,6 posto a 19 a.l. da noi, *Eta Pav*, una stella gigante arancione con 3,6 di magnitudine e distante 150 a.l., *Kappa Pav*, una supergigante gialla e anche una delle più brillanti variabili cefeidi distante 650 a.l. e *Xi Pav*, una gigante rossa di magnitudine 4,4 lontana 310 a.l. con una compagna di magnitudine 8,5. Trovandosi, come altre costellazioni nelle vicinanze, in una zona abbastanza spoglia della Via Lattea, scarseggiano gli oggetti di interesse per osservazioni telescopiche; si possono osservare solo l'ammasso globulare NGC6752, un enorme ammasso già visibile con un binocolo e distante da noi 20.000 a.l. e la galassia a spirale NGC6744, grande bella e luminosa, si presenta quasi di faccia.

Pegaso

Pegaso è forse la costellazione più antica fra tutte. Domina i cieli autunnali insieme ad Andromeda, con cui condivide una stella, ma a parte il famoso quadrilatero, il resto della costellazione è molto debole.
Il mito si collega al cavallo 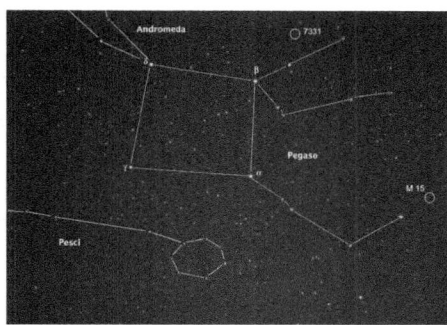 alato nato dal sangue di Medusa dopo che questa venne uccisa da Perseo.

In seguito, Pegaso fu dato da Poseidone a Bellerofonte per sconfiggere Chimera; una volta ucciso il mostro, Bellerofonte cercò di recarsi verso la residenza di Zeus, ma quest'ultimo incitò Pegaso a disarcionare il suo cavaliere e da allora continua a volare libero nel cielo.

La costellazione di Pegaso confina con Andromeda, Lucertola, Cigno, Delfino, Cavallino, Acquario e Pesci.

Le sue stelle di rilievo sono *Alpha Peg* (Markab), astro bianco-azzurro di magnitudine 2,5 a 100 a.l., *Beta Peg* (Scheat), una gigante rossa 90 volte più grande del Sole di magnitudine 2,4 e distante 180 a.l., *Gamma Peg* (Algenib), una variabile cefeide di magnitudine 2,8 a 490 a.l., *Epsilon Peg* (Enif), una supergigante gialla con 2,4 di magnitudine e lontana 520 a.l., *Zeta Peg* (Homam), un astro bianco di magnitudine 3,4 a 160 a.l. ed *Eta Peg* (Matar), una stella gigante gialla con 2,9 di magnitudine posta a 170 a.l. da noi.

Nella costellazione di Pegaso è presente il bell'ammasso globulare M15, lontano 50.000 a.l., le spirali NGC7814, NGC7479 e NGC7331, la galassia irregolare nana UGC12613 molto difficile da osservare e la nebulosa planetaria PK104-29.1.

Perseo

È una delle costellazioni più note e antiche del cielo, legata al mito del famoso eroe più volte citato nei precedenti asterismi.

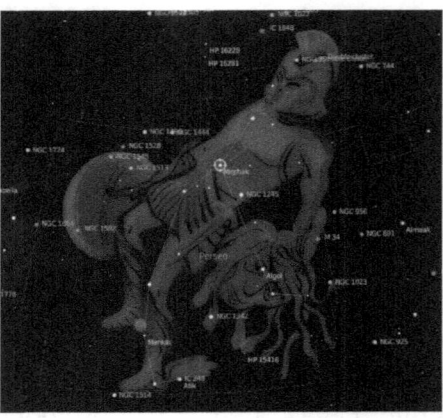

Perseo era figlio di Zeus concepito con Danae, sorella di Acrisio re di Argo. Istruito da Polydecte re di Seriphos fino a età adulta, fondò Micene e ne divenne il primo re; Polydecte ardeva dal desiderio di sposare la madre di Perseo, ma gli lasciava intendere di volersi ammogliare con Hippodamia. Perseo rispose che come regalo di nozze gli avrebbe persino portato la testa della temuta Medusa, la quale aveva il potere di tramutare chiunque la guardasse in pietra. A Polydecte non parve vero di aver avuto l'occasione per liberarsi di Perseo e acconsentì alla sua offerta.

Ma Perseo, figlio di Zeus, ebbe l'aiuto di Athena, che gli mostrò come combattere il mostro guardandola attraverso il suo scudo e di Hermes, che gli fece dono di un elmo e dei suoi sandali alati. Perseo riuscì a decapitare Medusa e infilò la testa nel suo sacco, poi riuscì a fuggire dalla collera delle sorelle di Medusa grazie ai sandali alati di Hermes e al suo elmo che lo rese invisibile.

Di ritorno dalla missione, Perseo uccise Cetus e sposò Andromeda, intanto la madre Danae si era rifugiata in un tempio per evitare di sposare Polydecte. Durante il banchetto organizzato dal re, Perseo annunciò di aver portato il suo regalo di nozze come promesso e lo tirò fuori dal sacco tramutando tutti i presenti in statue di pietra.

La costellazione di Perseo è tipicamente autunnale, ma è già visibile in mezza estate, in occasione della famosa pioggia delle

Perseidi o *lacrime di San Lorenzo*, fra il 12 e il 13 agosto. La costellazione è raffigurata con l'eroe che tiene in mano la testa di Medusa ed è circondata da Giraffa, Cassiopea, Andromeda, Triangolo, Ariete, Toro e Auriga; fra gli astri primari spiccano *Alpha Per* (Algenib, Mirfak), una supergigante gialla di magnitudine 1,8 e lontana 620 a.l., *Beta Per* (Algol), l'occhio di Medusa, è una celebre variabile a 95 a.l., *Gamma Per*, una gigante gialla posta a 290 a.l., *Epsilon Per*, di magnitudine 2,9, è una stella bianco-azzurra a 680 a.l. e *Zeta Per*, una supergigante blu di magnitudine 2,9 distante 1.100 a.l.

Notevoli gli oggetti in Perseo, fra cui il famoso doppio ammasso aperto NGC869-NGC884 o *h* e *chi persei*, entrambi a 7.300 a.l., gli altri ammassi aperti M34, NGC1245, Mel20, NGC1342, NGC1513 e NGC1528, le nebulose NGC1579, NGC1491, NGC1499, e IC348, le nebulose planetarie M76, IC351, e IC2003, la galassia a spirale NGC1003 e la galassia ellittica NGC1023.

Due nebulose presenti nel Perseo NGC1491 e NGC1499.

Fenice

L'asterismo della Fenice è di scarso interesse scientifico e osservativo, trovandosi in una regione scarsamente popolata sia da stelle luminose che da oggetti celesti.

Come altre costellazioni dell'emisfero australe, anche la Fenice è stata introdotta da

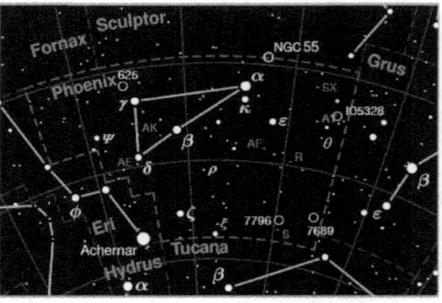

Johannes Bayer nel 1603 ed è dedicata al gruppo degli uccelli presenti in quest'area di cielo; gli altri sono il Tucano, Gru e Pavone, ma al contrario di questi, la Fenice è solo un uccello leggendario.

Proprio nella leggenda, la Fenice è l'uccello che rinasce dalle proprie ceneri ed era anticamente associato all'immortalità.

La costellazione è confinante con Eridano, Scultore, Gru e Tucano ed è composta da pochi astri di bassa luminosità: *Alpha Phe* (Ankaa) è una gigante gialla di magnitudine 2,4 lontana 78 a.l., *Beta Phe* è una coppia stretta di stelle poste a 130 a.l. da noi, *Gamma Phe* è una stella supergigante rossa di magnitudine 3,4 distante 910 a.l. e *Zeta Phe*, un trio di stelle la principale delle quali è una variabile a eclissi distanti 220 a.l.

Irrilevanti poiché troppo deboli gli oggetti celesti nella Fenice: vi sono delle galassie, ma troppo lontane e deboli per essere osservate; con una magnitudine che supera la dodicesima, l'osservazione è riservata solo ai più potenti telescopi in dotazione a professionisti con un notevole bagaglio d'esperienza.

Pittore

Un'altra costellazione scarna dell'emisfero australe senza dettagli, né particolari di rilievo.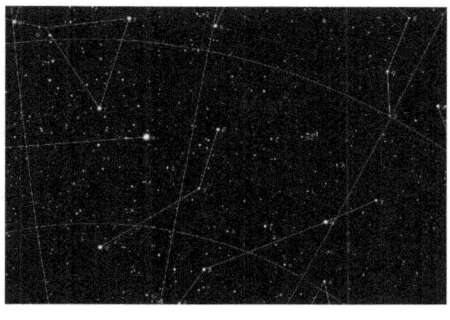
Anche il Pittore è stata inserita per riempire una zona buia fra costellazioni più luminose e ovviamente nessuna leggenda o mito ne fa riferimento.

Ad averla inventata è stato Lacaille, il quale la battezzò col nome di un oggetto senza legami tecnologici o scientifici, come è accaduto per altre costellazioni come il Compasso, la Squadra, il Microscopio, il Telescopio, eccetera.

Nonostante sia già composta da stelle a bassissima luminosità, la sua presenza è ulteriormente offuscata dalla vicina stella brillante Canopo, nella costellazione della Carena e la Grande Nube di Magellano, nel Pesce Spada.

Il Pittore è delineato da Bulino, Pesce Spada, Pesce Volante, Carena e Poppa.

Le stelle che formano questa poco interessante costellazione sono *Alpha Pic*, una stella bianca di magnitudine 3,3 a 52 a.l., *Beta Pic*, un astro bianco con 3,9 di magnitudine posto a 78 a.l. da noi, *Gamma Pic*, una stella gigante arancione di magnitudine 4,5 distante 260 a.l. e *Delta Pic*, una stella bianco-azzurra con una luminosità che sfiora la quinta magnitudine.

Così come le stelle, anche gli oggetti presenti nel Pittore sono di difficile osservazione. Sono presenti alcune galassie, ma tutte con magnitudine superiore alla dodicesima, quindi oltre la portata e l'interesse dell'astrofilo.

Pesci

Dodicesimo e ultimo segno fra le costellazioni dello zodiaco, è uno fra i più antichi e importanti asterismi.

La sua posizione si trova proprio sull'eclittica ed è qui che il Sole attraversa l'equatore in primavera segnandone l'equinozio; duemila anni fa questo punto si trovava nell'Ariete, ed è tuttora definito punto d'Ariete. Questo fenomeno è dovuto al lentissimo moto terrestre della precessione. I Pesci sono raffigurati legati fra loro da un cordone, infatti la leggenda, comune a quella del Capricorno, narra che Afrodite e suo figlio Eros, avuto dal dio della guerra Ares (Marte), si trasformarono in Pesci per sfuggire all'attacco del mostro Tifone gettandosi nel fiume Nilo. Afrodite legò suo figlio con una corda in modo che non potesse perdersi.

Nonostante la sua notorietà, la costellazione dei Pesci non è per nulla luminosa, infatti le sue stelle più brillanti sono *Alpha Psc* (Al Rischa), un sistema doppio a 98 a.l., *Beta Psc*, una stella bianco-azzurra di magnitudine 4,5 lontana 320 a.l., *Gamma Psc*, una gigante gialla di magnitudine 3,7 distante 160 a.l. ed *Eta Psc*, la stella più brillante della costellazione: con una magnitudine di 3,6 è una gigante gialla posta a una distanza di 140 a.l.

Nei Pesci è presente qualche bella galassia alla portata dell'astrofilo: M74 è una galassia a spirale lontana 22,5 milioni di anni luce che si presenta di fronte, segue NGC488, un'altra spirale molto grande e luminosa, NGC474, una galassia ellittica molto debole e NGC520, probabilmente il risultato di una collisione fra due galassie.

Pesce Australe

Piccola, poco luminosa, ma antica costellazione equatoriale, rappresenta il Pesce che bevve dalla brocca dell'Acquario.

Si fa riferimento al mito del diluvio, poiché l'atto di ingoiare acqua dalla brocca è stato interpretato come la salvezza dall'inondazione.

In un'altra cultura, il Pesce Australe raffigura il dio pesce babilonese Oannes, padre

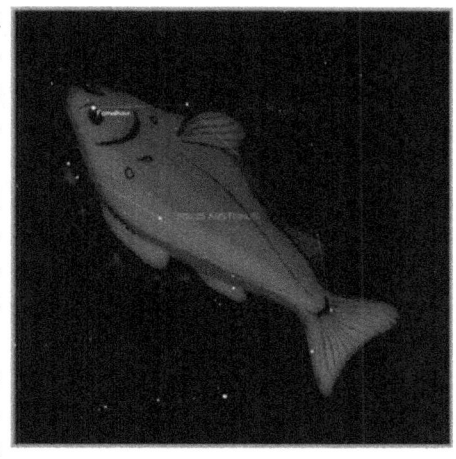

dei Pesci appartenenti alla costellazione omonima nello zodiaco. L'asterismo è delineato da Acquario, Capricorno, Microscopio, Gru e Scultore ed è composto da *Alpha PsA* (Fomalhaut), una stella bianco-azzurra di magnitudine 1,2 a 22 a.l., *Beta PsA*, una doppia distante 170 a.l., *Gamma PsA*, un sistema doppio a 190 a.l. ed *Eta PsA*, una stella doppia stretta posta a 420 a.l. da noi. Gli oggetti celesti nel Pesce Australe sono debolissimi per cui nessun interesse scientifico e osservativo è ad esso rivolto.

Poppa

Originariamente faceva parte della grande costellazione della nave Argo, poi divisa da Lacaille nelle quattro costellazioni della Carena, della Vela, della Bussola e della Poppa, poiché l'intero asterismo, che contava ben 45 stelle, occupava quasi l'intera 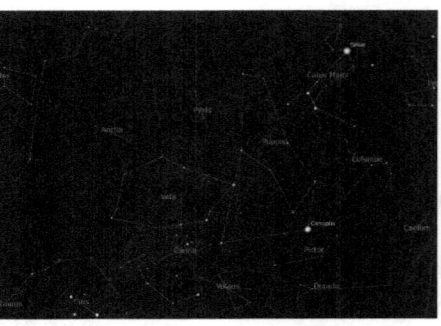 volta celeste dell'emisfero australe. Naturalmente la leggenda è comune a quella della Carena, in cui Argo costruisce una potente imbarcazione che avrebbe condotto gli Argonauti al recupero del Vello d'Oro. La Poppa è la costellazione più estesa fra quelle che compongono la nave Argo ed è circondata da Idra Femmina, Unicorno, Cane Maggiore, Colomba, Carena, Vela e Bussola.

Le Stelle di maggior rilievo sono *Zeta Pup* (Naos), una delle stelle più calde che si conoscano con una temperatura superficiale di 35.000° e posta a 1.500 a.l., *Xi Pup*, una supergigante gialla di magnitudine 3,3 a 750 a.l., *Pi Pup*, una stella gigante arancione con 2,7 di magnitudine lontana 130 a.l., *Rho Pup*, una gigante gialla variabile di magnitudine 2,8 distante 300 a.l. e *Tau Pup*, una gigante gialla di magnitudine 2,9 a 82 a.l.

La zona compresa nella Poppa è ricchissima di ammassi aperti, fra cui M46, contenente circa 150 stelle e lontano 6.000 a.l., M47, posto a 3.800 a.l. da noi e composto da una cinquantina di elementi, M93 a 3.600 a.l. conta circa 60 stelle, NGC2477, il più grande con oltre 300 componenti e distante 6.200 a.l., NGC2451, un brillante ammasso di circa 60 stelle e lontano 1.700 a.l. e a seguire NGC2414, NGC2421, Mel71, NGC2439, NGC2479, NGC2539, e NGC2567. Presenti anche l'ammasso globulare NGC2298, la galassia NGC2427 e la nebulosa planetaria NGC2440.

Bussola

La Bussola è la più piccola e la meno luminosa costellazione delle quattro che compongono la nave Argo.

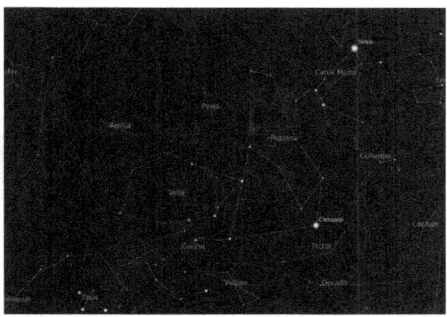

Quando il grande asterismo venne diviso da Lacaille, questa costellazione prese il nome di Albero, per poi essere ribattezzata Bussola.

La piccola costellazione confina con Macchina Pneumatica, Idra Femmina, Poppa e Vela ed è composta da stelle poco brillanti, fra cui *Alpha Pyx*, la più brillante, una stella bianco-azzurra di magnitudine 3,7 a 1.300 a.l. dal Sole, *Beta Pyx*, una gigante gialla di quarta magnitudine distante 150 a.l., *Gamma Pyx*, una stella gigante arancione di quarta magnitudine lontana 240 a.l. e *T Pyx*, la stellanova più ricorrente in assoluto: normalmente ha una magnitudine pari alla quattordicesima, ma passa improvvisamente alla sesta magnitudine.

Nonostante si trovi nei pressi della Via Lattea, la Bussola non offre quasi nessun oggetto degno di nota, se non gli ammassi aperti NGC2627, NGC2658, e NGC2818, quest'ultimo associato a una nebulosa planetaria e la galassia a spirale NGC2613.

La galassia a spirale NGC2613.

433

Reticolo

Piccolissima, scarna, quasi invisibile e inutile costellazione appartenente all'emisfero australe, è stata inserita da Lacaille per onorare il reticolo romboidale, uno strumento a quei tempi usato dagli astronomi per misurare la posizione delle stelle.

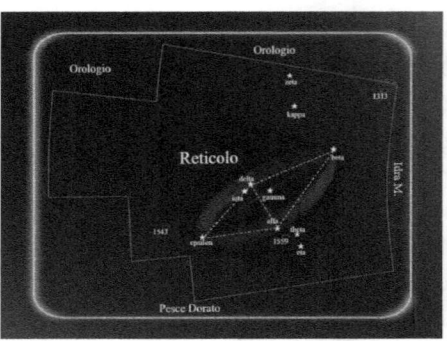

La costellazione si trova fra Pesce Spada, Idra Maschio e Orologio; questo pressoché trascurabile asterismo è composto da *Alpha Ret*, una stella gigante gialla di magnitudine 3,4 a 390 a.l., *Beta Ret*, un astro arancio di quarta magnitudine posto a 55 a.l. da noi e *Zeta Ret*, una doppia composta da due stelle simili al Sole distanti 40 a.l.

Nel piccolo spazio che occupa il Reticolo, prendono posto le galassie NGC1313, NGC1559, NGC1543, NGC1574, quest'ultima posta proprio sul confine con il Pesce Spada.

Nella foto, la galassia NGC1313.

434

Freccia

Nonostante la costellazione della Freccia sia piccolissima e quasi invisibile, è nota fin da tempi antichi, inoltre a essa è legata più di una leggenda.

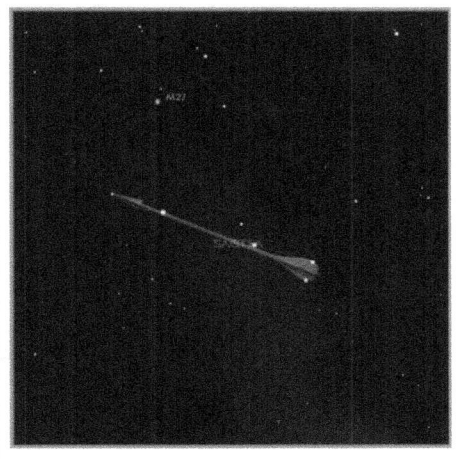

Il mito greco raffigura la Freccia lanciata da Ercole per uccidere l'Aquila. Prometeo fu accusato da Zeus di aver dato agli uomini il dono del fuoco, per questo venne incatenato a una roccia sui monti del Caucaso ed essere tormentato in eterno dall'Aquila che gli divorava il fegato.

Il centauro Chirone accettò di morire affinché Prometeo venisse liberato, ma prima di ciò, Ercole dovette uccidere l'Aquila ed è appunto per ricordare Ercole che la Freccia è stata posta in cielo.

La piccola costellazione, visibile dall'emisfero boreale, si trova fra Volpacchiotto, Ercole, Aquila e Delfino; fra gli astri più rilevanti troviamo *Alpha Sge*, una gigante gialla di magnitudine 4,4 a 620 a.l., *Beta Sge*, una stella gigante arancione di magnitudine 4,4 posta a 650 a.l. dal Sole, *Gamma Sge*, una gigante arancione di magnituidine 3,5 distante 170 a.l., *Delta Sge*, una stella gigante rossa con 3,8 di magnitudine e lontana 550 a.l., *Zeta Sge*, un sistema binario posto a 150 a.l. e *WZ Sge*, una stella nova ricorrente.

Prende posto in questa piccola costellazione l'ammasso globulare M71, distante 18.000 a.l.

Sagittario

Il Sagittario è la nona costel- lazione dello zodiaco ed è proprio qui che il Sole passa fra dicembre e gennaio, de- terminando il solstizio d'in- verno.

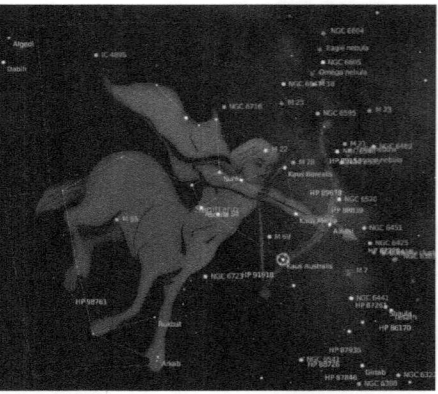

Questo asterismo è collegato a Croto il centauro, figlio del dio Pan e della ninfa Eufe- mia. Ella allevò il figlio con l'aiuto delle nove Muse figlie di Zeus e Mnemosyne, ognuna delle quali era una dea di un'arte o di una scienza.

Croto divenne un saggio ed esperto cacciatore e dopo la sua morte le nove Muse supplicarono Zeus di concedere a Croto l'o- nore di essere trasportato fra le stelle.

Il Sagittario è una costellazione visibile dall'Italia, più facilmen- te dalla Sicilia e confina con Aquila, Scudo, Serpente, Ofiuco, Scorpione, Corona Australe, Telescopio, Microscopio e Capri- corno.

Le stelle più rimarchevoli della costellazione sono *Alpha Sgr* (Rukbat, Al Rami), un astro bianco-azzurro di quarta magnitudi- ne a 200 a.l., *Beta Sgr* (Arkab), una doppia ottica visibile a oc- chio nudo distanti una a 220 a.l. e l'altra 130 a.l., *Gamma Sgr* (Al Nasl), una gigante gialla di terza magnitudine a 120 a.l., *Delta Sgr* (Media), una stella gigante arancione di magnitudine 2,7 posta a 82 a.l. da noi, *Epsilon Sgr* (Kaus Australis), una stel- la bianco-azzurra di magnitudine 1,9 a 85 a.l., *Lambda Sgr* (Kaus Borealis), una stella gigante arancio di magnitudine 2,8 distante 98 a.l. e *Sigma Sgr* (Nunki), una stella bianco-azzurra di seconda magnitudine lontana 210 a.l.

Trovandosi in una zona rivolta verso il centro della Via Lattea, il

Sagittario offre una moltitudine di oggetti celesti da osservare per nottate intere: fra gli ammassi aperti NGC6568, NGC6546, NGC6520, M25, M23, M21, e M18, seguono gli ammassi globulari M22, M28, M54, M55, M69, M70, M75, NGC6440, NGC6522, NGC6569, NGC6624, NGC6638 e NGC6723. Presente anche la galassia irregolare NGC6822 e le nebulose planetarie NGC6818 e NGC6445, ma gli oggetti più spettacolari sono la nube stellare della Via Lattea M24, la nebulosa M8 detta *nebulosa Laguna*, M17 conosciuta come nebulosa *Omega o Ferro di Cavallo* e M20 nota come nebulosa *Trifida*. Tutti questi spettacolari oggetti possono facilmente essere ammirati anche con piccoli strumenti.

Due spettacolari nebulose: M17 e M20.

Scorpione

La costellazione dello Scorpione, l'ottavo segno dello zodiaco, è una delle più belle e riconoscibili, oltre a essere, insieme al Leone, una delle poche ad avere una morfolo-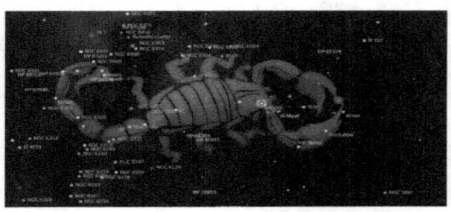gia dell'animale che richiama. Nella mitologia, lo Scorpione è l'animale che per ordine di Era, uccise col suo pungiglione Orione per punirlo della sua ostentata vanità; non a caso quando tramonta Orione sorge la costellazione dello Scorpione. L'asterismo è visibile alle latitudini italiane ed è confinante con Ofiuco, Bilancia, Lupo, Squadra, Altare, Corona Australe e Sagittario. Particolarmente interessanti e splendenti le stelle che formano la costellazione, le più importanti delle quali sono *Alpha Sco* (Antares), una delle stelle più grandi che si conoscano, una supergigante rossa grande mille volte il Sole, di prima magnitudine e distante 330 a.l., Beta Sco (Graffias), un sistema doppio lontano 540 a.l., *Delta Sco* (Dschubba), un astro bianco-azzurro di seconda magnitudine a 70 a.l., *Epsilon Sco*, una gigante arancio di magnitudine 2,3 a 70 a.l., *Theta Sco*, una stella supergigante bianco-gialla di magnitudine 1,9 lontana 710 a.l., *Lambda Sco* (Shaula), una stella bianco-azzurra con magnitudine 1,6 posta a 270 a.l., *Nu Sco*, un sistema quadruplo distante 550 a.l. e *Xi Sco*, una stella multipla lontana 85 a.l. Anche lo Scorpione è attraversato dalle regioni centrali della nostra galassia, per cui garantisce un notevole spettacolo di una miriade di oggetti interessanti da osservare. Si parte con gli ammassi aperti NGC6451, NGC6259, Tr24, NGC6242, NGC6231, NGC6124, M7 e M6, proseguendo con gli ammassi globulari M4, M80, NGC6144, NGC6139, NGC6388, NGC6441, NGC6453 e NGC6496. Sono inoltre visibili nella regione la nebulosa oscura B235, la nebulosa diffusa NGC6334 e le nebulose planetarie PK342-4.1 e NGC6153.

Scultore

La costellazione dello Scultore è del tutto insignificante sia come luminosità che come storia; unico dettaglio degno di nota è che in essa è contenuto il polo sud galattico.

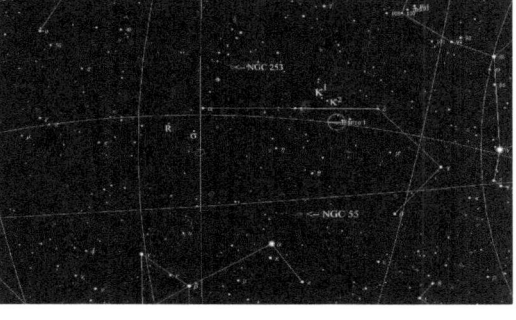

L'asterismo venne introdotto da Lacaille nel 1752 ed è visibile in autunno, ma alle latitudini più meridionali dell'Italia.

Lo Scultore confina con Balena, Acquario, Pesce Australe, Croce del Sud, Fenice e Fornace.

Le deboli stelle che formano la costellazione sono *Alpha Scl*, una stella bianco-azzurra di magnitudine 4,3 a 420 a.l., *Beta Scl*, un astro bianco-azzurro di magnitudine 4,4 lontano 250 a.l., *Gamma Scl*, una gigante gialla di magnitudine 4,4 a 150 a.l., *Delta Scl*, una stella bianca con 4,5 di magnitudine distante 160 a.l., *Epsilon Scl*, un sistema doppio posto a 98 a.l., *Kappa Scl*, una doppia stretta a 91 a.l. e *R Scl*, una stella rossa variabile.

Nonostante sia molto debole, la costellazione dello Scultore ospita un gran numero di oggetti di tutto rilievo, fra cui il famoso ammasso di galassie dello Scultore, distante 10 milioni di anni luce dal nostro Gruppo Locale, il che ne fa l'ammasso di galassie più vicino a noi. Il Gruppo dello Scultore è dominato dalla splendida spirale NGC253, la galassia più brillante del cielo dopo M31 (Andromeda); molto interessanti anche le galassie NGC24, NGC55, NGC134, NGC300, NGC7793, IC5332, NGC7713, fra cui la galassia irregolare nana SDIG. La costellazione contiene inoltre l'ammasso aperto Blanco1 e l'ammasso globulare NGC288.

Scudo

Questa piccola e quasi trasparente costellazione venne
introdotta da Johannes Hevelius nel 1690 raggruppando
delle stelle che non occupa-
vano nessun asterismo.
Hevelius dedicò la costellazione allo stemma del re po-

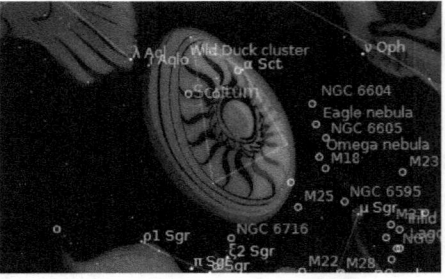

lacco Sobieski, distintosi per aver respinto l'avanzata turca nel
1683; il segno della croce sullo Scudo fu posto per ricordare
l'impresa.

L'asterismo è interposto fra Serpente, Aquila e Sagittario.

Fra i pochi e deboli astri che formano lo Scudo i principali sono
Alpha Sct, una gigante arancione di quarta magnitudine posta a
200 a.l. dal Sole e *Delta Sct*, distante 160 a.l., è una delle poche
stelle variabili che fluttuano di magnitudine in un periodo di poche ore.

La costellazione dello Scudo è minuscola e insignificante, tuttavia ospita alcuni oggetti di tutto rispetto: l'ammasso aperto M11,
noto come l'ammasso delle *Anitre Selvatiche*, è un grosso gruppo che conta circa 200 stelle disposte a ventaglio ricordando un
volo di anitre; M11 brilla di magnitudine 8 e dista da noi 5.700
a.l. M26 è un altro ammasso aperto molto giovane, solo 89 milioni di anni, ma non è altrettanto spettacolare come M11; altri
ammassi aperti secondari sono NGC6649 e NGC6664. Da sottolineare anche l'ammasso globulare NGC6712, la Nube Stellare
dello Scudo e le nebulose B103 e IC1287.

Serpente

Anche se poco nominata, la co-
stellazione del Serpente fa parte
degli originari quarantotto segni
di Tolomeo, per cui essa è molto antica. Inizialmente il Serpente era un tutt'uno con la costellazione dell'Ofiuco il serpen-
tario, ma in seguito si ritenne opportuno dividerli in due asterismi distinti, di conseguenza la leggenda del Serpente è comune a
quella dell'Ofiuco. La costellazione fa parte dell'emisfero nord
ed è delineata da quelle dell'Ofiuco, di Ercole, della Corona Boreale, del Bifolco, della Vergine e della Bilancia. Il Serpente non
è una costellazione molto brillante: la sua stella più splendente è
Alpha Ser (Unukalhai) di magnitudine 2,7, una gigante arancione a 85 a.l.; altri astri secondari sono *Beta Ser*, una stella bianco-
azzurra di magnitudine 3,7 distante 120 a.l., *Gamma Ser*, un
astro bianco di magnitudine 3,9 lontano 39 a.l. e *Theta Ser*
(Alya), un sistema binario posto a 100 a.l. dal Sole. Il Serpente
ospita alcuni oggetti fra i più ricercati dagli astrofili: M5 è un
brillante ammasso globulare di sesta magnitudine e distante
27.000 a.l.; essendo molto denso, è considerato l'ammasso più
spettacolare in assoluto dopo M13 nella costellazione di Ercole.
Oltre a M5, sono presenti altri ammassi globulari come NG-
C6535, NGC6539, e IC1276, l'ammasso aperto IC4756, le galassie NGC6118, NGC6070 e NGC5921, ma l'oggetto in cima
alla lista per quanto riguarda la costellazione del Serpente è
M16, un ammasso aperto distante 8.000 a.l. costituito da una
cinquantina di membri, immerso in una spettacolare nube interstellare nota a tutti col nome di nebulosa dell'Aquila. Questa regione è sede di una poderosa formazione stellare a ritmo continuo; sono stati individuati dal telescopio spaziale Hubble, parecchi globuli di Bok, gli embrioni di quelle che saranno stelle.

Sestante

Il Sestante è una co-
stellazione assoluta-
mente priva di signifi-
cato, introdotta in una
zona vuota da Hevelius
nel '600.
Il nome deriva da un
oggetto allora usato da-

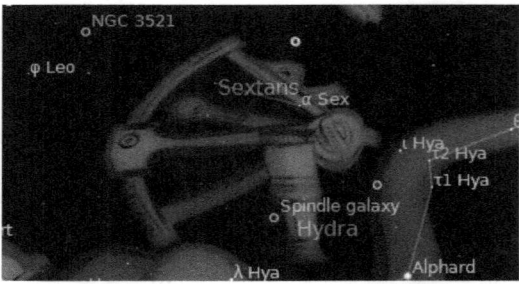

gli astronomi e di cui lo stesso Hevelius se ne servì per calcolare
la posizione delle stelle.
Il Sestante è sito fra Leone, Coppa e Idra Femmina.
Questo piccolo asterismo si può osservare solo in luoghi lontani
dalle luci artificiali e nelle migliori condizioni di visibilità, compresa l'assenza della Luna, poiché formato da poche e debolissi-
me stelle come *Alpha Sex*, un astro bianco di magnitudine 4,5
posto a 330 a.l. da noi, *Beta Sex*, una stella bianco-azzurra di
magnitudine 5,1 lontana 520 a.l., *Gamma Sex*, una stella bianca
con 5,1 di magnitudine distante 230 a.l. e *Delta Sex*, una stella
bianca di magnitudine 5,2 a 360 a.l. dal Sole.
In questa misera regione di cielo scarseggiano gli oggetti del
cielo profondo, tuttavia si può arrivare a inquadrare la galassia
lenticolare di magnitudine 8,9 NGC3115 e altre spirali molto più
deboli come NGC3166 e NGC3169.

Toro

Seconda delle costellazioni facenti parte dello zodiaco, il Toro è fra gli asterismi più antichi che si conoscano, oltre a essere noto in tutto il pianeta e fra tutte le culture.

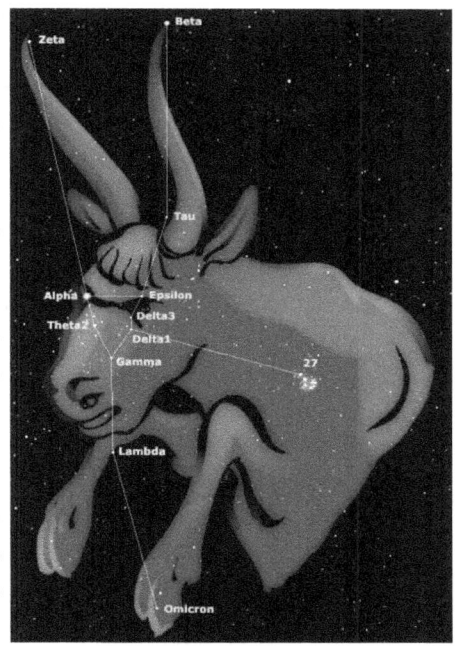

I greci associavano la costellazione all'animale che portò in salvo Europa nell'isola di Creta, ma essi legarono questa leggenda a una costellazione già esistente, infatti si hanno testimonianze risalenti a civiltà molto più antiche.

Il Toro è una costellazione autunnale appartenente all'emisfero boreale ed è facilmente riconoscibile sia per le sue brillanti stelle che per la sua locazione privilegiata; si trova fra le splendenti costellazioni di Perseo, Auriga, Orione, Ariete, Gemelli, oltre alle più spente costellazioni della Balena e dell'Eridano.

Fra le stelle di maggior rilievo spiccano *Alpha Tau* (Aldebaran), una brillante gigante rossa di magnitudine 0,9 lontana 69 a.l., *Beta Tau* (El Nath), una gigante blu di magnitudine 1,7 a 140 a.l., *Zeta Tau*, una stella bianco-azzurra di terza magnitudine distante 490 a.l. e *Theta Tau*, un sistema doppio composto da due stelle giganti lontane 150 a.l.

Il Toro è altresì noto per il suo contenuto; qui è ospitato l'ammasso aperto più splendente e famoso dell'intera volta celeste: le Pleiadi o M45. È l'unico oggetto celeste legato a una leggenda. È noto che le Pleiadi vengono chiamate anche le Sette Sorelle, figlie di Atlante e Pleione. Secondo il mito, le sette bellissime ninfe furono inseguite da Orione nei boschi per cinque anni, finché Zeus non li trasferì tutti in cielo, Orione compreso. Il gruppo delle Pleiadi è molto vicino, dista solo 415 a.l. e contiene stelle molto giovani, circa 50 milioni di anni, immerse in una tenue nube azzurrognola, un residuo della nebulosa da cui si sono formate le stelle. Molto noto è anche l'ammasso delle Iadi, ancora più vicino di M45, a soli 150 a.l., formato da circa 200 membri. Presenti altri due ammassi aperti, NGC1647 e NGC1817, la nebulosa planetaria NGC1514 e il primo oggetto del catalogo Messier, M1. Si tratta della famosissima nebulosa del Granchio, la supernova avvistata per la prima volta nel 1054 da astronomi cinesi. Si presenta come una diffusa nube a forma di chela di granchio al cui centro vi è una densissima stella di neutroni. Questa particolare stella è stata la prima pulsar a essere stata scoperta.

Spettacolari gli oggetti nella costellazione del Toro. Il più noto degli ammassi aperti, le Pleiadi e il primo oggetto del catalogo di Messier, la supernova del Granchio.

Telescopio

Il Telescopio è l'ennesima costellazione dell'emisfero australe inserita da Lacaille, praticamente insignificante e debolissima.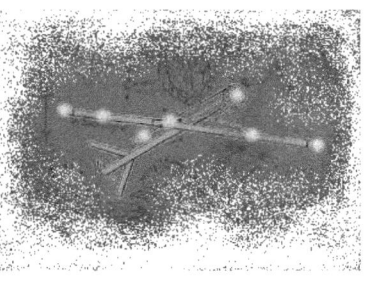
Come è noto, Lacaille dedicò le costellazioni che trovava con nomi legati a strumenti scientifici e ad invenzioni create dall'uomo, in questo caso il Telescopio, anche se questo strumento venne ideato oltre un secolo prima da Galileo.

Il Telescopio è situato in una regione abbastanza buia nel cielo, eccezion fatta per Sagittario, Corona Australe e Scorpione con cui confina a nord, mentre la restante parte è vicina all'Altare, Pavone, Indiano e Microscopio.

L'asterismo è minuscolo e molto debole, formato da *Alpha Tel*, una stella bianco-azzurra di magnitudine 3,9 lontana 590 a.l., *Delta Tel*, un paio di stelle bianco-azzurre che appaiono nello stesso campo visivo, ma non legate tra loro essendo lontane una 590 a.l. e l'altra 720 a.l., *Epsilon Tel*, una stella gigante gialla di magnitudine 4,5 distante 190 a.l. e *Zeta Tel*, una gigante gialla di magnitudine 4,1 posta a 170 a.l. da noi.

Il Telescopio, nonostante il suo nome invitante, non offre praticamente nessun oggetto agli astrofili, a parte un debole e scarno ammasso globulare di nona magnitudine: NGC6584. Altri oggetti presenti, per lo più galassie, sono troppo deboli per essere osservati con strumenti modesti.

Triangolo

Il Triangolo è una delle poche co-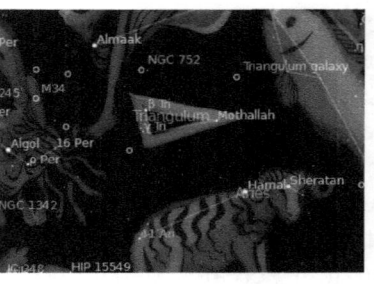
stellazione dell'emisfero boreale
relativamente piccola e poco brillante.
Nonostante questo, essa è ben visibile nei cieli autunnali, oltre a essere già nota ai tempi dei greci, i
quali dicevano che Zeus avrebbe
segnato fra le stelle un'isola a forma di Triangolo, la quale secondo le testimonianze sarebbe la Sicilia.
La piccola costellazione è schiacciata dalle più grandi e luminose Andromeda, Perseo, Ariete e Pesci ed è povera di stelle interessanti: essa è formata da comuni stelle bianche, fra cui *Alpha
Tri*, lontana 59 a.l. e con una magnitudine pari a 3,4, *Beta Tri*, di
terza magnitudine e distante 110 a.l. e *Gamma Tri*, di quarta magnitudine e posta a 150 a.l. dal Sole.
La costellazione del Triangolo è comunque molto ricercata sia
da astronomi professionisti che da dilettanti, poiché annovera al-
l'interno di essa la galassia a noi più vicina dopo quella di Andromeda, l'omonima galassia Triangolo o M33.
La galassia fa parte ovviamente del Gruppo locale e si presenta
di faccia; essa è molto studiata dagli scienziati, poiché molto simile alla nostra, per cui attraverso di essa si tenta di carpire alcuni segreti sulla natura delle galassie a spirale e in particolar
modo della Via Lattea.
La galassia Triangolo ha un nucleo quasi assente, ma in sé è relativamente luminosa. La grande spirale brilla di magnitudine
5,7 e si trova a una distanza quasi doppia rispetto ad Andromeda, circa 3,6 milioni di anni luce.
Oltre a M33, è possibile osservare, ma con l'ausilio di telescopi
con apertura maggiore, un'altra galassia a spirale, NGC925 di
decima magnitudine.

Triangolo Australe

Johann Bayer fu l'auto-
re dell'inserimento di
questa piccola costella-
zione dell'emisfero au-
strale, ma il primo a
nominarla sembra sia
stato Amerigo Vespuc-
ci nel 1503, anche se
non si ha notizia nei
cataloghi stellari di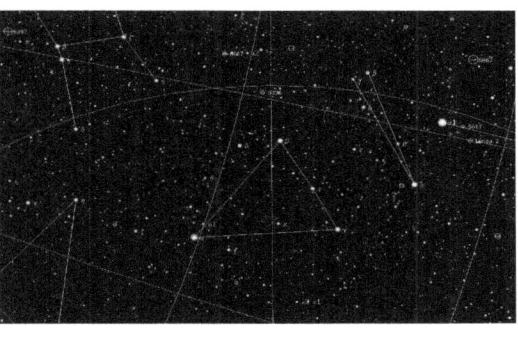
questo asterismo prima del '600.
Il Triangolo Australe brilla con luminosità media e si trova fra
Squadra, Compasso, Uccello del Paradiso e Altare.
Le sue stelle primarie sono *Alpha TrA*, una stella gigante arancione di magnitudine 1,9 lontana 55 a.l., *Beta TrA*, una stella
bianca di magnitudine 2,9 posta a 33 a.l., e *Gamma TrA*, una
stella bianco-azzurra di magnitudine 2,9 distante 91 a.l.
Assolutamente spoglia la zona d'interesse, con l'unica eccezione
dell'ammasso aperto NGC6025, composto da una trentina di
stelle e posto a 7.000 a.l. e una debolissima galassia a spirale di
dodicesima magnitudine: NGC5938.

Tucano

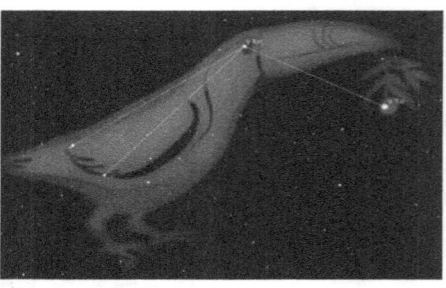

L'asterismo è stato introdotto da Johann Bayer e si trova molto vicino al polo sud, per cui esso è circumpolare.

Il Tucano non è per nulla splendente, a parte la sua stella principale, *Alpha Tuc*, una gigante arancio di ma-
gnitudine 2,9 lontana 110 a.l.; altre stelle sono *Beta Tuc*, apparentemente una stella tripla, ma in realtà si tratta di un sistema doppio formato da due stelle bianco-azzurre quasi uguali distanti 150 a.l. e una terza stella a 93 a.l. priva di legame fisico con le prime due, *Gamma Tuc*, un astro bianco di quarta magnitudine a 150 a.l., *Delta Tuc*, un sistema doppio posto a 150 a.l. e *Kappa Tuc*, una stella multipla a 59 a.l.

L'unico particolare che rende questa costellazione degna di nota, è la presenza, entro i suoi confini, della Piccola Nube di Magellano o NGC292, la seconda galassia satellite della Via Lattea. Si presenta già ai binocoli come una macchia nebulosa a forma di girino ed è lontana 230.000 a.l. Oltre alla galassia nana, il Tucano ospita 47Tuc o NGC104, un enorme e brillante ammasso globulare visibile a occhio nudo come una palla sfocata. La sua distanza di 19.000 a.l. ne fa uno degli ammassi globulari a noi più vicini, oltre a essere il più luminoso dopo quello di Omega Centauri.

Un altro ammasso di notevole interesse è NGC362, visibile ai bordi della Piccola Nube di Magellano, ma con la quale non ha alcun legame fisico. L'ammasso si trova invece nella nostra galassia a circa 40.000 a.l. dal Sole.

Senza dubbio la costellazione più nota in assoluto dell'intera volta celeste e celebre a tutti anche come Gran Carro, ha radici antiche, addirittura di millenni.

L'Orsa Maggiore domina i cieli boreali per tutta la durata dell'anno ed è la terza costellazione in ordine di grandezza.

La sua leggenda fa capo a quella del Bifolco: Callisto venne sedotta nei boschi da Zeus e ne nacque Arcade (Bifolco). Era, moglie di Zeus, punì Callisto tramutandola in un orso, finché non incontrò proprio suo figlio Arcade, anch'egli esperto cacciatore, il quale voleva trafiggere l'animale con una lancia e asportarne la pelliccia. Zeus intervenne attraverso un turbinio che trasportò entrambi fra le stelle.

L'Orsa Maggiore è fra le costellazioni più splendenti, composta da stelle note a tutti fra cui *Alpha UMa* (Dubhe), un sistema doppio a 75 a.l., *Beta UMa* (Berak), una stella bianca di magnitudine 2,4 a 62 a.l., *Gamma UMa* (Phecda), un astro bianco di magnitudine 2,4 lontano 75 a.l., *Delta UMa* (Megrez), un'altra stella bianca di magnitudine 3,3 posta a 65 a.l., *Epsilon UMa* (Alioth), una stella bianca variabile di magnitudine 1,7 distante 78 a.l., *Zeta UMa* (Mizar), una delle più note binarie lontana 60 a.l. e nello stesso campo visivo Alcor, apparentemente legato alla doppia di Mizar, ma in realtà molto più distante, circa 80 a.l., *Eta UMa* (Benetnascho o Alkaid), una stella bianco-azzurra di magnitudine 1,8 a 160 a.l., *Nu UMa*, una gigante arancione di magnitudine 3,5 con una compagna di nona magnitudine a 150 a.l., *Xi UMa*, un sistema doppio a 25 a.l., *23UMa*, una stella doppia distante 82 a.l. e molto importante Lalande21185, una nana rossa di magnitudine 7,5 posta a 8,1 a.l.; questa distanza fa di Lalande la quarta stella più vicina al Sole e si ritiene che ospiti un sistema planetario simile al nostro.

L'Orsa Maggiore si trova in una regione prodiga di oggetti celesti, in particolar modo di galassie, come le spirali NGC4157, NGC4144, NGC4100, NGC4096, NGC4088, NGC4051, NGC3953, NGC3945, NGC3938, NGC3893, NGC3877, NGC3726, NGC3718, NGC3675, NGC3642, NGC3631, NGC3359, NGC3319, NGC3198, NGC3184, NGC3079, NGC3077, NGC2976, NGC2841, NGC2805, M109, M108, M101 e M81, le galassie irregolari M82, UGC4305 e IC2574 e la galassia ellittica NGC2768. Da citare inoltre l'ammasso aperto Cr285, la nebulosa planetaria M97 e la stella doppia M40.

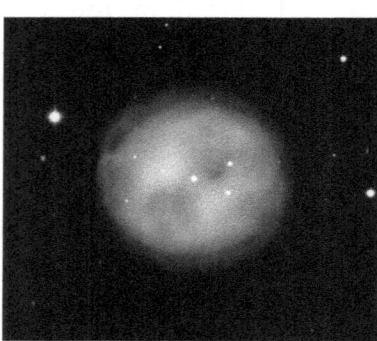

Fra la miriade di oggetti osservabili nell'Orsa Maggiore spiccano la galassia irregolare M82, la spirale M101, la nebulosa planetaria M97 e la stella doppia M40.

Orsa Minore

L'Orsa Minore riveste una particolare importanza fra le costellazioni boreali, poiché in questo periodo una delle sue stelle, la stella Polare, segna il polo nord celeste; a causa della precessione, sarà nel 2100 che la stella Polare raggiungerà la massima vicinanza al polo, ma in seguito inizierà sempre più ad allontanarsene perdendo, in un futuro remoto, questo importante attributo.

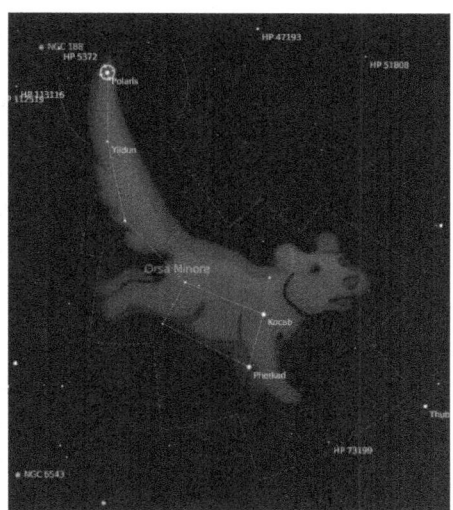

L'Orsa Minore è conosciuta dal 600 a.C. ed è legata alla nascita di Zeus, figlio di Crono e Rea; a causa di una profezia in cui si predisse che uno dei figli di Crono lo avrebbe spodestato, il dio non esitò a divorarseli tutti appena nascevano, finché non nacque Zeus. Per impedire che il bimbo facesse la stessa fine dei suoi fratelli, Rea avvolse un sasso nelle fasce del piccolo e Crono, credendo che fosse suo figlio, lo ingurgitò come gli altri. Rea si recò da Adastreia e Ida, nell'isola di Creta, affinché il piccolo potesse essere allevato. Una volta adulto, la profezia si avverò. Zeus detronizzò Crono e lo costrinse a rigurgitare gli altri fratelli che divennero i condottieri dei giovani dèi. L'Orsa Minore viene identificata nella mitologia classica con la ninfa Ida.

La costellazione è quasi completamente circondata dal Dragone, per il resto confina con Giraffa e Cefeo. L'Orsa Minore è composta da *Alpha UMi* (Polaris, Cynosura), una supergigante gialla variabile cefeide di magnitudine 2,1 distante 700 a.l. con una compagna di nona magnitudine, *Beta UMi* (Kochab), una gigante arancione di seconda magnitudine posta a 95 a.l., *Gamma UMi* (Pherkad), una stella bianco-azzurra di seconda magnitudine lontana 230 a.l., *Delta UMi*, una stella bianco azzurra di magnitudine 4,4 distante 140 a.l., *Epsilon UMi*, un sistema doppio posto a 200 a.l., *Zeta UMi*, una stella bianco-azzurra di magnitudine 4,3 distante 110 a.l. ed *Eta UMi*, un astro bianco di quinta magnitudine lontano 91 a.l.

Malgrado la posizione privilegiata, l'Orsa Minore non offre dei particolari oggetti di rilievo; si potrebbe arrivare a focalizzare, ma solo con potenti strumenti, la galassia a spirale barrata NGC6217 e la galassia ellittica NGC6251.

NGC6217, una bella spirale barrata.

Vele

Asterismo moderatamente luminoso, faceva parte dell'enorme nave di Argo, poi diviso da Lacaille nelle quattro costellazioni Carena, Poppa, Bussola e Vele, per cui nella mitologia classica la leggenda accomuna questi quattro gruppi di stelle.

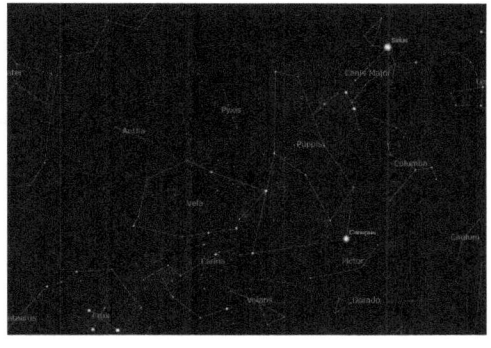

La costellazione delle Vele si trova nell'emisfero sud, ma parzialmente visibile dalla Sicilia, fra Centauro, Macchina Pneumatica, Bussola, Poppa e Carena.

Conta alcune stelle abbastanza interessanti, fra cui *Gamma Vel*, un bel sistema multiplo a 650 a.l. la cui stella principale brilla di magnitudine 1,8, *Delta Vel*, una stella doppia stretta di seconda magnitudine a 68 a.l. dal Sole, *Lambda Vel*, una supergigante gialla di magnitudine 2,2 lontana 490 a.l., *Mu Vel*, un stella gigante gialla con magnitudine 2,7 distante 98 a.l. e *Kappa Vel*, una stella bianco-azzurro di magnitudine 2,5 posta a 390 a.l.

La costellazione delle Vele ospita un discreto numero di ammassi aperti: fra i più rimarchevoli citiamo NGC2547, composto da una cinquantina di stelle e lontano 3.100 a.l., IC2319, un brillante ammasso di quarta magnitudine formato da una ventina di stelle a 850 a.l. e IC2395, un debole ammasso di sedici stelle distante 4.300 a.l. Nella zona è anche presente la famosa nebulosa di Gum, forse il residuo di una o più supernovae; all'interno della nebulosa è stata individuata una pulsar che emette dei segnali ogni 11 secondi. Interessanti infine, la nebulosa planetaria di nona magnitudine NGC3132 e il bell'ammasso globulare NGC3201 di magnitudine 7.

Vergine

È il sesto segno dello zodiaco e la costellazione più estesa dopo quella dell'Idra Femmina. La Vergine è nota dall'antichità e ogni popolo legava questo asterismo a seconda della propria cultura: fra i romani rappresentava Astrea, dea del giu- 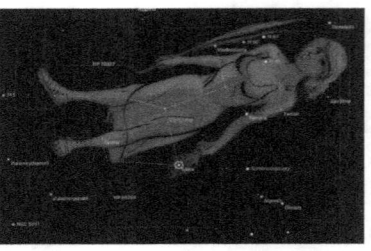 stizia a cui veniva associata la vicina Bilancia. La costellazione confina con Bifolco, Chioma di Berenice, Leone, Coppa, Idra, Bilancia e Serpente ed è visibile nei cieli primaverili, facilmente localizzabile grazie alla luminosa Spica (*Alpha Vir*). Con una magnitudine pari alla prima, è l'astro più splendente della Vergine, una stella bianco-azzurra lontana 260 a.l. che viene eclissata da una compagna ogni 4 giorni; altri astri importanti sono *Gamma Vir* (Porrima), una celebre stella doppia a 36 a.l., *Epsilon Vir* (Vindemiatrix), una gigante gialla di magnitudine 2,8 distante 100 a.l. e *Theta Vir*, un sistema doppio posto a 140 a.l. La Vergine è nota a tutti per il famosissimo superammasso di galassie omonimo, che si estende fino alla Chioma di Berenice, formato da circa 3.000 galassie e distante 65 milioni di anni luce. Sarebbe un problema elencarle tutte, presentiamo solo le più importanti e brillanti: una delle più note è la gigante ellittica M87, larga ben un milione di anni luce, mentre altre ellittiche sono M49, M59, M60, M84, M86, M89, NGC4261, NGC4365, NGC4442, NGC4526 e NGC4636. Segue un cospicuo numero di spirali, fra cui NGC5746, NGC5566, NGC5364, NGC5334, NGC5247, NGC5068, NGC5054, NGC4939, NGC4866, NGC4845, NGC4818, NGC4762, NGC4731, NGC4536, NGC4535, NGC4527, NGC4517, NGC4496A, NGC4487, NGC4438, NGC4429, NGC4388, NGC4371, NGC4216, NGC4178, NGC4124, NGC4123, NGC4030, M104, M90, M61 e M58, l'ammasso globulare NGC5634 e per i più esperti, la Quasar 3C273.

Pesce Volante

Forse la più inutile e insignificante delle costellazioni, è
situata nell'emisfero australe
abbastanza vicino al polo sud
celeste, per cui essa è circumpolare.

Fu inventata da Bayer ricordando una razza di pesci che,
grazie alle sviluppatissime
pinne pettorali, riescono a

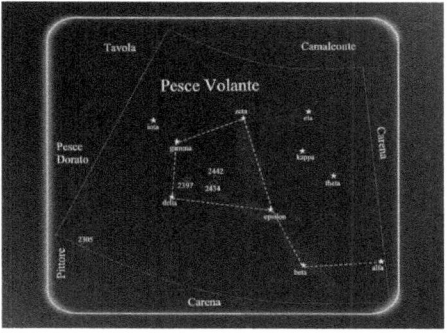

balzare fuori dall'acqua e a compiere veri e propri voli anche di
alcune centinaia di metri.

Il Pesce Volante si trova fra le costellazioni della Carena, del
Pittore, del Pesce Spada, della Mensa, e del Camaleonte ma è
quasi invisibile; le stelle di cui è composto l'asterismo infatti,
hanno magnitudini comprese fra i 4 e i 5: *Alpha Vol* è una stella
bianca di quarta magnitudine distante 78 a.l., *Beta Vol*, la più
brillante, è una gigante arancione di magnitudine 3,8 lontana
190 a.l., *Gamma Vol*, distante 130 a.l., è una doppia formata da
una stella bianca e l'altra gialla rispettivamente di magnitudine
3,8 e 5,7, *Delta Vol* è una supergigante gialla di quarta magnitudine posta a 2.400 a.l., infine *Epsilon Vol*, una stella blu di magnitudine 4,4 con una compagna di magnitudine 8 a 390 a.l.

Il Pesce Volante è privo di oggetti, a parte una bella galassia a
spirale, NGC2442, poco più di magnitudine dieci.

Volpacchiotto

La costellazione del Volpacchiotto obiettivamente non
esiste o meglio, non possiede
stelle che ne delineino la forma.

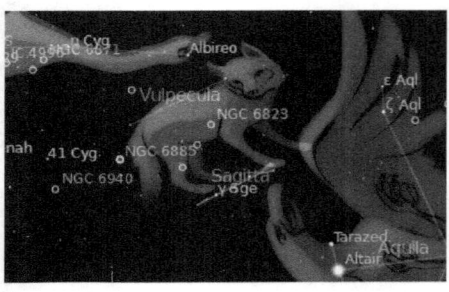

È stata introdotta da Hevelius col solo scopo di riempire una zona vuota e rientra a
far parte delle costellazioni dell'emisfero boreale, schiacciata dai
più imponenti asterismi del Cigno, della Lira, della Freccia, del
Delfino e di Pegaso.

L'unica stella visibile a occhio nudo in questa regione è *Alpha
Vul*, una gigante rossa di magnitudine 4,4.

Se il Volpacchiotto è povero di stelle, di contro non è avaro di
oggetti celesti piuttosto interessanti.

Vi sono parecchi ammassi aperti, fra cui i più importanti sono
NGC6940, NGC6885 e NGC6830 e le nebulose planetarie M27,
lontana 1.250 a.l. che si presenta molto grande e brillante e NG-
C6842, alquanto più modesta della precedente.

Senz'altro degno di nota la nebulosa planetaria M27.

456

UFO E ASTROLOGIA

L'epilogo di questo testo non poteva che essere dedicato alle due materie che, in un modo o nell'altro, sono purtroppo legate all'astronomia.

Purtroppo perché ciò che sarà di seguito descritto, fisicamente è lontano anni luce, è il caso di dirlo, da una scienza che cerca di dare sempre risposte concrete e prove tangibili alle ipotesi avanzate dagli scienziati.

In astronomia nulla è certo, gli astrofisici lo sanno e lo confermano, fino a quando non vengono effettuate analisi specifiche che diano prova della veridicità sulle teorie da essi avanzate.

Al contrario, l'astrologia e l'ufologia sono basate su parole che non possono essere in alcun modo confermate, anzi, la stragrande maggioranza dei casi si sono alla fine rilevati delle enormi bufale, montaggi costruiti da gente esperta o ancora predizioni profetiche campate in aria su un futuro prossimo che nessuno mai si prende la briga di controllare.

Gli astrofisici e i filosofi tuttavia, sembrano preferire appoggiare, almeno in parte, l'ufologia piuttosto che l'astrologia; quest'ultima per loro ha il solo scopo di trarre profitto dalla natura e dalle paure degli uomini, sfruttandone senza limiti l'ignoranza e la credulità. Sono piene le emittenti locali private di maghi, fattucchiere e veggenti che predicono il futuro dalle carte e dagli oroscopi, attraverso la cornetta telefonica a costi altissimi o che lo fanno per appuntamento in cambio di cifre esorbitanti. Recentissima è la notizia di impiegate centraliniste senza alcuna esperienza di occultismo e veggenza, che hanno il solo scopo di trattenere quanto più possibile gli ingenui al telefono, poiché il loro salario è calcolato in base alla somma della durata delle telefonate da esse totalizzate.

Gli astronomi pensano invece che civiltà extraterrestri, sia evolute che primitive o forme di vita sia intelligente che semplicemente di tipo organico, possano anche esistere da qualche parte nel cosmo, considerato l'immenso numero di stelle che popolano l'universo, ma non che siano giunti sul nostro pianeta sempre e solo per spiarci nascostamente, senza mai farsi vedere da una moltitudine di persone e non sempre dal singolo individuo. Se davvero gli alieni venissero a trovarci ce ne accorgeremmo in maniera ben diversa dalla solita.

Cos'è un ufo?

Nei capitoli precedenti si è più volte fatto cenno sugli ufo, termine che viene sempre associato a delle astronavi aliene avvistate nei cieli terrestri, cosa invece lontana dal giusto significato.

Questo particolare è già indice dell'ignoranza popolare di gente che preferisce prendere la via più corta ma sballata, anziché soffermarsi ad analizzare razionalmente ciò che vede e ciò che sente.

Il termine ufo sta per Unidentified Flying Object, espressione inglese che indica Oggetto Volante non Identificato; piloti, personale di volo addetto alle torri di controllo, astronomi o semplicemente gente colta e intelligente, sa che ufo indica che il pilota di un veicolo volante ha negato la richiesta di identificarsi giuntagli via radio.

Questo accade maggiormente quando alle torri di controllo di aeroporti, sia civili che militari, viene captato il segnale di un velivolo privato che invade lo spazio aereo; se lo sprovveduto pilota non si identifica alla richiesta viene definito ufo, qualora invece fornisse i dati di provenienza e destinazione e venisse riconosciuto come aereo privato da turismo, sarebbe considerato IFO, Identified Flying Object, Oggetto Volante Identificato.

Immancabilmente, tutto ciò che la gente vede muoversi nel cielo lo definisce subito un ufo, un'astronave aliena; la cosa che colpisce e che gli autori di questi presunti avvistamenti sono quasi sempre gente di differente ceto o cultura sociale: dai campagnoli ai cittadini, dagli artigiani ai professionisti, per andare addirittura ai piloti dell'aeronautica militare e civile.

Ciò che vedono non può essere definito aprioristicamente extraterrestre, anche se un buon numero di avvistamenti è dovuto all'ignoranza e ad illusioni ottiche; solo in casi rari i racconti della gente che vede astronavi aliene sono in buona fede.

Un caso del genere è capitato anche a me, quando una sera vidi nel cielo nero una luce divenire sempre più grande e che si muoveva lentamente: tutto a un tratto, questa luce accelerò di colpo allontanandosi in direzione ovest e lasciandosi dietro una lunga scia di luce.

Nemmeno per un attimo ho creduto di aver visto un veicolo extraterrestre, poiché vi erano spiegazioni più semplici e vicine alla realtà: avrebbe potuto trattarsi di un satellite artificiale fatto precipitare nell'atmosfera, non dimentichiamo che anche la stazione spaziale MIR è stata fatta cadere intenzionalmente al suolo una volta abbandonata o di frammenti di sonde e di terzi stadi di razzi ormai spenti, penetrati negli strati alti dell'atmosfera.

Il problema dell'immondizia spaziale è un campo di cui gli scienziati si stanno occupando, poiché potrebbero rappresentare un serio pericolo per i satelliti in orbita terrestre o per la stazione spaziale internazionale e ancora per gli astronauti che compiono missioni extraveicolari fuori dalla navetta spaziale.

L'orbita terrestre è piena di frammenti di tutte le dimensioni messi lì a partire dagli anni Cinquanta; si stima che ve ne siano 100.000 di dimensioni che vanno da qualche centimetro a qualche metro e oltre 1.000.000 misurano meno di un centimetro.

Un frammento, anche di piccole dimensioni, che viaggia a una velocità di 10 km/sec, può produrre abbastanza energia da procurare seri danni ai veicoli spaziali colpiti, per non parlare degli astronauti che lavorano nel vuoto. Tutti questi frammenti, oltre a causare un serio pericolo per uomini e mezzi spaziali, possono anche creare questa specie di illusioni, quando penetrano nell'atmosfera, per non parlare di uno sterminato numero di piccoli asteroidi e frammenti di comete che cadono sulla Terra a tonnellate al giorno.

La maggior parte degli avvistamenti classici avviene di notte e in zone isolate, come in aperta campagna o in montagna, in minoranza di giorno e nelle città; in quest'ultimo caso si hanno un numero enorme di foto e addirittura di riprese video amatoriali che successivamente si sono dimostrati dei clamorosi falsi molto ben architettati. Tuttavia rimangono ancora irrisolti casi di avvistamenti da parte di persone in assoluta buona fede.

Gli avvistamenti ufo sono stati suddivisi in tre categorie: negli incontri ravvicinati del primo tipo, l'osservatore nota nel cielo un oggetto volante di natura ignota, gli incontri ravvicinati del secondo tipo sono quando si osserva l'oggetto in uno spazio compreso di poche decine di metri e le tracce che il suo passaggio lascia al suolo, mentre si parla di incontri ravvicinati del terzo tipo quando il testimone ha contatti visivi e fisici con l'astronave e i suoi occupanti.

Vi sono dei parametri importanti che possano identificare i casi di avvistamenti come genuini o dei fasulli, montati da persone in cerca di facile fama e notorietà; oltretutto essi seguono un processo che sembra ben definito e delineato: le apparizioni avvengono di notte e da persone che vivono in località lontane dai grandi centri urbani e quasi mai gli alieni hanno intenzioni ostili, né fanno del male ai testimoni, anzi, sono proprio questi ultimi a prendere a schioppettate i visitatori, ma mai si trovano tracce di ferimenti o uccisioni.

Gli alieni hanno sempre la stessa fisionomia: essi sono di piccola statura e longilinei, arti superiori e inferiori lunghi, occhi grandi, bocca piccola, naso quasi assente e testa spropositata rapportata alle dimensioni del corpo.

Il testimone non presenta mai tracce di eventuali analisi e studi subìti, soprattutto quelli che sostengono di essere stati rapiti dagli alieni e non hanno mai malesseri più o meno prolungati, provocati dalle radiazioni emesse da un verosimile motore nucleare. Le astronavi sono sempre dischi volanti e non hanno mai forma diversa.

In questi casi si fa abbastanza presto a identificare l'attendibilità dell'avvistamento, ma capita che questi episodi vengano sottoposti a ulteriori verifiche effettuate direttamente sul testimone come continui interrogatori, ipnosi, test psichici, eccetera.

Il caso Roswell

Solo la parola ufo pertanto, è stata ed è tuttora mal interpretata, ma come mai è nata quella che possiamo chiamare, un'assoluta necessità di credere e credere di vedere cose che non esistono? Quando e perché tutto ciò ha avuto inizio?

Prima dell'equivoca scoperta dei famosi canali di Marte divulgati da Schiaparelli e Lowell, non vi sono stati avvistamenti di origine ignota o che comunque facessero pensare ad apparecchi alieni che volavano nei cieli terrestri.

Da quando venne diffusa l'idea che su Marte potevano esserci delle civiltà evolute e soprattutto con la pubblicazione del famoso romanzo La Guerra dei Mondi, è esplosa di colpo l'ufomania e l'ufofobia; molte persone hanno approfittato della piega che hanno preso gli eventi per trarre profitto attraverso dei ben architettati falsi, fra cui foto e filmati contraffatti, costruzione di modellini di dischi volanti, pubblicazioni di libri su presunti rapimenti subìti da parte di alieni poi andati a ruba fra i lettori e che hanno reso ricchi i furbi e via dicendo.

La suggestione è stata tale, che gran parte della popolazione mondiale ha creduto poi di vedere degli extraterrestri volare sopra le loro teste.

Possiamo concludere che da quando tutto questo è iniziato e fino a ora, il numero di avvistamenti potrebbe riempire oltre una decina di volumi grandi quanto dizionari, poiché ogni anno vi sono centinaia di nuovi casi per ogni nazione.

Un episodio che è rimasto nella storia è il noto caso Roswell, definito il più importante e documentato incidente ufo dell'era moderna. Il fatto accadde nei pressi di Roswell, una cittadina del New Mexico, un luogo di rilevante importanza strategica, poiché ospitava la base militare americana al cui interno vi erano gli unici bombardieri al mondo capaci di sganciare le bombe nucleari.

Una sera dei primi di luglio, alcuni testimoni videro sfrecciare nel cielo un oggetto luminoso di forma discoidale, che poi si schiantò al suolo.

Informato lo sceriffo, questi contattò i militari, i quali sigillarono subito il perimetro dichiarandolo zona militare e invitarono i testimoni a non far parola con nessuno di quanto avevano visto tirando in ballo la sicurezza nazionale.

I giornali pubblicarono la notizia dell'ufo-crash, del ritrovamento dei frammenti dell'astronave, nonché dei quattro cadaveri occupanti, i quali vennero subito trasferiti a Fort Worth.

L'esercito fu lesto a smentire ogni notizia, puntualizzando che si trattava di un tipo di pallone sonda mostrandone alcuni frammenti; il caso passò presto nel dimenticatoio, ma a distanza di cinquant'anni saltò fuori un video in bianco e nero che riprende addirittura un'autopsia in corso sul corpo di uno degli alieni.

Dopo attenti esami, gli esperti sono propensi nel ritenere che si tratti di un falso da un particolare: nel video è ripreso un apparecchio telefonico degli anni Sessanta, un modello non ancora inventato rispetto all'epoca a cui risalirebbe la pellicola.

In base alle indagini condotte nel corso degli anni, si ha dunque la certezza che qualcosa sia effettivamente precipitato nel New

Mexico, un oggetto la cui reale identità si divide in due ipotesi: la prima è che sia stato un apparecchio militare top-secret statunitense in volo di collaudo nei pressi della base, la seconda è che lo stesso velivolo appartenga a una nazione straniera in missione di spionaggio. Non va tralasciato il particolare che la Seconda Guerra Mondiale era appena terminata.

Queste comunque, restano solo ipotesi, la realtà dei fatti è stata protetta sul nascere da segreto militare e probabilmente non sapremo mai come sono andate veramente le cose.

Oggi la regione ospita la nota Area 51, un bunker sotterraneo di massima sicurezza al cui interno sarebbe custodita l'astronave precipitata; secondo altri invece, si tratta di una struttura segretissima destinata alla ricerca e sperimentazione di ordigni bellici e che usa il caso Roswell come copertura.

Ufo e cinematografia

La cinematografia ha espresso ampiamente il proprio punto di vista sul tema degli extraterrestri. Il film più famoso è senz'altro La Guerra dei Mondi, tratto dall'omonimo romanzo nato agli inizi del Novecento. Il successo che pellicole del genere fantascienza, ha dato vita a una lunghissima sfilza di titoli con tutte le trame possibili: da alieni buoni a quelli cattivi, da guerre spaziali a colonie extraterrestri e così via.

Qui di seguito saranno citati solo i titoli più famosi con le relative trame:

ALIEN - 1979 - Una delle saghe di maggior successo nel cinema mondiale: Ripley, la coraggiosa donna dalla volontà di ferro, è destinata a combattere una razza di mostruose creature aliene che hanno la facoltà di generarsi una volta penetrate nel corpo umano. La terrificante avventura ha inizio quando l'equipaggio di una nave spaziale decide di indagare su un messaggio proveniente da un lontano pianeta; la lotta metterà in pericolo non soltanto la sopravvivenza dei membri della missione, ma quella

463

dell'intera umanità.

INCONTRI RAVVICINATI DEL TERZO TIPO - 1977 - Degli strani fenomeni luminosi segnano l'arrivo di extraterrestri sulla Terra. Lo staff della NASA invia sul posto un esperto a capo di una squadra di studiosi, ma nonostante le misure di sicurezza atte a tener lontani i curiosi, un elettricista e una casalinga riescono a eludere la sorveglianza e ad assistere alla discesa dell'astronave.

INDEPENDENCE DAY - 1996 - Dalle antenne radio viene captato un segnale di origine extraterrestre che sembra provenire dalla Luna, ciò significa che gli eventuali alieni sono molto vicini. La conferma arriva con una serie di avvistamenti di enormi dischi volanti sparsi sopra le maggiori capitali mondiali. Gli extraterrestri si dimostrano subito ostili e i migliori aerei da guerra del mondo dovranno stavolta combattere per la salvezza del pianeta.

LA COSA - 1982 - In Alaska, degli scienziati americani salvano un cane apparentemente innocuo che i componenti di una spedizione norvegese volevano sopprimere. Scopriranno poi il motivo della loro decisione: si tratta della mutazione di un alieno risvegliato dai ghiacci dopo un sonno di millenni. Inizierà una lotta che vedrà combattere tutti contro tutti senza capire chi è un essere umano e non una terribile mutazione.

LA GUERRA DEI MONDI - 1952 - Sembra essere caduto un meteorite in una cittadina degli USA, ma in realtà è un ordigno dei marziani, inviato per conquistare la Terra. Verranno fuori decine di macchine aliene che distruggeranno tutto ciò che si trova nel loro raggio d'azione; le difese sembrano essere inutili e quando tutto sembra ormai perduto i batteri terrestri combattono per gli esseri umani annientando gli invasori.

MEN IN BLACK - 1997 - Esiste un'organizzazione che sorveglia una comunità di alieni sbarcati sulla Terra nel 1952. Tutto sembra sotto controllo ma l'arrivo di nuovi extraterrestri ostili e intenzionati a impossessarsi di una misteriosa fonte d'energia spingerà due detective a ingaggiare una dura e faticosa lotta.

MISSION TO MARS - 2000 - La navicella guidata da Luc Goddard non appena atterra su Marte viene distrutta da una forza misteriosa. Viene lanciata subito un'altra spedizione per far chiarezza sulla tragedia e soccorrere gli eventuali superstiti. La squadra di salvataggio trova Luc miracolosamente vivo ma in stato confusionale. Dopo essere rientrato in sé, racconta l'accaduto ai suoi increduli compagni. Insieme scoprono che Marte è un pianeta abitato e che gli stessi marziani hanno creato la vita sulla Terra.

E.T. - 1982 - Un piccolo e simpatico alieno viene abbandonato sulla Terra nei pressi di un boschetto in California. Elliott, un bambino di dieci anni, lo trova e decide di tenerlo con sé e nasconderlo ai militari che lo stanno cercando; tra i due nasce una sincera e profonda amicizia, ma E.T. deve tornare a casa perché la sua vita è in pericolo.

THE ABYSS - 1989 - Da una piattaforma oceanica viene mandata una squadra incaricata del recupero di un sottomarino nucleare messo fuori uso da una forza ignota. Dopo diverse disavventure il gruppo si accorgerà che nelle profondità dell'oceano vive una pacifica civiltà aliena che non tollera la violenza.

SIGNS - 2002 - Nel campo di Padre Graham Hess, ex reverendo che ha perduto la fede dopo la morte della moglie, appaiono degli strani segni perfetti di origine inspiegabile. Il fenomeno però si moltiplica in varie parti del mondo, finché non diventa evidente che a farli sono stati degli extraterrestri. La notizia fa il giro del mondo, ma i visitatori si dimostrano subito ostili.

Tracce di alieni

Dall'ultimo film citato nel precedente paragrafo, trae spunto ciò che sarà di seguito descritto, poiché nulla come i cerchi di grano, è stato ritenuto una prova inconfutabile dell'esistenza degli alieni. Si tratta di disegni che rasentano la perfezione stampati sui campi di grano senza però che le spighe venissero spezzate ma solo piegate; la 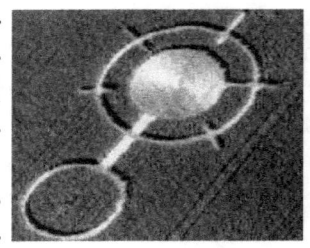 maggioranza degli ufologi più accaniti sosteneva, senza ombra di dubbio, che nessuna mano umana avrebbe potuto in alcun modo tracciare questi disegni, la cui opera fu subito attribuita a tracce dei dischi volanti atterrati in quelle zone o a messaggi destinati ai terrestri dagli alieni.

La vicenda inizia alla fine degli anni Settanta nell'Inghilterra meridionale, zona in cui apparvero, durante la notte, i primi cerchi del diametro di circa venticinque metri e al cui interno le spighe erano piegate a spirale e non spezzate.

Quando la notizia si diffuse, i cerchi aumentarono da 3 nel 1980 fino a 700 nel 1990, prendendo forme sempre più complesse; due esperti ufologi studiarono il fenomeno e le loro conclusioni furono perentorie. Secondo le loro ricerche, si trattava di segni inequivocabili del passaggio degli alieni e sul cui argomento pubblicarono una serie di libri che li rese ricchi.

Nel luglio 1990, un gruppo di volontari francesi si appostò su una zona ad alta concentrazione di cerchi per vari giorni, nella speranza di essere testimoni della nascita di un cerchio.

La loro costanza venne premiata una notte in cui notarono del movimento che fu subito ripreso con una telecamera a infrarossi, mentre il giorno dopo si scoprirono nuovi cerchi; le immagini rilevarono il passaggio di esseri umani e la notizia cominciò a rimbalzare su tutti i giornali, definendo i cerchi di grano come una colossale burla, ma gli ufologi respinsero subito l'accusa nonostante la prova schiacciante.

Nel 1991, uno di essi venne invitato a esaminare un nuovo cerchio misteriosamente comparso durante la notte e dopo lunga riflessione esclamò entusiasta: Questo è senza dubbio il momento più bello della mia ricerca. Nessun essere umano può avere realizzato un'opera simile!

A questo punto avvenne il colpo di scena: due giornalisti gli presentarono due pensionati inglesi che gli mostrarono come, durante la notte, avevano disegnato quel cerchio servendosi solo di corde e bastoni. L'ufologo restò senza parole; i due pensionati che erano riusciti a creare una delle più grandi burle del secolo, si recarono il giorno prima del fatto al Today, svelando che essi erano stati gli autori di quasi tutti i disegni realizzati da dieci anni fino ad allora. Successivamente i due artisti vennero imitati da altri buontemponi che realizzarono cerchi in altri paesi, mentre nel 1992 si tenne addirittura un concorso per creatori di cerchi. Oggi questa è divenuta una professione per artisti ingaggiati da varie agenzie internazionali perché realizzino dei cerchi al fine di reclamizzare un prodotto.

Il parere scientifico

Il numero degli avvistamenti ufo è, come abbiamo detto, quasi incalcolabile. I casi aumentano giorno dopo giorno in tutti i paesi del mondo, ma cosa c'è di vero in ognuno di essi?

Esistono molte associazioni di scienziati e volontari che analizzano con scrupolosità pseudo avvistamenti di oggetti volanti non identificati, molti dei quali di semplice e veloce risoluzione, ma pochi altri rimangono però classificati come casi insoluti.

Gli scienziati, uomini che sono abituati ad affermare con certezza solo dopo aver a lungo studiato direttamente gli indizi disponibili e aver toccato con mano la verità, sono ben lungi dall'affermare il passaggio o l'atterraggio di alieni sul nostro pianeta; ecco alcuni commenti sull'argomento ufo.

Ci chiediamo sempre cosa ci sia dietro a misteriosi fenomeni celati dietro la parola UFO, ma è molto importante dividere i casi genuini da quelli fasulli. Gli UFO genuini sono veramente oggetti volanti di origine aliena, mentre i fasulli sono solo illusioni ottiche che vengono scambiate per extraterrestri senza che il testimone lo sappia per certo.

Molti avvistamenti in cui si crede di vedere veri UFO, sono in realtà fenomeni naturali o corpi celesti molto luminosi tipo Venere, Giove, Sirio, Alpha Centauri, oppure qualche meteorite o detriti cometari.

Gli strani comportamenti della natura a volte, danno origine a questo tipo di inganno mentre, come si è già accennato, certe volte sono le attività umane a generarle come a esempio palloni sonda, satelliti, razzi, aeroplani sperimentali.

Parliamo poi di truffe raffinate architettate da gente in cerca di facile gloria e capaci di manipolare delle riprese con trucchi d'eccezione.

Questo tipo di fasulli rappresenta la percentuale più elevata fra tutti gli avvistamenti.

Dobbiamo considerare che esistono dischi volanti terrestri la cui realizzazione risale alla Seconda Guerra Mondiale da parte degli scienziati di Hitler e che negli anni successivi i progetti sono stati portati avanti in tutta segretezza da altri paesi.

Nonostante l'avanzata tecnologia, un disco volante terrestre non potrebbe mai reggere il confronto con un ipotetico disco volante alieno, questi ultimi senz'altro dotati di tecnologia avanti di secoli rispetto alla nostra.

Viene allora da chiedersi, perché dopo tutti gli avvistamenti gli alieni non ci hanno ancora attaccato, specialmente se si considerano le testimonianze di persone che sostengono di essere stati aggrediti e sequestrati? Cosa dovrebbero farsene gli alieni del DNA umano prelevato ai prigionieri, una razza primitiva appartenente a una civiltà mediocre?

Si è disposti a tutto per raggiungere il più velocemente possibile ricchezza e fama. È abbastanza vecchia la storia di foto e riprese divulgate da falsari, poi arricchitisi con la vendita di libri che raccontavano vicende di incontri ravvicinati con alieni, ma che in realtà era tutta una messa in scena. Sono nati dei veri e propri best seller a volte inventati per vedere la reazione della popolazione a un racconto fantascientifico.

Ma un vero e proprio capolavoro della truffa editoriale lo ha ideato nel 1953 George Adamsky, il quale sostenne di aver incontrato un alieno, un venusiano con un bell'aspetto fisico, il quale gli disse, attraverso la telepatia, che l'atmosfera terrestre rischiava di rovinarsi irrimediabilmente a causa delle contaminazioni nucleari. Poi il simpatico alieno fece accomodare Adamsky all'interno dell'astronave e lo portò a visitare Venere, Marte, Giove e Saturno, cosa impossibile come abbiamo avuto modo di vedere.

Questo è solo un esempio per convincere, alla gente che crede ancora agli alieni, di decidersi ad aprire gli occhi.

Il 25 luglio 1976, il Viking 1 scattò una serie di foto per individuare il punto migliore per far atterrare la sonda gemella Viking 2.

Tra queste immagini, la sonda inviò a terra una foto speciale che mostrava quella che poi sarà nota a tutti come la "faccia su Marte": un particolare rilievo che, attraverso dei giochi d'ombra, riproduceva un volto quasi umano. Naturalmente per gli scienziati della NASA si trattava di una pura coincidenza, un curioso gioco di luci e ombre creato dalla particolare illuminazione del sole e accentuato dalla perdita di alcuni bit durante la trasmissione dei dati a terra.

Ma i fans UFO non credettero all'opinione della Nasa e si scatenarono affermando che si trattava di una scultura artificiale scolpita da un equivalente Michelangelo marziano e che gli scienziati stavano diffondendo notizie false per nascondere una *straordinaria scoperta.*

La scalata della faccia su Marte iniziò e si rafforzò nel 1993, quando la sonda Mars Observer andò perduta e i fans dei marziani approfittarono dell'incidente per denunciare la NASA di manovre illecite per celare il segreto.

Il mito della faccia su Marte crolla quando la sonda Mars Global Surveryor effettua una mappatura del pianeta rosso ad alta risoluzione, compresa la famosa struttura.

Fu allora che si dimostrò definitivamente che la faccia su Marte altro non è che una banale collinetta modellata dall'erosione.

Michael Carr, uno dei massimi esperti di geologia marziana intervenuto alla conferenza stampa, fece una domanda: a me non sembra una faccia, e a voi?

Gli ufologi sono persone che credono ciecamente alle testimonianze oculari e non, di chiunque racconti loro di aver visto cose strane volteggiarsi sopra le loro teste.

La comunità scientifica sappiamo che non prende assolutamente atto di queste testimonianze, gli ufologi invece sono l'esatto opposto, apertamente schierati contro gli scienziati, i quali vengono addirittura accusati di nascondere le prove certe dell'esistenza degli alieni per ordine dei rispettivi governi.

Si crede veramente a ciò che si vede? E ciò che si vede realmente esiste?

Esistono racconti di ogni varietà, testimoni che affermano di aver visto fantasmi, morti che risuscitano, lupi mannari, levitazioni e altro ancora. Tutte queste cose che sono state viste vuol dire che effettivamente esistono? E che dire poi degli avvistamenti di massa? Non può darsi che tutte queste persone si siano semplicemente sbagliate? Il mostro di Lockness, a esempio, è stato visto e fotografato tante volte da persone e in tempi diversi!

Questi casi non rientrano in quelli di cui la scienza può applicare dei metodi di ricerca. Fare scienza significa sperimentare, applicare, riprodurre ciò che si è visto.

Solo in casi rari la scienza interviene, se reputa genuini certi avvistamenti, ma per cercare una spiegazione di fenomeni meteorologici e naturali del tutto anomali.

Si tratta ovviamente di un numero ridottissimo di eventi, la cui spiegazione non va certo attribuita agli alieni, ma ad alcuni comportamenti strani della nostra atmosfera, come a esempio i fuochi fatui, i fulmini globulari, la luminescenza notturna del cielo (aurore boreali, luci di Hessdalen), la luminosità pre-sismica, tutti basati su fenomeni naturali assai strani e misteriosi e senza dubbio, spiegazioni più sensate della tanto errata equazione UFO = extraterrestri.

Se gli UFO fossero veramente quello che sostengono essere gli ufologi, cioè astronavi con esseri intelligenti extraterrestri a bordo, si tratterebbe di veicoli che si spostano nel cosmo violando tutte le leggi della fisica a noi note, come la velocità che, per quanto ne sappiamo, non può essere maggiore di quella della luce.

Se gli alieni provengono da mondi lontani, data l'entità delle distanze astronomiche, le loro astronavi dovrebbero aver viaggiato per decine o centinaia di anni prima di giungere sino a noi.

Cosa poco plausibile, allora dobbiamo presumere che gli extraterrestri abbiano inventato il modo di superare la velocità della luce facendo ciò che per noi è impossibile fare.

Insomma, a tutti i problemi che per noi sembrano essere irrisolvibili, gli alieni sembrano aver dato una spiegazione.

In conclusione, tutto ciò che queste persone affermano non può essere dimostrato e perciò, da un punto di vista scientifico, i racconti degli ufologi, così come quello degli astrologi, non hanno alcun valore.

Riassumendo, i pareri di chi guarda al fenomeno ufo con occhio scientifico o semplicemente realista, esprime cautela nell'avanzare qualsiasi ipotesi o affermazione; abbiamo visto che vi sono molti furbi che hanno approfittato delle loro abilità e dell'ingenuità altrui per trarre grossi profitti, altri che loro malgrado, attribuiscono aprioristicamente ciò che vedono a un ufo e senza fermarsi a ragionare razionalmente, altri ancora che potremmo definire come fanatici disposti a credere a tutti i costi all'esistenza degli alieni, nonostante siano già disponibili le prove del contrario.

Montaggi, fotomontaggi, messe in scena, racconti fantastici, false testimonianze e così via, rientrano a far parte nel tema ufo, ma la scienza cosa sta facendo a riguardo? Vi sono degli studi rivolti in questo senso? La risposta è sì! Nonostante i ricercatori non credano affatto all'esistenza degli alieni sul nostro pianeta, essi non escludono tuttavia che esistano altrove nell'universo, ed è per questo motivo che nei lontani anni Settanta furono installate sulle sonde Voyager e Pioneer, destinate a inabissarsi nei vuoti interstellari, delle placche dorate nelle quali sono inserite tutte le attività umane, nonché immagini, suoni e musica; una sorta di enciclopedia in viaggio nello spazio e destinata a eventuali civiltà aliene nel remoto caso dovessero intercettare una delle sonde.

Oltre a ciò, si è anche utilizzato un metodo di comunicazione molto più veloce di una sonda, in un progetto il cui scopo è far sapere a eventuali civiltà extraterrestri che ci siamo anche noi: il progetto SETI.

Ricerche di vita - Progetto S.E.T.I.

Esistono altre forme di vita nell'universo? Affrontiamo ora l'argomento dal punto di vista scientifico e prendiamo in considerazione ciò che gli studiosi pensano e ciò che hanno fatto per dare una risposta a questa domanda.

Teoricamente forme di vita batteriologiche, primitive o addirittura civiltà intelligenti e tecnologiche potrebbero anche esistere nel cosmo, se consideriamo l'immenso numero di astri che lo popolano; solo la nostra galassia conta da 200 a 400 miliardi di stelle e le galassie presenti nell'universo sono centinaia di miliardi.

Dobbiamo tuttavia considerare alcuni parametri che farebbero drasticamente calare il numero delle stelle come possibili candidate alla nostra ricerca, vale a dire includere nelle cifre solo astri con caratteristiche del tutto simili al nostro Sole.

La stragrande maggioranza delle stelle non hanno sviluppato un sistema planetario, oppure non possiedono i particolari necessari per far nascere ed evolvere forme viventi; dobbiamo pertanto escludere le stelle giganti, le nane rosse e scure e i sistemi binari o multipli, oltre alle stelle variabili.

Rimarrebbero comunque un numero elevatissimo di stelle che hanno un sistema planetario o che si possa formare intorno a loro, come confermato dalle osservazioni effettuate dal telescopio spaziale, stelle dalla vita molto lunga che possono aver permesso la nascita del vivente; questo è quanto meno ciò che dice la statistica.

Ma oltre alle ipotesi e ai numeri, cosa hanno fatto di concreto gli scienziati per cercare esseri viventi che non siano terrestri? Inizialmente si pensava che Venere e Marte potessero ospitare civiltà aliene, motivo per cui vennero mandati dei robot automatici alla loro ricerca, ma i riflettori vennero puntati maggiormente sul pianeta rosso per una serie di motivi che ben conosciamo.

Una volta constatato il fatto che questi pianeti erano del tutto inadatti alla vita, le pretese calarono alla ricerca di organismi fossili e forme di vita elementare di tipo batteriologico, esistite su Marte milioni di anni or sono; negli anni Settanta le sonde gemelle Viking avevano questo compito: scavare il suolo marziano e analizzare i campioni più interessanti che avrebbero potuto contenere tracce fossili di antichi batteri probabilmente esistiti, ma l'esito fu negativo.

Anni dopo tuttavia, venne rinvenuto in Antartide un meteorite di provenienza marziana, al cui interno sono stati osservati degli strani organismi fossilizzati che somigliano in tutto e per tutto ai batteri terrestri. Molti sono gli indizi che portano a concludere che inizialmente Marte ospitasse forme di vita, ma la certezza non è ancora stata raggiunta.

Attualmente un nugolo di sonde sta studiando il pianeta rosso per dar conferma a queste teorie e un numero sempre maggiore di indizi sembra dar forza alle prime conclusioni.

Ricerche del genere saranno effettuate anche su una delle lune maggiori di Giove: Europa. La sonda Galileo ha confermato che sotto la sottile crosta ghiacciata del satellite vi è acqua liquida, elemento indispensabile alla nascita della vita.

I ricercatori si soffermano sulle condizioni ambientali terrestri estreme che ospitano tuttavia semplici esseri viventi; è per questo motivo che si è ipotizzato che sotto i ghiacci di Europa possano esistere dei batteri, poiché ne sono stati trovati nei fondali oceanici, così come si pensa che possano trovarsi anche su Io, la prima delle lune maggiori di Giove, dato che alcuni tipi di essi vivono nelle sorgenti sulfuree del parco di Yellowstone o che ancora possano sopravvivere nei laghi di idrocarburi sulla superficie di Titano, la più grande luna di Saturno, se consideriamo che da un ambiente simile è nata la vita sulla Terra.

La scoperta definitiva di semplici forme di vita rudimentali comunque, farebbe balzare dalla sedia i biologi e gli esobiologi, ma a molti la notizia non farebbe grande effetto.

Però anche nel campo della ricerca di forme di vita intelligenti gli scienziati hanno fatto la loro parte già a partire dai primi anni Settanta. Come già accennato in precedenza, quattro sonde che attualmente viaggiano fuori dal Sistema Solare, ospitano dei dischi destinati a eventuali civiltà aliene e contenti informazioni sulle attività umane e la nostra ubicazione.

Naturalmente le possibilità che una di esse venga intercettata sono quasi nulle, oltre al fatto che la loro modesta velocità le porterà a raggiungere le stelle più vicine fra decine di migliaia di anni, un futuro remoto in cui la nostra civiltà potrebbe già essere scomparsa.

Per aggirare questo problema e far sì che i nostri messaggi giungano a destinazione molto più velocemente, è nato il progetto SETI (Search for Extra Terrestrial Intelligence), ricerca di intelligenza extraterrestre.

L'idea era quella di trasmettere un potentissimo segnale radio che viaggiasse alla velocità della luce in tutte le direzioni. Venne utilizzata la radioantenna di 305 metri di diametro di Arecibo, nell'isola di Puerto Rico e il messaggio partì nel 1974. Considerato il tempo trascorso, il segnale ha attualmente raggiunto un volume di quasi 40 anni luce dalla Terra, quindi chiunque si trovasse entro questo spazio e che abbia le apparecchiature adatte per captare il segnale è al corrente della nostra esistenza.

Il messaggio in codice cifrato è una serie di 0 e 1 che costituisce un matrice 23 x 73 e che rappresenta dei dati sulla nostra posizione, la figura umana stilizzata, alcune formule chimiche come quella del carbonio, su cui è basata la vita e la figura dello stesso radiotelescopio da cui è partito il messaggio.

Ricerche in questo senso continuano tutt'oggi, ma esistono anche altri segnali che da decenni stiamo inconsapevolmente inviando nello spazio, segnali molto più deboli di quello lanciato da Arecibo, ma che tuttavia esistono: quelli televisivi e quelli radiofonici.

Se intorno alla stella Vega, lontana 26 anni luce, orbitasse un pianeta abitato da civiltà tecnologiche, riceverebbero adesso, anche se molto disturbati, i nostri programmi televisivi andati in onda 26 anni fa; sarebbe un ottimo modo di presentarci agli alieni, poiché potrebbero vedere come siamo fatti e potrebbero stabilire anche con certezza la provenienza del segnale, così come potrebbe avvenire se essi captassero e riuscissero a interpretare il messaggio partito da Arecibo.

In conclusione, sono anni che gli astronomi cercano gli alieni nell'universo, ma la risposta ai nostri messaggi non è ancora arrivata. I radiotelescopi sparsi su tutto il pianeta sarebbero i primi strumenti ad avvertirci che esistono o che sono nei paraggi civiltà extraterrestri, poiché verrebbero facilmente captati i segnali radio lanciati da astronavi ipoteticamente in orbita o comunque nei pressi del nostro pianeta.

Allo stato attuale delle cose e per quanto ne sappiamo, possiamo rispondere così alla domanda se siamo soli nell'universo: per ora siamo i soli esseri viventi ad abitare nell'universo e così sarà fino a quando non verranno fuori prove concrete e schiaccianti che dimostrino il contrario.

L'astrologia

Lo sappiamo tutti, l'astrologia ha un'influenza che rasenta la mania per un altissimo numero di creduloni pronti a farsi fare gli oroscopi giornalieri a costi altissimi e far poi in modo che la giornata si svolga esattamente come predetto.

L'astrologia non predice ciò che accadrà nel futuro prossimo, non influenza il nostro modo di vivere, ciò che essa influenza è la nostra psiche, di natura fragile e facilmente suggestionabile; ciò dà modo, a tutti coloro a cui ci credono di dire: è vero, è andata come scritto nell'oroscopo; è vero, le caratteristiche del mio segno corrispondono a quello descritto dagli oroscopi.

Ma come è nata l'astrologia? Possiamo dire che astronomia e astrologia hanno la stessa età, nate entrambe duemila anni prima di Cristo in Mesopotamia.

Era necessario studiare l'alternanza delle stagioni, i cicli del Sole e della Luna, i movimenti dei pianeti allora conosciuti, quindi inizialmente astronomia e astrologia erano un tutt'uno. Oltre a ciò, si notò che con l'alternarsi delle stagioni, cambiavano anche le costellazioni, per cui divenne ovvio pensare che così come le stagioni influenzavano i raccolti, le costellazioni influenzavano l'esistenza degli esseri umani.

In passato, gli uomini che studiavano gli astri erano anche astrologi, al punto da farsi i propri oroscopi personali; uno dei nomi più illustri in questa disciplina è stato Keplero, noto per aver proposto l'idea di un sistema eliocentrico e per aver studiato il moto dei pianeti.

Le due materie iniziarono a scindersi irrimediabilmente subito dopo e i maggiori artefici furono Galileo e Newton. Con l'avvento del telescopio, Galileo iniziò a studiare il moto dei corpi celesti, mentre dal canto suo, Newton formulò la legge della gravità, unica responsabile delle orbite descritte dagli oggetti celesti e della velocità con cui si muovono.

In pratica, Galileo e Newton concentrarono le loro indagini sugli aspetti fisici dei corpi celesti, mentre l'astrologia continuò per la sua strada trattando gli influssi che le stelle avevano sulle attività umane.

Le previsioni astrologiche

Come vengono formulate le previsioni astrologiche? Già considerando tali modi, è facilissimo concludere dell'inutilità degli oroscopi e, ciò che è più importante, delle truffe di cui si è vittima quando ci si sottomette.

Tutto si basa sul transito dei pianeti, ai quali sono stati preventivamente attribuiti delle caratteristiche, davanti alle costellazioni.

Innanzi tutto, è da precisare un particolare che pochi sanno, cioè che le costellazioni appartenenti allo zodiaco non sono dodici bensì tredici; la grande costellazione dell'Ofiuco, inserita nel bel mezzo dello zodiaco è del tutto ignorata dagli astrologi.

In base ai movimenti astronomici, visti da terra, del Sole nello zodiaco, le reali tredici costellazioni sono così suddivise:

♑	**19 gennaio – 15 febbraio**	**Capricorno**
♒	**16 febbraio – 11 marzo**	**Acquario**
♓	**12 marzo – 18 aprile**	**Pesci**
♈	**19 aprile – 13 maggio**	**Ariete**
♉	**14 maggio – 20 giugno**	**Toro**
♊	**21 giugno – 19 luglio**	**Gemelli**
♋	**20 luglio – 19 agosto**	**Cancro**
♌	**20 agosto – 15 settembre**	**Leone**
♍	**16 settembre – 30 ottobre**	**Vergine**
♎	**31 ottobre – 22 novembre**	**Bilancia**
♏	**23 novembre – 29 novembre**	**Scorpione**
	30 novembre – 17 dicembre	**Ofiuco**
♐	**18 dicembre – 18 gennaio**	**Sagittario**

Secondo questa tabella e naturalmente secondo precise osservazioni astronomiche, la maggior parte di ognuno di noi si trova
sfasato rispetto al segno cui crede appartenga.
Veniamo ora ai pianeti; il loro passaggio nei pressi delle costellazioni è un fatto puramente prospettico, legato al luogo da cui
lo si osserva. Per fare un esempio, se agli astronauti delle missioni Apollo fosse stato stilato un oroscopo con l'influenza di un
dato pianeta, per esempio Marte nel suo segno, arrivati poi sulla

Luna l'oroscopo sarebbe stato diverso, poiché da quel luogo il pianeta si sarebbe trovato proiettato su un'altra costellazione; e se poi l'uomo si trovasse su Marte, cosa che sicuramente avverrà, il suo oroscopo come sarebbe? In che segno si troverebbe Marte visto da Marte? E se ci fosse una stazione permanente sulla Luna o su Marte, la Terra vista da qui, quali caratteristiche e quali influenze avrebbe sul segno? La Terra non viene citata dagli astrologi fra i pianeti aventi delle caratteristiche che influenzino un segno, quindi a esseri umani che abitassero permanentemente sulla Luna, così come abitano la stazione spaziale, sarebbe possibile stilare un oroscopo, dato che essi vivono in un luogo le cui prospettive sono diverse da quelle terrestri? I loro oroscopi sarebbero uguali alle persone dello stesso segno che vivono sulla Terra? Secondo i saggi astrologici, ogni pianeta, Luna e Sole compresi, possiedono le seguenti caratteristiche:

Sole: governa la giovinezza e i principali sistemi vitali. È indice di carattere generoso e sincero.

Luna: è preposta all'infanzia, alla digestione e alle mestruazioni. Dispensa un carattere pigro, debole, sensibile, suggestionabile e impressionabile.

Mercurio: ha maggiore influenza nell'adolescenza, sul sistema nervoso e la respirazione. Dà un carattere malizioso, vario e ingegnoso.

Venere: governa la prima giovinezza e ovviamente i sistemi genitali. Dispensa un carattere dolce, amante, sensibile e vivace.

Marte: dall'inizio della maturità. Dona un carattere combattivo, robusto e forte.

Giove: per le persone mature. Pianeta che dona disciplina e dovere.

Saturno: governa le persone anziane. Dà pessimismo e sensazione di solitudine, un atteggiamento prudente, riflessivo e riservato.

Urano: riguarda le erezioni e le escrezioni. Dispensa un carattere aggressivo, forte e cinico.

Nettuno: confusione e caos. Dà un carattere impreciso, masochista e idealista.

Plutone: l'ombra, il lato satanico. Pianeta a cui vengono attribuiti il nazismo, i sacrifici e le paure.

Dato che l'astrologia esiste da millenni, cosa si può dire sugli oroscopi risalenti anche a tempi relativamente recenti, come il '700, epoca in cui il Sistema Solare finiva con Saturno e gli ultimi tre pianeti non erano stati ancora scoperti? Se gli oroscopi prendono in considerazione anche la nostra Luna, perché gli astrologi ignorano altri satelliti ben più importanti come Ganimede, Titano e Callisto ben più grandi addirittura di Mercurio, oppure Io, Europa e Tritone questi ultimi più grandi di Plutone? E a questo proposito, sappiamo che l'orbita del piccolo Plutone è inclinata di ben 17° rispetto al piano dell'eclittica, ne consegue che per alcuni tratti della sua orbita, esso si trova fuori dal piano prospettico rispetto ai segni zodiacali, oltre al particolare che Plutone è lentissimo, quindi impiega anni per spostarsi da una costellazione all'altra; che influenza ha Plutone quando non si trova in nessun segno? Sono anni di sciagure per il malcapitato che si ritrova Plutone nel suo segno? Ancora, perché anche comete e asteroidi non hanno influssi sui segni zodiacali? Oltre a tutto si deve tener presente che, nonostante l'astrologia sia vecchia di alcuni millenni, l'intero zodiaco si è spostato di almeno un mese all'indietro rispetto ad allora a causa della precessione degli equinozi e quindi non sono più compatibili con la posizione attuale del Sole che, come sappiamo, inizialmente era nell'Ariete, il noto *primo punto d'Ariete*. Che dire poi dell'autoriconoscimento nel proprio segno? Anche qui la spiegazione è a portata di mano dando a chiunque modo di formulare dei profili e anche con esiti soddisfacenti: sarebbe sufficiente stilare dei profili molto generici in modo che chiunque possa riconoscersi a prescindere dal segno di appartenenza. Questa è l'astrologia, un mezzo che sfrutta la credulità popolare per trarre il massimo dei profitti senza alcun rischio di sorta.

Bufale astrologiche

La grande fortuna degli astrologi è che mai nessuno si prende la briga di controllare le loro previsioni.

Immancabilmente, la fine di ogni anno vede astrologi e veggenti a lavoro nel formulare e divulgare profezie su ciò che avverrà con l'avvento e nel corso del nuovo anno.

Ecco per finire, alcune fra le perle scelte fra le previsioni astrologiche degli scorsi anni, clamorosamente sbagliate.

La previsione: al festival di Sanremo del 1998, un astrologo previde grande confusione e panico con tanto di intervento della polizia, mentre i vincitori sarebbero stati Mango e Zenima.

La realtà: non vi furono disordini e i menzionati cantanti non arrivarono fra i primi tre.

La previsione: il 1997 doveva essere per lady Diana un anno fortunato, avrebbe trovato il vero amore e si sarebbe sposata a Natale.

La realtà: in quell'anno è perita tragicamente in un incidente d'auto.

La previsione: un 1998 tranquillo per Alberto Castagna.

La realtà: ha passato molti mesi ricoverato in ospedale per problemi cardiaci.

La previsione: il mese di settembre 2001 doveva essere per gli USA uno fra i periodi più rasserenanti degli ultimi decenni.

La realtà: oltre tremila morti a causa dell'attacco terroristico alle Twin Tower.

La previsione: Scalfaro avrebbe bissato il mandato rimanendo presidente della repubblica.

La realtà: il suo successore è stato Ciampi.

La previsione: Anna Falchi sposerà Max Biaggi.

La realtà: si sono lasciati.

La previsione: la stazione spaziale MIR sarebbe caduta su Parigi in concomitanza con un'eclissi lunare l'11 agosto 1999.

La realtà: è stata fatta precipitare anni più tardi nell'oceano dopo essere stata abbandonata.

Ovviamente la lista è lunghissima, come lunghissima è un'altra lista, quella di fatti di primo piano accaduti e per nulla previsti da nessun astrologo: dalla caduta del muro di Berlino, alla morte di papa Giovanni Paolo II, dalla santificazione di Padre Pio, all'attacco alle torri gemelle, dalla clonazione della pecora Dolly, alla cattura ed esecuzione di Saddam Hussein, dalla guerra nel golfo, al terremoto in Umbria nel 1997, oltre a una miriade di notizie di primo piano su sport, gossip, economia e via dicendo.

Basta non essere creduloni e ricordarsi che quando si fa un controllo l'astrologia non funziona più.